R语言

数据分析、挖掘建模与可视化

刘顺祥 编著

清華大学出版社
北京

内 容 简 介

本书循序渐进地介绍 R 语言在数据分析与挖掘中的应用，涵盖数据分析与挖掘的常规流程，如数据预处理（清洗、整合与运算等）、数据可视化（离散型与连续型数据的绘图姿势）、数据建模（十大数据挖掘模型的应用）等内容。本书共分 15 章：第 1 章介绍 R 语言的基础知识，对于 R 语言初学者具有非常大的帮助；第 2~4 章讲解 R 语言的数据读写操作和数据的清洗与整理（如缺失值、异常值的处理，数据的聚合汇总计算，正则表达式等）；第 5 章和第 6 章重点阐述 R 语言中的绘图神器 ggplot2，详细介绍绘图模板和图形的处理细节；第 9~15 章讲解十大常用数据挖掘模型，如回归模型、树模型、集成模型等。通过本书的学习，读者既可以掌握 R 语言的实操技巧，也可以掌握数据分析与挖掘的理论和应用。

本书既适于统计学、数学、经济学、金融学、管理学以及相关理工科专业的本科生、研究生使用，也有助于提高从事数据咨询、研究和分析等工作人士的专业水平和技能。

图书在版编目（CIP）数据

R 语言数据分析、挖掘建模与可视化 / 刘顺祥编著.—北京：清华大学出版社，2021.1（2022.7重印）
ISBN 978-7-302-56762-2

Ⅰ. ①R… Ⅱ. ①刘… Ⅲ. ①程序语言－程序设计 Ⅳ. ①TP312

中国版本图书馆 CIP 数据核字（2020）第 211861 号

责任编辑：王金柱
封面设计：王　翔
责任校对：闫秀华
责任印制：宋　林

出版发行：清华大学出版社
网　　址：http://www.tup.com.cn，http://www.wqbook.com
地　　址：北京清华大学学研大厦 A 座　　邮　　编：100084
社 总 机：010-83470000　　邮　　购：010-62786544
投稿与读者服务：010-62776969，c-service@tup.tsinghua.edu.cn
质 量 反 馈：010-62772015，zhiliang@tup.tsinghua.edu.cn

印 装 者：三河市铭诚印务有限公司
经　　销：全国新华书店
开　　本：190mm×260mm　　印　　张：26.75　　字　　数：685 千字
版　　次：2021 年 1 月第 1 版　　印　　次：2022 年 7 月第 3 次印刷
定　　价：99.00 元

产品编号：088493-01

前 言

为什么写这本书

曾记得第一次接触R语言是2012年读研的时候，学校开设了一门R软件与统计应用的课程，课堂上杨晓蓉老师采用深入浅出的教学方式将我们带入到R语言的奇幻世界。之所以称之为奇幻世界，是因为这门面向对象的编程语言是如此的简单和强大，借助于R语言可以绘制各种高质量的统计图形、完成统计学中的各种假设检验和模型构建，甚至可以轻松落地各种机器学习算法的实战。

当笔者踏入社会、走上工作岗位之后，发现几乎所有的数据分析或挖掘相关的岗位都要求应聘者至少掌握一门统计类的分析工具，例如R语言、Python、SPSS以及SAS等。庆幸的是，自己在学校期间掌握了R语言的基本用法和统计建模，进而使得自己顺利地进入一家乙方咨询公司，开始了数据分析与挖掘之旅。所以，如果读者想从事数据相关的岗位，还是需要掌握一门编程工具的。本书可以带你从入门到进阶地学习和掌握R语言在工作中的使用。

在笔者看来，R语言绝对是一把大数据领域中的利器，其具有开源、简洁易读、快速上手、多场景应用以及完善的生态和服务体系等优点，是在数据分析或挖掘工作中的佼佼者。利用R语言可以解决数据环节中的各项任务，例如清洗各种常见的脏数据、绘制各式各样的统计图形，以及构建各类有监督、无监督和半监督的机器学习算法。所以说，利用R语言这把利器可以使你的数据分析或挖掘工作变得更加简单，解决问题时也会游刃有余。

2015年9月份，笔者申请了微信公众号，并取名为“数据分析1480”，目前已发布超过500篇文章，其中就有一部分R语言相关的内容。自己写公众号的初衷主要有两个：一个是将自己所学、所知的内容记录下来，作为自己的知识沉淀；另一个是尽自己的微博之力，把记录下来的点点滴滴分享给更多热爱或从事数据分析或挖掘工具的朋友。遗憾的是，公众号的内容并没有形成系统的知识框架，不过有幸遇到了清华大学出版社的王金柱老师，在他的鼓励和支持下开始了本书的写作，希望读者能够从中获得所需的知识点。

本书的内容

本书一共分为三大部分，系统地介绍数据分析与挖掘过程中所涉及的数据清洗、整理、可视化以及建模等环节，具体内容如下：

第一部分（第1~4章）介绍R语言的一些基础知识和使用技巧，内容包含R语言中的数据结构、控制流语句和自定义函数、apply簇函数的使用、外部数据的读取、数据的清洗和整理以及正则表达式的使用。

第二部分（第5、6章）重点介绍绘图包ggplot2的使用，详细讲解各种统计图形的绘制方法（如条形图、环形图、瓦片图、直方图、小提琴图、折线图、面积图、散点图、地图等），以及图形绘制过程中的微调策略（如图例位置的摆放、自定义颜色的调整、图形形状的选择以及多图形的组合等）。

第三部分（第 7~15 章）一共包含了 10 种数据挖掘算法的应用，如线性回归、决策树、支持向量机、GBDT 等。采用通俗易懂的手法介绍每一个挖掘算法的理论知识，并借助于具体的项目数据完成算法的实战。本部分内容既可以提高数据分析与挖掘的水平和技能，也可以作为数据挖掘算法实操的模板。

源码、PPT下载

配套资源源码和 PPT 教学课件可扫描下方二维码获取：

如果你在下载过程中遇到问题，可发送邮件至 booksaga@126.com 获得帮助，邮件标题为“R 语言数据分析、挖掘建模与可视化”。

致谢

特别感谢清华大学出版社的王金柱老师，感谢他的热情相邀和宝贵建议，他以专业而高效的审阅方式使本书增色不少。同时还要感谢为本书默默付出的其他出版工作者，在他们的努力和付出下，确保了本书的顺利出版。

最后，感谢我的家人和朋友，尤其是我的妻子，是她在我遇到困难时，给予我无私的鼓励和支持，在写书期间对我的照顾更是无微不至，使我能够聚精会神地完成本书全部内容的撰写。

刘顺祥（Sim Liu）

2020 年 8 月于上海

目　录

第1章 R语言的必备基础知识

本章主要介绍 R 语言相关的基础知识，将通过具体的案例解释每一个重要的知识点，并尽可能地将最精简的知识点梳理出来，作为后续章节的铺垫。对于初学者来说，本章可以作为学习 R 语言的入门手册，希望读者能够认真学完本章的内容，进而为后续章节的学习打下扎实的基础。如果读者是R语言的中级或高级用户，希望本章内容能够帮你查漏补缺。当然，如果读者对本章的知识点都比较熟悉，也可以跳过本章，进入到自己感兴趣的章节。

通过本章内容的学习，读者将会掌握如下 R 语言的常用基础知识点，并结合基础知识完成一个简单的爬虫项目：

- 向量、因子、数据框等数据结构；
- 数据类型及类型之间的转换；
- 基于数据框的常用函数；
- 常用的字符串、日期、数值和统计函数的使用；
- 常用的数学运算符、比较运算符和逻辑运算符；
- 控制流的应用及自定义函数；
- 基于apply簇函数的应用。

1.1 R语言简介

R 语言是一款开源的编程类工具，专门用于数据清洗、整理、统计分析、可视化以及数据挖掘等方面，而且不受系统平台的限制，可以广泛运行于 Windows、UNIX 和 MacOS 等操作系统中。其简洁而强大的编程特点，深受学术界和工业界的欢迎，再借助于众多的第三方包，几乎可以实现任何数据相关的操作。

R 语言最初诞生于新西兰奥克兰大学，由 Robert Gentleman 和 Ross Ihaka 及其他志愿者开发而成，是基于商业软件 S 语言开发形成的另一种语言，所以两种语言之间存在一定的兼容性。相比于 S 语言，它是免费而功能强大的语言，并逐渐成了 S 语言的替代品，读者可以前往官方网站（https://www.r-project.org/）免费下载和使用。

R 语言拥有非常多的优点：开源性，不仅仅指 R 语言这款工具是免费的，更重要的一点是大部分函数的源代码也是开源的；全面性，截止到本章内容的编写，R 语言的 CRAN 中已包含了 15336 个可用的第三方包，几乎可以解决任何领域的数据处理和运算；美观性，借助于 R 语言可以绘制出顶尖水平的图形，包括统计图形、地理信息图形等；易操作性，R 语言是一个典型的交互式数据分析和探索的平台，任何一个步骤的操作结果都可以保存下来用作下一步的输入；领先性，相比于传统的大型统计分析工具 SPSS 或 SAS 来说，R 语言对科学领域中的新方案可以快速地实现；明星性，多数数据分析或挖掘相关的岗位，R 语言一直备受用人单位的青睐。

为了说明 R 语言在所有编程类语言中的分量和受欢迎程度，这里以著名的 TIOBE 指数为例（https://www.tiobe.com/tiobe-index/），该网站提供了各种编程类语言的排名、成长走势等图形。这里截取其中的两种图，具体请看图 1.1。

May 2020	May 2019	Change	Programming Language	Ratings	Change
1	2	^	C	17.07%	+2.82%
2	1	⌄	Java	16.28%	+0.28%
3	4	^	Python	9.12%	+1.29%
4	3	⌄	C++	6.13%	-1.97%
5	6	^	C#	4.29%	+0.30%
6	5	⌄	Visual Basic	4.18%	-1.01%
7	7		JavaScript	2.68%	-0.01%
8	9	^	PHP	2.49%	-0.00%
9	8	⌄	SQL	2.09%	-0.47%
10	21	⌃⌃	R	1.85%	+0.90%

图 1.1 各类编程语言的排名

TIOBE 公布了 2020 年 5 月份的编程语言指数排名榜，此排名的焦点在于 R 语言即将跻身于所有编程语言的前 10 名，可以与老牌的 Java、C、PHP 等相提并论。然而在 2019 年的 5 月份，R 语言的排名还只是 21，从其成长过程就知道 R 语言的受欢迎程度了。

1.2 R 软件的下载与安装

在 https://www.r-project.org/网站中可以轻松下载到 R 语言这款强大的编程工具，而且官网中也提供了许多供初学者学习的入门材料。需要注意的是，在官网的主页中单击“下载”链接（见图 1.2）后，最好选择中国某大学的镜像（如清华大学或中国科学技术大学，如图 1.3 所示），因为它在后续的第三方包下载时会更加迅速和方便。

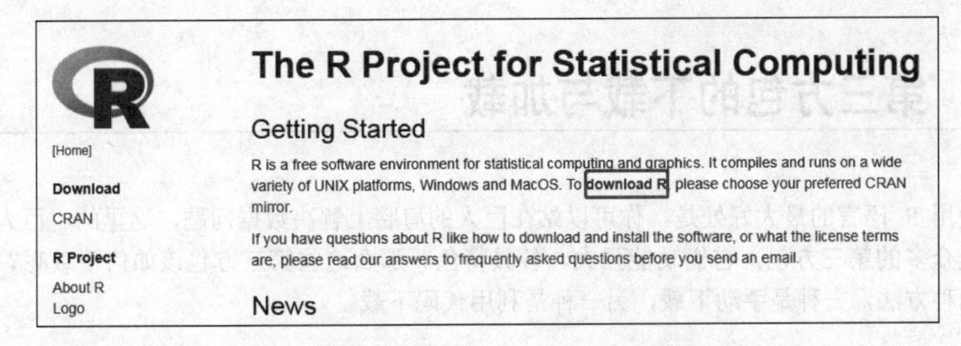

图 1.2 R 语言主页（https://www.r-project.org/）

China

https://mirrors.tuna.tsinghua.edu.cn/CRAN/	TUNA Team, Tsinghua University
http://mirrors.tuna.tsinghua.edu.cn/CRAN/	TUNA Team, Tsinghua University
https://mirrors.ustc.edu.cn/CRAN/	University of Science and Technology of China
http://mirrors.ustc.edu.cn/CRAN/	University of Science and Technology of China
https://mirrors.eliteu.cn/CRAN/	Elite Education
https://mirror.lzu.edu.cn/CRAN/	Lanzhou University Open Source Society
http://mirror.lzu.edu.cn/CRAN/	Lanzhou University Open Source Society
https://mirrors.tongji.edu.cn/CRAN/	Tongji University

图 1.3 R 语言的镜像选择

下载好后，安装过程也是非常方便的，不需要做任何设置，只要一路单击“下一步”按钮就可以了。此时安装的 R 语言是原生的 GUI，其操作界面并不是很友好，例如不能够做到语法高亮、函数补全、参数提示等。为了使读者在使用 R 语言过程中更加舒心和愉悦，建议下载 RStudio 软件，下载地址为 https://www.rstudio.com/。该软件具有非常多的额外功能，如支持常见数据的手工导入、MarkDown 编程环境、固有的帮助查询窗口等，安装好后，其界面如图 1.4 所示。

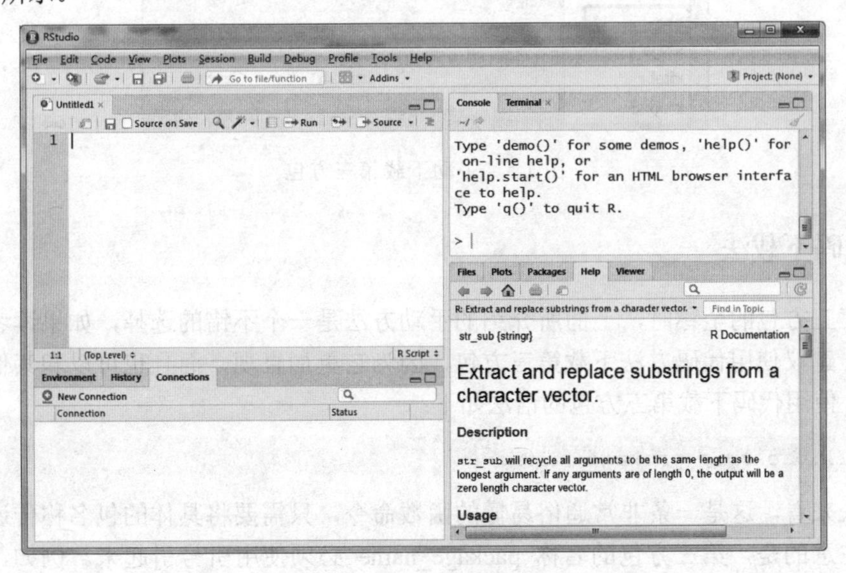

图 1.4 R 语言的图形界面

1.3 第三方包的下载与加载

使用 R 语言的最大好处是，你可以站在巨人的肩膀上解决数据问题，这里的“巨人”指的就是众多的第三方包，它们功能强大，各具特色。那么这些第三方包该如何下载呢？这里介绍两种方法，一种是手动下载，另一种是利用代码下载。

1.3.1 手动下载法

以图 1.4 中的界面为例，读者可以选择右下方的 Packages 选项卡，然后单击 Install 按钮，并在弹出的窗口内写入需要下载的第三方包名称。例如，以 xlsx 包为例（该包专用于 Excel 文件的读取），此时会发现，在写入包名称的同时，RStudio 会自动补齐包的名称，目的是防止用户忘记包的全称，进而可以有针对性地选择需要下载的第三方包。最后只需要单击 Install 下载按钮即可，如图 1.5 所示。

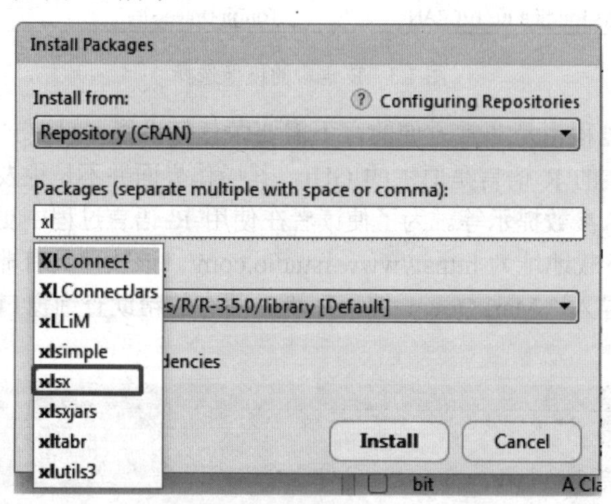

图 1.5 手动下载第三方包

1.3.2 代码下载法

忘记第三方包的全称时，上面所介绍的手动方法是一个不错的选择，如果读者知道包的具体名称，建议使用代码方法下载第三方包，因为它更加直观，而且也可以和其他代码块保持连贯性。使用代码下载第三方包的语法如下：

```
install.packages(package_name)
```

从语法来看，这是一条非常通俗易懂的函数命令，只需要将具体的包名称传递给函数即可。需要注意的是，第三方包的名称 package_name 必须使用引号引起来。例如，需要下载 xlsx 包，则：

```
install.packages('xlsx')
```

不管是手工法下载包还是代码方法下载包，都可以一次性下载多个包。如果读者使用的是手动法，就可以在下载第三方包的界面框内写入多个包名称，并以逗号或空格隔开；如果读者使用的是代码方法，可以将多个带引号的包名称用逗号隔开。例如，同时下载 xlsx、plyr 和 ggplot2 三个包，则代码方法为：

```
install.packages('xlsx','plyr','ggplot2')
```

1.3.3　第三方包的加载

尽管利用上面的两种方法可以完成第三方包的下载，但是这并不意味着可以直接使用，因为它还需要进一步加载，就相当于你从 APP 市场下载了某个应用，当你需要使用的时候，还是需要启动的。R 语言中加载一个第三方包的语法如下：

```
library(package_name)
require(package_name)
```

上面的 library 函数或 require 函数都可以启动指定的第三方包，两者的功能并没有差异，所不同的是，如果加载的包并没有提前下载好，那么 library 函数会输出报错信息，而 require 函数则会输出警告信息。所以，为了防止第三方包在加载过程中出现报错或警告，建议读者使用下面的语法：

```
if(!suppressWarnings(require(package_name))){
  install.packages(package_name)
  require(package_name)
}
```

该语法的核心就是，在加载第三方包的同时多做了一步检查，即检查该包是否已经下载好。如果包已经下载好，则直接加载该包；如果没有下载好，则先下载后加载。考虑到部分读者首次接触 R 语言，所以有必要对上方的语法做分步解释：

- suppressWarnings(require(package_name))语句的功能是使用require函数先加载某个指定的包，如果没有加载出来，嵌套在外面的suppressWarnings函数就返回FALSE，否则返回TRUE；对于没有成功加载的情况，希望另行下载。
- 为了能够激活if分支内下载第三方包的命令install.packages(package_name)，在suppressWarnings 函数的基础上做了否定操作（代码中的感叹号!）。如果无法加载指定的包，就将函数suppressWarnings的返回结果FALSE取反为TRUE，进而激活if的判断分支，进入下载和加载环节。

例如，需要加载用于绘图的 ggplot2 包，则根据上方的语法可以写成：

```
if(!suppressWarnings(require(ggplot2))){
  install.packages('ggplot2')
  require(ggplot2)
}
```

需要注意的是，在加载第三方包的环节中每次只能加载一个包，如需加载多个包，则必须多次调用 library 函数或 require 函数。

1.4 如何查看帮助文档

正如前文所说，读者可以借助于功能强大、种类繁多的第三方包解决工作中的实际问题，但是会存在一个相对困难的麻烦，就是有太多的包或函数需要记忆，甚至函数的具体用法和参数含义也要掌握。如果不记得这些函数或包，那么该如何利用 R 语言强大的自助功能查询对应的帮助信息呢？本节将介绍几种常用的查询帮助的方法。

1.4.1 知包知函数——help 函数

记得某个函数的具体名称以及所属的第三方包，但不记得该函数的具体用法时，可以选择 help 函数或者问号“?”查询其对应的帮助文档。

以 MASS 包中的 lda 函数为例，该函数的功能是用于构建线性判别模型，如果读者忘记了该函数的参数含义，则可以利用 help 函数方便地查询出 lda 函数的具体使用方法：

```
# 直接查询某个函数的帮助文档
help(lda,package = 'MASS')
?lda
```

需要注意的是，如果待查询的某个函数出现在多个已加载的第三方包中，为了查询指定包中的函数帮助文档，就需要使用 help 函数，并将参数 package 指定为具体的包名称。

1.4.2 知函数未知包——help.search 函数

记得某个函数的具体名称，但想不起该函数属于众多包中的哪一个时（前提是包含该函数的包已经在 R 语言中下载过），如直接使用 help 函数或者单问号无法返回该函数的具体语法、参数信息等。此时可以使用 help.search 函数或者双问号“??”查寻出该函数的具体用法。

例如，当读者记得 dbscan 函数可用于数据集的密度聚类，但记不清其属于哪个包时，便可以使用 help.search 函数或双问号在所有已下载的第三方包中搜寻对应的函数并返回帮助文档：

```
# 从所有的已下载包中搜寻 dbscan 函数
help.search('dbscan')
?? dbacan
```

返回结果如图 1.6 所示。

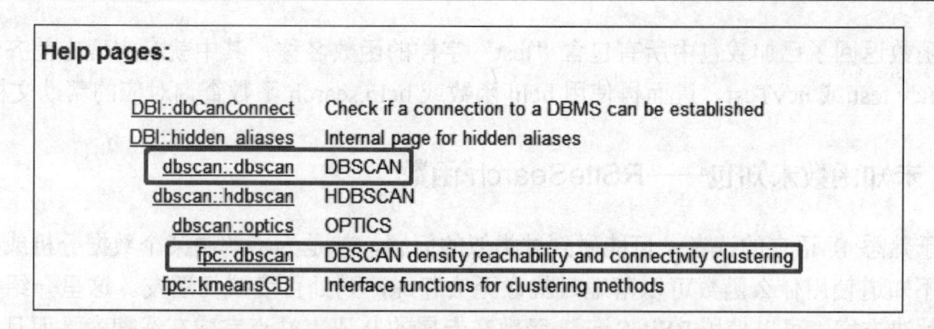

图 1.6　“??”法的帮助查询

从已下载的第三方包中搜寻出了两个涉及该函数的包，分别是 dbscan 包和 fpc 包。读者只需要从中选择并单击符合要求的函数，便可以得到对应的帮助文档。

1.4.3　知包未知函数——apropos 函数

如果曾经下载并使用过某些第三方包中的函数，但是过一段时间再次使用时不记得函数的全称了，那么该如何查询该目标函数的帮助文档呢？很显然，使用前面介绍的 help 函数或 help.search 函数将无法起效。这里推荐使用 apropos 函数，它可以根据正则表达式从已加载的包中搜寻出满足匹配条件的函数（关于正则表达式的具体内容可以参考第 4 章）。

以线性回归模型中实现方差齐性检验的函数为例，想不起该检验的函数名称时可以使用下方的代码实现查询：

```
# 加载第三方包——假设已知函数在某些包中
library(lmtest)
library(car)
# 搜寻出含“test”字样的函数
apropos('test')
```

返回结果如图 1.7 所示。

```
> apropos('test')
 [1] ".rs.rpc.connection_test" ".valueClassTest"
 [3] "ansari.test"             "bartlett.test"
 [5] "bgtest"                  "binom.test"
 [7] "Box.test"                "bptest"
 [9] "chisq.test"              "coeftest"
[11] "coeftest.default"        "cor.test"
[13] "coxtest"                 "durbinWatsonTest"
[15] "dwtest"                  "encomptest"
[17] "file_test"               "fisher.test"
[19] "fligner.test"            "friedman.test"
[21] "gqtest"                  "grangertest"
[23] "grangertest.default"     "harvtest"
[25] "hmctest"                 "jtest"
[27] "kruskal.test"            "ks.test"
[29] "levene.test"             "leveneTest"
[31] "lrtest"                  "lrtest.default"
[33] "mantelhaen.test"         "mauchly.test"
[35] "mcnemar.test"            "mood.test"
[37] "ncv.test"                "ncvTest"
[39] "oneway.test"             "outlier.test"
[41] "outlierTest"             "pairwise.prop.test"
```

图 1.7　apropos 函数的帮助查询

该函数返回了已加载包中所有包含“test”字样的函数名称，其中就有实现方差齐性检验的函数 ncv.test 或 ncvTest。进而再使用 help 函数或 help.search 函数查询对应的帮助文档。

1.4.4 未知函数未知包——RSiteSearch 函数

对于熟悉 R 语言的读者，可能碰到过类似的问题，就是为了解决某个数据分析或挖掘的问题却不知道使用什么函数可以落地时就像无头苍蝇，到处百度或问朋友。这里介绍一个非常棒的解决方案，可以使用 RSiteSearch 函数在专属的 R 语言站点完成在线搜索，而且搜索出来的答案是按照评分降序排列的，越靠前的答案往往会越靠谱。

例如，在 Logistic 回归模型中，可以使用 Hosmer-Lemeshow 实现模型的拟合优度检验，但不知道完成该检验的函数的具体使用时可以参考下方的代码：

```
# 将待查询问题的核心关键词传递给 RSiteSearch 函数
RSiteSearch('Hosmer-Lemeshow')
```

返回结果如图 1.8 所示。

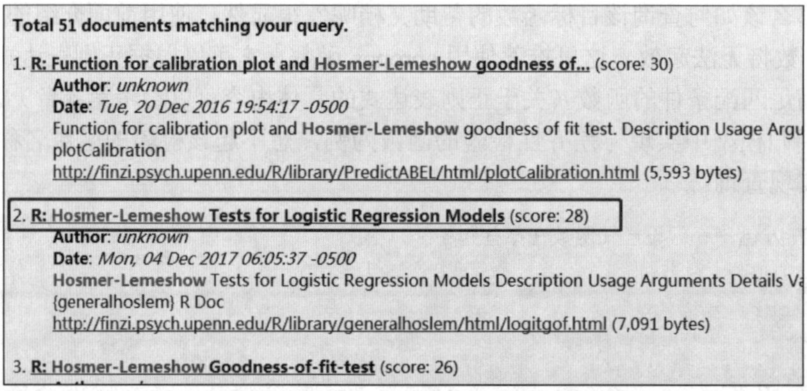

Total 51 documents matching your query.

1. **R: Function for calibration plot and Hosmer-Lemeshow goodness of...** (score: 30)
   Author: *unknown*
   Date: *Tue, 20 Dec 2016 19:54:17 -0500*
   Function for calibration plot and **Hosmer-Lemeshow** goodness of fit test. Description Usage Argu
   plotCalibration
   http://finzi.psych.upenn.edu/R/library/PredictABEL/html/plotCalibration.html (5,593 bytes)

2. **R: Hosmer-Lemeshow Tests for Logistic Regression Models** (score: 28)
   Author: *unknown*
   Date: *Mon, 04 Dec 2017 06:05:37 -0500*
   Hosmer-Lemeshow Tests for Logistic Regression Models Description Usage Arguments Details Va
   {generalhoslem} R Doc
   http://finzi.psych.upenn.edu/R/library/generalhoslem/html/logitgof.html (7,091 bytes)

3. **R: Hosmer-Lemeshow Goodness-of-fit-test** (score: 26)

图 1.8 RsiteSearch 函数的帮助查询

根据传入的核心关键词从站点中查询出满足条件的链接，并且该链接按照评分排在第 2 名。需要注意的是，如果查询的核心关键词存在多个，运行 RSiteSearch 函数时可能查询不出任何结果，原因是R站点的搜索框默认以加号“+”衔接多个关键词，读者只需将加号替换为空格即可。使用 RSiteSearch 函数查询人工神经网络的核心关键词“Artificial Neural Network”时，需要在返回的网页中对搜索框稍做调整，再单击“Search”按钮。

```
# 在线搜索包含多个关键词的帮助文档
RSiteSearch('Artificial Neural Network')
```

返回结果如图 1.9 所示。

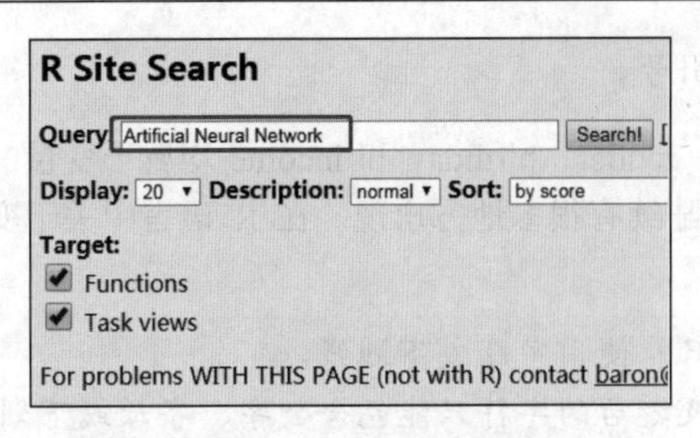

图 1.9 RsiteSearch 函数的查询技巧

1.5　R 语言中的数据结构

前几节内容都是学习 R 语言之前的预热准备，从本节开始，将详细讲解 R 语言的相关知识点，首先从 R 语言的几种常用数据结构开始。这里的数据结构是指数据存储的方式，例如既可以将数据存储在一维的向量中，也可以存储在二维的矩阵或数据框中，还可以存储在不受任何限制的列表中。接下来将对几种常用的数据结构做解释，并通过具体的例子对每一种数据结构的用法和函数计算加以说明。

1.5.1　向量的创建

向量是 R 语言中非常重要的数据结构，在很多场景下都会涉及向量的处理和运算，读者可以将向量理解为数据表或矩阵中的一列。关于向量的创建，通常可以使用 5 种方法，分别是手工输入法、序列生成法、重复生成法和目标抽取法。接下来针对这 4 种创建向量的方法做详细的说明。

1. 手工输入法——c

该方法是指 R 语言允许用户通过手工的方式将数据存储到向量中，例如将几个用户的姓名存储到变量为 name 的向量中，或将他们的性别存储到变量为 gender 的向量中。需要注意的是，在利用手工方法构建向量时，必须使用字母 c 和一对小括号，例如：

```
# 将数据写入到向量中
name <- c('张三','李四','王二','丁一','赵五')
gender <- c('男','女','女','男','女')
birthday <- c('1995-10-8','1992-3-17','1994-12-11','1989-7-13','1992-4-18')
income <- c(12000,8000,11500,15000,12500)
```

通过上方的 3 行代码便可以轻松地将 5 个用户的姓名、性别、出生日期和收入保存到各自的变量中。对于上方的代码，有两点需要说明：

- 代码中的“<-”符号代表赋值，即将符号右边的向量赋值给左边的变量，表示赋值的符号还可以使用等号“=”，这个可以根据读者的喜好选择赋值符号。
- 对于字符型的值或日期时间型的值，必须用引号引起来（如前3个变量），而数值型的值则不需要引号。

如上代码中的 name、gender、birthday 和 income 均属于变量的名称，它们是本书首次出现变量的地方，后文也会陆续有很多地方出现。在 R 语言中关于变量的命名有一些规则和注意点的，具体如下：

- 变量名的首字符只能使用字母或下划线。
- 变量名的次字符及之后的字符只能包含数字、字母或下划线。
- 变量名是区分大小写的，例如name和Name代表两个不同的变量对象。
- 变量的命名最好做到顾名思义，如gender表示性别变量，而不要使用a、x或ab等。

2. 序列生成法——:或seq

序列生成法是利用符号“:”或函数 seq 生成具有规律的数值型数据，其中英文状态下的冒号是用于生成步长为 1 或-1 的连续数据，seq 函数则用于生成指定步长或长度的等差数列。对于 seq 函数来说，有两种用法，它们的参数含义如下：

```
# 含 by 参数的 seq 函数
seq(from, to, by)
# 含 length 参数的 seq 函数
seq(from, to, length)
```

- **from**：指定等差数列的初始值。
- **to**：指定等差数列的结束值。
- **by**：指定等差数列的公差。
- **length**：在不知道公差的情况下，可以通过该参数设定等差数列的元素个数。

为了使读者理解序列生成法的两种用法，这里不妨举两个例子，一个是基于冒号方法生成有规律的链接，进而使用生成的链接完成爬虫；另一个是基于 seq 函数生成-5 到 5 之间的 1000 个数，进而绘制 logit 函数的折线图。具体代码如下：

```
# 案例一：以某天气网为例，生成有规律的天气网址
string <- 'http://lishi.tianqi.com/shanghai/'
# 定义空值对象 urls，用于存储所有历史天气的网址
urls <- NULL
# 采用双层 for 循环，生成连续的年份和月份
for (year in 2011:2017){
  for (month in 1:12){
    # if 分支，如果月份小于 10，需在月份前加 0
    if (month<10){
      # paste0 函数用于拼接多个对象，并以字符串的形式返回
      urls = c(urls,paste0(string,year,0,month,'.html'))
    } else{
      urls = c(urls,paste0(string,year,month,'.html'))
    }
  }
```

```
}

# 返回 urls 向量中的元素
Urls
```

返回结果如图 1.10 所示。

```
> urls
 [1] "http://lishi.tianqi.com/shanghai/201101.html"
 [2] "http://lishi.tianqi.com/shanghai/201102.html"
 [3] "http://lishi.tianqi.com/shanghai/201103.html"
 [4] "http://lishi.tianqi.com/shanghai/201104.html"
 [5] "http://lishi.tianqi.com/shanghai/201105.html"
 [6] "http://lishi.tianqi.com/shanghai/201106.html"
 [7] "http://lishi.tianqi.com/shanghai/201107.html"
 [8] "http://lishi.tianqi.com/shanghai/201108.html"
 [9] "http://lishi.tianqi.com/shanghai/201109.html"
[10] "http://lishi.tianqi.com/shanghai/201110.html"
[11] "http://lishi.tianqi.com/shanghai/201111.html"
[12] "http://lishi.tianqi.com/shanghai/201112.html"
```

图 1.10　链接生成结果

利用双层 for 循环即可得到有规律的链接，并且链接中绝大部分都是固定的，变动的地方只是年份和月份。如果读者对代码中 for 循环的使用不是很理解，可以参考 1.9 节中的内容。另外，代码 urls = c(urls,paste0(string,year,month,'.html'))表示将每一次循环后的拼接结果都保存下来，并重新传递给 urls 变量。

```
# 序列生成法——seq
# 案例二：基于生成的序列绘制 logit 函数的折线图
# 加载第三方包（专用于绘图）
library(ggplot2)
# 生成-5 到 5 之间的 1000 个数
x <- seq(from = -5, to = 5, length = 1000)
# 基于 x 的值计算 logit 函数的值
y <- exp(x)/(1+exp(x))
# 基于 x 向量和 y 向量绘制折线图
ggplot() +
  # 利用 geom_line 函数绘制 x 向量和 y 向量之间的折线图
  geom_line(mapping = aes(x = x, y = y), # 设定绘图所需的 x 轴和 y 轴数据
            lwd = 1 # 设定折线的宽度
            ) +
  # 利用 annotate 函数在图形中添加 logit 函数的表达式
  annotate('text', x = 1, y = 0.3, # 设置文本标签的位置
           label ='y==e^x / (1+e^x)', # logit 函数的公式
           parse = TRUE, # 解析为数学表达式
           size = 5 # 设置文本标签的大小
        )
```

返回结果如图 1.11 所示。

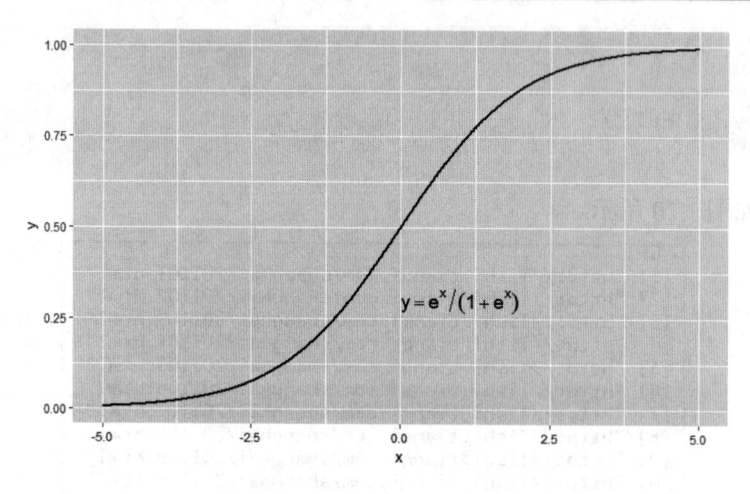

图 1.11 logit 函数折线图

图 1.11 是利用 seq 函数生成的 1000 数据绘制而成的 logit 函数的折线图。其中绘图使用了经典的 ggplot2 包，它是最受欢迎的绘图包之一，读者如需了解该包的绘图功能，可参考第 5 章的内容。

3. 重复生成法——rep

该方法是利用 rep 函数将某个对象进行指定次数的重复，进而减少人工的输入。该函数有两种用法，它们的语法和参数含义如下：

```
rep(x,times)
rep(x,each)
```

- **x**：指定需要循环的对象。
- **times**：指定x的循环次数，循环时，x的整体在循环。
- **each**：指定x中元素的循环次数，循环时依次将x的元素进行循环。

为使读者理解 rep 函数两种用法的差异，这里运用一个实际的例子加以说明。假设某工作人员需要录入公司各年各季度的销售额，采用手工输入法将年份、季度和销售额存储到不同的变量中则相对烦琐，如果使用重复生成法就会减少人工输入的时间成本，具体代码如下：

```
# 生成 2015 年至 2017 年的年份信息
year <- rep(x = 2015:2017, each = 4)
# 生成第一季度到第四季度的季度信息
quarter <- rep(x = 1:4, times = 3)
# 手工输入销售额信息
sales <- c(8.6,9.2,10.1,9.9,12.4,17.8,22.6,35.9,33.6,42.7,44.6,48.7)
# 将 3 个变量组装为数据框对象
df <- data.frame(year,quarter,sales)
# 预览数据
View(df)
```

图 1.12 所示的结果即为包含 3 个变量的数据框（关于数据框的创建可以参考第 1.7 节的

内容）。由于年份和季度都会有重复，因此使用 rep 函数是很好的选择，如果使用手工法输入，则年份和季度的值需要各输入 12 次。

	year	quarter	sales
1	2015	1	8.6
2	2015	2	9.2
3	2015	3	10.1
4	2015	4	9.9
5	2016	1	12.4
6	2016	2	17.8
7	2016	3	22.6
8	2016	4	35.9

图 1.12 基于向量生成法构造的数据框

4. 目标抽取法

目标抽取法的实质就是从矩阵中抽取出一行或一列，或者从数据框中抽取出一列，进而可以得到数值型、字符型或日期时间型的向量。关于矩阵或数据框的操作将在第 1.6 节和第 1.7 节介绍，这里仅给出目标抽取法的定义。在实际的数据处理或应用中，由目标抽取法得到的向量将会使用得更加频繁。

1.5.2 向量元素的获取

向量属于序列，其元素是按照顺序排列的，故可以利用索引的方法将向量中的元素提取出来。在 R 语言中，索引用一对中括号“[]”表示，其使用方法有两种：一种是位置索引；另一种是 bool 索引。

1. 位置索引法

位置索引是指在中括号内写上目标元素的下标，例如向量的第一个元素可以写成“[1]”的形式，如果是取出向量中的多个元素，则需要将整数型的下标值写成向量的形式，例如“[c(1,3,5)]”。下面通过几个具体的例子说明位置索引的使用：

```
# 基于向量的索引——位置索引
x <- c(10,2,5,1,78,22,27,34,56,26)
# 取出第一个元素
x[1]
out:10
# 取出最后一个元素
x[length(x)]
out:26
# 取出前 3 个元素
x[1:3]
out: 10  2  5
```

```
# 取出后 3 个元素
x[(length(x)-2):length(x)]
out: 34 56 26
# 取出奇数位置的元素
x[seq(from = 1, to = length(x), by = 2)]
out: 10  5  78  27  56
# 取出第 1、3、6、8 个元素
x[c(1,3,6,8)]
out: 10  5  22  34
```

在如上代码中，length 函数用于计算向量元素的个数，故向量的最后一个元素可以使用 length(x)表示。

2. bool索引法

与位置索引不同的是，bool 索引是指方括号“[]”内的值不再是整数型的下标，而是 TRUE 或 FALSE 值，索引时会取出 TRUE 所对应的值。通常 bool 索引会与比较运算符搭配使用（>、>=、<、<=、==、!=），而且 bool 索引相比于位置索引会使用得更加频繁。不妨举几个简单的例子加以说明：

```
# 基于向量的索引——bool 索引
x <- c(1,3,5,13,15,17,108,22,25,28,23)
# 取出大于 20 的元素
x[x > 20]
out: 108  22  25  28  23
# 取出所有的偶数
x[x %% 2 == 0]
out: 108  22  28
# 取出 10~20 之间的元素
x[x >= 10 & x <= 20]
out: 13 15 17
```

代码中所使用的“%%”符号表示计算两个数商的余数，“&”表示逻辑运算符中的“且”，即条件同时满足。关于其他常用的数学运算符和逻辑运算符可参考表 1.5。在 R 语言中可以实现 bool 索引到位置索引的转换，用到的函数为 which，具体见下方的例子：

```
# 取出大于 20 的元素
index <- which(x>20)
index
out: 7  8  9  10  11
# 基于获得的位置索引取出对应的元素
x[index]
out: 108  22  25  28  23
```

如上代码所示，将逻辑判断 x>20 传递给 which 函数，返回满足条件的元素下标，即第 7、8、9、10、11 个元素，进而实现 bool 索引到位置索引的转换。所以，根据 index 值可以取出对应下标的元素。

1.5.3 基于向量的数据类型转换

前文所提到的数值型、字符型或日期时间型指的就是数据类型，而且这几种数据类型也是最为常见的。本节将重点讲解这几种数据类型相关的知识点，包括数据类型的识别、判断以及如何实现数据类型之间的转换。

1. 数据类型的识别和判断

在统计分析或运算过程中，可能需要对向量中的数据类型进行识别和判断，如果类型不符合运算的要求，往往还需要对其进行转换（例如无法基于字符型的数值做统计汇总）。在R语言中，可以使用class函数识别常量或向量的数据类型，例如：

```
# 使用class函数识别向量的数据类型
name <- c('张三','李四','王二','丁一','赵五')
birthday <- c('1995-10-8','1992-3-17','1994-12-11','1989-7-13','1992-4-18')
income <- c(12000,8000,11500,15000,12500)
# 数据类型的识别
class(name)
class(birthday)
class(income)
```

如表1.1所示，采用class函数对3个向量做数据类型的识别时，分别返回字符型、字符型和数值型。显然，出生日期birthday的类型有误，它应该属于日期型数据，所以后期基于birthday的运算还需要做数据类型的转换。

表1.1 各变量数据类型

变量	name	birthday	income
数据类型	character	character	numeric

如需判断一个向量是否为某个指定的数据类型，可以使用is.*的函数来实现，如表1.2所示。

表1.2 数据类型的判断函数

函数	含义
is.integer	判断向量的元素是否为整数型
is.numeric	判断向量的元素是否为实数型
is.character	判断向量的元素是否为字符型
is.Date	判断向量的元素是否为日期型

不妨根据上面介绍的几个函数判断如下向量是否为指定的某种数据类型，代码如下：

```
# 加载第三方包——专用于日期时间型数据的处理
library(lubridate)
is.character(x = name)
out:TRUE
```

```
is.integer(x = c(2.7,3.2,5,1.5,10,2.2))
out:FALSE
is.numeric(x = c(2.7,3.2,5,1.5,10,2.2))
out:TRUE
is.Date(x = birthday)
out:FALSE
```

在如上代码中，每一条判断语句都对应了一个 bool 类型的值（TRUE 或 FALSE），从结果来看并没有任何问题。需要注意的是，判断一个对象是否为日期型数据使用的是 lubridate 包中的 is.Date 函数，而其他函数则是 R 软件自带的。

2．数据类型的转换

当发现数据类型不符合实际情况时需要对其进行转换，否则无法做下一步的处理和运算。在数据的预处理阶段，经常会碰到关于数据类型转换的问题，庆幸的是利用 R 语言可以轻松解决，所使用的函数为 as.*的形式（见表 1.3）。

表 1.3　数据类型的转换函数

函数	含义
as.integer	将向量元素强制转换为整数型
as.numeric	将向量元素强制转换为实数型
as.character	将向量元素强制转换为字符型
as.Date	将向量元素强制转换为日期型

在对数据类型做转换时，前提必须是该类型可转换，例如字符型的数值可以转换为数值型、字符型的日期可以转换为日期型、任何类型的数据都可以转换为字符型。同样，这里也尝试着用如上介绍的函数实现数据类型的转换，代码如下：

```
# 类型的强制转换
score <- as.integer(x = c(2.7,6.6,9.3,5.9,5))
Birthday <- as.Date(birthday)
# 返回向量中的元素
score
out: 2 6 9 5 5
birthday
out: "1995-10-08" "1992-03-17" "1994-12-11" "1989-07-13" "1992-04-18"
# 类型的识别
class(score)
out: "integer"
class(Birthday)
out: "Date"
```

根据输出的结果可知，原本带小数的向量 x 经过 as.integer 函数的转换得到整数型向量，并且转换过程中并不会发生四舍五入，只是简单地截断整数部分；原本字符型的出生日期 birthday 经过 as.Date 函数转换为日期型向量。这里的 as.Date 函数是 R 语言自带的，不需要额外加载第三方包。

尽管 as.Date 函数可以方便地将字符型日期转换为日期型，但是当字符型的值不是"1994-12-11"或 "1989/07/13"格式时，需要借助于 format 参数，例如：

```
# 日期类型的转换
as.Date(x = c('20180629','20171212','20161015'), format = '%Y%m%d')
out: "2018-06-29" "2017-12-12" "2016-10-15"
as.Date(x=c('2018年6月1日','2018年2月10日','2018年7月15日'),format='%Y年%m月%d日')
out: "2018-06-01" "2018-02-10" "2018-07-15"
as.Date(x = c('2011.8.10','2017.12.10','2016.4.5'), format = '%Y.%m.%d')
out: "2011-08-10" "2017-12-10" "2016-04-05"
```

如上结果所示，对于非"1994-12-11"或 "1989/07/13"格式的字符型日期来说，format 参数必须设置为原始字符值的格式，例如'20180629'对应的格式为'%Y%m%d'、'2011.8.10'对应的格式为'%Y.%m.%d'，其中 Y 代表 4 位数字的年份、m 代表数字月份、d 代表数字日。读者可能会产生疑问，如果向量中的元素包含不同的日期风格，该如何处理？例如：

```
as.Date(x = c('20180629','2018年6月1日','2011.8.10'),
        format = c('%Y%m%d','%Y年%m月%d日','%Y.%m.%d'))
out: "2018-06-29" "2018-06-01" "2011-08-10"
```

看似问题已得到解决，但是对于不同格式的日期来说 as.Date 函数并不合适，因为 format 参数所指定的格式顺序必须与对应值的格式顺序保持一致，否则仍然无法完成类型转换。所以，这里推荐另一个好用的函数，就是 lubridate 包中的 parse_date_time 函数。该函数的用法与核心参数含义如下：

```
parse_date_time(x, orders)
```

- **x**：指定待转换的字符型向量。
- **orders**：指定x中可能存在的日期格式。

下面通过实际的数据案例对该函数加以说明和应用：

```
# 包含各种格式的字符型日期值
regit_date <- c('20131113','120315','12/17/1996','09-01-01','2015 12 23','2009-1, 5','Created on 2013 4 6')
# 日期值的类型转换
parse_date_time(regit_date, orders = c('Ymd','mdy','dmY','ymd'))
out: "2013-11-13 UTC" "2015-12-03 UTC" "1996-12-17 UTC"
   "2001-09-01 UTC" "2015-12-23 UTC" "2009-01-05 UTC" "2013-04-06 UTC"
```

3. 几种常见的特殊数据

前面介绍了常见数据类型相关的知识点，这里将讲解 R 语言中几种常见的特殊值（见表 1.4）。

表 1.4 特殊的数据类型

特殊值的表示	特殊值的含义	特殊值的判断
NA	缺失值	is.na
NULL	空值	is.null
NaN	不确定值	is.nan
Inf	无限值	is.inf

表 1.4 中的 NA 和 NULL 是使用最为频繁的，两者的区别在于 NA 是一个实实在在的对象，NULL 是虚无的对象（看不见摸不着）。这里举一个形象的例子对它们的区别加以说明：NA 相当于萝卜坑，只不过坑内没有萝卜；NULL 根本就不是萝卜坑，也就谈不上有没有萝卜了。下面再通过代码来验证两者的差异：

```
# 特殊值的问题
x <- c(1,3,NA,5,7,NA,9,11)
y <- c(2,NULL,4,NULL,6,8,10)
# 分别统计两个向量中元素的个数
length(x)
out:8
length(y)
out:5
```

如上结果所示，向量 x 实际包含 8 个元素，通过 length 函数输出 8，没有问题，说明一个 NA 代表一个实际的元素；向量 y 实际包含 7 个元素，但是通过 length 函数输出 5，说明其中的两个 NULL 并不算作实际的元素，是虚无的对象。

尽管 NULL 是虚无的对象，但是它往往可用作变量的初始值，例如在 1.5.1 节中所介绍的历史天气网页链接生成的例子中，将变量 urls 的初始值设置为 NULL。

另外，缺失值 NA 可以出现在任何数据类型的变量中，代表名正言顺的缺失。另一种类似缺失值的表示方法为空白符（一对引号内没有任何数据）。它也比较常见，但是并非实际的缺失，而是字符型的空白（如一个或多个空格）。对于空白符问题，建议读者将其转换为真实的 NA，进而可以基于 NA 做缺失值处理。

1.5.4 向量的因子化转换

通常字符型变量也称为离散型变量或类别变量，它们的值具有可枚举性。对于类别变量来说，还可以具体分为名义变量和有序变量，其中名义变量是不分高低等级的，例如性别、省份、颜色等；有序变量则存在先后顺序，如学历、收入等级、岗位级别等。不幸的是，计算机无法理解这些有序或无序的类别变量，故需要人为告知计算机这些类别变量是名义变量还是有序变量。

相比于其他常用的统计编程工具来说（如 Eviews、Python 或 SAS），R 语言对字符型变量有一种特殊的类型，即因子，可以通过因子转换实现名义变量和有序变量的区分。因子转换的实现可以使用 R 语言自带的 factor 函数，有关该函数的用法和参数含义如下：

```
factor(x = character(), levels, labels = levels,exclude = NA, ordered =
is.ordered(x))
```

- **x**：指定待转换为因子的离散型变量，该函数对x参数并没有过多的限制，只需要x中的值可转换为字符串和可排序即可。
- **levels**：指定唯一的水平值向量，即x参数中离散变量的不同值，该参数可以结合ordered参数实现有序因子的创建。
- **labels**：通过该参数可以为不同的水平值指定不同的标签，需要与levels参数值的顺序一致。
- **exclude**：指定哪些水平值需要剔除在外，如果是多个水平值，就需要以向量的形式传递。
- **ordered**：bool类型的参数，是否按照levels参数指定的水平值顺序排序，默认为FALSE。

为使读者理解并掌握有关向量的因子化转换，将如上介绍的 factor 函数应用到几个具体的实例中，代码如下：

```
# 向量的因子化转换
# 性别变量
gender <- c('男','女','女','女','男','女','男','男','女','女')
# 数据类型
class(gender)
out: "character"
# 因子化转换
factor(x = gender)
out: 男 女 女 女 男 女 男 男 女 女
     Levels: 男 女

# 受教育水平变量
edu <- c('高中','本科','本科','本科','硕士','本科','博士','高中','本科','硕士')
# 数据类型
class(edu)
out: "character"
# 因子化转换
factor(x = edu)
out: 高中 本科 本科 本科 硕士 本科 博士 高中 本科 硕士
     Levels: 本科 博士 高中 硕士
# 有序因子
factor(x = edu, levels = c('高中','本科','硕士','博士'),ordered = TRUE)
out: 高中 本科 本科 本科 硕士 本科 博士 高中 本科 硕士
     Levels: 高中 < 本科 < 硕士 < 博士
```

如上代码中的输出结果所示，对于无序的性别变量只需要使用factor函数的x参数，进而得到两个水平的名义变量；对于有序的学历变量来说，则需要使用 factor 函数的 x 参数、levels 参数和 ordered 参数，最终得到四水平的有序变量。

1.5.5 基于向量的常用函数

正如前文所说，向量是比较常见的数据处理和应用对象，难免会有很多的常用运算符和函数，如数学运算符、比较运算符、统计函数、字符函数和日期时间函数等。考虑到本书篇幅的限制，这里将常用的函数罗列在表 1.5 中。

表 1.5 向量函数

<table>
<tr><th>类型</th><th>名称</th><th>含义</th><th>重要参数</th></tr>
<tr><td rowspan="2">数学运算符</td><td>+、-、*、/</td><td>四则运算</td><td></td></tr>
<tr><td>%%、%/%、**</td><td>余数、整除和幂指数运算</td><td></td></tr>
<tr><td rowspan="3">比较运算符</td><td>>、>=、<、<=</td><td>大于（等于）、小于（等于）</td><td></td></tr>
<tr><td>==、!=</td><td>等于和不等于的判断</td><td></td></tr>
<tr><td>%in%</td><td>成员关系的判断，如 A %in% B，表示 A 中的元素是否包含在 B 中</td><td></td></tr>
<tr><td rowspan="3">逻辑运算符</td><td>|、&、!</td><td>或、且、非</td><td></td></tr>
<tr><td>any、all</td><td>任意真即为真、任意假即为假</td><td></td></tr>
<tr><td>ifelse</td><td>二分支判断，类似于 Excel 中的 if 函数</td><td>test 指定某个条件表达式</td></tr>
<tr><td rowspan="5">数学函数</td><td>ceiling、floor</td><td>向上取整、向下取整</td><td></td></tr>
<tr><td>round</td><td>四舍五入</td><td>digits 指定小数位个数</td></tr>
<tr><td>exp</td><td>指数函数e^x</td><td></td></tr>
<tr><td>log2、log10</td><td>默认以 2 和 10 为底的对数</td><td></td></tr>
<tr><td>log</td><td>可指定任意底的对数</td><td>base 指定对数的底</td></tr>
<tr><td rowspan="13">统计函数</td><td>min、max</td><td>计算向量元素的最小（大）值</td><td>na.rm 指定是否剔除缺失值</td></tr>
<tr><td>sum</td><td>计算向量元素的和</td><td>同上</td></tr>
<tr><td>mean</td><td>计算向量元素的均值</td><td>同上</td></tr>
<tr><td>median</td><td>计算向量元素的中位数</td><td>同上</td></tr>
<tr><td>sd、var</td><td>计算向量元素的标准差和方差</td><td>同上</td></tr>
<tr><td>IQR</td><td>计算向量的四分位差，即上四分位数与下四分位数的差</td><td>同上</td></tr>
<tr><td>range</td><td>同时返回向量的最小值和最大值</td><td>同上</td></tr>
<tr><td>quantile</td><td>默认计算向量的 5 个分位数</td><td>na.rm、probs 指定分位点</td></tr>
<tr><td>length</td><td>计算向量元素的个数</td><td></td></tr>
<tr><td>colSkewness</td><td>计算向量元素的偏度</td><td>来源于 timeSeries 包</td></tr>
<tr><td>colKurtosis</td><td>计算向量元素的峰度</td><td>同上</td></tr>
<tr><td>cumsum</td><td>计算向量元素的累计和</td><td></td></tr>
<tr><td>cumprod</td><td>计算向量元素的累计积</td><td></td></tr>
</table>

（续表）

类型	名称	含义	重要参数
字符函数	nchar	统计字符串的字符个数	
	substr	截断字符串的子串	start 截断的开始位置，end 截断的结束位置
	trimws	清除字符串首尾空白	which 指定清除字符串的首、尾或首尾位置的空白
	strsplit	分隔字符串	split 指定分隔符
日期时间函数	Sys.Date()	返回系统日期	
	Sys.time()	返回系统日期时间	
	as.Date	日期类型的转换	format 指定日期格式
	is.Date	日期类型的判断	
	parse_date_time	日期类型的转换	orders 指定日期格式
	year、moth、day	取出日期中的年、月、日	
	hour、minute、second	取出时间中的时、分、秒	
	quarter	返回日期所对应的季度	
	week、weekdays	返回日期所对应的周数和工作日	
	interval	将两个日期设置为区间形式	
	time_length	计算两个日期间的时间差	
排序函数	sort	向量元素的排序	decreasing 指定是否降序排序
	order	向量索引的排序	同上

1.6 矩阵的构造

通常意义上的矩阵主要指二维矩阵，由列和行两个维度构成。其中矩阵的行或列实质上就是由多个同质的向量构成的(构成矩阵元素的数据类型是数值型、字符型、日期时间型或布尔型中的一个）。在R语言中，可以借助matrix函数构造矩阵，或者通过as.matrix函数将数据框强制转换为矩阵。关于这两个函数的用法和参数含义如下：

```
matrix(data = NA, nrow = 1, ncol = 1, byrow = FALSE,dimnames = NULL)
as.matrix(x, rownames.force = NA)
```

- **data**：指定一个用于构造矩阵的一维向量。
- **nrow**：指定矩阵的行数，默认为1行。
- **ncol**：指定矩阵的列数，默认为1列。
- **byrow**：bool类型的参数，指在矩阵构造过程中元素是否按照行风格填充，默认为FALSE。
- **dimnames**：用于设置矩阵的行和列的名称，需将行、列名称以列表的形式传递给该参数。

- **x**：指定一个数据框，并将其强制转换为矩阵。
- **rownames.force**：bool类型的参数，将x强制转换为矩阵后，矩阵是否包含字符型的列名称，默认为NA，表示矩阵列名称与数据框变量名称一致。

不妨利用上面介绍的 matrix 函数构造以下两种不同风格的矩阵：

```
# 利用 matrix 构造矩阵
Vector <- c(1,3,5,7,9,11,2,4,6,8,10,12)
# 按列风格填充矩阵元素，构造 4×3 的矩阵
mat1 <- matrix(data = Vector, # 指定构造矩阵的数值向量
            ncol = 3 # 指定矩阵的列数为 3，此时 nrow 参数可以不用指定
            )
# 返回矩阵 mat1
mat1
     [,1]  [,2]  [,3]
[1,]    1    9    6
[2,]    3   11    8
[3,]    5    2   10
[4,]    7    4   12

# 按行风格填充矩阵元素，构造 4×3 的矩阵，并添加矩阵的行和列名称
# 指定矩阵的行数为 4，此时 ncol 参数可以不用指定
mat2 <- matrix(data = Vector, nrow = 4,
            byrow = TRUE, # 要求矩阵的元素按行风格填充
            # 指定矩阵的行列名称
            dimnames = list(c('A','B','C','D'), c('first','second','third'))
            )
# 返回矩阵 mat2
mat2
  first  second  third
A     1       3      5
B     7       9     11
C     2       4      6
D     8      10     12
```

如上代码所示，矩阵 mat1 的构造是按照列的方式填充，即首先将向量 Vector 中的元素填充完矩阵的第一列再填充第二列，以此类推，直到元素填完为止；矩阵 mat2 的构造则是按照行的方式填充，从矩阵的输出结果就可以发现其中的规律；除此之外，还通过 dimnames 参数为矩阵 mat2 添加了行名称和列名称。

需要注意的是，如果用于构造矩阵的数值个数少于矩阵的行数×列数，则参数 data 中的向量元素将被循环使用。不妨使用下面的例子加以说明：

```
# 利用向量 Vector 构造 5×3 的矩阵
mat3 <- matrix(data = Vector, nrow = 3, ncol = 5, byrow = TRUE,
             dimnames = list(c('R1','R2','R3'),c('C1','C2','C3','C4','C5')))
# 返回矩阵 mat3
```

```
mat3
   C1  C2  C3  C4  C5
R1  1   3   5   7   9
R2  11  2   4   6   8
R3  10  12  1   3   5
```

1.6.1 矩阵索引的使用

矩阵索引与 1.5.2 节中介绍的向量索引非常相似，所不同的是向量索引是基于一维数据的索引，而矩阵索引是基于二维数据的索引，它的使用方法为“[row_index, col_index]”。其中，row_index 控制矩阵的哪些行需要取出来，col_index 控制矩阵的哪些列需要取出来。为了简单起见，这里举几个例子加以说明：

```
# 矩阵索引的使用
mat4 <- matrix(1:24, ncol = 4)
mat4
     [,1]  [,2]  [,3]  [,4]
[1,]    1     7    13    19
[2,]    2     8    14    20
[3,]    3     9    15    21
[4,]    4    10    16    22
[5,]    5    11    17    23
[6,]    6    12    18    24
# 取出第 3 行的数据
mat4[3,]
out: 3  9  15  21
# 取出第 2 列的数据
mat4[,2]
out: 7  8  9  10  11  12
# 取出第 3 行第 2 列的数据
mat4[3,2]
out:9
# 取出 2~5 行，2~3 列的数据
mat4[2:5,2:3]
out:
     [,1]  [,2]
[1,]    8   14
[2,]    9   15
[3,]   10   16
[4,]   11   17
# 取出奇数行偶数列的数据
mat4[1:dim(mat4)[1] %% 2 == 1, 1:dim(mat4)[2] %% 2 == 0]
out:
     [,1]  [,2]
[1,]    7   19
```

```
[2,]    9   21
[3,]   11   23
```

如上代码所示，如需取出矩阵中的单行或单列，则索引中对应的 col_index 或 row_index 不需要写值。代码中的 dim 函数以向量的形式返回矩阵的行数和列数，其中 dim(mat4)[1]表示仅返回矩阵 mat4 的行数。

1.6.2 基于矩阵运算的常用函数

数据挖掘算法的背后都会涉及有关矩阵的运算，例如矩阵乘法、转置、特征根/特征向量的计算、SVD 分解等。尽管 R 语言的第三方包实现了几乎所有的挖掘算法，但是在实际的学习或工作中也免不了矩阵相关的运算。考虑到篇幅的限制，这里将常用的矩阵运算符或函数汇总如表 1.6 所示。

表 1.6 基于矩阵的运算函数

运算符或函数	含义	重要参数
+、-、*、/	矩阵之间对应元素的四则运算	
%*%	矩阵 ***A*** 和 ***B*** 的乘法，要求 ***A*** 的列数与 ***B*** 的行数一致	
t	矩阵转置的函数	
det	矩阵行列式的计算	
solve	计算矩阵的逆	a%*%x=b，参数 b 默认为单位矩阵，如果指定 b 的其他值，则用于求解线性方程组的解
diag	返回矩阵的主对角线元素，或将向量元素构造为矩阵的主对角线	
sum(diag(A))	计算矩阵的迹	
eigen	计算矩阵的特征值和特征根	
svd	矩阵的奇异值分解	
dim	以向量的形式返回矩阵的行数与列数	
ncol	返回矩阵的列数	
nrow	返回矩阵的行数	

1.7 数据框的构造及常用函数

1.7.1 构造数据框

不管是向量还是矩阵，它们的元素都是同质的，不可能掺杂各种数据类型，但数据框并没有元素同质的要求。数据框指的是数据表，而表中不同的字段可以是不同的数据类型，所以构成数据框各字段的其实是不同数据类型的向量。数据框的构造有两种途径：一种是利用

data.frame 函数手动创建或者利用 as.data.frame 函数将矩阵或列表强制转换为数据框；另一种是读取外部数据时而形成的数据框（外部数据的读取可参考第 2 章）。data.frame 和 as.data.frame 函数的用法及参数含义如下：

```
data.frame(..., row.names = NULL, check.rows = FALSE,
           check.names = TRUE, fix.empty.names = TRUE,
           stringsAsFactors = default.stringsAsFactors())
as.data.frame(x, row.names = NULL)
```

- **...**：指定多个长度相等的向量，用于构造数据框。
- **row.names**：指定数据框的行名称，默认为1到*n*的整数。
- **check.rows**：bool类型的参数，是否检查行名称row.names与数据框的行数一致，默认为FALSE。
- **check.names**：bool类型的参数，是否检查数据框列名称的合理性和重复性，默认为TRUE。
- **fix.empty.names**：bool类型的参数，如果数据框没有列名称，是否将其修正为V1、V2……，默认为TRUE。
- **stringsAsFactors**：bool类型的参数，是否将字符串向量强制转换为因子型向量，默认为TRUE。
- **x**：指定待转换为数据框的对象，可以是列表，也可以是矩阵。

如下代码所示，利用 data.frame 函数可以将几个向量组合为数据框：

```
# 手动构造学生信息的向量
id <- 1:11
name <- c('王磊','高强','王敏','刘通','宋敏月','张晓华',
        '赵万民','李刚','王欢','李德亮','张淑梅')
birthday <- c('1989/7/16','1990/3/12','1992/8/15','1991/9/19',
           '1993/4/17','1987/6/13','1994/4/21','1990/3/7',
           '1990/12/3','1989/8/18','1993/7/19')
gender <- c('男','男','女','男','女','女','男','男','男','男','女')
height <- c(167,172,168,169,173,175,180,169,178,189,167)
weight <- c(65.3,70.2,55.8,70.4,68.9,67.4,74.7,70.5,77.8,85.6,53.8)

# 将向量组合为数据框
stu_info <- data.frame(id,name,birthday,gender,height,weight)

# 数据预览
View(stu_info)
```

结果如图 1.13 所示。

	id	name	birthday	gender	height	weight
1	1	王磊	1989/7/16	男	167	65.3
2	2	高强	1990/3/12	男	172	70.2
3	3	王敏	1992/8/15	女	168	55.8
4	4	刘通	1991/9/19	男	169	70.4
5	5	宋敏月	1993/4/17	女	173	68.9
6	6	张晓华	1987/6/13	女	175	67.4
7	7	赵万民	1994/4/21	男	180	74.7
8	8	李刚	1990/3/7	男	169	70.5

图 1.13　手动构造的数据框

上例利用 data.frame 函数方便地将 6 个向量组合为一张数据表，并且表中的字段包含字符型、数值型和日期型。需要注意的是，组合为数据框的向量必须要求元素个数相等，否则会返回错误信息。

1.7.2　基于数据框的常用函数

当读者将数据读入到 R 语言环境中时，往往需要对数据框做一些简单的探索和预处理，例如查看数据的数据量、概览信息、数据子集以及衍生新变量等。考虑到数据框在 R 语言中的重要性，本节将通过实例对数据框的常用函数（见表 1.7）做详细说明。

表 1.7　数据概览函数

函数	含义
str	查看数据框的结构，包括行数、列数及各变量的数据类型
summary	查看数据的统计信息，包括最小值、最大值、四分位数、频数等
names	返回数据框的变量名
dim	返回数据框的行列数
nrow/ncol	仅返回数据框的行数/列数
class	返回某个对象所属的数据结构、数据类型等

以上一节构造的学生信息表 stu_info 为例，对如上的几个函数加以应用，可进一步理解函数的功能和含义。

```
# 查看数据框的结构
str(stu_info)
```

返回结果如图 1.14 所示。

```
'data.frame':   11 obs. of  6 variables:
 $ id      : int  1 2 3 4 5 6 7 8 9 10 ...
 $ name    : Factor w/ 11 levels "高强","李德亮"
 $ birthday: Factor w/ 11 levels "1987/6/13","
 $ gender  : Factor w/ 2 levels "男","女": 1 1
 $ height  : num  167 172 168 169 173 175 180
 $ weight  : num  65.3 70.2 55.8 70.4 68.9 67.
```

图 1.14　数据结构的呈现结果

该数据框一共包含 11 条记录、6 个变量，其中变量 id、height 和 weight 为数值型变量，其余变量均为因子型的离散变量。如需转换变量 birthday 的数据类型为日期型，可以使用下方的代码：

```
# 转换 birthday 的数据类型
stu_info$birthday <- as.Date(stu_info$birthday)str(stu_info)
# 重新查看各变量的数据类型
str(stu_info)
```

返回结果如图 1.15 所示。

```
'data.frame':   11 obs. of  6 variables:
 $ id      : int  1 2 3 4 5 6 7 8 9 10 ...
 $ name    : Factor w/ 11 levels "高强","李德亮",..
 $ birthday: Date, format: "1989-07-16" "1990-03
 $ gender  : Factor w/ 2 levels "男","女": 1 1 2 1
 $ height  : num  167 172 168 169 173 175 180 169
 $ weight  : num  65.3 70.2 55.8 70.4 68.9 67.4 7
```

图 1.15　数据结构的呈现结果

在如上代码中，stu_info$birthday 表示取出数据框 stu_info 中的 birthday 列，数据框与变量之间的连接符为美元符号“$”。

```
# 查看数据框的统计信息
summary(stu_info)
```

返回结果如图 1.16 所示。

```
      id            name        birthday             gender     height          weight
 Min.   : 1.0   高强    :1   Min.   :1987-06-13   男:7   Min.   :167.0   Min.   :53.80
 1st Qu.: 3.5   李德亮 :1   1st Qu.:1989-11-26   女:4   1st Qu.:168.5   1st Qu.:66.35
 Median : 6.0   李刚    :1   Median :1990-12-03          Median :172.0   Median :70.20
 Mean   : 6.0   刘通    :1   Mean   :1991-03-21          Mean   :173.4   Mean   :69.13
 3rd Qu.: 8.5   宋敏月 :1   3rd Qu.:1992-12-15          3rd Qu.:176.5   3rd Qu.:72.60
 Max.   :11.0   王欢    :1   Max.   :1994-04-21          Max.   :189.0   Max.   :85.60
                (Other):5
```

图 1.16　数据概览的呈现结果

如上结果所示，对于因子型的离散变量 name 和 gender，summary 函数会统计各水平值的频次，对于所有非因子型变量，则计算它们的 6 个统计值，分别是最小值、下四分位数、中位数、平均值、上四分位数和最大值。通过简单的 summary 函数可以使读者对数据做到大致的心中有数。

尽管 str 函数和 summary 函数可以返回数据框的结构信息和概览信息，但是无法从中取出对应的数值，例如无法从 str 函数的结果中提取出数据框的行列数，并保存到新的变量中。为了弥补这样的缺陷，可以使用下方的函数案例完成任务：

```
# 返回数据框各列的名称
names(stu_info)
out: "id"    "name"    "birthday"    "gender"    "height"    "weight"
# 返回数据框的行列数
```

```
dim(stu_info)
out: 11  6
nrow(stu_info)
out: 11
ncol(stu_info)
out: 6
# 返回数据框各列的数据类型
sapply(X = stu_info, FUN = class)
out:
 id         name      birthday   gender    height     weight
"integer"  "factor"    "Date"    "factor"  "numeric"  "numeric"
```

如上结果所示，全都是以向量的形式返回数据框的相关信息。其中，sapply 函数为类分布式运算函数，关于该函数的详细说明可参考 1.11.3 节。数据引用和处理函数如表 1.8 所示。

表 1.8　数据引用和处理函数

符号或函数	含义
head/tail	预览数据的前/后 *N* 行
$	从数据框中提取某列或从列表中提取某个元素
[]	通过索引的方式提取数据框的子集
subset	按照某些条件提取数据框的子集
transform	基于数据框衍生新变量
rbind/cbind	多个矩阵或数据框之间的行合并与列合并

仍然以学生信息表 stu_info 为例，介绍表 1.8 中提到的几个函数：

```
# 使用“$”符号提取学生信息表中的姓名一列，并返回前 6 个元素
head(stu_info$name)
out:
王磊    高强    王敏    刘通    宋敏月 张晓华
11 Levels: 高强 李德亮 李刚 刘通 宋敏月 王欢 王磊 王敏 ... 赵万民
```

对于数据框来说，利用美元符号“$”只能返回数据框的某列内容，如需返回数据框的多列内容，可以使用索引方法。代码如下：

```
# 使用“[]”符号提取学生信息表中的姓名、出生日期和性别三列，并返回末尾 6 行
tail(stu_info[,c('name','birthday','gender')])
```

返回结果如图 1.17 所示。

```
     name    birthday gender
6  张晓华 1987-06-13     女
7  赵万民 1994-04-21     男
8    李刚 1990-03-07     男
9    王欢 1990-12-03     男
10 李德亮 1989-08-18     男
11 张淑梅 1993-07-19     女
```

图 1.17　查看数据的末尾 6 行

数据框的索引方法与矩阵索引的使用完全一致，“[row_index,col_index]”中的 row_index 控制数据框的哪些行需要返回，col_index 控制数据框的哪些列需要返回（既可以写具体的字段名称，也可以写字段所对应的位置，如 c(2,3,4)）。

```
# 从学生信息表中筛选出身高不低于 170 的男生
subset(x = stu_info, subset = gender == '男' & height >= 170)
```

返回结果如图 1.18 所示。

```
   id   name   birthday gender height weight
2   2   高强 1990-03-12     男    172   70.2
7   7 赵万民 1994-04-21     男    180   74.7
9   9   王欢 1990-12-03     男    178   77.8
10 10 李德亮 1989-08-18     男    189   85.6
```

图 1.18　数据子集的筛选

subset 函数专门用于数据子集的获取，该函数有 3 个重要的参数，其中参数 x 用于指定需要处理的数据框；参数 subset 用于设置数据筛选的条件；select 参数则用来选择数据框中的哪些变量需要保留（默认保留所有变量）。

```
# 基于学生的身高和体重，衍生出身体质量指数 BMI
stu_info <- transform(stu_info, BMI = weight/(height/100)**2)
# 数据预览
View(stu_info)
```

返回结果如图 1.19 所示。

	id	name	birthday	gender	height	weight	BMI
1	1	王磊	1989-07-16	男	167	65.3	23.41425
2	2	高强	1990-03-12	男	172	70.2	23.72904
3	3	王敏	1992-08-15	女	168	55.8	19.77041
4	4	刘通	1991-09-19	男	169	70.4	24.64900
5	5	宋敏月	1993-04-17	女	173	68.9	23.02115
6	6	张晓华	1987-06-13	女	175	67.4	22.00816
7	7	赵万民	1994-04-21	男	180	74.7	[illegible]

图 1.19　衍生变量的生成

如图 1.19 所示，学生信息表（stu_info）中新增了 BMI 变量，它是借助于 transform 函数完成的。对于新变量的衍生，既可以使用 transform 函数，也可以使用下面的方法：

```
stu_info$ BMI <- stu_info$weight/( stu_info$height/100)**2
```

尽管这两种方法都比较好用，但是笔者更偏向于函数方法，因为它相对简洁，不需要在变量前添加“stu_info$”。

1.8 列表的构造及索引的使用

1.8.1 列表的构造

列表类似于一个大熔炉，可以存储任意一种数据对象，可以是常数、向量、矩阵、数据框以及嵌套的列表。与前面所介绍的几种数据结构不同的是，列表的元素没有同质性、行数相同等约束。在构造列表时，需要使用 list 函数，举例如下：

```
# 创建组成列表元素的对象
constant <- 27
vector <- c('本科','本科','硕士','本科','博士')
mat <- matrix(data = 1:9, ncol = 3)
df <- data.frame(id = 1:5, age = c(23,25,28,25,26),
                 gender = c('男','男','女','女','女'),
                 income = c(12500,8500,13000,15000,9000))
# 构造列表
list_object <- list(A = constant, vector, C = mat, D = df)
# 返回列表
list_object
out:
$'A'
[1] 27

[[2]]
[1] "本科" "本科" "硕士" "本科" "博士"

$C
     [,1] [,2] [,3]
[1,]    1    4    7
[2,]    2    5    8
[3,]    3    6    9

$D
  id age gender income
1  1  23     男  12500
2  2  25     男   8500
3  3  28     女  13000
4  4  25     女  15000
5  5  26     女   9000
```

如上结果所示，列表中包含了 4 个元素，分别是常数、字符型向量、矩阵和数据框。需要注意的是，在构造列表时，第二个元素并没有将 vector 传递给一个新的变量名，这样就导致第二个元素的输出是以“[[2]]”作为名称的。

1.8.2 列表索引的使用

列表的索引有 3 种形式，分别是单中括号“[]”、双中括号“[[]]”和美元符号“$”，它们的区别在于返回的元素是列表型数据结构还是其本身的数据结构。下面可以通过简单的例子说明它们之间的区别：

```
# 返回列表中的元素，并检查它们的数据结构
first <- list_object[1]
class(first)
out: "list"

second <- list_object[[2]]
class(second)
out: "character"

third <- list_object[[3]]
class(third)
out: "matrix"

fourth <- list_object$D
class(fourth)
out: "data.frame"
```

如上结果所示，第一个元素通过单中括号的索引方式返回列表型对象；第二个元素通过双中括号的索引方式返回字符型的向量；第三个元素通过双中括号的索引方式返回矩阵型对象；第四个元素通过美元符号的索引方式返回数据框对象。

所以，规律就很明显了，如果使用单括号的索引方式，返回的一定是列表型对象，而非元素的原始结构；如果使用双括号的索引或美元符号的索引方式，返回的一定是元素的原始结构。需要注意的是，如果列表元素有名称，如 list_object 中的 A、C 和 D，则既可以使用双括号也可以使用美元符号返回原始的数据结构；如果列表元素没有名称，而是类似于 list_object 中的[[2]]，则只能使用双括号的索引方式返回原始的数据结构。

1.9 控制流语句及自定义函数

R 语言中的控制流语句和其他编程软件控制流相似，主要包含 if 分支、for 循环和 while 循环，而且控制流的使用非常频繁，例如分不同情况执行不同的内容就可以使用 if 分支完成；对每一个对象做相同的操作可以使用 for 循环实现；当无法确定循环的对象是什么时，还可以使用 while 循环完成重复性的操作。下面就详细介绍 if 分支、for 循环和 while 循环的具体使用说明。

1.9.1 if 分支

if 分支是用来判别某个条件是否满足时所对应的执行内容，常见的分支类型有二分支类型和多分支类型。二分支是指条件只有两种情况，例如年龄是否大于 18 周岁、收入是否超过 15000 元等；多分支是指条件个数超过两种，例如将考试成绩分成合格、良好和优秀三种等级，年龄分为少年、青年、中年和老年 4 个阶段。可以将 if 分支形象地表示成图 1.20。

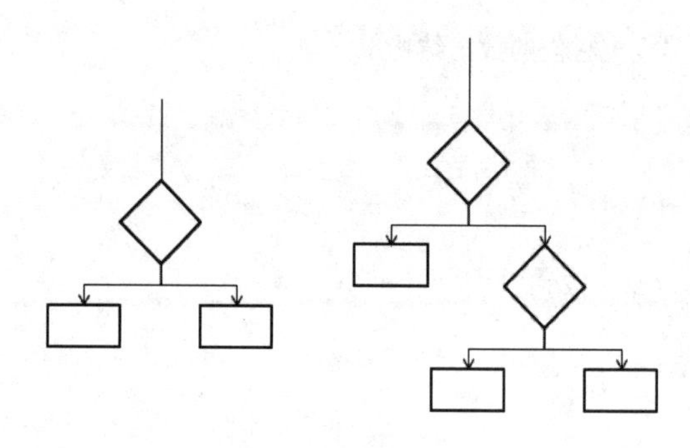

图 1.20 if 分支结果示意图

在图 1.20 中，菱形代表条件，矩形代表不同条件下执行的语句块。左图展示的是二分支的情况，右图为三分支的判断风格。在 R 语言中，二分支和三分支的语法可以写成如表 1.9 的形式。

表 1.9 if 分支语法

二分支语法	三分支语法

if (condition){
 expression1
} else {
 expression2
}
	if (condition1){
	 expression1
	} else if (condition2){
	 expression2
	} else{
	 expression3
	}

关于上面的语法，有如下 4 点需要说明：

（1）if 分支的条件部分 condition 必须使用一对小圆括号将其括起来。

（2）满足 if 或 else if 或 else 条件的代码执行部分，需要使用一对大括号将其括起来。

（3）else if 后面的条件其实是基于上一个判断条件的反面再附加的约束条件，故在写条件 condition 时无须将上一个条件的反面写出来。

（4）else 关键词后面不需要添加任何条件，因为其本身就代表了所有剩余的情况。

针对上面的语法，通过简单的例子来加以说明，希望读者能够比较好地理解 if 分支的语法和注意事项，如表 1.10 所示。

表 1.10 if 分支的应用案例

二分支：返回一个数的绝对值	多分支：返回成绩对应的等级

x <- 10
if (x >=0){
  print(x)
} else{
  print(-x)
}
 	
out:
10
	score <- 78
	if (score<60){
	  print('不及格')
	} else if (score <=70){
	  print('及格')
	} else if (score <= 85){
	  print('良好')
	} else {
	  print('优秀')
	}
	
	out:
	良好

1.9.2 for 循环

循环的目的一般都是为了解决重复性的工作，如果你需要对数据集中的每一行做相同的处理，但不使用循环，就会导致代码量剧增，而且都是无意义的重复代码。如果使用循环的语法解决类似上面的问题，那么也许只要 10 行左右的代码即可，既保证代码的简洁性，又保证问题的解决。为了使读者形象地理解 for 循环的操作流程，这里将其表示为图 1.21 所示的效果。

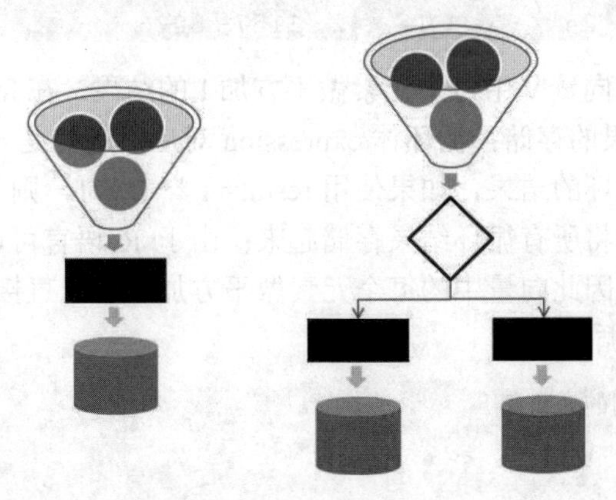

图 1.21 for 循环示意图

对于 for 循环来说，就是把可迭代对象中的元素（如列表中的每一个元素）通过漏斗的小口依次倒入到之后的执行语句中。图 1.21 中的漏斗代表可迭代对象；小球代表可迭代对象中的元素；黑框是对每一个元素的具体计算过程；菱形是需要对每一个元素做条件判断；圆柱体则存放了计算后的结果。

对于左图来说，直接将漏斗中的每一个元素进行某种计算，最终把计算结果存储起来；右图相对复杂一些，多了一步计算前的判断，需要 if 分支和 for 循环搭配完成，然后将各分支的结果进行存储。

根据上面的两幅 for 循环示意图，将 R 语言中两类常用 for 循环的语法展示在表 1.11 中。

表 1.11　for 循环语法

无 if 分支的循环	含 if 分支的循环

for (i in iterable){
  expression
}
	for (i in iterable){
	  if (condition){
	    expression1
	  } else{
	    expression2
	  }
	}

接下来运用两个简单的例子对上面两类 for 循环的语法进行测试。

```
# 将向量中的每个元素做平方加 1 处理
V <- c(1,1,2,3,5,8,13,21,34,55)
result <- NULL
for (i in V){
  result = c(result, i ** 2 + 1)
}

# 返回结果 result
result

out:
2   2   5  10  26  65  170  442  1157  3026
```

如上展示的就是对向量 V 中每个元素做平方加 1 的结果，在 for 循环之前先构造了空值对象 result，用于计算结果的存储；循环体 expression 对应的语句是 result = c(result, i ** 2 + 1)，这是为了保存每一轮循环的结果，如果使用 result= i ** 2 + 1，则下一轮循环结果都会覆盖上一轮的结果，进而无法将所有循环结果存储起来；由于 R 语言可以执行向量化运算，即将向量直接当作常量运算，因此向量中的每个元素做平方加 1 可以直接写成 V**2 + 1。下面再看一个有判断条件的 for 循环用法。

```
# 计算 1 到 100 之间的偶数和
tot_sum <- 0
for (i in 1:100){
  if (i %% 2 == 0){
    tot_sum = tot_sum + i
  } else{
    next
  }
}

# 返回偶数和
tot_sum
```

```
out:
2550
```

如上结果所示，通过 for 循环可以非常方便地计算出所有 1 到 100 之间的偶数和。对于上面的 R 代码有如下 4 点说明：

（1）在进入循环之前必须定义一个变量，并将 0 赋值给 tot_sum，目的用于和的累加。

（2）1 到 100 的生成可以借助于前面的知识点，通过英文状态下的冒号生成指定范围的向量。

（3）判断一个数值是否为偶数，就将该数值与 2 相除求其余数，如果余数等于 0 则为偶数，否则为奇数，所以用%%表示计算两个数商的余数，判断余数是否等于 0，用双等号(==)表示。

（4）由于计算的是偶数和，因此 if 分支属于二分支类型，这里只关心偶数的和，对于 else 部分直接使用关键词 next，表示结束本轮循环并进入下一轮循环。当然，也可以省略掉 else 部分的判断和执行。

1.9.3 while 循环

while 循环与 for 循环有一些相似之处，有时 for 循环的操作和 while 循环的操作是可以互换的。但在作者看来，while 循环更适合无具体迭代对象的重复性操作，这句话理解起来可能比较吃力，下面通过一个比较形象的例子来说明两者的差异。

当你登录某手机银行 APP 账号时，一旦输入错误，就会告知用户还剩几次输入机会，很明显，其背后的循环就是限定用户只能在 *N* 次范围内完成正确的输入，否则当天就无法再进行用户名和密码的输入，对于 for 循环来说，就有了具体的迭代对象，如从 1 到 *N*；当你在登录某邮箱账号时，输入错误的用户名或密码，只会告知“您的用户名或密码错误”，并不会限定还有几次剩余的输入机会，所以对于这种重复性的输入操作，对方服务器是不确定用户将会输入多少次才会正确，对于 while 循环来说，就相当于一个无限次的循环，除非用户输入正确为止。

首先来了解一下 while 循环在 R 语言中的语法表达：

```
while (condition1){
  if (condition2){
    expression1
   } else if(condition3){
    expression2
   } else{
    expression3
   }
}
```

当 while 关键词后面的条件满足时，将会重复执行第二行开始的所有语句块；一般情况下，while 循环都会与 if 分支搭配使用，就像 for 循环与 if 分支搭配一样，如上的 while 循环语法中内嵌了三分支的 if 判断，读者可以根据具体的情况调整分支的个数。针对上文提到的两种账号登录模式，进一步通过实例代码来比较 for 循环和 while 循环的操作差异，如表 1.12 所示。

表 1.12 for 循环与 while 循环案例对比

<table>
<tr><th>for 循环</th><th>while 循环</th></tr>
<tr><td><pre>
# 使用 for 循环登录某手机银行 APP
for (i in 1:5){
  user = readline('请输入用户名：')
  password = readline('请输入密码：')
  if (user == 'test' & password == 'you_guess'){
    print('登录成功！')
    break
  } else{
    if(i < 5){
      print(paste0('错误！您今日还剩',5-i,'次输入机会。'))
    } else{
      print('请 24 小时后再尝试登录！')
    }
  }
}

out:
请输入用户名：sim
请输入密码：you_guess
错误！您今日还剩 4 次输入机会
请输入用户名：test
请输入密码：you_guess
登录成功！
</pre></td><td><pre>
# 使用 while 循环登录某邮箱账号
while (TRUE){
  user = readline('请输入用户名：')
  password = readline('请输入密码：')
  if (user == 'test' & password == 'you_guess'){
    print('登录成功！')
    break
  } else {
    print('您输入的用户名或密码错误！')
  }
}

out:
请输入用户名：sim
请输入密码：you_guess
您输入的用户名或密码错误！
请输入用户名：liu_sim
请输入密码：you_guess
您输入的用户名或密码错误！
请输入用户名：test
请输入密码：you_guess
登录成功！
</pre></td></tr>
</table>

对如上对比的两组代码做几点解释：

（1）readline 函数可以实现人机交互式的输入，一旦运行，用户填入的任何内容都会以字符型的值赋值给 user 变量和 password 变量。

（2）如果存在多个条件判断，条件之间需要使用逻辑运算符将其连接起来，对于代码中的用户名和密码，必须同时正确才能够登录成功，所以两者使用“且”运算符&连接。

（3）在 while 循环中，while 关键词后面直接跟上 TRUE 值就表示循环将无限次执行，正如用户无限次输入错误的用户名和密码一般，直到输入正确并碰见 break 关键词时才会退出整个循环体。

（4）break 关键字在循环语法中会经常出现，其功能是退出离它最近的循环系统（可能是 for 循环或 while 循环），如表 1.12 代码所示。当正确填入用户名和密码时，就会执行 break 关键字，退出整个循环系统。与 break 类似的另一个关键字是 next，不同的是 next 只是结束循环系统中的当前循环，还得继续下一轮的循环操作，并不会退出整个循环体。

1.10　R 语言中的自定义函数

尽管 R 语言中自带了很多常用的数学函数、统计函数、绘图函数等，甚至下载的第三方包也提供了更多功能的其他函数，但有时还是不能满足学习或工作中的需求，所以需要自定义函数。另外，为了避免重复代码的编写，也可以将常用的代码块封装为函数，在需要时调用函数即可，这样也会使代码显得简洁易读。

R 语言允许用户定义任意功能的函数，所使用到的核心关键词是 function，如下即为 R 语言构造自定义函数的语法：

```
func_name <- function(parameters){
  func_expression
  return(result)
}
```

在如上语法中，func_name 为自定义的函数名称；parameters 为自定义函数所涉及的形参，必须放在一对圆括号内，如果涉及多个参数，就需要使用英文状态下的逗号将其隔开；function_expression 为具体的函数体，根据函数的功能，该表达式可以很简单也可以很复杂；return 关键词用于返回函数的计算结果，如果有多个结果需要返回，可以将其组装到向量中，也可以组装到矩阵、数据框或列表中。

为使读者掌握自定义函数的具体语法，这里编写一段猜数字游戏的自定义函数，代码如下：

```
# 猜数字游戏
guess_number <- function(min_value, max_value){
  # 利用均匀分布函数，随机生成某个指定范围的数，并将其转换为整数
  number <- as.integer(runif(n = 1, min = min_value, max = max_value + 1))
  while (TRUE){
    guess = as.integer(readline(paste0('请在',min_value,'到',max_value,'之间猜
一个数字：')))

    # if 分支判断下一轮应在什么范围内猜数字
    if (guess < number){
    # 如果猜的数字偏小，则将猜的数字赋值给 min_value 参数，用于下一轮的使用
      min_value = guess
      print(paste0('不好意思，你猜的数偏小了！请在',min_value,'到',max_value,'之
间猜一个数！'))
    } else if(guess > number){
      # 如果猜的数字偏大，则将猜的数字赋值给 max_value 参数，用于下一轮的使用
      max_value = guess
      print(paste0('不好意思，你猜的数偏大了！请在',min_value,'到',max_value,'之
间猜一个数！'))
```

```
    } else{
      print('恭喜你猜对了！')
      print('游戏结束！')
      break  # 如果猜对，通过 break 关键词退出整个循环体
    }
  }
}

# 调用函数
guess_number(min_value = 1, max_value = 10)

out:
请在 1 到 10 之间猜一个数字：3
不好意思，你猜的数偏小了！请在 3 到 10 之间猜一个数！
请在 3 到 10 之间猜一个数字：5
"不好意思，你猜的数偏小了！请在 5 到 10 之间猜一个数！
请在 5 到 10 之间猜一个数字：8
"不好意思，你猜的数偏大了！请在 5 到 8 之间猜一个数！
请在 5 到 8 之间猜一个数字：6
"不好意思，你猜的数偏小了！请在 6 到 8 之间猜一个数！
请在 6 到 8 之间猜一个数字：7
"恭喜你猜对了！"
"游戏结束！"
```

如上代码为猜数字游戏，有的读者可能见过（如果你接触过 Python），这里在《Python 简明教程》的基础上做了一定的修改，进而更加“智能”地告知参与游戏的用户可以在什么范围内猜数字。代码中所用到的知识点都是前文介绍的基础内容，同时也对代码的核心部分做了注释，这里就不再赘述每一行代码的含义了。

1.11 巧用 apply 簇函数

R 语言不擅长控制流中的循环操作，尤其是当数据量非常大的时候，循环的次数越多，消耗的时间会越长。如果读者擅长使用apply簇函数实现数据的向量化运算，就可以提高代码的执行速度。本节将介绍几种常用的 apply 簇函数，它们分别是 tapply、apply、lapply 和 sapply。

1.11.1 tapply 函数的使用

tapply 函数用于向量的分组统计，例如计算不同性别之间的平均年龄、各省份的注册人数等。该函数的用法和参数含义如下：

```
tapply(X, INDEX, FUN = NULL, ..., simplify = TRUE)
```

- **X**：指定一个数值型向量，用于汇总统计。
- **INDEX**：指定一个因子型向量，用于数值的分组统计。
- **FUN**：指定某个统计函数。
- **...**：指定FUN的其他参数值。
- **simplify**：bool类型的参数，是否以非列表的形式返回统计结果，默认为TRUE。

不妨以 R 语言中自带的 iris 数据集为例，如果对数据集中的某个数值型变量做 summary 操作，返回的是该变量所有数据的统计描述。如需按照某个因子型变量做分组统计，该如何操作呢？这里以 for 循环和 tapply 为例，分别实现分组统计：

```
# iris 数据集预览
View(iris)
```

返回结果如图 1.22 所示。

	Sepal.Length	Sepal.Width	Petal.Length	Petal.Width	Species
1	5.1	3.5	1.4	0.2	setosa
2	4.9	3.0	1.4	0.2	setosa
3	4.7	3.2	1.3	0.2	setosa
4	4.6	3.1	1.5	0.2	setosa
5	5.0	3.6	1.4	0.2	setosa
6	5.4	3.9	1.7	0.4	setosa

图 1.22　iris 数据集的预览

iris 数据集中包含 5 个变量，其中前 4 个变量均为数值型变量，最后一个变量为花的种类。假设需要按照 Species 变量对 Sepal.Width 做分组统计，代码如下：

```
# for 循环实现分组统计
res <- NULL
# 循环时利用 unique 函数对 Species 变量的值做排重
for (i in as.character(unique(iris$Species))){
  res = rbind(res, summary(subset(x = iris$Sepal.Width, subset = iris$Species
== i)))
}
# 给结果集 res 设置行和列名称
dimnames(res) <- list(unique(iris$Species), colnames(res))
# 返回结果
Res
```

返回结果如图 1.23 所示。

	Min.	1st Qu.	Median	Mean	3rd Qu.	Max.
setosa	2.3	3.200	3.4	3.428	3.675	4.4
versicolor	2.0	2.525	2.8	2.770	3.000	3.4
virginica	2.2	2.800	3.0	2.974	3.175	3.8

图 1.23　iris 数据集的分组统计

```
# tapply 实现分组统计
res2 = tapply(X = iris$Sepal.Width, INDEX = iris$Species, FUN = summary)
res2
```

返回结果如图 1.24 所示，得到了三种花在花萼宽度上的统计差异，例如 setosa 的花萼宽度明显要比 versicolor 的宽度长。从上面的代码来看，尽管利用 for 循环的计算比较好理解，但是代码量要长很多，尤其是当数据量很大时，从一定程度上会影响执行的效率。

```
$`setosa`
   Min. 1st Qu.  Median    Mean 3rd Qu.    Max.
  2.300   3.200   3.400   3.428   3.675   4.400

$versicolor
   Min. 1st Qu.  Median    Mean 3rd Qu.    Max.
  2.000   2.525   2.800   2.770   3.000   3.400

$virginica
   Min. 1st Qu.  Median    Mean 3rd Qu.    Max.
  2.200   2.800   3.000   2.974   3.175   3.800
```

图 1.24　iris 数据集的分组统计

1.11.2　apply 函数的使用

apply 函数用于矩阵轴的统计，这里的轴是指矩阵的列或者行，例如计算矩阵每一列的平均值或者每一行的和。该函数的用法和参数含义如下：

```
apply(X, MARGIN, FUN, ...)
```

- **X**：指定一个待运算的矩阵。
- **MARGIN**：指定矩阵的轴，如果为1，就表示对矩阵的每一行做统计运算；如果为 2，就表示对矩阵的每一列做统计运算。
- **FUN**：指定某个统计函数。
- **...**：指定FUN的其他参数值。

为使读者理解apply函数是如何基于矩阵轴的运算，这里不妨以学生的考试成绩为例，计算每个科目的平均成绩和每个学生的总成绩。这里同样对比 for 循环与 apply 函数的使用差异，进而使读者明白 apply 函数背后的机理。

```
# 学生成绩数据的读入
stu_score <- read.table(file = file.choose(), sep = '\t', header = TRUE)
# 数据预览
View(stu_score)
```

返回结果如图 1.25 所示。

	math	english	chinese	history	physics
1	76	59	100	78	71
2	75	94	83	63	65
3	83	76	92	73	82
4	64	81	100	70	78
5	63	76	98	64	53
6	71	81	87	65	48

图 1.25 学生成绩数据预览

```
# for 循环计算各科目的平均成绩
score_avg <- NULL
for (column in names(stu_score)){
  score_avg = c(score_avg,mean(stu_score[,column]))
}
# 给统计结果添加科目名称
names(score_avg) = names(stu_score)
score_avg
out:
math     english   chinese   history   physics
73.47059 77.82353  91.58824  68.70588  69.76471

# for 循环计算各学生的总成绩
score_tot <- NULL
for (row in 1:nrow(stu_score)){
  score_tot = c(score_tot,sum(stu_score[row,]))
}
score_tot
out: 384 380 406 393 354 352 396 319 414 409 382 381 402 388 388 358 377

# apply 函数的行、列运算
# 将数据框强制转换为矩阵
stu_score_matrix <- as.matrix(stu_score)
avg <- apply(X = stu_score_matrix, MARGIN = 2,FUN = mean)
avg
out:
math     english   chinese   history   physics
73.47059 77.82353  91.58824  68.70588  69.76471

tot <- apply(X = stu_score_matrix, MARGIN = 1, FUN = sum)
tot
out: 384 380 406 393 354 352 396 319 414 409 382 381 402 388 388 358 377
```

apply 函数的运算原理其实与 for 循环一致，不同的是它避开了显式循环，实现了向量化运算。需要注意的是，利用apply函数时被处理的数据X一定是矩阵，故代码中将数据框强制转换为矩阵。代码中关于外部数据的读取，可参考第 2 章内容。

1.11.3 lapply 与 sapply 函数的使用

lapply 函数主要用于向量或列表元素的计算，例如对向量中的每条评论内容做切词操作、计算列表中每个元素的平均值等。sapply 函数是 lapply 函数的升级版，主要体现在结果的展现上，它会返回更加简洁化的结果，还可以用于数据框各列上的统计运算，例如计算数据框中各评分字段的平均值、数据框各字段的数据类型等。这两个函数的用法和参数含义如下：

```
lapply(X, FUN, ...)
sapply(X, FUN, ..., simplify = TRUE)
```

- **X**：指定一个向量、列表或数据框。
- **FUN**：指定某个运算或统计函数。
- **...**：指定FUN的其他参数值。
- **simplify**：bool类型的参数，是否以非列表的形式返回统计结果，默认为TRUE。

下面通过两个具体的案例来说明 lapply 函数和 sapply 函数的使用，第一个案例是对用户的评价内容做切词，第二个案例是从数据框中筛选出所有数值型变量的子集。代码如下：

```
# 下载并加载专用于切词的包 jiebaR
if(!suppressWarnings(require(jiebaR))){
  install.packages('jiebaR')
  require(jiebaR)
}

# 手动构造评论内容的向量
evaluation <- c('那么多快递你不发 非要发黄马甲 真无语 东西还行 买的不下 10 个',
                '质量挺好。外观很漂亮。在外面就能看见家里。图像很清晰。两边都能听到声音。
                 还能当电话用。',
                '整体感觉还不错，录像也很清晰。这个价格能买到这摄像头很划算，很满意',
                '客服很好。宝贝质量好。下次继续光顾')
# 使用 lapply 函数对向量中的每条评论做切词操作
lapply(X = evaluation, FUN = segment, jieba = worker())
out:
[[1]]
 [1] "那么" "多"   "快递" "你"   "不发" "非要" "发黄" "马甲" "真"
[10] "无语" "东西" "还行" "买"   "的"   "不下" "10"   "个"

[[2]]
 [1] "质量"   "挺"     "好"     "外观"   "很漂亮" "在"     "外面"
 [8] "就"     "能"     "看见"   "家里"   "图像"   "很"     "清晰"
[15] "两边"   "都"     "能"     "听到"   "声音"   "还"     "能"
[22] "当"     "电话"   "用"
```

```
[[3]]
 [1] "整体"   "感觉"   "还"     "不错"   "录像"   "也"     "很"
 [8] "清晰"   "这个"   "价格"   "能"     "买"     "到"     "这"
[15] "摄像头" "很"     "划算"   "很"     "满意"

# 也可以使用 sapply 函数
sapply(X = evaluation, FUN = segment, jieba = worker())
out:
$'那么多快递你不发 非要发黄马甲 真无语 东西还行 买的不下10个'
 [1] "那么" "多"   "快递" "你"   "不发" "非要" "发黄" "马甲" "真"
[10] "无语" "东西" "还行" "买"   "的"   "不下" "10"   "个"

$'质量挺好。外观很漂亮。在外面就能看见家里。图像很清晰。两边都能听到声音。还能当电话用。'
 [1] "质量"   "挺"     "好"     "外观"   "很漂亮" "在"     "外面"
 [8] "就"     "能"     "看见"   "家里"   "图像"   "很"     "清晰"
[15] "两边"   "都"     "能"     "听到"   "声音"   "还"     "能"
[22] "当"     "电话"   "用"

$'整体感觉还不错，录像也很清晰。这个价格能买到这摄像头很划算，很满意'
 [1] "整体"   "感觉"   "还"     "不错"   "录像"   "也"     "很"
 [8] "清晰"   "这个"   "价格"   "能"     "买"     "到"     "这"
[15] "摄像头" "很"     "划算"   "很"     "满意"

$'客服很好。宝贝质量好。下次继续光顾'
[1] "客服" "很"   "好"   "宝贝" "质量" "好"   "下次" "继续" "光顾"
```

尽管可以直接将 evaluation 变量传递给分词函数 segment，但是其返回的结果为词组成的向量，无法判断哪些词属于哪条评论。为解决这个问题，可以使用 lapply 函数或 sapply 函数，所不同的是，lapply 函数返回的列表元素没有名称，sapply 返回的结果中含有名称。

图 1.26 中的数据集来源于 R 语言自带的 CO2 数据集，其中最后两个变量为数值型变量。

	Plant	Type	Treatment	conc	uptake
1	Qn1	Quebec	nonchilled	95	16.0
2	Qn1	Quebec	nonchilled	175	30.4
3	Qn1	Quebec	nonchilled	250	34.8
4	Qn1	Quebec	nonchilled	350	37.2
5	Qn1	Quebec	nonchilled	500	35.3
6	Qn1	Quebec	nonchilled	675	39.2
7	Qn1	Quebec	nonchilled	1000	39.7

图 1.26　CO2 数据集的预览

从 CO2 数据集中提取出所有数值型变量所对应的数据子集的代码如下：

```
# 选出所有数值型的变量名称
value_vars <- names(CO2)[sapply(X = CO2, FUN = class) %in%
```

```
c('numeric','integer')]
    # 数据子集的筛选
    sub_data <- CO2[, value_vars]
    View(sub_data)
```

返回结果如图 1.27 所示。

	conc	uptake
1	95	16.0
2	175	30.4
3	250	34.8
4	350	37.2
5	500	35.3
6	675	39.2
7	1000	39.7

图 1.27 数值型变量的筛选结果

在如上代码中，sapply(X = CO2, FUN = class)返回的是数据框中每个变量的数据类型，通过成员匹配符“%in%”判断数据类型是否包含在 c('numeric','integer')中，最后以判断结果用作 bool 索引即可得到所有的数值型变量。

1.12 教你一个爬虫项目

为巩固前面所学的知识点，这里举一个简单的爬虫项目的案例，希望读者能够通过代码中的注释理解每一步的含义和功能：

```
    # 加载爬虫所使用的包
    library(rvest)
    # 加载字符串处理的包
    library(stringr)

    # 生成爬取的链接
    string <- 'http://lishi.tianqi.com/shanghai/'
    urls <- NULL
    for (year in 2011:2017){
      for (month in 1:12){
        # 如果月份小于 10，则链接中月份值前面含 0
        if (month<10){
          urls = c(urls,paste0(string,year,0,month,'.html'))
        } else{
          urls = c(urls,paste0(string,year,month,'.html'))
        }
```

```
    }
  }

  # 从以上的每个链接中抓取天气的信息
  tot_info <- data.frame()
  for (url in urls){
    # 发送请求并下载网页源代码
    page = html_session(url)
    # 根据源代码标签获取数据
    info = html_text(html_nodes(page, 'div.tqtongji2 > ul'))
    # 数据清洗——去除所有空格
    info = sapply(info, str_split, '\\s', USE.NAMES = FALSE)[-1]
    # 取出日期
    date = sapply(info,'[',1)
    # 取出最高温度
    high = sapply(info,'[',15)
    # 取出最低温度
    low = sapply(info,'[',23)
    # 取出天气
    weather = sapply(info,'[',31)
    # 取出风向
    direction = sapply(info,'[',39)
    # 取出风力
    force = sapply(info,'[',47)
    # 构建数据框
    df = data.frame(date, high, low, weather, direction, force)
    # 数据合并
    tot_info = rbind(df, tot_info)
  }

  # 预览数据
  View(tot_info)
```

返回结果如图 1.28 所示。

	date	high	low	weather	direction	force
1	2011-02-01	9	1	多云	西南风	3-4级
2	2011-02-02	11	2	晴	西南风	微风
3	2011-02-03	13	3	晴~多云	南风	微风~3-4级
4	2011-02-04	14	4	晴	南风~北风	3-4级
5	2011-02-05	15	5	晴~多云	北风~东南风	3-4级
6	2011-02-06	16	5	多云~晴	南风~北风	3-4级
7	2011-02-07	15	10	多云~阴	东风~东南风	3-4级

图 1.28　爬虫结果呈现

1.13 篇章总结

本章为R语言的基础内容，介绍了4种常用的数据结构、控制流语句、自定义函数以及apply簇函数的使用技巧等相关知识点。其中数据结构的介绍部分占了较大的篇幅，它们也是基础部分的重中之重，涉及数据结构的构造方法、索引的使用、数据类型的转换以及函数使用等。通过本章内容的学习，希望读者能够牢牢掌握这些基础知识，它们是后面章节内容的基石。

最后，对于文中未归纳的R语言函数，再重新整理到表1.13中，以便读者查询和记忆。

表1.13 本章未归纳的R语言函数

R语言包	R语言函数	说明
stats	paste0	实现对象之间拼接的函数
	seq	用于生成指定长度或步长的序列
	rep	对象的重复函数
	exp	指数函数
	geom_line	用于绘制折线图
	annotate	为图形中添加注释
	factor	将向量转换为因子型向量
	data.frame	构造数据框
	matrix	构造矩阵
	length	计算向量元素个数
	which	在向量中查找满足条件的元素位置
lubridate	parse_date_time	字符转日期的函数
rvest	html_session	爬虫时向指定的链接发送请求
	html_text	将读取的内容返回为字符串
stringr	str_split	字符串的分割函数

第 2 章 数据的读写操作

R 语言是一款强大的统计分析工具，既可以用来做数据的清洗、数据的可视化与分析，也可以用来做高级的数据挖掘。不管是哪一种用途，第一要务就是将外部的数据源成功地读入到 R 的环境中，之后再进入相关的其他操作流程。本章将从两个角度重点讲解有关 R 语言的数据读入和写出，这里的“写出”操作是指如何将 R 内存中的数据集导出到外部环境。

通过本章内容的学习，读者将会掌握如下几点：

- 文本文件数据的读取；
- 电子表格数据的读取；
- 数据库数据的读取；
- 几种常见的数据写出格式。

2.1 文本文件数据的读取

在日常的学习和工作中，经常有一些文本文件的数据需要处理，例如常见的 csv 格式、txt 格式和 json 格式等。对于这些格式的数据源，首先要做的就是将它们读入到 R 的内存中，那么这些格式的数据源该如何读入呢？本节将通过语法介绍和案例实战的形式讲解这 3 类格式数据的读入方法。

2.1.1 csv 或 txt 格式的数据读入

这两种格式的数据是学习或工作中常见的文本文件型数据，均可以通过 Windows 系统中的“记事本”打开，通常情况下，csv 数据文件的打开默认使用的是 Excel，尽管它并非真实的 Excel 文件。两种数据格式并没有太大的区别，但是从作者的角度看，使用 csv 格式存储数据通常会更加灵活、易读取（例如对于不太方便读取的 txt 文件来说，通过转换为 csv 文件就可以轻松读取，详见后文的例子）。

对于 csv 或 txt 格式数据的读取，读者可以直接使用 R 语言中的 read.table 或者是 read.csv 函数，这两种函数具有完全相同的用法和参数，所以读者只需选择其中的一种就可以读取这两种格式的数据源（不过，作者更喜欢使用 read.csv 函数，因为它相比于 read.table 函数更加稳健）。关于 read.table 以及 read.csv 函数的用法和参数含义如下：

```
read.table(file, header = FALSE, sep = "", quote = "\"'",
       dec = ".", row.names, col.names, as.is = !stringsAsFactors,
       na.strings = "NA", colClasses = NA, nrows = -1, skip = 0,
       check.names = TRUE, fill = !blank.lines.skip,
       strip.white = FALSE, blank.lines.skip = TRUE,comment.char = "#",
       stringsAsFactors = default.stringsAsFactors(),encoding = "unknown"
        )
```

- **file**：指定需要读取的文件路径（需包含具体的磁盘路径和文件名称，例如'd:\\train\\R\\test.csv'）。
- **header**：是否需要将原始数据集中的第一行用作表头（字段名称），默认为FALSE。对于read.csv函数来说，该参数默认值为TRUE。
- **sep**：指定原始数据集中字段间的分隔符，默认为空格。对于read.csv函数来说，该参数默认值为','。
- **quote**：指定值的引号方式，默认为双引号或单引号，如果原始数据集中的值被引号引起来，就可以通过指定该参数使得读入的数据不包含引号。对于read.csv函数来说，该参数默认值为双引号。
- **dec**：指定浮点型数据的小数点格式，默认为英文状态下的句号点。
- **row.names**：用于指定数据集读入后的行名称。
- **col.names**：用于指定数据集读入后的列名称。
- **as.is**：该参数可以指定哪些字符类型的字段不需要转换为因子型，既可以传递具体的字段名称（字符型的值），也可以传递字段所在的位置（整数型的值）。
- **na.strings**：用于指定表示缺失值类型的值，默认会以两个分隔符（sep参数值）之间的空格作为缺失值（如果原始数据中表示缺失含义的值为999，则可以将999传递给该参数，数据读入后，原始为999的值就会用NA代替）。
- **colClasses**：用于指定数据读入后各变量的数据类型。如果给该参数传递一种数据类型值（如"character" "integer"等），则表示读入后的数据变量全都设置为该类型；如果给该参数传递一个表示数据类型的向量，则向量中的数据类型与字段顺序相对应；如果以"field_name" = "data_type"的形式传递该参数，则表示设置指定变量的数据类型。
- **nrows**：用于指定数据读取的行数，默认为-1，表示读取原始数据集中的所有行。
- **skip**：用于指定需跳过的起始行数，如果数据集的前几行并不是数据的组成部分，则使用该参数可以忽略这些起始行。

- **fill**：在原始数据集中，行内值的个数不相等时是否用空白填充，默认为FALSE。对于read.csv函数来说，该参数默认值为TRUE。
- **strip.white**：对于字符型变量，是否需要将值两端的空白去除，默认为FALSE。
- **blank.lines.skip**：读取数据时是否需要跳过空白行（行内没有任何东西），默认为TRUE。
- **comment.char**：指定字符型的注释符，使得数据读取时跳过这些注释符开头的行记录。对于read.csv函数来说，该参数默认值为空字符（""）。
- **stringsAsFactors**：是否需要将字符型变量强制转换为因子型变量，默认为TRUE。
- **encoding**：用于指定特殊的字符集编码，如果原始数据中存在中文，且数据读入后发现乱码，则可以通过该参数进行编码的设置。

不管是 read.table 函数还是 read.csv 函数，针对函数中的 file 参数均有两点需要说明：

- 如果该参数接受的是数据文件所在的具体路径，则路径中包含的反斜杠“\”必须是两个一组。当然，也可以选择使用正斜杠“/”，但无须连续写入两个斜杠。
- 该参数还可以接受file.choose()函数，当程序运行时会出现需要指定数据路径的弹窗。

为使读者进一步掌握文本文件类型的数据读取和函数参数的含义，这里举一个稍微复杂的例子，说明各参数的用法。首先预览一下原始的数据文件，如图 2.1 所示。

图 2.1　待读取的 txt 文件数据

在读取如图 2.1 所示的数据集前，需要说明几项注意点：

- 数据集中的前3行并不是数据的内容，而是相关的备注信息，故读取数据时需要跳过它们。
- 数据集中包含每一个字段的名称，且字段之间用逗号隔开。
- 数据集中的记录编号id以00开头，在读取数据时需要保留数据的原始形式。
- 数据集中的产品名称name属于字符型变量，希望读取后不转换为因子型。
- 数据集中的financing字段表示企业的融资情况，“-”表示未得到融资，如何表示为缺失值。
- 对于编号005的记录，有很多信息是丢失的，如何忽略这行数据的读入。

根据上面的几项说明，可以采用下面的代码将数据读入到 R 环境中：

```
# 读取 txt 文件数据
# 指定文件路径
data1 <- read.table(file = 'C:\\Users\\Administrator\\Desktop\\data1.txt',
              header = TRUE, # 将数据部分的第一行用作表头读入
              sep = ',', # 字段之间用逗号分隔
              as.is = 'name', # 使 name 变量不转换为因子型
              # id 字段以字符串的形式读入，保留数字中的 00
              colClasses = c('id' = 'character'),
              na.strings = '-', # 指定减号为缺失值的含义
              skip = 3, # 忽略数据集中的前 3 行
              comment.char = "#" # 忽略井号开头的数据行
                 )
# 预览数据视图
View(data1)
# 数据结构的查询
str(data1)
```

运行代码后，返回的结果如图 2.2 和图 2.3 所示。

	id	name	establish	deadline	financing	status
1	001	悟空单车	2016年9月	2017年6月	NA	关闭
2	002	町町单车	2016年11月	2017年8月	NA	关闭
3	003	小蓝单车	2016年10月	2017年11月	天使轮	关闭
4	004	3Vbike	2015年12月	2017年6月	NA	重生
5	006	酷骑单车	2016年11月	2017年9月	NA	待定
6	007	小鸣单车	2016年7月	2017年11月	B轮	濒临倒闭

图 2.2　数据读取后的预览结果

```
> str(data1)
'data.frame':    6 obs. of  6 variables:
 $ id       : chr  "001" "002" "003" "004" ...
 $ name     : chr  "悟空单车" "町町单车" "小蓝单车" "3Vbike" ...
 $ establish: Factor w/ 5 levels "2015年12月","2016年10月",..: 5 3 2 1 3 4
 $ deadline : Factor w/ 4 levels "2017年11月","2017年6月",..: 2 3 1 2 4 1
 $ financing: Factor w/ 2 levels "B轮","天使轮": NA NA 2 NA NA 1
 $ status   : Factor w/ 4 levels "濒临倒闭","待定",..: 3 3 3 4 2 1
```

图 2.3　查看数据结构

利用上面的代码，可以准确地将数据读入到 R 环境中，而且上文中提到的 6 项注意点都一一满足了。从最终返回数据结构来看，id 变量为字符型变量，保留了编号前的 00；name 变量为原始的字符型（chr），并没有转换成因子型（Factor）。

这里再举一个常见而易错的特殊例子，就是当行内的数值个数与变量个数不一致时如何实现数据的读入。具体可以见图 2.4 中的数据案例。

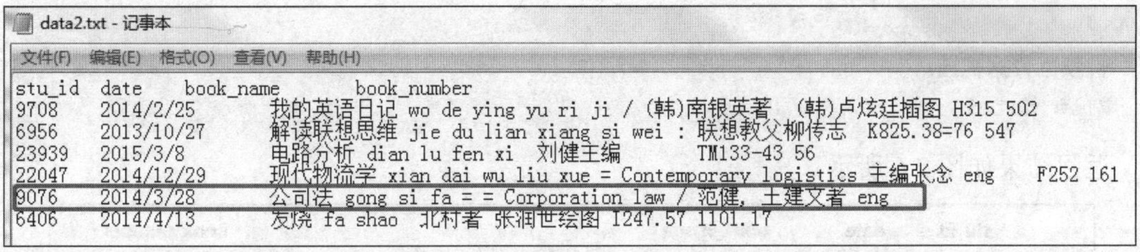

```
data2.txt - 记事本
文件(F)  编辑(E)  格式(O)  查看(V)  帮助(H)
stu_id  date       book_name        book_number
9708    2014/2/25           我的英语日记 wo de ying yu ri ji / (韩)南银英著  (韩)卢炫廷插图 H315 502
6956    2013/10/27          解读联想思维 jie du lian xiang si wei : 联想教父柳传志  K825.38=76 547
23939   2015/3/8            电路分析 dian lu fen xi  刘健主编          TM133-43 56
22047   2014/12/29          现代物流学 xian dai wu liu xue = Contemporary logistics 主编张念 eng    F252 161
9076    2014/3/28           公司法 gong si fa = = Corporation law / 范健, 王建文著 eng
6406    2014/4/13           发烧 fa shao  北村著 张润世绘图 I247.57 1101.17
```

图 2.4　待读取的 txt 文件数据

图 2.4 所示是关于某学校学生图书借阅的历史信息。该数据一共涉及 4 个变量，但是第五条记录只包含 3 个值（最后一列对应的图书编号信息丢失）。如果按照下面的代码执行，就会报错：

```
data2 <- read.table(file = file.choose(),
                    header = TRUE,
                    sep = '\t')
```

返回结果如图 2.5 所示。

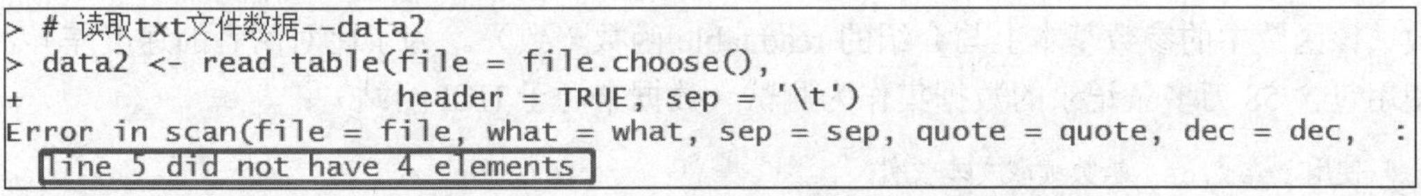

```
> # 读取txt文件数据--data2
> data2 <- read.table(file = file.choose(),
+                     header = TRUE, sep = '\t')
Error in scan(file = file, what = what, sep = sep, quote = quote, dec = dec,  :
  line 5 did not have 4 elements
```

图 2.5　数据读取过程中的报错信息

对于类似这样的数据问题，如果想正确地将数据读入到 R 的内存，可以选择以下 3 种解决方案：

（1）数据格式的修改，将 txt 文件保存为 csv 文件（步骤：新建 Excel→数据→自文本→导入→另存为 csv）。该方法存在一个弊端，就是当原始 txt 文件的数据行超过 140W 时，导入到 Excel 会使超过部分的数据被截断。

（2）通过参数设置，只需在上方的代码基础上设置 fill 参数为 TRUE。

（3）换用 read.csv 函数，这也是作者喜欢该函数的原因。

由于第一种方案相对复杂（不建议使用该方法，但是在别的工具中可能会是一种好的解决方案，如将该数据导入到 MySQL 数据库），因此这里选择第二种和第三种方案，将图书借阅数据读入到 R 语言中：

```
# 读取 data2——设置参数 fill
data2 <- read.table(file = file.choose(),
                    header = TRUE,
                    sep = '\t',
                    fill = TRUE)

# 读取 data2——换用 read.csv 函数
data2 <- read.csv(file = file.choose(),
                  header = TRUE,
```

```
           sep = '\t')
# 预览数据视图
View(data2)
```

返回结果如图 2.6 所示。

	stu_id	date	book_name	book_number
1	9708	2014/2/25	我的英语日记 wo de ying yu ri ji / (韩)南银英著 (韩)卢炫廷...	H315 502
2	6956	2013/10/27	解读联想思维 jie du lian xiang si wei : 联想教父柳传志	K825.38=76 547
3	23939	2015/3/8	电路分析 dian lu fen xi 刘健主编	TM133-43 56
4	22047	2014/12/29	现代物流学 xian dai wu liu xue = Contemporary logistics ...	F252 161
5	9076	2014/3/28	公司法 gong si fa = = Corporation law / 范健, 王建文著 e...	
6	6406	2014/4/13	发烧 fa shao 北村著 张润世绘图	I247.57 1101.17

图 2.6　数据成功读取后的预览

尽管 read.table 和 read.csv 函数在读取文本文件时都非常灵活和方便，但是当数据量非常大时，数据读取的速度明显很慢。为了解决读数慢的问题，推荐使用 data.table 包中的 fread 函数（该函数中的参数基本上与介绍的 read.table 函数一致）。为了比对两者的速度差异，这里使用包含 58 万多条记录的数据集作为测试（数据来源于 UCI 网站）：

```
# 使用 read.csv 函数读取文本文件
system.time(
  data3 <- read.csv(file = file.choose(),
                    sep = ',', header = TRUE)
)

# 使用 fread 函数读取文本文件
# 加载 data.table 包
library(data.table)
system.time(
  data3 <- fread(input = file.choose(),
                    sep = ',', header = TRUE)
)
```

数据读取速度的比较如表 2.1 所示。

表 2.1　数据读取速度的比较

函数	用户	系统	流逝
read.csv	16.28	2.84	34.10
fread	1.84	0.81	9.84

经过对比发现，不管是哪一种口径下运行的时长，fread 函数均比 read.csv 函数所消耗的时间短。从实际的等待时间来看，read.csv 使用了 16.28 秒，而 fread 只使用了 1.84 秒，快了近 9 倍。数据量更大时，这个时间差距将会更加明显。读者不妨寻找更大的数据集做对比测试。

2.1.2 Json 格式的数据读入

该格式的数据更多的是来源于网页，其数据的存储方式与 Python 中的字典非常相似，即以键值对的形式保存数据，“键”指代数据集的变量名称，“值”指代“键”所对应的具体观测值。如果计算机中存储的是 Json 格式的文件或者类似于 Python 字典风格的 txt 或 csv 文件，那么该如何将其读入到 R 语言环境呢？

问题的答案同样非常简单，需要借助于 jsonlite 包，并调用其中的 fromJSON 函数。首先介绍一下该函数的基本用法和参数含义：

```
fromJSON(txt, simplifyVector = TRUE, simplifyDataFrame = simplifyVector,
        simplifyMatrix = simplifyVector, flatten = FALSE)
```

- **txt**：指定需要读取的数据文件，可以是Json格式的字符串、网页地址URL，也可以是Json文件。
- **simplifyVector**：bool类型的参数，表示是否将Json格式中的一维数组转换为向量，默认为TRUE。
- **simplifyDataFrame**：bool类型的参数，表示是否将Json格式中的键值对数组转换为数据框，默认为TRUE。
- **simplifyMatrix**：bool类型的参数，表示是否将Json格式中多个一维数组转换为矩阵，默认为TRUE。
- **flatten**：bool类型的参数，表示是否在Json文件解析为数据框时将嵌套的数据框转换为非嵌套的数据框；默认为FALSE，表示允许数据框中的某个变量或多个变量中包含数据框。

常见的 Json 风格数据主要以 3 种形式存储，最直接的就是将数据保存在 Json 格式的文件中，除此之外还可以保存在 txt 格式的文件或网站的链接中。这里以 Json 格式和 txt 格式的数据为例讲解如何利用 fromJSON 函数实现数据的读取。

1. Json格式的数据读取

对于一个 Json 格式的数据文件来说，可以直接传递给 fromJSON 函数中的 txt 参数。图 2.7 所示即为一个典型的 Json 格式数据，内容都是以嵌套的键值对形式存储的。假设需要读取图 2.7 中 fields 键所对应的数据内容。

```
{
"list" : {
"meta" : {
"type" : "resource-list",
"start" : 0,
"count" : 188
},
"resources" : [
{
"resource" : {
"classname" : "Quote",
"fields" : {
"name" : "USD/KRW",
"price" : "1070.089966",
"symbol" : "KRW=X",
"ts" : "1528240470",
"type" : "currency",
"utctime" : "2018-06-05T23:14:30+0000",
"volume" : "0"
}
}
```

图 2.7　Json 文件的数据格式

```
# 加载jsonlite包
library(jsonlite)
# 直接读取 Json 格式的文件——数据集
data4.json
```

```
json_doc <- fromJSON(txt = file.choose())
data4 <- json_doc$list$resources$resource$fields
# 数据预览
View(data4)
```

Json 格式的数据转换为数据框类型的结果如图 2.8 所示。

	name	price	symbol	ts	type	utctime	volume
1	USD/KRW	1070.089966	KRW=X	1528240470	currency	2018-06-05T23:14:30+0000	0
2	SILVER 1 OZ 999 NY	0.060533	XAG=X	1528240453	currency	2018-06-05T23:14:13+0000	36
3	USD/VND	22815.000000	VND=X	1528232926	currency	2018-06-05T21:08:46+0000	0
4	USD/BOB	6.860000	BOB=X	1528240508	currency	2018-06-05T23:15:08+0000	0
5	USD/MOP	8.082300	MOP=X	1528240500	currency	2018-06-05T23:15:00+0000	0
6	USD/BDT	84.290001	BDT=X	1528235934	currency	2018-06-05T21:58:54+0000	0

图 2.8 Json 数据的读取效果

需要注意的是，利用 fromJSON 函数读取 Json 格式文件后返回列表类型的数据结构，由于 fields 键属于第四层嵌套，因此需要通过代码 json_doc$list$resources$resource$fields 返回对应的数据。

2. 存储在txt文件内的Json数据读取

有时 Json 格式的数据会保存在 txt 或 csv 文件中，数据仍然以键值对的形式存储。例如，在图 2.9 所示的情况下，该如何将其读取到 R 语言并转换为数据框呢？

```
{"last_appear_phone":"2017-08-25","birthday":"1988-
{"last_appear_phone":"2017-08-25","birthday":"1984-
{"last_appear_phone":"2017-08-27","birthday":"1985-
{"last_appear_phone":"2017-08-23","birthday":"1982-
{"last_appear_phone":"2017-08-24","birthday":"1986-
{"last_appear_phone":"2017-08-26","birthday":"1991-
{"last_appear_phone":"2017-08-26","birthday":"1993-
```

图 2.9 存储在 txt 内的 Json 数据

图 2.9 中的数据存储在 txt 文件中，每一行内容都是一个标准的 Json 风格（键值对写在大括号{}内），并且每一个键仅对应一个值。利用 fromJSON 函数对文件中的数据做解析是非常简单的，代码如下：

```
# 加载plyr包
library(plyr)
# 使用readLines函数将数据以向量的形式读入——数据集data5.txt
txt_doc <- readLines(con = file.choose(), encoding = 'UTF-8')
# 将读取的内容通过两层lapply函数解析为列表型的数据框
parser <- lapply(lapply(txt_doc, fromJSON),data.frame)
# 将列表型的数据框合并为大的数据框
data5 <- ldply(parser, rbind)
View(data5)
```

返回结果如图2.10所示。

	last_appear_phone	birthday	phone_operator	last_appear_idcard	gender	record_
1	2017-08-25	1988-07-24	中国移动	2017-08-25	男	
2	2017-08-25	1984-01-23	中国联通	2017-08-25	女	
3	2017-08-27	1985-05-02	中国移动	2017-08-27	女	
4	2017-08-23	1982-11-20	中国电信	2017-08-23	男	
5	2017-08-24	1986-09-25	中国联通	2017-08-24	女	
6	2017-08-26	1991-12-14	中国移动	2017-08-26	男	
7	2017-08-26	1993-10-19	中国电信	2017-08-26	男	

图2.10 Json数据的读取效果

为了使读者理解上方的代码块，下面对其中的两行代码做相应的解释：

（1）lapply(lapply(txt_doc, fromJSON),data.frame)：txt_doc为存储原始数据的向量，需要通过lapply函数对向量中的每一个元素做fromJSON处理，进而返回解析后的列表；然后通过lapply函数将列表中的每一个元素（嵌套列表）做data.frame处理，得到每一行内容所对应的数据框，且这些数据框存储在列表对象中。

（2）ldply(parser, rbind)：通过ldply函数对列表中的每一个数据框进行首尾合并操作（rbind函数的功能）。

3. 存储在csv文件内的Json数据读取

图2.11所示的数据存储在csv文件中，每一行同样均为标准的Json风格，所不同的是behavior键所对应的值为嵌套的多个键值对，并且这些键值对又嵌套在中括号内。

A	B	C	D	E	F	G	H	I
{"phone_num":"170****3656","behavior":[{"sms_cnt":"1","cell_phone_num":"170****365								
{"phone_num":"199****9916","behavior":[{"sms_cnt":"0","cell_phone_num":"199****991								
{"phone_num":"177****3203","behavior":[{"sms_cnt":"4","cell_phone_num":"177****320								
{"phone_num":"169****2390","behavior":[{"sms_cnt":"464","cell_phone_num":"169****2								
{"phone_num":"170****0922","behavior":[{"sms_cnt":"5","cell_phone_num":"170****092								
{"phone_num":"157****5457","behavior":[{"sms_cnt":"38","cell_phone_num":"157****54								
{"phone_num":"155****8881","behavior":[{"sms_cnt":"14","cell_phone_num":"155****88								
{"phone_num":"177****0007","behavior":[{"sms_cnt":"101","cell_phone_num":"177****0								
{"phone_num":"199****8762","behavior":[{"sms_cnt":"88","cell_phone_num":"199****87								
{"phone_num":"169****2327","behavior":[{"sms_cnt":"353","cell_phone_num":"169****2								

图2.11 存储在csv内的Json数据

数据的存储看似复杂，但将其解析为数据框却非常简单。例如，将behavior键所对应的数据解析出来，代码如下：

```
# 读取csv文件中的数据内容——数据集data6.csv
csv_doc <- read.csv(file = file.choose(), head = FALSE)
# 将变量转换为字符串类型
csv_doc <- as.character(csv_doc$V1)
# 将Json格式的字符串做解析，并利用sapply函数取出behavior键所对应的数据表
parser <- sapply(lapply(csv_doc, fromJSON),'[',2)
```

```
# 将列表型的数据框合并为大的数据框
data6 <- ldply(parser, rbind)
# 数据预览
View(data6)
```

返回结果如图 2.12 所示。

	.id	sms_cnt	cell_phone_num	net_flow	total_amount	call_out_time	cell_
1	behavior	1	170****3656	0.0	-1.0	0.0	2017
2	behavior	13	170****3656	0.0	228.28	13.55	2017
3	behavior	8	170****3656	0.0	240.0	22.4	2017
4	behavior	8	170****3656	0.0	310.0	40.9666666666667	2017
5	behavior	5	170****3656	0.0	216.1	69.9	2017
6	behavior	2	170****3656	0.0	223.7	21.933333333333334	2017
7	behavior	0	199****9916	236.10546875	-1.0	43.53333333333333	2017

图 2.12　Json 数据的读取效果

2.2　Excel 数据的读取

Excel 工具几乎在所有的行业中都会被使用到，是最为常见的数据存储和处理工具，尽管它存储的数据行数有一定限制。所以，读者在工作中可能需要将 Excel 数据读入到 R 语言，然后再做进一步的数据分析或挖掘。本节内容将讲解如何利用 R 语言实现 Excel 数据的读取，希望能够对你有所帮助。

使用 R 语言读取 Excel 中的数据的操作非常简单，读者可以借助于 xlsx 包中的 read.xlsx 函数或者 readxl 包中的 read_excel 函数。接下来将通过具体的实例详细地讲解这两种读取 Excel 数据的方案。

2.2.1　xlsx 包读取 Excel 数据

第一次使用 xlsx 包时，需要通过“install.packages('xlsx')”命令从 CRAN 中下载该包。该包的下载并不是很难，难就难在加载时往往会出错，类型最多的错误信息是关于 Java 的，会提示计算机中缺少与 Java 相关的组件。该问题的解决只需到甲骨文 Oracle 官网（http://www.oracle.com/technetwork/java/javase/downloads/java-archive-downloads-javase7-521261.html）下载并安装 JDK 文件即可。

xlsx 包提供了两个读取 Excel 文件的函数，分别是 read.xlsx 和 read.xlsx2，尽管后者在读取数据时速度会快很多，但是它也存在一定的弊端。首先对这两个函数的用法及参数含义做如下解释：

```
read.xlsx(file, sheetIndex, sheetName=NULL, rowIndex=NULL,
```

```
  startRow=NULL, endRow=NULL, colIndex=NULL,
  as.data.frame=TRUE, header=TRUE, colClasses=NA,
  keepFormulas=FALSE, encoding="unknown")

read.xlsx2(file, sheetIndex, sheetName=NULL, startRow=1,
  colIndex=NULL, endRow=NULL, as.data.frame=TRUE, header=TRUE,
  colClasses="character")
```

- **file**：指定Excel文件所在的路径（需包含具体的磁盘路径和文件名称）。
- **sheetIndex**：指定Excel文件中的哪一张Sheet需要被读取，传递一个整数即可。
- **sheetName**：指定Excel文件中的哪一张Sheet需要被读取，传递具体的Sheet名称即可。
- **rowIndex**：通过数值向量指定Excel文件中的哪些数据行（行观测）需要读取。
- **startRow**：通过传递一个整数指定需要从Excel文件中的哪一行开始读取，默认值为1。
- **endRow**：通过传递一个整数指定数据读取到哪一行结束。
- **colIndex**：通过数值向量指定Excel文件中的哪些数据列（列变量）需要读取。
- **as.data.frame**：bool类型参数，表示是否需要将读入的数据强制为数据框格式，默认为TRUE。如果设置为FALSE，则每一列的数据将存储在列表对象中。
- **header**：bool类型参数，表示是否需要将Excel文件中的第一行用作数据的变量名称，默认为TRUE。
- **colClasses**：指定变量的数据类型，在read.xlsx函数中会根据原始数据的类型进行正确读入；在read.xlsx2函数中，则是将所有的变量读取为因子型（由字符型转换而来）。
- **keepFormulas**：bool类型参数，表示数据读取后是否以文本的形式显示Excel文件中的原始函数公式，默认为FASLE。
- **encoding**：用于指定数据编码，如果数据读入存在乱码的情况，可以通过该参数修正。

从上方函数的参数解释可知，尽管这两个函数中的绝大多数参数都是共用且含义相同的，但在实际操作中 read.xlsx2 函数的读取速度明显要快很多。不过 read.xlsx2 函数也存在相应的缺陷，就是该函数将数据读入后所有的变量均由字符型转换为因子型，导致后续的数据处理可能还需要类型转换的操作。

接下来以某微信公众号后台数据为例，利用如上介绍的两个函数将其读入到 R 语言环境中。该数据集包含日期、文章的阅读人数、阅读人次和收藏次数 4 个变量，具体如图 2.13 所示。

A	B	C	D
数据来源：某公众号的后台记录			
日期：2017年1月1日至2017年9月28日			
date	article reading cnts	article reading times	collect times
2017/1/1	37	124	1
2017/1/2	51	149	7
2017/1/3	93	369	5
2017/1/4	58	278	6
2017/1/5	58	216	2
2017/1/6	47	171	3

图 2.13　待读取的 Excel 数据

需要注意的是，Excel 中的数据并非从第一行开始，所以在数据读取过程中需要跳过前 3 行，具体代码如下：

```
# 加载 xlsx 包
library(xlsx)
# 使用 read.xlsx 函数读取 Excle 数据
# 通过 file.choose 函数引导数据文件的路径
wechat = read.xlsx(file = file.choose(),
                   sheetIndex = 1, # 指定读取 Excel 文件中的第一张 Sheet
                   startRow = 4 # 指定从数据的第 4 行开始读取
                   )
# 预览数据视图
View(wechat)
```

返回结果如图 2.14 所示。

	date	article_reading_cnts	article_reading_times	collect_times
1	2017-01-01	37	124	1
2	2017-01-02	51	149	7
3	2017-01-03	93	369	5
4	2017-01-04	58	278	6
5	2017-01-05	58	216	2
6	2017-01-06	47	171	3

图 2.14　Excel 数据的读取效果（使用 read.xlsx 函数）

```
# 使用 read.xlsx2 函数读取 Excle 数据
# 通过 file.choose 函数引导数据文件的路径
wechat2 = read.xlsx2(file = file.choose(),
                     sheetIndex = 1, # 指定读取 Excel 文件中的第一张 Sheet
                     startRow = 4 # 指定从数据的第 4 行开始读取
                     )
# 预览数据视图
View(wechat2)
```

返回结果如图 2.15 所示。

	date	article_reading_cnts	article_reading_times	collect_times
1	42736	37	124	1
2	42737	51	149	7
3	42738	93	369	5
4	42739	58	278	6
5	42740	58	216	2
6	42741	47	171	3

图 2.15　Excel 数据的读取效果（使用 read.xlsx2 函数）

对比两个函数的数据读入结果，read.xlsx2 函数在处理日期变量 date 时发生了严重的错误，不再是原来的日期格式，而是将 Excel 中的日期格式转换成了常规格式，进而以常规格式读入；对于 read.xlsx 函数来说，读入的数据与原始数据格式完全一致。进一步，还可以比较读入后两个数据集的结构差异，代码与结果如图 2.16 和图 2.17 所示。

```
# 返回两个数据集的数据结构信息
str(wechat)
```

```
> str(wechat)
'data.frame':   271 obs. of  4 variables:
 $ date                 : Date, format: "2017-01-01"
 $ article_reading_cnts : num  37 51 93 58 58 47 36 4
 $ article_reading_times: num  124 149 369 278 216 17
 $ collect_times        : num  1 7 5 6 2 3 3 4 11 20
```

图 2.16　read.xlsx 函数读取后的数据类型

```
str(wechat2)
```

```
> str(wechat2)
'data.frame':   271 obs. of  4 variables:
 $ date                 : Factor w/ 271 levels "42736",'
 $ article_reading_cnts : Factor w/ 134 levels "101","1(
 $ article_reading_times: Factor w/ 206 levels "104","1(
 $ collect_times        : Factor w/ 43 levels "0","1","1
```

图 2.17　read.xlsx2 函数读取后的数据类型

使用 read.xlsx 函数读取 Excel 数据可以得到合理的变量类型（这是 read.xlsx 函数慢的原因，它需要猜测并判断每一个变量所属的数据类型）；使用 read.xlsx2 函数读取后的变量全都为统一的因子型(该函数直接将所有变量以字符串的形式读入，没有变量类型的猜测过程，故速度会快很多）。

接下来以某珠宝数据集(见图 2.18)为例，该数据集有 10 个变量，主要涉及珠宝的重量、价格、纯度、刀工、颜色等信息，一共包含 26530 条记录。

A	B	C	D	E	F	G	H	I	J
carat	cut	color	clarity	depth	table	price	x	y	z
0.23	Ideal	E	SI2	61.5	55	326	3.95	3.98	2.43
0.21	Premium	E	SI1	59.8	61	326	3.89	3.84	2.31
0.23	Good	E	VS1	56.9	65	327	4.05	4.07	2.31
0.29	Premium	I	VS2	62.4	58	334	4.2	4.23	2.63
0.31	Good	J	SI2	63.3	58	335	4.34	4.35	2.75
0.24	Very Good	J	VVS2	62.8	57	336	3.94	3.96	2.48
0.24	Very Good	I	VVS1	62.3	57	336	3.95	3.98	2.47
0.26	Very Good	H	SI1	61.9	55	337	4.07	4.11	2.53
0.22	Fair	E	VS2	65.1	61	337	3.87	3.78	2.49
0.23	Very Good	H	VS1	59.4	61	338	4	4.05	2.39
0.3	Good	I	SI1	64	55	339	4.25	4.28	2.73

图 2.18　待读取的 Excel 数据

含有两万多条记录的 Excel 数据的数据量并不算大，下面使用 read.xlsx 函数和 read.xlsx2 函数读取该数据，对比两者在速度上的差异，代码如下：

```
# 使用 read.xlsx 函数读取珠宝数据集
system.time(
  diamonds <- read.xlsx(file = file.choose(),
                        sheetIndex = 1)
)

# 使用 read.xlsx2 函数读取珠宝数据集
system.time(
  diamonds2 <- read.xlsx2(file = file.choose(),
                          sheetIndex = 1)
)
```

最终读取速度的对比如表 2.2 所示。

表 2.2　数据读取速度的比较

函数	用户	系统	流逝
read.xlsx	172.43	0.97	172.74
read.xlsx2	3.49	0.67	4.12

经过对比发现，read.xlsx2 函数在读取数据过程中所消耗的时间要比 read.xlsx 少很多，以实际的“用户”时长为例，read.xlsx 函数消耗了 172.43 秒，而 read.xlsx2 函数消耗了 3.49 秒，后者的函数在读数过程中快了近 50 倍！尽管速度快，但在后期的数据处理过程中还是需要做数据类型转换的。例如，对珠宝纯度做分组，计算各组的平均价格，就需要对价格进行数值类型的转换，因为读入后的价格变量为因子型变量。

2.2.2　readxl 包读取 Excel 数据

如果使用 xlsx 包读取 Excel 数据，总觉得不太理想，主要有两方面：一是 xlsx 包的下载和加载过程中往往会因为计算机缺少 Java 相关的组件而无法使用，必须单独下载 Java 的运行时环境，并安装在计算机中；二是 read.xlsx 函数在读取稍微大一点的数据集时会花费很长时间，尽管 read.xlsx2 函数可以避免读数慢的问题，但是数据读入后的所有变量均成了因子型变量。

这里推荐另一个非常好用的 readxl 包，它几乎克服了 xlsx 包中的所有问题，既不需要安装其他 Java 相关的软件，也能够比较快速地读取数据。读者在读取数据时可以调用该包中的 read_excel 函数，有关该函数的用法及参数含义如下：

```
read_excel(path, sheet = NULL, range = NULL, col_names = TRUE,
        col_types = NULL, na = "", trim_ws = TRUE, skip = 0, n_max = Inf,
        guess_max = min(1000, n_max))
```

- **path**：指定Excel文件所在的路径（需包含具体的磁盘路径和文件名称）。
- **sheet**：指定Excel文件中的哪一张Sheet需要被读取，既可以传递一个整数，也可以传递具体的Sheet名称。
- **range**：通过该参数指定Excel的单元格区域，并将指定区域的数据读入到R中。
- **col_names**：指定数据集的变量名称，默认为TRUE，表示将原始数据集中的第一行数据当作变量名；也可以传递包含具体变量名的向量，但要求变量名个数与原始数据列的个数一致。
- **col_types**：指定变量名的数据类型，默认为NULL，表示该函数根据原始数据的实际情况猜测最合理的变量数据类型；如果能够指定每个变量所对应的数据类型，那么数据的读取速度会加快很多。
- **na**：指定用于表示缺失值的符号，默认为空字符，即Excel的单元格为空时表示缺失值。
- **trim_ws**：bool类型参数，表示是否将字符值首尾两端空白去除，默认为TRUE。
- **skip**：指定读取数据时，需要跳过的前几行记录，默认为0，即表示从数据源中的第一行开始读取数据。
- **n_max**：指定数据读取的最大行数，默认不做任何限制。
- **guess_max**：当col_type为NULL（该函数猜测原始数据中变量的数据类型）时所需要使用的最大数据行。

为了使读者理解该函数中参数的含义与用法，仍以上文介绍的微信公众号数据和珠宝数据为例，测试该函数的效果，代码如下：

```
# 加载 readxl 包
library(readxl)
# 通过 file.choose 函数引导数据文件的路径
wechat3 <- read_excel(path = file.choose(),
                      sheet = 1, # 指定读取 Excel 文件中的第一张 Sheet
                      skip = 3 # 跳过数据的前 3 行，从第 4 行开始读取
                       )
# 查看数据结构
str(wechat3)
```

返回结果如图 2.19 所示。

```
Classes 'tbl_df', 'tbl' and 'data.frame':       271 obs.
 $ date                   : POSIXct, format: "2017-01-01"
 $ article_reading_cnts  : num  37 51 93 58 58 47 36 46 6
 $ article_reading_times: num  124 149 369 278 216 171 9
 $ collect_times          : num  1 7 5 6 2 3 3 4 11 20 ...
```

图 2.19 数据结构的查看

```
# 使用 read_excel 函数珠宝数据集
system.time(
  diamonds3 <- read_excel(path = file.choose(), sheet = 1)
        )
out:
用户   系统   流逝
0.39  0.65  3.85
```

如上结果所示，利用该函数读取珠宝数据只需要0.39秒，甚至比read.xlsx2函数都快。同时，还可以通过下方的代码返回数据集中每个变量的数据类型：

```
#返回数据集的结构
str(diamonds3)
```

返回结果如图 2.20 所示。

```
Classes 'tbl_df', 'tbl' and 'data.frame':       25630 c
 $ carat  : num  0.23 0.21 0.23 0.29 0.31 0.24 0.24 0.2
 $ cut    : chr  "Ideal" "Premium" "Good" "Premium" ...
 $ color  : chr  "E" "E" "E" "I" ...
 $ clarity: chr  "SI2" "SI1" "VS1" "VS2" ...
 $ depth  : num  61.5 59.8 56.9 62.4 63.3 62.8 62.3 61.
 $ table  : num  55 61 65 58 58 57 57 55 61 61 ...
 $ price  : num  326 326 327 334 335 336 336 337 337 33
 $ x      : num  3.95 3.89 4.05 4.2 4.34 3.94 3.95 4.07
 $ y      : num  3.98 3.84 4.07 4.23 4.35 3.96 3.98 4.1
 $ z      : num  2.43 2.31 2.31 2.63 2.75 2.48 2.47 2.5
```

图 2.20 数据结构的查看

```
# 数据视图的预览
View(diamonds3)
```

返回结果如图 2.21 所示。

	carat	cut	color	clarity	depth	table	price	x	y	z
1	0.23	Ideal	E	SI2	61.5	55.0	326	3.95	3.98	2.43
2	0.21	Premium	E	SI1	59.8	61.0	326	3.89	3.84	2.31
3	0.23	Good	E	VS1	56.9	65.0	327	4.05	4.07	2.31
4	0.29	Premium	I	VS2	62.4	58.0	334	4.20	4.23	2.63
5	0.31	Good	J	SI2	63.3	58.0	335	4.34	4.35	2.75
6	0.24	Very Good	J	VVS2	62.8	57.0	336	3.94	3.96	2.48

图 2.21 数据预览结果

利用 read_excel 函数读取 Excel 数据可以返回非常出色的效果，每一个变量都对应了合理的数据类型，而且读数速度非常快。所以，在读取 Excel 文件时，推荐使用 readxl 包中的

read_excel 函数，该包唯一的缺陷是无法将 R 环境中的数据写出到 Excel 文件中，关于数据的写出部分将在 2.4 节中介绍。

2.3　数据库数据的读取

随着时代的发展，各行各业将会产生越来越多的数据，这些数据通常会存储在数据库中，如常见的 SQL Server、Oracle、MySQL、Hive 等。所以，在数据分析或挖掘过程中需要使用 R 语言连接这些常用的数据库，并将数据从数据库中导入到 R 语言环境。本节将以 MySQL 数据库和 SQL Server 数据库为例讲解如何利用 R 语言读取两种数据库中的数据（不管是哪一种数据库，均要求计算机终端已安装了相应的数据库，或是有权限访问服务器中相应的数据库）。

2.3.1　读取 MySQL 数据库

MySQL 数据库已被甲骨文 Oracle 收购，其社区版本是免费的，读者可以从 MySQL 的官方网站（https://dev.mysql.com/downloads/mysql/）下载和安装该数据库（如果读者对数据库不是很熟悉，推荐学习这款开源的数据库工具）。使用 R 语言读取 MySQL 中的数据是非常简单的，下载 RMySQL 包并调用包内的几个核心函数即可，这些函数如表 2.3 所示。

表 2.3　读取 MySQL 数据的常用函数

函数名	函数功能	语法
dbConnect	建立数据库与 R 语言的连接	dbConnect(drv, host, user, password,dbname,port)
dbSentQuery	向数据库发出数据库指令	dbSendQuery(conn, query)
dbReadTable	直接读取数据库中的表格	dbReadTable(conn, tablename)
dbGetQuery	通过 SQL 指令读取数据	dbGetQuery(conn, sql)
dbDisconnect	关闭数据库与 R 语言的连接	dbDisconnect(conn)

表注：

- **drv**：指定连接数据库所需的驱动，传递MySQL()值即可。
- **host**：指定访问数据库所在的主机，如果访问的是本地计算机，则传递'localhost'值；如果访问的是服务器，则传递具体的IP地址。
- **user**：指定访问数据库所需的用户名。
- **password**：指定访问数据库所需的密码。
- **dbname**：指定数据集所在的数据库名称。
- **port**：指定访问数据库的端口号。
- **conn**：数据库与R语言的连接名称，该参数值由dbConnect函数生成。
- **query**：指定需要发送给MySQL的命令，通常在数据读入后发生乱码时利用dbSentQuery函数发送编码相关的命令。
- **tablename**：指定需要读取的数据表名称。
- **sql**：指定数据库查询的语句，通过该参数可以写入一些简单的SQL语法，并返回相应的数据。

笔者计算机中已安装了 MySQL 数据库，所以可以通过'localhost'值直接访问本地数据库。例如，读取数据库中的“学生图书借阅表 stu_borrow”（存放在 train 库中），如图 2.22 所示。

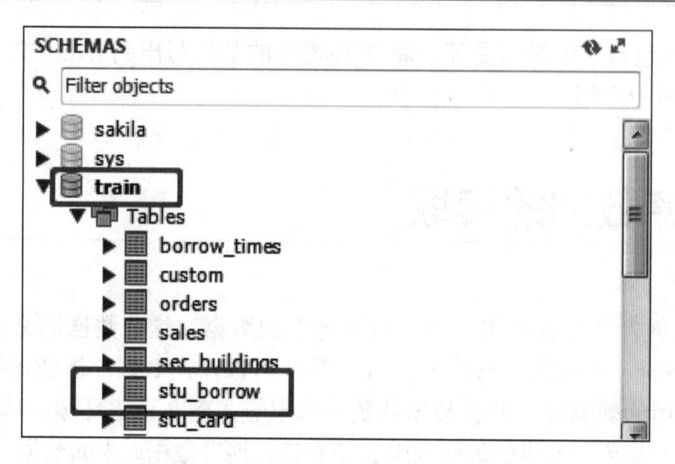

图 2.22 stu_borrow 数据所在的库名称

学生图书借阅表 stu_borrow 的前几行记录如图 2.23 所示，其中字段 book_title 包含中文字符，在数据读取中可能发生乱码现象。

stu_id	borrow_date	book_title	book_number
9708	2014-02-25	我的英语日记 wo de ying yu ri ji / (韩)南银英著 (韩)卢炫廷插图	H315 502
6956	2013-10-27	解读联想思维 jie du lian xiang si wei : 联想教父柳传志	K825.38=76 547
23939	2015-03-08	电路分析 dian lu fen xi 刘健主编	TM133-43 56
22047	2014-12-29	现代物流学 xian dai wu liu xue = Contemporary logistics 主编张念 eng	F252 161
9076	2014-03-28	公司法 gong si fa = = Corporation law / 范健, 王建文著 eng	
6406	2014-04-13	发烧 fa shao 北村著 张润世绘图	I247.57 1101.17

图 2.23 MySQL 数据库中数据的预览

```
# 加载 RMySQL 包
library(RMySQL)
# 搭建 R 语言与数据库之间的桥梁
conn <- dbConnect(drv = MySQL(), # 设置 MySQL 驱动器
                  host = 'localhost', # 设置所需访问的服务器
                  user = 'root', # 设置访问数据库的用户名
                  password = '1q2w3e4r', # 设置访问数据库的密码
                  dbname = 'train', # 设置数据表所在的数据库名称
                  )
# 直接读取数据表中的数据
stu_borrow <- dbReadTable(conn = conn, name = 'stu_borrow')
# 数据视图的预览
View(stu_borrow)
```

返回结果如图 2.24 所示。

	stu_id	borrow_date	book_title	book_number
1	锘<bf>9708	2014-02-25	鎴戠殑鑻辫　鏃ヨ wo de ying yu ri ji / (　閤<a9>)鍗楅摱...	H315 502
2	6956	2013-10-27	瑙ｈ　鑱旀兂鎬濈淮 jie du lian xiang si wei : 鑱旀兂鏁欑...	K825.38=76 547
3	23939	2015-03-08	鐢佃矾鍒嗘瀽 dian lu fen xi 鍒樺仴涓荤紪	TM133-43 56
4	22047	2014-12-29	鐜颁唬鐗╂祦瀛<a6> xian dai wu liu xue = Contemporar...	F252 161
5	9076	2014-03-28	鍏　徃娉<95> gong si fa = = Corporation law / 鑼冨仴, ...	
6	6406	2014-04-13	鍙戠儳 fa shao 鍖楁潙钁<97> 寮犳鼎涓栫粯鍥<be>	I247.57 1101.17
7	29333	2015-07-14	鏁板瓧缁樼敾涓庡垱鎰<8f> shu zi hui hua yu chuang yi (...	TP391.41 T473

图 2.24　MySQL 数据的读取效果（乱码）

在图 2.24 中，含有中文字段的数据在读入后出现了乱码，该字符编码问题可以通过下方的代码解决：

```
# 向 MySQL 数据库发出编码相关的命令——设置 MySQL 数据库的字符集为 GBK
dbSendQuery(conn = conn, 'SET NAMES GBK')
# 重新读取数据表中的数据
stu_borrow <- dbReadTable(conn = conn, name = 'stu_borrow')
# 数据视图的预览
View(stu_borrow)
```

返回结果如图 2.25 所示。

	stu_id	borrow_date	book_title	book_number
1	?9708	2014-02-25	我的英语日记 wo de ying yu ri ji / (韩)南银英著 (韩)卢炫廷...	H315 502
2	6956	2013-10-27	解读联想思维 jie du lian xiang si wei : 联想教父柳传志	K825.38=76 547
3	23939	2015-03-08	电路分析 dian lu fen xi 刘健主编	TM133-43 56
4	22047	2014-12-29	现代物流学 xian dai wu liu xue = Contemporary logistics ...	F252 161
5	9076	2014-03-28	公司法 gong si fa = = Corporation law / 范健, 王建文著 e...	
6	6406	2014-04-13	发烧 fa shao 北村著 张润世绘图	I247.57 1101.17
7	29333	2015-07-14	数字绘画与创意 shu zi hui hua yu chuang yi (美)Cher Thre...	TP391.41 T473

图 2.25　MySQL 数据的读取效果（无乱码）

如上例子通过 dbReadTable 函数直接读取数据库中的整张表记录，如果需要在读取过程中添加筛选条件，那么该函数将无法实现。利用 dbGetQuery 函数可以向 MySQL 数据库中发送 SQL 查询语法，灵活地返回所需的数据：

```
# 读取借书时间在 2015 年 7 月 14 日的记录
subdata <- dbGetQuery(conn = conn,
                      "select * from stu_borrow where borrow_date = '2015-07-14'")
# 数据预览
View(subdata)

# 关闭数据连接
dbDisconnect(conn)
```

返回结果如图 2.26 所示。

	stu_id	borrow_date	book_title	book_number
1	29333	2015-07-14	数字绘画与创意 shu zi hui hua yu chuang yi (美)Cher Thre...	TP391.41 T473
2	24059	2015-07-14	开关电源设计 kai guan dian yuan she ji / (美)Abraham I. P...	
3	11569	2015-07-14	木吉他独奏教程 mu ji ta du zou jiao cheng. 指弹篇 = Aco...	J623.26-43 587
4	4667	2015-07-14	中国道教史 zhong guo dao jiao shi / 傅勤家著	B959.2 261
5	19403	2015-07-14	数学建模与数学实验 shu xue jian mo yu shu xue shi yan ...	O141.4 649
6	27093	2015-07-14	Visual C++从入门到实践 Visual C++ cong ru men dao sh...	TP312C 629
7	20083	2015-07-14	金阁寺 jin ge si / (日) 三岛由纪夫著 林少华译;Kinkakuji/shi...	I313.45 1025-9

图 2.26　借助于 MySQL 的语法实现数据筛选

使用 R 语言连接 MySQL 数据库时，需要注意两点：

（1）在数据读取完毕后，需关闭数据库与 R 语言之间的连接。如果忘记断开连接，就会占用计算机资源，导致运行速度的下降。

（2）如果使用的是 MySQL 8.0 及以上版本，就会导致 R 语言与数据库的连接失败，是因为 MySQL 8.0 改变了身份验证。该问题可以通过 Window 的 cmd 命令行解决：

```
(base) C:\Users\Administrator>mysql -uroot -p   # 采用 cmd 命令行登录数据库
Enter password: ********  # 输入登录密码
Welcome to the MySQL monitor.  Commands end with ; or \g.
Your MySQL connection id is 14
Server version: 8.0.11 MySQL Community Server - GPL

Copyright (c) 2000, 2018, Oracle and/or its affiliates. All rights reserved.

Oracle is a registered trademark of Oracle Corporation and/or its
affiliates. Other names may be trademarks of their respective owners.

Type 'help;' or '\h' for help. Type '\c' to clear the current input statement.

mysql> ALTER USER 'root'@'localhost' IDENTIFIED BY '1q2w3e4r' PASSWORD EXPIRE
NEVER;  # 修改加密规则
Query OK, 0 rows affected (0.22 sec)

mysql> ALTER USER 'root'@'localhost' IDENTIFIED WITH mysql_native_password BY
'1q2w3e4r';  # 更新用户密码
Query OK, 0 rows affected (0.10 sec)

mysql> FLUSH PRIVILEGES;  # 刷新权限
Query OK, 0 rows affected (0.01 sec)
```

2.3.2　读取 SQL Server 数据库

SQL Server 数据库属于微软旗下的产品，也有非常多的企业在使用该数据库，目前的最新版本为 SQL Server 2017。如果读者对该产品有兴趣，可以从其官方网站下载免费试用的数据库产品，下载地址为 https://www.microsoft.com/zh-cn/sql-server/sql-server-downloads。相比于 MySQL，使用 R 语言读取 SQL Server 数据库中的数据稍微烦琐一些，需手动做一些简单的配置。配置过程如下：

步骤一：在控制面板中选择“管理工具”→“数据源（ODBC）”，打开如图 2.27 所示的对话框。

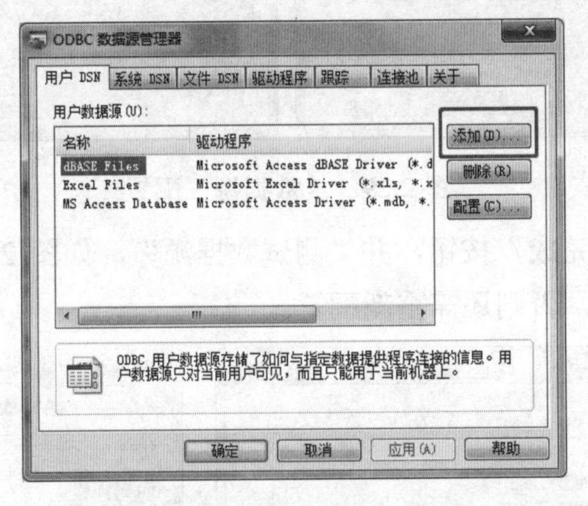

图 2.27　“ODBC 数据源管理器”对话框

步骤二：单击“添加”按钮，添加“用户数据源”。选择 SQL Server 驱动程序，并为数据源起一个名称，比如“r2sql”；再选择一个需要连接的 SQL Server 服务器，由于作者的计算机安装了 SQL Server 数据库，因此填入“(local)”，如图 2.28 所示。如果读者需要连接别的服务器，则需输入相应的 IP 地址。

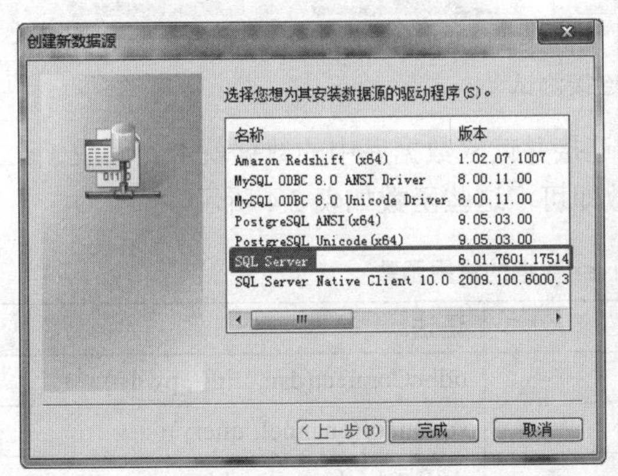

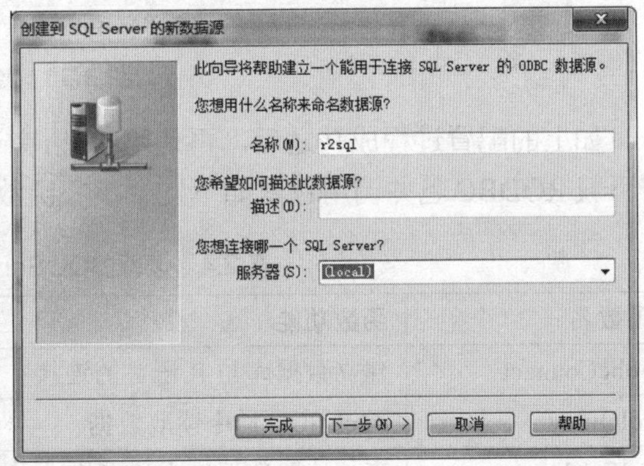

图 2.28　“数据源”配置

步骤三：填入访问 SQL Server 数据库的权限，即用户名和密码，由于作者安装数据库时没有设置访问数据库的用户名和密码，故无须修改，默认即可；选择需要读取的数据所在的数据库名称，这里选择为 train 数据库（这是作者在 SQL Server 数据库中新建的数据库名称），如图 2.29 所示。

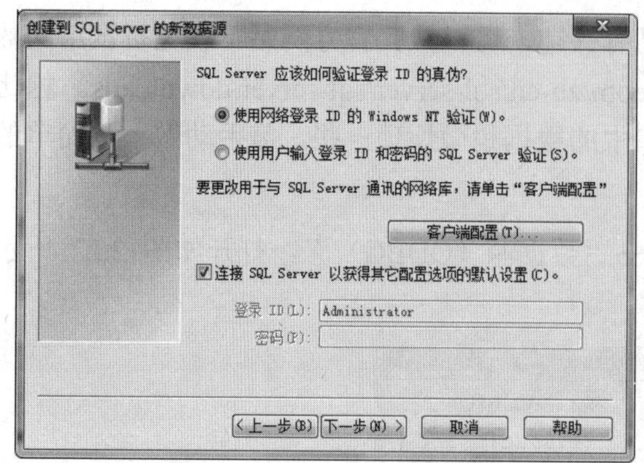

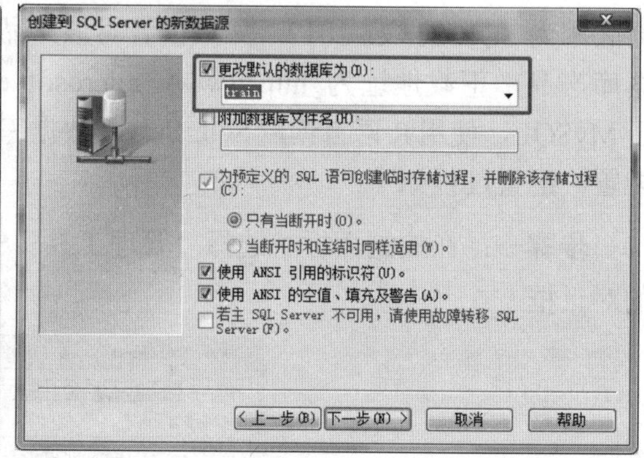

图 2.29 “数据源”配置

步骤四：最后单击“完成”按钮，并“测试数据源”，如图 2.30 所示。如果反馈“测试成功”，则表示配置完成，否则还需重新配置。

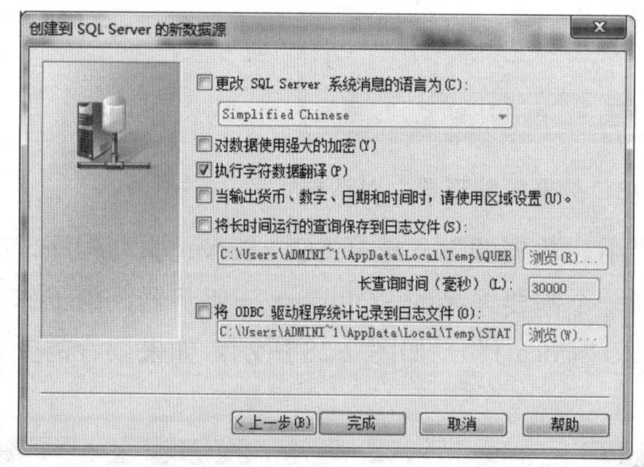

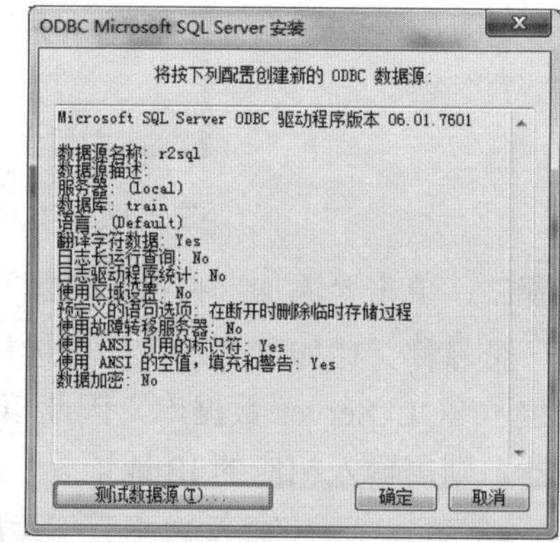

图 2.30 连接测试

如上的配置过程成功之后，再使用 R 语言连接并读取数据库中的数据就水到渠成了。只需下载 RODBC 包并调用包内如下几个核心函数即可，这些函数如表 2.4 所示。

表 2.4 读取 SQL Server 数据的常用函数

函数名	函数功能	语法
odbcConnect	建立数据库与 R 语言的连接	odbcConnect(dsn, uid=, pwd=)
sqlQuery	通过 SQL 指令读取数据	sqlQuery(channel, query)
sqlFetch	直接读取数据库中的表格	sqlFetch(channel, tablename)
Close	关闭数据库与 R 语言的连接	close(channel)

表注：

- **dsn**：指定R语言连接SQL Server的数据源名称，即配置过程中定义的数据源名称（“r2sql”）。
- **uid**：指定数据库访问的用户名名称。
- **pwd**：指定数据库访问的密码。
- **channel**：数据库与R语言的连接名称，该参数值由odbcConnect函数生成。
- **query**：指定数据库查询的语句，通过该参数可以写入一些简单的SQL语法，并返回相应的数据。
- **tablename**：指定需要直接读取的数据表名称。

在图 2.31 中，sec_buildings 即为数据库 SQL Server 中需要读取的数据表，该数据集存储在 train 库内，一共包含 28201 条二手房信息。接下来，利用如上介绍的函数读取该数据库中的数据表。

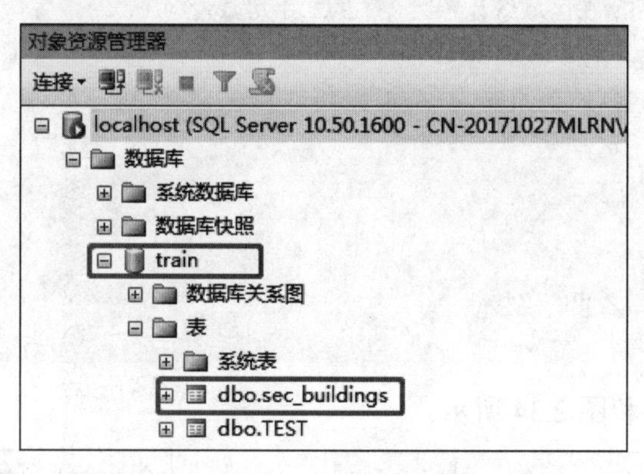

图 2.31　sec_buildings 数据所在的库名称

```
# 加载 RODBC 包
library(RODBC)
# 搭建 R 语言与数据库之间的桥梁
conn <- odbcConnect(dsn = 'r2sql' # 指定待连接的数据源名称
          )

# 直接读取数据表中的数据
sec_buildings <- sqlFetch(channel = conn, sqtable = 'sec_buildings')
# 数据视图的预览
View(sec_buildings)
```

返回结果如图 2.32 所示。

	name	type	size	region	floow	direction	tot_amt	price_unit	built_date
1	梅园六街坊	2室0厅	47.72	浦东	低区/6层	朝南	500	104777	1992年建
2	碧云新天地（一期）	3室2厅	108.93	浦东	低区/6层	朝南	735	67474	2002年建
3	博山小区	1室1厅	43.79	浦东	中区/6层	朝南	260	59374	1988年建
4	金桥新村四街坊（博兴路986弄）	1室1厅	41.66	浦东	中区/6层	朝南北	280	67210	1997年建
5	博山小区	1室0厅	39.77	浦东	高区/6层	朝南	235	59089	1987年建
6	潍坊三村	1室0厅	34.84	浦东	中区/5层		260	74626	1983年建
7	伟莱家园	2室2厅	100.15	浦东	中区/6层	朝南北	515	51422	2002年建

图 2.32　SQL Server 数据的读取效果

以上利用 sqlFetch 函数可以非常方便地将数据表读取到 R 语言中，但是相比于 sqlQuery 函数，缺少一些灵活性。因为 sqlQuery 函数允许用户写入一些简单的 SQL 语法，并返回具有聚合或筛选条件的数据集，请看如下示例。

```
# 读取所有黄浦的二手房信息，保留小区名称、户型、面积和总价字段
sub_data <- sqlQuery(channel = conn,
                     query = "select name,type,size,tot_amt from sec_buildings
                         where region = '黄浦'")
```

```
# 数据视图的预览
View(sub_data)

# 按照二手房的户型和所在区域统计各组合下的二手房数量
agg_data <- sqlQuery(channel = conn,
                     query = "select region,type,count(*) as Counts from
sec_buildings group by region,type")
# 数据视图的预览
View(agg_data)

# 关闭 R 语言与数据库之间的连接
close(conn)
```

返回结果如图 2.33 和图 2.34 所示。

	name	type	size	tot_amt
1	永明大厦	2室2厅	113.69	992
2	先棉祠街小区	2室1厅	51.64	390
3	沧海苑	5室2厅	255.00	3650
4	连云大楼	1室1厅	39.20	430
5	中山南路1750号	1室1厅	46.50	690
6	人才大厦	2室2厅	122.82	890
7	振华里小区	2室1厅	45.59	535

图 2.33　基于 SQL Server 语法实现的数据筛选

	region	type	Counts
1	杨浦	4室2厅	42
2	青浦	2室0厅	7
3	青浦	6室2厅	12
4	杨浦	2室0厅	107
5	杨浦	2室1厅	639
6	青浦	2室1厅	182
7	徐汇	3室0厅	10

图 2.34　基于 SQL Server 语法实现的数据聚合

2.4 几种常见的数据写出格式

以上各节全都是基于已有的外部数据并将其读入到 R 语言中的。在平时的学习或工作中，也需要将处理好的数据表保存到本地文件或数据库中（例如，将清洗干净的数据输出到外部文件或者是将模型预测的结果集保存到本地等）。本节将介绍几种常见的数据写出格式，分别是 csv 或 txt 格式的文本文件、xls 或 xlsx 格式的电子表格以及 MySQL 或 SQL Server 数据库格式。

2.4.1 写出至文本文件

将 R 语言环境中的数据写出到文本文件可以使用 write.table 或者是 write.csv 函数，它们与读取文本文件数据的函数相对应。对于数据写出的这两个函数而言，它们的参数基本一致，读者在选择使用时任选一个即可。有关这两个函数的用法及参数含义如下：

```
write.table(x, file = "", append = FALSE, quote = TRUE, sep = " ",
      na = "NA", dec = ".", row.names = TRUE, col.names = TRUE)
```

- **x**：指定需要写出的数据名称，既可以是矩阵格式也可以是数据框格式。

- **file**：指定数据写出后的文件名称，需包含文件格式，如csv或txt后缀（该参数还可以包含具体的磁盘路径）。
- **append**：bool类型的参数，表示是否需要将数据追加到已存在的外部数据集中，默认为FALSE。在write.csv函数中，该参数值不能修改。需要注意的是，如果被写出的原始数据集包含变量名，且append设置为TRUE时，追加的数据内容也包含变量名。
- **quote**：传递bool类型值，或者是数值向量，默认为TRUE，即对于字符型变量，变量中的值会添加双引号；如果参数接受的是数值向量，则表示对应下标的字符型变量值将添加双引号。
- **sep**：指定输出数据集中各变量之间的分隔符，默认为空格。在write.csv函数中，该参数值不能修改。
- **na**：指定输出数据集中缺失值的表示方法，默认为NA。
- **dec**：指定输出数据集中小数点的表示方法，默认为英文状态下的句号点。
- **row.names**：bool类型的参数，表示数据输出后是否保留数据集中的行名称，默认为TRUE。
- **col.names**：bool类型的参数，表示数据输出后是否保留数据集中的列名称，默认为TRUE。

例如，需要将 R 环境中的 iris 数据集保存到本地 csv 格式的文件中便可以套用下方的语法：

```
write.table(iris, # 需要导出的数据集名称
        file = 'd:\\R Language\\iris.csv', # 导出的文件名称及路径
        row.names = FALSE, # 数据导出后忽略行号
        sep = ',' # 指定字段之间的分隔符
           )
```

2.4.2　写出至电子表格 Excel

在 2.2 节中讲解了有关读取 Excel 文件所使用的第三方包，即 xlsx 包和 readxl 包，同时作者也通过具体的案例对比了两者的差异，表明 Excel 数据的读取选择 readxl 包会更加舒畅。但是该包没有数据写出的功能，如果需要将 R 环境中的数据写出到 Excel 中，则需要使用 xlsx 包，它提供了数据写出的 write.xlsx 函数和 write.xlsx2 函数。有关这两个函数的用法及参数含义如下：

```
write.xlsx(x, file, sheetName="Sheet1",
  col.names=TRUE, row.names=TRUE, append=FALSE, showNA=TRUE)

write.xlsx2(x, file, sheetName="Sheet1",
  col.names=TRUE, row.names=TRUE, append=FALSE, ...)
```

- **x**：指定需要写出的数据框名称。
- **file**：指定数据写出后的路径和文件名称。

- **sheetName**：指定数据输出后的工作表名称，默认为"Sheet1"。
- **col.names**：bool类型的参数，表示数据输出后是否保留数据集中的行名称。
- **row.names**：bool类型的参数，表示数据输出后是否保留数据集中的列名称，默认为TRUE。
- **append**：bool类型的参数，表示是否将数据追加到已有的数据文件中，默认为TRUE。
- **showNA**：bool类型的参数，表示是否在输出的Excel文件中显示缺失值NA，默认为TRUE。

这里以手动创建的数据集为例，利用上面介绍的函数将该数据集导出到Excel中。该数据集包含日期型变量、数值型变量以及字符型变量，具体如图2.35所示。

	id	name	birthday	gender	height
1	1	张三	1990-04-16	F	176
2	2	李四	NA	M	173
3	3	王二	1995-01-12	M	168
4	4	赵五	1990-12-10	NA	170
5	5	丁一	NA	F	172

图2.35　待写出的数据文件

```
# 手动构建数据集
id = 1:5
name = c('张三','李四','王二','赵五','丁一')
birthday = c('1990-4-16',NA,'1995-01-12','1990-12-10',NA)
gender = c('F','M','M',NA,'F')
height = c(176,173,168,170,172)
df = data.frame(id,name,birthday,gender,height)
# 数据类型转换
df$birthday = as.Date(df$birthday)

# 数据导出到Excel
library(xlsx)
write.xlsx(x = df, # 指定需要写出的数据集
        file = 'user_info.xlsx', # 指定文件输出的名称和路径
        sheetName = 'info', # 指定输出的工作表名称
         row.names = FALSE, # 数据写出后忽略行号
         showNA = FALSE # 在输出的数据文件中不显示缺失值NA的符号
          )
```

如果计算机中的xlsx包无法使用，或者觉得xlsx包使用起来非常不方便，不妨使用另一种方法，即利用write.table函数或者write.csv函数将数据写入csv文件，然后另存为Excel文件。尽管该方法操作起来会稍微有一点烦琐，但不失为一种很好的替换方案。

2.4.3　写出至数据库

本节再讲解一种常用的数据写出去向，就是将已有的数据集写入到数据库中，这在企业中也是非常普遍的。这里仍然以 MySQL 数据库和 SQL Server 数据库为例，实现 R 语言中数据反写到数据库的操作。

对于 MySQL 数据库而言，读者可以调用 RMySQL 包中的 dbWriteTable 函数实现数据的反写；对于 SQL Server 数据库来说，可以调用 RODBC 包中的 sqlSave 函数完成数据的写入。这两个函数的用法和参数含义如下：

```
dbWriteTable(conn, name, value, row.names = FALSE,
          overwrite = FALSE, append = FALSE,
          field.types = NULL, header = TRUE)

sqlSave(channel, dat, tablename = NULL, append = FALSE,
      rownames = TRUE, colnames = FALSE,safer = TRUE,
      addPK = FALSE, varTypes, fast = TRUE, nastring = NULL)
```

- **conn,channel**：指定R语言和数据库之间的连接桥梁，该参数值由RMySQL包中的dbConnect函数和RODBC包中的odbcConnect函数生成。
- **name,tablename**：指定数据导入数据库后的表名称。
- **value,dat**：指定需要导入数据库的数据集名称。
- **row.names,rownames**：bool类型的参数，表示是否在数据导入数据库后保留原来的行名称，dbWriteTable函数默认该参数为FALSE，sqlSave函数默认该参数为TRUE。
- **header,colnames**：bool类型的参数，表示是否在数据导入数据库后保留原来的列名称，默认为TRUE。
- **append**：bool类型的参数，表示是否在已有数据库表中追加新增的数据内容，默认为FALSE。
- **overwrite**：bool类型的参数，表示是否覆盖数据库原始表中的数据内容，默认为FALSE。
- **safer**：bool类型的参数，在数据导入之前检查数据库中是否存在已有的数据表名称，默认为TRUE，即发现已存在的表名称，则删除表中记录或删除数据表。
- **addPK**：bool类型的参数，表示是否将数据行名称用作主键，默认为FALSE。
- **varTypes,field.types**：在将数据导入数据库之前指定各变量的数据类型。
- **fast**：bool类型的参数，表示是否一次性实现批量数据的导入，默认为TRUE。
- **nastring**：在数据导入数据库之前指定缺失值的表示方法。

以 R 语言自带的数据集 CO2 为例，将其分别写入到 MySQL 数据库和 SQL Server 数据库，具体代码如下：

```
# 加载第三方包
library(RMySQL)
```

```
library(RODBC)

# 搭建 MySQL 与 R 语言之间的连接桥梁
conn_mysql <- dbConnect(drv = MySQL(), host = 'localhost',
                        user = 'root', password = '1q2w3e4r',
                        dbname = 'train')
# 写入数据
dbWriteTable(conn = conn_mysql, name = 'CO2',
             value = as.data.frame(CO2),  # 需将数据集转换为数据框格式
            overwrite = TRUE)
# 关闭连接
dbDisconnect(conn_mysql)


# 搭建 SQL Server 与 R 语言之间的连接桥梁
conn_server <- odbcConnect(dsn = 'r2sql')
# 写入数据
sqlSave(channel = conn_server, dat = CO2,
        tablename = 'CO2', rownames = FALSE)
# 关闭连接
close(conn_server)
```

返回结果如图 2.36 所示。

Plant	Type	Treatment	conc	uptake
Qn1	Quebec	nonchilled	95	16
Qn1	Quebec	nonchilled	175	30.4
Qn1	Quebec	nonchilled	250	34.8
Qn1	Quebec	nonchilled	350	37.2
Qn1	Quebec	nonchilled	500	35.3
Qn1	Quebec	nonchilled	675	39.2
Qn1	Quebec	nonchilled	1000	39.7

结果　消息

	Plant	Type	Treatment	conc	uptake
1	Qn1	Quebec	nonchilled	95	16
2	Qn1	Quebec	nonchilled	175	30.4
3	Qn1	Quebec	nonchilled	250	34.8
4	Qn1	Quebec	nonchilled	350	37.2
5	Qn1	Quebec	nonchilled	500	35.3
6	Qn1	Quebec	nonchilled	675	39.2
7	Qn1	Quebec	nonchilled	1000	39.7

图 2.36　数据写入到数据库后的效果图

2.5　篇章总结

本章主要向读者讲解如何使用 R 语言读取外部数据以及利用 R 语言将内存中的数据写出到外部环境，内容包括 csv、txt 等文本文件数据的读取、Excel 数据的读取和数据库数据的读取以及几种常见的数据写出格式。通过本章内容的学习，希望读者能够牢牢掌握数据读与写的各种操作，因为它是数据分析与数据挖掘的第一步。

最后，回顾一下本章中所涉及的 R 语言函数（见表 2.5），以便读者查询和记忆。

表2.5 本章涉及的R语言函数

R语言包	R语言函数	说明
stats	read.csv	读取文本文件
	read.table	读取文本文件
	file.choose	以弹窗形式选择文件
	write.csv	将数据写入到文本文件
	write.table	将数据写入到文本文件
	system.time	用于计算程序的运行时长
	View	预览数据视图
	data.frame	用于构造数据框
	sapply	对向量或列表中的每个元素做指定函数的处理
	lapply	对向量或列表中的每个元素做指定函数的处理
	readLines	将数据以向量的形式读入
	as.character	强制转换为字符串类型
data.table	fread	快速读取文本文件数据
plyr	ldply	对列表中的每个元素做指定的函数处理，并返回数据框格式
jsonlite	fromJSON	Json格式数据的解析
xlsx	read.xlsx	读取Excel数据
	read.xlsx2	读取Excel数据
	write.xlsx	数据写入到Excel文件中
	write.xlsxs2	数据写入到Excel文件中
readxl	read_excel	读取Excel数据
RMySQL	dbConnect	连接MySQL数据库与R语言
	dbReadTable	直接读取数据库中的表
	dbSendQuery	向数据库发出内部命令
	dbGetQuery	通过SQL语法实现数据的读取
	dbWriteTable	将数据写入到数据库中
	dbDisconnect	关闭数据库与R语言的连接
RODBC	odbcConnect	连接SQL Server数据库与R语言
	sqlFetch	直接读取数据库中的表
	sqlQuery	通过SQL语法实现数据的读取
	sqlSave	将数据写入到数据库中
	close	关闭数据库与R语言的连接

第 3 章

数据的清洗与管理

在上一章的内容中重点讲解了有关外部数据的读取，而这仅仅是利用 R 语言做数据分析或挖掘的第一步。在实际应用中，读入的数据往往不能直接使用，因为原始数据中可能存在各种各样的麻烦，例如存在缺失值、异常值、重复观测值等，这些麻烦问题都必须一一解决，否则会影响后期的分析或挖掘结果。除此之外，可能还需要基于“干净”的数据做一些其他的管理操作，例如数据形状的重塑、数据的聚合操作、数据的合并和连接等。

通常情况下，上文所提及的这些数据清洗和管理是数据分析或挖掘过程中最烦琐的部分，同时也是最花费时间的部分。本章将重点讲解一些工作中常用的数据清洗和管理技术，希望读者能够掌握如下几点内容：

- 缺失值、重复值以及异常值的识别和处理；
- 堆叠型表与扩展型表之间的转换；
- 类似于SQL的数据聚合操作；
- 类似于SQL的数据合并和连接操作；
- 几种常用的抽样技术。

数据清洗是指从原始数据中发现并处理错误信息的过程。错误信息主要包含数据的不一致性（如数据范围的错误、数据逻辑的不合理、数据单位的不一致等）、数据值的缺失或无效性、数据信息的冗余性以及离群点数据的干扰等。本章将讲解 3 种常见“脏”数据（重复观测、缺失值和异常值）的类型以及它们的判断和处理。

3.1　重复记录的识别和处理

在平时的工作中，数据的搜集是多种多样的，例如有常见的数据库查询、网络爬虫、问卷调查的反馈或者是机器设备的记录等。在搜集过程中可能无法避免观测值的重复记录，所以在数据分析或挖掘之前需要对数据集中的记录做是否重复的检查，检查中一旦发现重复记录就需要将其删除。

在 R 语言中，可以使用 duplicated 函数对数据集的所有变量或部分变量值做重复性检查，如果存在重复就返回 TRUE，否则返回 FALSE。这里不妨手动创建一个含有重复记录的数据集，然后基于 duplicated 函数实现重复观测的识别和删除操作。

```
# 手动创建数据集
id <- c(1,2,3,3,4,5,5,5)
name <- c('张三','李四','王二','王二','赵五','丁一','丁一','丁一')
gender <- c('F','M','M','M','F','M','M','F')
order_id <- c('10801','110232','14225','14225','11781','15680','12247',
'15680')
amt <- c(201,119,412,412,219,178,335,178)
df <- data.frame(id,name,gender,order_id,amt)
# 数据预览
View(df)
```

返回结果如图 3.1 所示。

	id	name	gender	order_id	amt
1	1	张三	F	10801	201
2	2	李四	M	110232	119
3	3	王二	M	14225	412
4	3	王二	M	14225	412
5	4	赵五	F	11781	219
6	5	丁一	M	15680	178
7	5	丁一	M	12247	335
8	5	丁一	F	15680	178

图 3.1　数据预览结果

用户王二在所有变量的数值中出现了重复，用户丁一也存在重复的可能，因为除了性别之外其余变量上的数值也是重复的。上例中的数据量比较少，可通过肉眼发现数据集中的重复观测，肉眼无法识别时可以借助于 duplicated 函数进行检查和删除：

```
# 检查数据集中所有变量的值是否存在重复
print(paste0('数据集中是否存在重复记录→',any(duplicated(df))))
out: "数据集中是否存在重复记录→TRUE"
```

如上结果所示，在检查数据集中是否存在重复记录时返回 TRUE 值。由于 duplicated 函数返回的是 bool 类型的向量，且向量的长度与数据集的行数相同，因此为了返回是否重复的答案，需要在 duplicated 函数外套一个 any 函数。如需删除数据集中的重复记录，则可借助于索引方法将重复的记录排除在外（需要注意的是，duplicated 函数前面需要加上表示否定的感叹号!），代码如下：

```
# 删除重复观测
df2 <- df[!duplicated(df),]
# 数据预览
View(df2)
```

返回结果如图 3.2 所示。

	id	name	gender	order_id	amt
1	1	张三	F	10801	201
2	2	李四	M	110232	119
3	3	王二	M	14225	412
5	4	赵五	F	11781	219
6	5	丁一	M	15680	178
7	5	丁一	M	12247	335
8	5	丁一	F	15680	178

图 3.2　按所有变量的排重结果

用户王二的重复观测被删除，只剩下一条记录。由于重复观测的删除是基于所有变量的重复性检查结果，因此表中的最后一行记录并没有删除。对于数据集 df 而言，可以检查用户 id 和订单 id 两个变量的重复情况：

```
# 检查数据集中用户 id 和订单 id 两个变量的值是否存在重复
print(paste0('数据集中是否存在重复记录→',
any(duplicated(df[,c('id','order_id')]))))
# 删除指定变量的重复观测
df3 <- df[!duplicated(df[,c('id','order_id')]),]
# 数据预览
View(df3)

out: "数据集中是否存在重复记录→TRUE"
```

返回结果如图 3.3 所示。

	id	name	gender	order_id	amt
1	1	张三	F	10801	201
2	2	李四	M	110232	119
3	3	王二	M	14225	412
5	4	赵五	F	11781	219
6	5	丁一	M	15680	178
7	5	丁一	M	12247	335

图 3.3　指定变量的排重结果

在图 3.3 中，得到了一个不含重复观测的“干净”数据集，仅仅借助于用户 id 和订单 id 两个变量的数值就将用户王二和丁一的重复观测删除了。

3.2　缺失值的识别

数据缺失是指样本点在某些变量中的值存在空缺，这种空缺可能是人为因素导致的（如用户不愿意透露自己的隐私信息或者数据录入过程中的遗漏等），也可能是非人为因素产生的（例如数据存储器的损坏、机器设备的故障等）。缺失值的存在或多或少都会对分析或挖掘结果产生偏差，所以缺失值的检查显得尤为重要，而且检查过程中一旦发现缺失值还有必要对其做相应的处理（尤其是对缺失值敏感的模型，如线性回归模型）。

检查一个数据集是否存在缺失值可以利用 R 语言中的两个基本函数，分别是 is.na 和 complete.cases。前者可用于检查变量中的值是否存在缺失值（如果变量的值为缺失，就对应返回 TRUE，否则返回 FALSE）；后者可用于数据集观测行的缺失值检查（检查数据的行记录是否存在缺失值，如果行内包含缺失值就返回 FALSE，否则返回 TRUE）。为解释这两个函数的用法，这里不妨导入含有缺失值的二手房数据，然后基于该数据集做缺失值的检查。

```
# 导入第三方包
library(readxl)
sec_buildings <- read_excel(path = file.choose())
# 使用 is.na 函数检查各个变量的缺失数量与比例
sapply(sec_buildings, function(x) sum(is.na(x)))
sapply(sec_buildings, function(x) sum(is.na(x))/length(x))
```

具体情况如表 3.1 所示。

表 3.1　二手房数据中各变量的缺失情况

变量名	缺失情况	变量名	缺失情况
name	0(0%)	type	3459(12.27%)
size	0(0%)	region	0(0%)
floow	0(0%)	direction	1355(5.80%)
tot_amt	0(0%)	Price_unit	0(0%)
built_date	6212(22.04%)		

is.na 函数统计出了每个变量值的缺失个数和比例，从表 3.1 中可知，该数据集中有 3 个变量存在缺失记录，其中变量 built_date 缺失数量最高，比例高达 22.04%。

需要说明的是，为统计数据集中各变量的缺失情况，不能够直接将数据集 sec_buildings 传递给该函数，因为它只会对数据集中的每一个单元格做是否缺失的判断，最终返回一个与原数据集一样大小的数据框。所以，代码中采用了 sapply 函数与自定义函数的结合，实现各变量上的缺失统计。

利用 is.na 函数只能检查到每个变量的缺失比例，但是无法从整体查看表中记录的缺失情况。使用 complete.cases 函数则是一个非常好的选择，该函数可以轻松识别每一行是否存在缺失值。

```
# 使用 complete.cases 检查数据集的缺失行数与比例
sum(!complete.cases(sec_buildings))
sum(!complete.cases(sec_buildings))/nrow(sec_buildings)
```

具体数据如表 3.2 所示。

表 3.2 二手房数据行的缺失情况

行缺失记录数	行缺失记录比例
9875	35.02%

从总体上来看，二手房数据集中一共包含了9875条缺失记录，占数据集35.02%的比例。需要说明的是，代码中统计缺失行数时 complete.cases 函数前面加了表示否定的感叹符号（!），这是因为该函数会将非缺失的行表示为 TRUE、含缺失值的行表示为 FALSE。

由 is.na 的结果可知，这些缺失记录行均是由 type、direction 和 built_date 变量的缺失引起的，但无法追踪 35.02%比例的缺失是如何分派到各个变量或组合变量中的。为了得到该问题的答案，可以借助于 VIM 包中的 aggr 函数，它可以通过可视化的形式展现数据集中缺失值的模式。关于该函数的用法和几个重要参数的含义如下：

```
aggr(x, plot = TRUE, bars = TRUE,numbers = FALSE,
    prop = TRUE, combined = FALSE, varheight = FALSE,
    sortVars = FALSE,sortCombs = TRUE, ylabs = NULL,
    axes = TRUE, cex.lab = 1.2, gap = 4)
```

- **x**：指定需要探索的数据对象，可以是一个向量、矩阵或数据框。
- **plot**：bool类型的参数，是否将缺失值模式以图的形式展现，默认为TRUE。如果设置为FALSE，则返回各变量的缺失记录数。
- **bars**：bool类型的参数，表示是否在各变量的组合缺失比例图的右侧显示小型的条形图，用以表示各变量组合下的样本缺失比例，默认为TRUE。
- **numbers**：bool类型的参数，表示是否在各变量的组合缺失比例图中显示数值比例，默认为FALSE。
- **prop**：bool类型的参数，表示是否计算缺失值的样本比例。
- **combined**：bool类型的参数，表示是否将各变量的缺失比例条形图（左侧）和各变量的组合缺失比例图（右侧）组合在一张图形中，默认为FALSE。
- **varheight**：bool类型的参数，表示是否将各变量组合缺失比例图中的单元格高度用缺失量来衡量，默认为FALSE。
- **sortVars**：bool类型的参数，表示是否按各变量的缺失样本量对变量进行排序，默认为FALSE。
- **sortCombs**：bool类型的参数，表示是否按各变量组合的缺失样本量对组合图进行排序，默认为TRUE。
- **ylabs**：当参数combined为TRUE时，可以为组合之后的图形设置y轴标签。

- **axes**：bool类型的参数，表示是否将数据集中各变量的名称用作图形x轴的刻度标签，默认为TRUE。
- **cex.lab**：用于设置y轴标签字体的大小，默认为1.2。
- **gap**：当参数combined为FALSE时，可以设置两个独立图形之间的间隔距离，默认为4。

根据上面介绍的函数语法及参数含义，结合二手房数据，使用该函数对数据集中的缺失数据做可视化分析，代码如下：

```
# 加载第三方包
library(VIM)
# 缺失值模式的可视化展现
aggr(sec_buildings,  # 指定需要探索的数据集
numbers = TRUE  # 在各变量的组合缺失比例图中显示缺失比例值
sortVars = TRUE  # 按照各变量的缺失比例进行排序绘图
```

返回结果如图 3.4 所示。

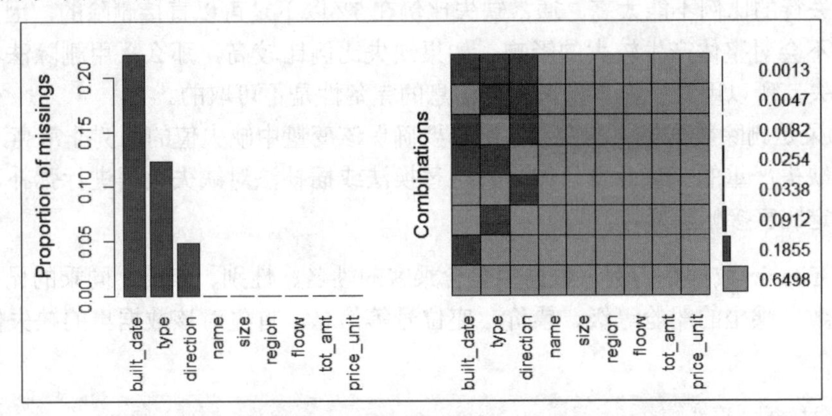

图 3.4　缺失值分布的可视化结果

默认生成了两个独立的图形，左图为各变量的缺失比例条形图，右图为各变量的组合缺失比例图，并且两张图中 x 轴刻度标签的变量名称均按照缺失比例的大小做了降序排序。右图之所以称为各变量的组合缺失比例图，是因为图中的缺失比例值不单单是某个变量的缺失比例，而是多个或单个变量的缺失比例。不妨以图中第二排的 0.0047 为例，它表示 type 变量和 direction 变量同时缺失的样本比例。

通过上面的反馈，可以完全覆盖 is.na 函数和 complete.cases 函数的功效，因为左图的条形图可以表示 is.na 函数的功能，右图中最后一行的比例表示非缺失行的样本比例，可以体现 complete.cases 函数的功能。

3.3 缺失值的处理办法

正如前文所说，如果直接利用含有缺失值的数据集，将会使后期的数据分析或挖掘结果产生偏差，所以有必要对其进行处理。通常情况下，处理缺失值有 3 种方法，分别是删除法、替换法和插补法。下面通过具体的案例来说明这 3 种方法的落地。

3.3.1 删除法

针对数据集中的缺失值，选用删除法是最简单而粗暴的处理办法，即直接将含有缺失值的记录行或变量进行删除。尽管删除法是一个不错的选择，但是使用该方法时需要满足如下两个条件：

（1）如果是删除数据集中存在缺失值的记录行或者是变量中缺失值所对应的观测行，则需要确保缺失行的比例不能太高，通常缺失比例在5%以下是可以直接删除的，因为少量被删除的记录并不会对整体产生较大的影响；如果缺失比例比较高，那么采用删除法将会导致信息的严重丢失，所以用减少样本量来换取信息的完备性是不可取的。

（2）如果是删除数据集中的变量，则需要确保该变量中缺失值的比例非常高，例如在 50%以上。对于缺失严重的变量而言，如果采用替换法或插补法对缺失数据进行弥补，最终效果可能并不一定比直接删除好。

不妨以 Titanic 数据集为例，数据中包含乘客的姓名、性别、年龄、同乘的兄弟姐妹个数、父母子女个数、乘坐的船舱等级、票价、座位号等信息。首先对该数据集的缺失值情况做简单的统计：

```
# 导入 Titanic 数据集
titanic <- read_excel(path = file.choose())
# 检查各变量和观测行的缺失比例
sapply(titanic, function(x) sum(is.na(x)))
sapply(titanic, function(x) sum(is.na(x))/length(x))
sum(!complete.cases(titanic))/nrow(titanic)
```

具体数据如表 3.3 和表 3.4 所示。

表 3.3 Titanic 数据集中各变量的缺失情况

变量名	缺失情况	变量名	缺失情况
PassengerId	0(0%)	Survived	0(0%)
Pclass	0(0%)	Name	0(0%)
Sex	0(0%)	Age	177(19.87%)
SibSp	0(0%)	Parch	0(0%)
Ticket	0(0%)	Fare	0(0%)
Cabin	687(77.10%)	Embarked	2(0.22%)

表 3.4 Titanic 数据行的缺失情况

行缺失记录数	行缺失记录比例
708	79.46%

如上结果所示，数据集的缺失记录行的比例仅 80%，故不能使用删除法对数据行进行删除；再看各个变量的缺失比例，发现 Cabin 变量的缺失比例高达 77.10%，故有必要利用删除法对其删除。

```
# 删除 Cabin 变量
titanic <- subset(titanic, select = -Cabin)
View(titanic)

# 如果需要删除数据表的记录行，可采用下方代码
# titanic <- titanic[complete.cases(titanic),]
```

3.3.2 替换法

替换法是指将某个具体的数值用作变量内缺失值的替换，如果变量为数值型变量，则可以使用该变量中非缺失值的平均数或者中位数替换缺失值(一般而言，当变量近似服从正态分布时，选择平均数作为缺失值的填充会更加合理，否则应该选用中位数作为缺失值的填充)；如果变量为离散型变量，则可以使用该变量中非缺失值的众数填充缺失值。

使用平均数、中位数或者众数替换缺失值，同样需要满足一定的条件，即变量中的缺失比例不能太高，例如在 10%左右。当变量中缺失值的比例太高时，直接使用某个数值对其填充会导致缺失值估计的有偏性（偏离于实际的真实值）。对于 Titanic 数据集而言，可以采用替换法或行删除法对 Embarked 变量中的缺失值进行处理：

```
# 使用众数填充 Embarked 变量中的缺失值
mode_value <- names(sort(table(titanic$Embarked), decreasing = TRUE)[1])
titanic$Embarked[is.na(titanic$Embarked)] = mode_value

# 如果对该变量对应的缺失行做删除，可以使用下面的代码
# titanic <- titanic[complete.cases(titanic$Embarked),]
# 如果需要使用平均值对 Age 变量的缺失值填充，可采用下面的代码
# titanic$Age[is.na(titanic$Age)] = mean(titanic$Age,na.rm = TRUE)
```

如上代码中涉及两种缺失值的处理办法：一种是替换法，即使用众数填充 Embarked 变量中的缺失值，使用平均值填充 Age 变量中的缺失值；另一种是删除法，将 Embarked 变量中缺失值所对应的行记录删除。对于上方的代码，有两点需要说明：

（1）由于 R 语言的基础包中没有提供众数的计算函数，因此结合使用了 table、sort 和 names 函数完成众数的获取。其中，table 函数用于统计离散变量中各水平值的频数；sort 函数对频数统计结果做排序处理；names 函数则返回数据中的变量名称。

（2）由于 Age 变量中存在缺失值，因此对该变量直接计算平均值会返回 NA。为求得变量中所有非缺失值的平均值，需要设置 rm.na 参数为 TRUE。除 mean 函数外，其他常用的统

计函数在涉及缺失值的计算时（如 sum、var、sd、min、max、median 等）都需要使用 rm.na 参数排除缺失值。

3.3.3 插补法

尽管替换法可以确保数据的完整性，但是该方法往往会产生有偏估计，所以当变量的缺失比例相对比较大时（例如 Titanic 数据集中的 Age 变量，缺失比例近 20%，如果删除对应的观测，则会损失其他变量中有用的信息；如果使用均值填充，又会产生比较大的偏差），不推荐使用替换法解决缺失值问题，此时可以考虑插补法。

插补法是指借助于有监督的机器学习算法，对含有缺失值的变量进行预测。该方法的具体思路是：首先按照某个含有缺失值的变量将数据集拆分为两部分，第一部分是变量中不含缺失值所对应的观测，第二部分是变量中含缺失值所对应的观测；然后利用第一部分的数据集构建模型（如线性回归模型、Logistic 回归模型、决策树、支持向量机等）；最后基于建好的模型对第二部分数据集的缺失变量进行预测。

R 语言中提供了实现插补法的第三方包，即 mice 包，读者只需调用 mice 包中的 mice 函数和 complete 函数即可实现缺失值的多重插补。关于 mice 函数中的几个重要参数含义如下：

```
mice(data, m, method, printFlag = TRUE, defaultMethod, formula)
```

- **data**：指定含有缺失值的数据框或矩阵。
- **m**：指定缺失值插补的重数，默认为5重，每一重插补都会生成一个与原始数据一样大小的非缺失数据集。重数越大缺失值的插补可能越准确，但是会增加算法的运算量，导致插补过程消耗更多的时间。
- **method**：用于指定多重插补的算法既可以传递一个表示算法名称的字符型值（如代码中的“rf”），也可以传递多个表示算法名称的字符向量。如果该参数不传递任何值，那么插补法将根据变量类型选择默认的算法（可见参数defaultMethod）。
- **printFlag**：bool类型的参数，表示是否在插补过程中打印出日志信息，默认为TRUE。
- **defaultMethod**：指定插补过程中选择的默认算法，如果缺失变量为数值型变量，就会选择预测均值匹配法；如果缺失变量为二水平的类别变量，则选择Logistic回归算法；如果缺失变量为多水平的无序类别变量，则选择多项式回归算法；如果缺失变量为多水平的有序类别变量，则选择比例优势模型。除此之外，可用的算法还有很多，例如CART决策树、贝叶斯算法、随机森林等。
- **formula**：将非缺失变量和缺失变量以公式的形式传递给该参数，其中被填充的缺失变量置于公式的左边，非缺失变量置于公式的右边（如Age~Survived+Pclass+Sex）。如需传递多个公式，则将公式存放在列表对象中。

这里仍然以 Titanic 数据集为例，在删除法和替换法的基础之上再使用插补法对 Age 变量的缺失值做预估。由于数据集中乘客 ID、乘客姓名 Name 和票号 Ticket 并不是构成年龄的影响因素，因此使用 mice 函数之前需要将这些变量删除：

```
# 删除乘客 ID、乘客姓名 Name 和票号 Ticket 三个字段
```

```
titanic <- subset(titanic, select = -c(PassengerId,Name,Ticket))
# 使用 mice 函数对缺失数据集做 5 重插补
imp <- mice(data = titanic, # 指定需要插补的数据集
        m = 5, # 指定插补的重数,
        # 指定插补所用的算法，这里使用随机森林算法，需提前下载好 randomForest 包
        method = 'rf',
        printFlag = FALSE # 插补过程中不需要打印具体的日志信息
        )
# 将 5 重插补后的数据集整合在一起
titanic_clear <- complete(imp)
# 数据预览
View(titanic_clear)
```

返回结果如图 3.5 所示。

	Survived	Pclass	Sex	Age	SibSp	Parch	Fare	Embarked
1	0	3	male	22.00	1	0	7.2500	S
2	1	1	female	38.00	1	0	71.2833	C
3	1	3	female	26.00	0	0	7.9250	S
4	1	1	female	35.00	1	0	53.1000	S
5	0	3	male	35.00	0	0	8.0500	S
6	0	3	male	18.00	0	0	8.4583	Q
7	0	1	male	54.00	0	0	51.8625	S

图 3.5　多重插补法处理缺失值

针对含有缺失值的 Age 变量，这里采用五重插补的随机森林算法实现缺失值的填充（有关随机森林算法的理论和应用可查阅第 10 章内容）。

依据经验，相比于替换法，使用多重插补法处理缺失值可能会更加合理和准确，但是当数据量比较大时（如数据集中包含上万条甚至几十万条记录），使用 mice 函数实现多重插补将会严重占用内存，甚至可能导致计算机崩溃。

在实际应用中，应根据缺失变量的重要性程度和缺失比例选择合理的缺失值处理办法。以图 3.6 为例，将变量的缺失比例和重要性程度划分为 4 个象限，根据每一个象限的特征，选择对应的解决方案。

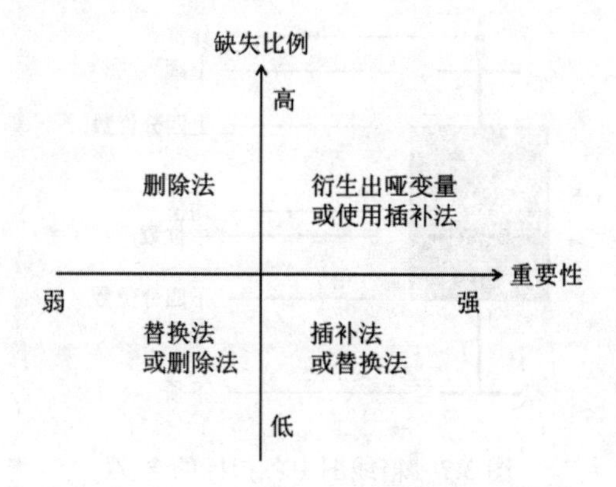

图 3.6　缺失值处理办法的选择

例如，对于缺失比例较低、重要性较强的变量，通常会选择某种比较快速的机器学习算法（如随机森林、贝叶斯算法或 Logistic 算法），对缺失数据进行一次性的插补（可参考第 10 章中的例子）或者使用简单的替换法；对于缺失比例较高、重要性较低的变量，直接选择删除法；对于缺失比例较低、重要性较低的变量，可以选择替换法或删除法；对于缺失比例较高、重要性也较高的变量，可衍生出二元值的哑变量（例如将性别变量衍生出是否男性、是否女性和是否缺失三个哑变量）或者采用插补法。

3.4 异常值的识别和处理

异常值也称为离群点，它们是远离绝大多数样本点的特殊群体，通常这样的点在数据集中都具有不合理的数值。异常值的识别和处理同样是数据清洗过程中的重要环节，因为异常值的存在也会影响分析或挖掘的结果以及干扰决策的判断。

在实际应用中，对异常值的识别和处理往往具有两个方面的好处：一个是排除干扰模型准确性的异常点，进而使模型更具有稳定性，例如对于多元线性回归模型、Logistic 回归模型以及 K 均值聚类算法来说，它们都容易受到异常值的影响，如果忽略异常值的存在，就将导致模型结果不具有可信度；另一个是寻找妨碍业务正常运行的“毒瘤”，例如通过异常的点击行为和网页停留时长识别钓鱼网站、通过信用卡用户的异常消费记录和手机号变更识别欺诈行为、通过患者体检的异常指标值判断其身体的健康状态等。

对于异常值的识别，通常可以使用 3 种方法找到数据集中远离大部分数据的离群点，它们分别是基于箱线图的分位数法、基于正态分布的σ法以及基于机器学习的模型法。接下来将通过具体的案例介绍这 3 种方法的应用。

3.4.1 基于分位数法识别异常值

利用分位数法识别数据中的异常点借助的是箱线图技术，该图形属于典型的统计图形，在学术界和工业界都得到广泛的应用。当变量的数据值大于箱线图的上须或者小于箱线图的下须时就可以判断这样的数据点为异常点。图 3.7 所示即为箱线图的图形。

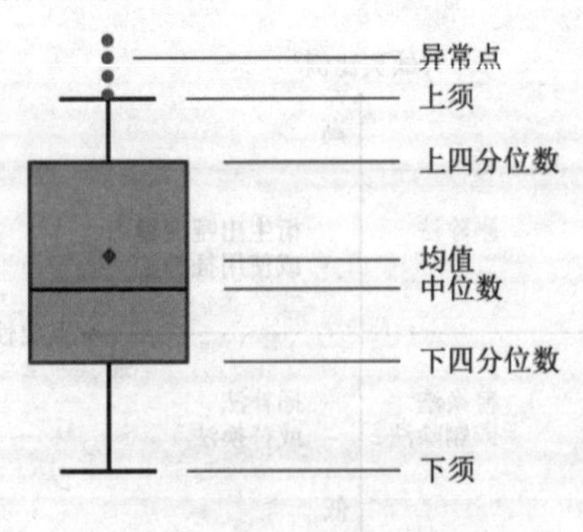

图 3.7 箱线图中各指标的含义

图中的下四分位数指数据的25%分位点所对应的值（Q_1）；中位数即为数据的50%分位点所对应的值（Q_2）；上四分位数则为数据的75%分位点所对应的值（Q_3）；上须的计算公式为$Q_3+1.5\times(Q_3-Q_1)$；下须的计算公式为$Q_1-1.5\times(Q_3-Q_1)$。其中，Q_3-Q_1表示四分位差。

基于上方的箱线图，可以定义某个数值型变量中的异常点和极端异常点，它们的判断标准如表3.5所示。

表3.5 基于箱线图的异常值判断标准

判断标准	结论
$x> Q_3+1.5\times(Q_3-Q_1)$或者$x< Q_1-1.5\times(Q_3-Q_1)$	异常点
$x> Q_3+3\times(Q_3-Q_1)$或者$x< Q_1-3\times(Q_3-Q_1)$	极端异常点

下面以R语言中自带的sunspot.year数据集为例，利用箱线图法识别数据中的异常点和极端异常点。该数据集反映的是1700年至1988年每一年太阳黑子的数量，基于该数据绘制的箱线图如图3.8所示。

```
    # 加载第三方包
    library(ggplot2)
    # 将向量转换为数据框
    sunspot_year = data.frame(counts = sunspot.year)
    # 箱线图的上下须设置为1.5倍的四分位差
    ggplot(data = sunspot_year, mapping = aes(x = '', y = counts)) +
      # 绘制箱线图并设置箱线图的填充色，异常点的颜色和形状
      geom_boxplot(fill = 'steelblue', outlier.colour = 'red', outlier.shape = 19)+
      # 设置x轴的标签为空
      theme(axis.title.x = element_blank()) +
      # 在箱线图中添加平均值点，并设置点的形状、颜色和大小
      stat_summary(fun.y = 'mean', geom = 'point', shape = 18, colour = 'orange',
size = 5)

    # 箱线图的上下须设置为3倍的四分位差（即coef参数对应的值）
    ggplot(data = sunspot_year, mapping = aes(x = '', y = counts)) +
      geom_boxplot(fill = 'steelblue', outlier.colour = 'red',
                   outlier.shape = 19, coef = 3) +
      theme(axis.title.x = element_blank()) +
      stat_summary(fun.y = 'mean', geom = 'point', shape = 18, colour = 'orange',
size = 5)
```

上例借助于ggplot2包绘制了两幅箱线图，关于如何使用R语言完成数据可视化的详细内容，读者可翻阅第5章和第6章的内容。在图3.8中，左图中的上下须定义为1.5倍的四分位差，且发现数据集中至少存在5个异常点，它们的值均在上须之上；右图中的上下须定义为3倍的四分位差，图中并没有显示极端异常点。

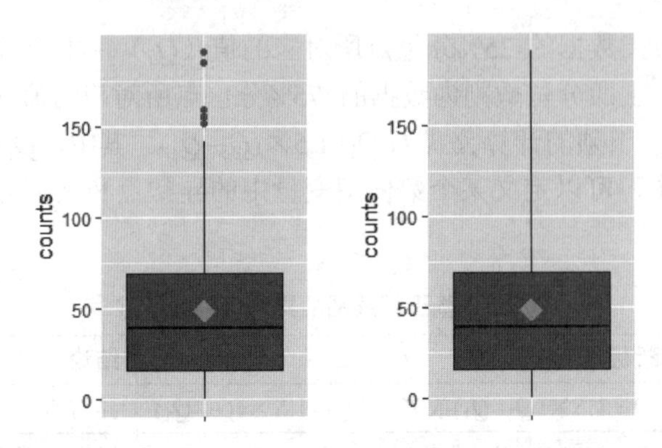

图 3.8 基于箱线图的异常值判断

通过图 3.8 可以直观地发现数据中是否存在异常点或极端异常点，但是从图 3.8 中不能得知哪些观测为异常点以及这些异常点的具体数值。为解决该问题，可以通过下面的代码实现查询：

```
# 计算上须所对应的值
UL <- quantile(sunspot_year$counts, 0.75) +
1.5*diff(quantile(sunspot_year$counts, c(0.25,0.75)))
# 异常点所对应的数据行
which(sunspot_year$counts > UL)
# 异常点所对应的具体值
sunspot_year$counts[which(sunspot_year$counts > UL)]
```

具体数据如表 3.6 所示。

表 3.6 太阳黑子中的异常点数据

异常点编号	79	248	258	259	260	280	281
异常点的值	154.4	151.6	190.2	184.8	159.0	155.4	154.7

3.4.2 基于σ方法识别异常值

σ方法属于另一种可视化方法，借助于正态分布的统计知识从多个数据点中识别出异常点和极端异常点。根据正态分布的定义可知，数据点落在偏离均值正负 1 倍标准差（σ值）内的概率为 68.2%；数据点落在偏离均值正负 2 倍标准差内的概率为 95.4%；数据点落在偏离均值正负 3 倍标准差内的概率为 99.6%。

所以，换个角度思考上文提到的概率值，数据点落在偏离均值正负 2 倍标准差之外的概率不足 5%，属于小概率事件，即认为这样的数据点为异常点。同理，数据点落在偏离均值正负 3 倍标准差之外的概率将会更小，可以认为这些数据点为极端异常点。为使读者直观地理解文中提到的概率值，可以查看标准正态分布的概率密度图，如图 3.9 所示。

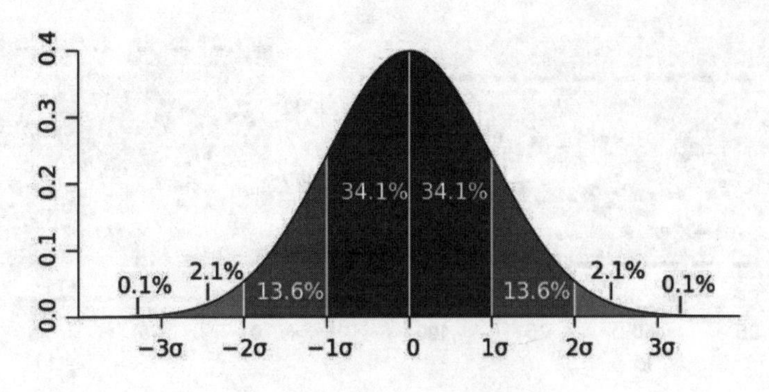

图 3.9　正态分布密度曲线

进一步，基于图 3.9 的定义，可以按照表 3.7 中的判断条件识别出数值型变量的异常点和极端异常点。

表 3.7　基于σ方法的异常值判断标准

判断标准	结论
$x>\bar{x}+2\sigma$或者 $x<\bar{x}-2\sigma$	异常点
$x>\bar{x}+3\sigma$或者 $x<\bar{x}-3\sigma$	极端异常点

接下来以R语言中自带的Nile数据集为例，使用σ方法识别数据集中的异常点和极端异常点。该数据集反映的是 1871 年至 1970 年尼罗河每年的流水量，基于该数据利用 ggplot2 模块绘制点图以及两条判断异常值的参考线：

```
# 将尼罗河各年的流水量数据构造成数据框
Nile_flow <- data.frame(Id = 1:length(flow), flow = Nile)
# 绘制尼罗河流量的点图和参考线
ggplot(data = Nile_flow, mapping = aes(x = Id, y = flow)) +
  geom_point(color = 'steelblue') +
  # 添加偏离均值正负 2 倍标准差的参考线
  geom_hline(yintercept = mean(Nile_flow$flow)+2*sd(Nile_flow$flow), lty = 2,
lwd = 1.2) +
  geom_hline(yintercept = mean(Nile_flow$flow)-2*sd(Nile_flow$flow), lty = 2,
lwd = 1.2)

ggplot(data = Nile_flow, mapping = aes(x = Id, y = flow)) +
  geom_point(color = 'steelblue') +
  # 添加偏离均值正负 3 倍标准差的参考线
  geom_hline(yintercept = mean(Nile_flow$flow)+3*sd(Nile_flow$flow), lty = 2,
lwd = 1.2) +
  geom_hline(yintercept = mean(Nile_flow$flow)-3*sd(Nile_flow$flow), lty = 2,
lwd = 1.2)
```

返回结果如图 3.10 所示。

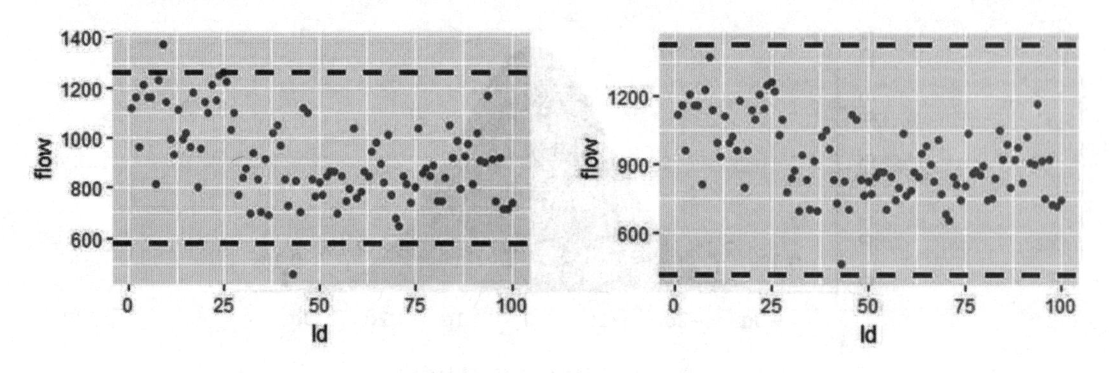

图 3.10 基于σ方法的异常值判断

左图中的两条水平线是偏离均值正负 2 倍标准差的参考线，目测至少存在两个样本点落在参考线之外，可以判定它们属于异常点；对于右图中偏离均值正负 3 倍标准差的参考线来说，所有样本点均落在参考线之内，即说明尼罗河每年的水流量并不存在极端异常值。

同理，也可以借助于下面的代码查询出异常点所对应的水流量：

```
# 异常点所对应的数据行
UL <- mean(Nile_flow$flow)+2*sd(Nile_flow$flow)
LL <- mean(Nile_flow$flow)-2*sd(Nile_flow$flow)
which(Nile_flow$flow < LL | Nile_flow$flow > UL)
# 异常点所对应的具体值
Nile_flow$flow[which(Nile_flow$flow < LL | Nile_flow$flow > UL)]
```

具体数据如表 3.8 所示。

表 3.8 尼罗河流水量的异常点数据

异常点编号	9	25	43
异常点的值	1370	1260	456

尽管基于箱线图的分位数法和基于正态分布的σ法都可以实现异常值和极端异常值的识别，不过在实际应用中它们是有区别的。如果待判断的变量近似服从正态分布，建议选择σ法识别异常点，否则使用分位数法识别异常点（关于变量是否服从正态分布的判断可参考第 7.9 节）。

3.4.3 基于模型法识别异常值

如上介绍的两种识别异常值的方法都是基于单变量的判断，并没有考虑到样本点在所有变量上的整体效应。例如，如何同时结合某链接的点击量和网页的停留时间识别属于异常的钓鱼网站，如果单从一个维度判断，可能并不能准确地发现钓鱼网站，因为只有当链接的点击量很大而页面停留时间很短时该网页才可能是钓鱼网站。

基于机器学习的模型方法，可以根据样本的所有变量特征判断出哪些样本点属于异常观测。比较常见的机器学习方法有线性回归模型、K 近邻算法以及 K 均值聚类等，本节将介绍 K 均值聚类算法（详细的理论知识可参看第 15 章内容）。下面简单介绍使用聚类算法完成异常值识别的思路：

（1）采用聚类算法将数据划分为指定的类数，如聚为 3 类或 5 类等。

（2）计算每个样本点与所属簇中心的欧氏距离。

（3）计算各簇内距离的平均值和标准差，并以$\bar{x}+2\sigma$作为判断异常值的临界点，即样本点与簇中心距离大于$\bar{x}+2\sigma$时判为异常样本。

根据上面所介绍的思路，接下来通过 R 语言使用 K 均值聚类算法挖掘 iris 数据集中存在的异常观测：

```
# 抽取原 iris 数据集中的前 4 个变量，生成新的数据集 iris2
iris2 <- iris[,1:4]
# 利用 K 均值聚类将 iris2 数据集中的样本点聚为 3 类
set.seed(1234)
cluster_res <- kmeans(iris2, centers=3)
# 提取各簇的中心点
centers <- cluster_res$centers
# 提取各样本所属的类标号
clusters <- cluster_res$cluster
# 提取每一个样本所对应的簇中心
obs_centers <- centers[clusters, ]
# 计算每一个样本与各自簇中心的欧氏距离
distances <- sqrt(rowSums((iris2 - obs_centers)**2))
# 将距离 distances 和类标号 clusters 写入到 iris2 数据集中
iris2$distances <- distances
iris2$clusters <- clusters

# 计算各簇内样本距离的平均值和标准差
library(dplyr)
# 分组聚合运算
grouped <- group_by(.data = iris2, clusters)
stats <- summarise(grouped, Mean = mean(distances), Std = sd(distances))
# 计算判断异常值的上下临界值
stats <- transform(stats, UL = Mean+2*Std)
# 将数据集 iris2 和 stats 做连接
join_res <- left_join(iris2, stats)
# 衍生出是否存在异常值的变量
join_res <- transform(join_res, outliers = ifelse(distances > UL, 1, 0))
# 将变量 outliers 转换为因子型
join_res$outliers <- factor(join_res$outliers)

# 绘制花瓣长度与宽度的散点图，并标出异常值
library(ggplot2)
ggplot(data=join_res, mapping=aes(x=Petal.Length, y=Petal.Width,
shape=outliers, color = outliers)) +
```

```
    geom_point(size = 3)
```

返回结果如图 3.11 所示。

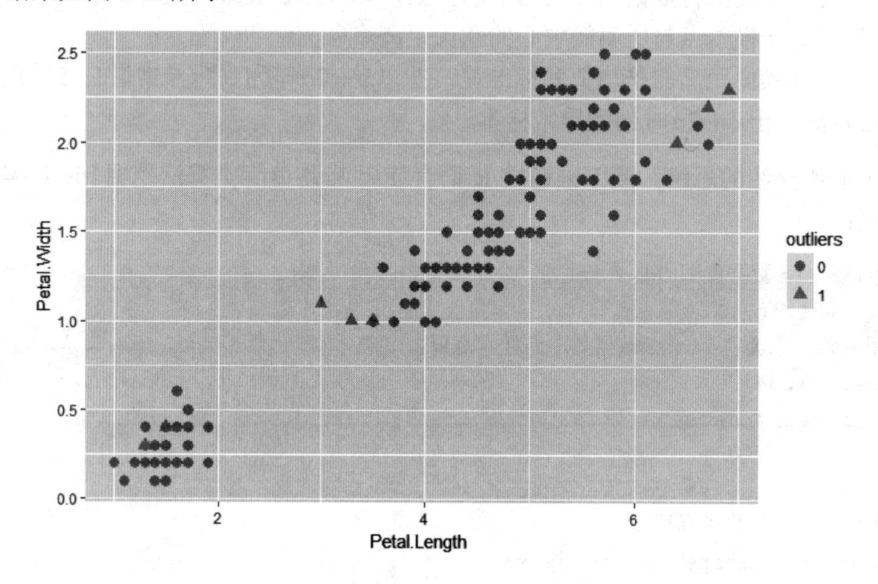

图 3.11　基于 K 均值算法搜寻的异常点

图 3.11 中的三角形所代表的点即为异常样本，它们是距离簇中心较远的样本点。基于上方的代码，返回的数据集 join_res，如图 3.12 所示。代码中所涉及的聚合运算和表连接操作，可以详看第 3.6 节和第 3.7 节的内容。

	Sepal.Length	Sepal.Width	Petal.Length	Petal.Width	distances	clusters	Mean	Std	UL	outliers
1	5.1	3.5	1.4	0.2	0.14135063	1	0.4817052	0.2691257	1.019957	0
2	4.9	3.0	1.4	0.2	0.44763825	1	0.4817052	0.2691257	1.019957	0
3	4.7	3.2	1.3	0.2	0.41710910	1	0.4817052	0.2691257	1.019957	0
4	4.6	3.1	1.5	0.2	0.52533799	1	0.4817052	0.2691257	1.019957	0
5	5.0	3.6	1.4	0.2	0.18862662	1	0.4817052	0.2691257	1.019957	0
6	5.4	3.9	1.7	0.4	0.67703767	1	0.4817052	0.2691257	1.019957	0
7	4.6	3.4	1.4	0.3	0.41518670	1	0.4817052	0.2691257	1.019957	0
8	5.0	3.4	1.5	0.2	0.06618157	1	0.4817052	0.2691257	1.019957	0

图 3.12　基于线性回归模型的异常点判断

3.4.4　异常值的处理办法

数据集中存在异常点时，为避免异常点对后续分析或挖掘的影响，通常需要对异常点做相应的处理，比较常见的处理办法有如下几种：

（1）直接从数据集中删除异常点。

（2）使用简单数值（均值或中位数）或者离异常值最近的最大值（最小值）替换异常值，也可以使用判断异常值的临界值替换异常值。

（3）将异常值当作缺失值处理，使用插补法估计异常值，或者根据异常值衍生出表示是否异常的哑变量。

3.5 数据形状的重塑

数据集的形状通常可以分为两种：一种是堆叠型的表（也称为长形表）；另一种是扩展型的表（也称为宽形表），它们之间是可以转换的。堆叠型的表是指表中某些变量（常见于可枚举的离散变量）的值可以重复，但这些变量的组合值是不可以重复的。对于扩展型的表来说，数据中每一行都存在唯一的标识符，即单变量的值或变量的组合值往往都不会存在重复。

根据上文的描述，读者对长形表和宽形表的概念可能不太容易理解，下面以两张典型的表结构来说明两种表的区别。

表 3.9 所示的数据结构为一张长形表，反映的是某商户每天各种支付方式的经营额。单看Date变量和Pay_Type变量，它们的值在表中都存在重复，而这两个变量的组合值并没有重复。

表 3.9　长形表

Date	Pay_Type	Amount
2018-6-10	alipay	2783.6
2018-6-10	wechat	1987.7
2018-6-10	cash	688.9
2018-6-11	alipay	2588.3
2018-6-11	wechat	2189.4
2018-6-11	cash	835.6

表 3.10 所示的数据结构为一张宽形表，对于原先的长形表来说，Pay_Type 变量的离散值在宽形表中成为变量名，此时数据表中的每一行都可以使用 Date 变量唯一标识，而在长形表中 Date 变量无法唯一标识每一行。

表 3.10　宽形表

Date	alipay	wechat	cash
2018-6-10	2783.6	1987.7	688.9
2018-6-11	2588.3	2189.4	835.6

在实际的学习或工作中，常常也会碰见长形表与宽形表之间的转换。在 R 语言中，读者可以借助于 reshape2 包或者 tidyr 包实现两种类型表的转换。接下来通过案例的形式分别介绍这两个包中函数的用法及参数含义。

3.5.1 reshape2 包

在 reshape2 包中，melt 函数可以将宽形表转换为长形表，dcast 函数可以将长形表转换为宽形表。

1. melt函数

melt 函数的用法及参数含义如下：

```
melt(data, id.vars, measure.vars, variable.name = "variable",
     na.rm = FALSE, value.name = "value", factorsAsStrings = TRUE)
```

- **data**：指定需要转换为长形表的数据框名称（该数据框为宽形表风格）。
- **id.vars**：指定需要保持原始风格的变量名，既可以传递表示变量位置的数值向量，也可以传递具体的变量名称。
- **measure.vars**：指定宽形表中哪些数值型的变量名称需要转换为长形表中的变量值，既可以传递表示变量位置的数值向量，也可以传递具体的变量名称；如果不指定任何值，则将所有非id.vars变量的值做堆叠。
- **variable.name**：当宽形表转换为长形表后，指定长形表中字符型堆叠变量所对应的名称，默认为“variable”。
- **na.rm**：bool类型的参数，表示是否删除表中缺失值NA所对应的数据行，默认为FALSE。
- **value.name**：当宽形表转换为长形表后，指定长形表中数值型堆叠变量所对应的名称，默认为“value”。
- **factorsAsStrings**：bool类型的参数，表示是否将字符型变量强制转换为因子型变量，默认为TRUE。

2. dcast函数

dcast 函数的用法及参数含义如下：

```
dcast(data, formula, fun.aggregate = NULL, subset = NULL,
      drop = TRUE, value.var = guess_value(data))
```

- **data**：指定需要转换为宽形表的数据框名称（该数据框为长形表风格）。
- **formula**：以公式的形式表示长形表中哪些变量需要保留原始风格（写在~的左边）、哪些变量值需要扩展为宽形表中的变量名称（写在~的右边）。例如，公式"variable1+variable2~variable3"表示长形表中的变量variable1和variable2在宽形表中仍然保持原始的风格，变量variable3的值在长形表中被转换为变量名称。
- **fun.aggregate**：指定某个聚合函数用于数据的汇总计算，默认为统计样本个数；当长形表转换为宽形表时，formula公式中符号~右边的变量所对应的数值需要做汇总计算。
- **subset**：以条件表达式的形式指定需要转换为宽形表的数据子集，例如subset =.(variable1 < 10 & variable2 < 20))。
- **drop**：bool类型的参数，表示是否删除缺失值组合，默认为TRUE。
- **value.var**：指定哪一个数值型变量值需要扩展到宽形表中。

3. 函数用法示例

接下来利用上面介绍的两个函数对学生成绩表进行长形表与宽形表（见图 3.13）之间的转换：

```
# 加载第三方包
library(readxl)
library(reshape2)
# 读入宽形表
score_width <- read_excel(path = file.choose())
# 将宽形表转换为长形表
score_long <- melt(data = score_width, # 指定待转换的宽形表
                id.vars = c('phase', 'id') # 指定phase和id两个变量保持原始风格
               variable.name = 'subject', # 指定堆叠后的字符型变量名称
                value.name = 'score' # 指定堆叠后的数值型变量名称
                )
# 数据预览
View(score_long)
```

返回结果如图 3.14 所示。

phase	id	chinese	math	english
2016学年度	1	73	67	83
2017学年度	1	85	79	62
2016学年度	2	69	89	55
2017学年度	2	82	68	82
2016学年度	3	89	87	53
2017学年度	3	81	73	74

图 3.13 待转换的宽形表

	phase	id	subject	score
1	2016学年度	1	chinese	73
2	2017学年度	1	chinese	85
3	2016学年度	2	chinese	69
4	2017学年度	2	chinese	82
5	2016学年度	3	chinese	89
6	2017学年度	3	chinese	81
7	2016学年度	4	chinese	73

图 3.14 宽形表转长形表的结果展示

原本宽形表中的变量 chinese、math 和 english 在长形表中成为 subject 变量的值；原本宽形表中各科的分数全部堆叠到长形表的 score 变量中。

仍然以长形表 score_long 为例，基于 dcast 函数将其转换为宽形表，并且统计每个学生在两个学年度中各科目的平均成绩，代码如下：

```
# 将长形表转换为宽形表
long2width <- dcast(data = score_long, # 指定待转换的长形表
                 # 保留id变量的原始风格，将subject变量中的值扩展为宽形表中的变量名称
                 formula = id ~ subject,
                 fun.aggregate = mean # 统计每名学生在各科上的平均成绩
                 )
# 数据预览
View(long2width)
```

返回结果如图 3.15 所示。

	id	chinese	math	english
1	1	79.0	73.0	72.5
2	2	75.5	78.5	68.5
3	3	85.0	80.0	63.5
4	4	71.5	81.5	67.5
5	5	77.5	81.0	59.5
6	6	53.5	84.0	55.5
7	7	69.5	88.5	63.5

图 3.15　长形表转宽形表的结果展示

需要注意的是，由于 formula 参数中符号~左边仅包含 id 变量，因此在返回的宽形表中不再包含长形表中的 phase 变量。

3.5.2 Tidyr 包

在 tidyr 包中，gather 函数的功能与 melt 函数类似，spread 函数功能与 dcast 函数类似。

1．gather函数

gather 函数的用法及参数含义如下：

```
gather(data, key = "key", value = "value", …, na.rm = FALSE,
    convert = FALSE, factor_key = FALSE)
```

- **data**：指定需要转换为长形表的数据框名称（该数据框为宽形表风格）。
- **key**：当宽形表转换为长形表后，指定长形表中字符型堆叠变量所对应的名称，默认为"key"。
- **value**：当宽形表转换为长形表后，指定长形表中数值型堆叠变量所对应的名称，默认为"value"。
- **…**：指定宽形表中哪些变量需要保持原始风格（变量名前面需要加入“-”），哪些变量的名称需要转换为长形表的变量值（直接写入需要堆叠的变量名称）。
- **na.rm**：bool类型的值，表示是否删除value列中缺失值NA所对应的行，默认为FALSE。
- **convert**：bool类型的参数，表示是否转换key变量的数据类型，默认为FALSE。
- **factor_key**：bool类型的参数，表示是否将key变量的值转换为因子型变量，默认为FALSE。

2．spread函数

spread 函数的用法及参数含义如下：

```
spread(data, key, value, fill = NA, convert = FALSE)
```

- **data**：指定需要转换为宽形表的数据框名称（该数据框为长形表风格）。
- **key**：指定长形表中的哪个字符型变量的值需要扩展为宽形表中的变量名称。

- **value**：指定长形表中的哪个数值型变量需要扩展到宽形表中。
- **fill**：指定缺失值用什么表示，默认为NA。
- **convert**：bool类型的参数，表示是否转换宽形表中扩展变量的数据类型，默认为FALSE。

3．函数用法示例

从 gather 函数和 spread 函数的参数可知 gather 函数与 melt 函数功能一致，但是相比于 dcast 函数，spread 函数在实现长形表转宽形表的过程中并没有数据的汇总功能。以上文中读取的学生成绩表 score_width 为例，使用 gather 函数将其转换为宽形表，代码如下：

```
# 加载第三方包
library(tidyr)
# 将宽形表转换为长形表
score_long2 <- gather(data = score_width, # 指定待转换的宽形表
              key = 'subject', # 指定堆叠后的字符型变量名称
              value = 'score', # 指定堆叠后的数值型变量名称
              -c(phase, id) # 指定 phase 和 id 两个变量保持原始风格
              )
```

同理，也可以使用 spread 函数将长形表 score_long2 转换为宽形表 score_width 的形式，但是该函数无法实现每个学生各科平均成绩的计算，具体用法如下：

```
# 将长形表转换为宽形表
score_width2 <- spread(data = score_long2, # 指定待转换的长形表
              key = subject, # 指定 subject 变量中的值扩展为宽形表中的变量名称
              value = score # 指定需要扩展的数值型变量
              )
```

3.6 数据的聚合操作

在数据处理和分析过程中可能会涉及数据的聚合操作（可理解为统计汇总），如计算门店每天的营业总额、计算各地区二手房的平均价格、统计每个消费者在近半年内最后一笔交易时间等。基于数据库 SQL 的语法来解决这些问题会显得非常简便，如果没有数据库环境又该如何解决类似聚合问题呢？

R 语言中提供了几种实现数据聚合的常用函数，分别是基于 stats 包中的 aggregate 函数、基于 sqldf 包中的 sqldf 函数以及基于 dplyr 包中的 group_by 函数和 summarize 函数。下面通过具体的案例依次介绍这 3 种常用方法的用法和差异。

3.6.1 基于 aggregate 函数的聚合

aggregate 函数允许用户指定单个或多个离散型变量对数值型变量进行分组聚合，有两种

形式的语法：一种是直接基于数据的分组聚合；另一种是基于公式形式完成数据的分组聚合。这两种形式的用法和参数含义如下：

```
# 基于类似数据框 x 的数值聚合
aggregate(x, by, FUN, ..., simplify = TRUE, drop = TRUE)

# 基于公式 formula 的数值聚合
aggregate(formula, data, FUN, ...,
          subset, na.action = na.omit)
```

- **x**：指定待分组聚合的数值型数据，可以是向量也可以是数据框。
- **by**：指定分组变量，必须以列表的形式传递，如by = list(variable)。
- **FUN**：指定分组聚合的统计函数，可以是R自带的函数也可以是用户自定义函数。
- **...**：指定FUN函数的其他参数值。
- **simplify**：bool类型的参数，表示是否将聚合结果以简洁的向量或矩阵形式输出，默认为TRUE。
- **drop**：bool类型的参数，表示是否删除无用的组合值（通过by参数完成的变量组合），默认为TRUE。
- **formula**：以公式的形式实现数据的聚合统计，例如'variable1 + variable2 ~ variable3'表示数值型变量variable1和variable2按照分组变量variable3做聚合统计。
- **data**：指定需要分组统计的数据框或列表。
- **subset**：通过可选的向量指定data的数据子集用于分组聚合。
- **na.action**：指定缺失值的处理办法，默认为删除缺失值。

为使读者进一步理解 aggregate 函数的两种用法，下面将以某商户的订单数据为例，统计每天的交易额：

```
# 加载第三方包
library(lubridate)
sales <- read.csv(file = file.choose())
# 将字符型的订单日期 Order_Date 转换为日期型
sales$Order_Date <- ymd(sales$Order_Date)

# 统计历史数据中每天的交易额
stats1 <- aggregate(x = sales$Pay_Amt, # 指定被聚合的数值变量
                    by = list(sales$Order_Date), # 指定分组变量
                    FUN = mean # 指定聚合函数为平均值函数
                    )
# 统计 2018 年每天的交易额
stats2 <- aggregate(formula = Pay_Amt ~ Order_Date,
                    data = sales,
                    FUN = mean,
                    subset = year(Order_Date) == 2018)
# 数据预览
```

```
View(stats1)
View(stats2)
```

返回结果如图3.16所示。

	Group.1	x
1	2015-01-01	369.5665
2	2015-01-02	474.4579
3	2015-01-03	517.9601
4	2015-01-04	618.0744
5	2015-01-05	526.8872
6	2015-01-06	488.3456

	Order_Date	Pay_Amt
1	2018-01-01	520.1226
2	2018-01-02	425.0913
3	2018-01-03	655.9000
4	2018-01-04	621.1410
5	2018-01-05	518.0126
6	2018-01-06	578.9538

图3.16 基于aggregate函数的数据聚合

左图结果为aggregate函数的第一种用法，右图结果为第二种用法。尽管它们都完成了聚合统计，但是第二种形式的返回结果更加人性化，因为第二种用法所返回的数据框变量名称为Order_Date和Pay_Amt。

通过上面的例子，并不是说aggregate函数的第二种用法就比第一种用法好，这要根据实际的数据形式而定，如果待聚合的数值变量和分组变量不在同一个数据源，那么使用第一种用法会相对便捷一些，否则推荐使用第二种用法。

3.6.2 基于sqldf函数的聚合

尽管aggregate函数可以非常方便地实现数据的分组聚合，但是它存在两方面的缺点：一方面是无法直接对数据集中的单个数值型变量使用不同的聚合函数（除非FUN参数为自定义函数，包含多种聚合函数）；另一方面是无法对数据集中多个不同的数值型变量使用不同的聚合函数。为了弥补aggregate函数的缺点，使用sqldf包中的sqldf函数是一个不错的选择，它可以允许用户写入SQL语法，并基于SQL实现数据的聚合统计，关于该函数的用法和参数含义如下：

```
sqldf(x, stringsAsFactors = FALSE,row.names = FALSE,
      dbname, drv = getOption("sqldf.driver"),
      user, password = "", host = "localhost", port,
      dll = getOption("sqldf.dll"),
      connection = getOption("sqldf.connection"),
      verbose = isTRUE(getOption("sqldf.verbose")))
```

- **x**：指定SQL语句，并且以字符串形式写入SQL语句。
- **stringsAsFactors**：bool类型的参数，表示是否将字符型变量转换为因子型变量，默认为FALSE。
- **row.names**：bool类型的参数，表示是否保留数据框中的行名称，默认为FALSE。
- **dbname**：如果数据源来自于MySQL等数据库，那么该参数用于指定数据集所对应的数据库名称。

- **drv**：指定具体的数据库驱动，如SQLite、MySQL以及PostgreSQL等。
- **user**：指定访问数据库所需的用户名名称。
- **password**：指定访问数据库所需的密码。
- **host**：指定访问数据库所需的服务器名称。
- **port**：指定访问数据库所需的端口号。

下面以上海二手房数据为例，分别统计浦东新区、黄浦区、徐汇区、长宁区和静安区中二手房的数量、最高总价、平均单价、最低面积。该数据集来源于 MySQL 数据库，可以借助于下方的代码实现数据的读取和聚合统计：

```
# 加载第三方包
library(sqldf)
# 使用 SQL 语法对数据做聚合统计
stats3 <- sqldf(x = "select region
            ,count(*) as Counts
            ,max(tot_amt) as Max_price
            ,avg(price_unit) as Avg_price
            ,min(size) as Min_size
            from sec_buildings
            where region in ('浦东','黄浦','徐汇','长宁','静安')
            group by region",  # 聚合统计的 SQL 语法
          drv = 'SQLite',  # 选择 SQLite 作为 MySQL 的驱动器
          dbname = 'train', # 指定表 sec_buildings 所在的数据库名称
          user = 'root', # 指定访问 MySQL 数据库的用户名
          password = '1q2w3e4r' # 指定访问 MySQL 数据库的密码
            )
# 数据预览
View(stats3)
```

返回结果如图 3.17 所示。

	region	Counts	Max_price	Avg_price	Min_size
1	徐汇	2190	5900	79156.86	27.12
2	浦东	2599	8500	62804.78	28.26
3	长宁	2122	5800	75080.91	23.88
4	静安	38	2000	91857.79	35.23
5	黄浦	1562	11200	90666.59	22.20

图 3.17　基于 sqldf 函数的数据聚合

利用 sqldf 函数可以轻松得到不同变量的不同聚合结果，前提是读者必须掌握数据库 SQL 的语法。尽管 sqldf 函数可以借助于 SQL 语法实现数据的聚合，但是使用该函数时容易产生异常错误，例如参数 drv 的值指定错误，就会导致 sqldf 函数无法生成结果（根据经验，参数 drv 的值设置为'SQLite'时往往不会报错，不管原始数据来源于数据库 MySQL 还是来源于本地的 Excel 或 csv 文件）。

3.6.3　基于 group_by 和 summarize 函数的聚合

结合 dplyr 包中的 group_by 函数和 summarize 函数实现数据的分组聚合可以避开 aggregate 函数和 sqldf 函数的一些缺点，而且使用起来也非常方便和快捷。其中，group_by 函数用于指定分组变量，summarize 函数用于指定具体的聚合过程。这两个函数的用法及参数含义如下：

```
group_by(.data, ..., add = FALSE)
```

- **.data**：指定需要聚合统计的数据框。
- **...**：指定数据库中的哪些变量需要用作分组变量。
- **add**：bool类型的参数，表示是否在已分组的数据框上再添加group_by的分组设置，默认为FALSE。

```
summarise(.data, ...)
```

- **.data**：指定已分组的数据框，即通过group_by函数处理的数据框。
- **...**：以“variable_name = aggregate_fun(variable)”的形式表达聚合过程，其中等号左边的变量表示聚合后的新变量名，等号右边是基于某个变量做聚合函数的运算。

这两个函数都非常简洁，没有过多的参数设置。对于 summarise 函数来说，常用的聚合函数 aggregate_fun 如表 3.11 所示。

表 3.11　常用的聚合函数

聚合函数	含义	聚合函数	含义
min()	计算最小值	max()	计算最大值
sd()	计算标准差	var()	计算方差
mean()	计算平均值	median()	计算中位数
n()	计数	n_distinct()	排重计数
sum()	计算总和	IQR()	计算四分位差

下面以 Titanic 数据集为例，使用如上介绍的两个函数统计每个船舱等级的乘客数量、乘客最小年龄、最大年龄以及平均票价，代码如下：

```
# 加载第三方包
titanic <- read_excel(path = file.choose())
# 指定分组变量
grouped <- group_by(.data = titanic, # 指定待聚合统计的原始数据框
                Pclass # 指定 Pclass 变量为分组变量
                )
# 聚合统计
stats4 <- summarise(.data = grouped, # 指定已分组好的数据框 grouped
               Counts = n(), # 统计各舱的乘客人数
               Min_age = min(Age, na.rm = TRUE), # 统计各舱乘客的最小年龄
               Max_age = max(Age, na.rm = TRUE), # 统计各舱乘客的最大年龄
```

```
                Avg_price = mean(Fare) # 统计各舱的平均价格
              )
# 数据预览
View(stats4)
```

返回结果如图3.18所示。

	Pclass	Counts	Min_age	Max_age	Avg_price
1	1	216	0.92	80	84.15469
2	2	184	0.67	70	20.66218
3	3	491	0.42	74	13.67555

图3.18 基于group+summarize函数的数据聚合

3.7 数据的合并与连接

数据合并是指将多张结构相同的数据表按照垂直方向进行拼接，类似于数据库中的UNION ALL功能；数据连接是指将具有共同字段的多张数据表按照水平方向进行扩展，类似于数据库中的JOIN功能。在R语言中，如果需要将多张表进行合并或连接，同样具有非常简单的操作，接下来通过具体的案例介绍如何使用R语言完成数据的合并与连接。

3.7.1 基于bind_rows函数的数据合并

某公司的总部收到各分公司的统计报表，总部的分析人员需要将这些统计报表整合到一张大表中，然后再做其他的统计分析。问题是他该如何完成第一步的数据合并，如果使用的是R语言，就可以借助于dplyr包中的bind_rows函数。该函数的用法、参数含义和注意点如下：

```
bind_rows(..., .id = NULL)
```

- ...：指定需要合并的数据集名称。
- .id：数据合并后，可以通过该参数生成一列用于区分各个被合并的数据框。

尽管bind_rows函数的用法非常简单，只涉及两个参数，但是在使用时需要注意如下3个方面的易错点：

（1）被合并的数据集要求变量个数完全相同。

（2）被合并的数据集要求各变量的名称完全相同（如果变量名称不一致，可以使用dplyr包中的rename函数修改数据表的变量名称）。

（3）被合并的数据集要求各变量的数据类型完全相同（如果数据类型不一致，就需要强制转换）。

假设有4张数据表需要合并，并且它们均满足上面的3条要求，所不同的是每张表的变量顺序不全相同，下面基于bind_rows函数完成数据表的合并。图3.19所示是其中的两张数据表，要求数据合并时只保留 id、name、age 和 income 变量。

id	name	gender	age	income
1	刘勇	男	36	8000
2	方涛	男	28	6500
3	周丽丽	女	34	7500
4	王建国	男	62	3000
5	赵彬	男	31	10000

id	name	age	gender	income
1	张霞	22	女	6000
2	刘丽芳	34	女	9000
3	贾冰	28	男	7000
4	欧琴琴	35	女	12000

图 3.19 待合并的数据集

```
# 设置工作空间
setwd('C:\\Users\\Administrator\\Desktop\\conbination_datasets')
# 读取该工作空间下的所有文件名
filenames <- dir()
# 初始化数据框，用于存储数据的合并结果
conbind_data <- data.frame()
# 通过循环将 4 张数据表合并在一起
for (i in filenames){
  # 构造数据源的路径
  path <- paste0(getwd(),'\\',i)
  # 使用 read_excel 函数读取 xlsx 文件
  data <- read_excel(path = path)
  # 使用 sqldf 函数编写 SQL 语句，并把结果合并起来
  conbind_data <- bind_rows(conbind_data, sqldf("select id, name,age,income
from data", drv = 'SQLite'))
}
# 数据预览
View(conbind_data)
```

返回结果如图 3.20 所示。

	id	name	age	income
1	1	刘勇	36	8000
2	2	方涛	28	6500
3	3	周丽丽	34	7500
4	4	王建国	62	3000
5	5	赵彬	31	10000
6	6	王华	25	6500
7	7	张升发	26	7300

图 3.20 合并后的数据结果

3.7.2 基于*_join 函数的数据连接

在实际工作中，用于分析和挖掘的数据集往往并不是来自于单张数据表，而是基于多张数据表的整合。例如，研究客户是否存在欺诈行为往往需要将客户的社会属性信息、历史交易信息、个人资产信息以及社交网络信息等整合在一起，并从中挖掘出隐藏在数据中的模式。如果数据库中存在这些相关信息的数据表，就只需要通过 LEFT JOIN 和 INNER JOIN 实现数据的连接。如果这些数据表存储在本地文件中，那么如何基于 R 语言将它们整合在一起？

dplyr 包提供了 inner_join 和 left_join 两种函数，它们的功能与数据库中的 LEFT JOIN 和 INNER JOIN 一样，前者为数据的内连接，后者为数据的左连接。内连接是指返回两表中具有共同样本体（如用户 Id、订单 Id、事件 Id 等）所对应的变量信息；左连接是指基于两表的某些共同字段值，返回主表（左表）中的所有表记录，并将辅表（右表）中的字段值进行匹配添加。为使读者直观理解两种连接方式的差异，可以参考图 3.21。

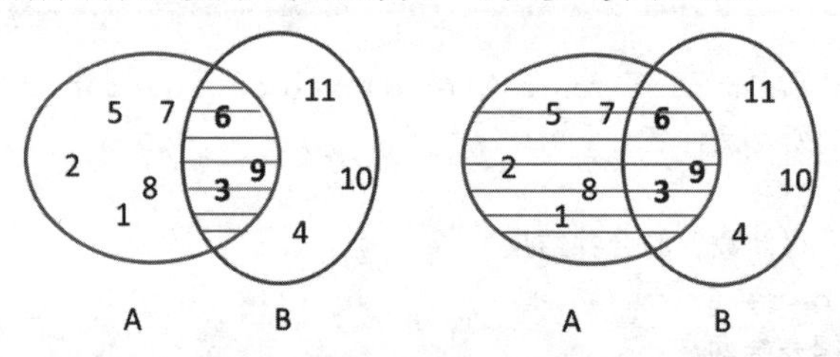

图 3.21 数据连接示意图

假设两张数据表 A 和 B 中一共包含 11 个不同的样本点，其中共同包含的样本点有 3 个，分别为 3 号、6 号和 9 号样本。如果两表之间的连接方式选择内连，则对应图 3.21 中的左图，仅返回两表中共有样本所对应的字段信息（3 号、6 号和 9 号样本在两表中的字段值）；如果两表之间的连接方式选择左连，则对应图 3.21 中的右图，返回 A 表中的所有记录，并将 B 表中的字段值与之匹配（B 表中 3 号、6 号和 9 号样本的字段值追加到 A 表中，而其余样本无法匹配，则以缺失表示）。

进一步可以借助于实际的案例说明表之间内连接和左连接的差异，首先对 inner_join 和 left_join 两个函数的用法和参数含义做如下解释：

```
inner_join(x, y, by = NULL, copy = FALSE, suffix = c(".x", ".y"), ...)
left_join(x, y, by = NULL, copy = FALSE, suffix = c(".x", ".y"), ...)
```

- **x,y**：指定需要连接的两张数据表。
- **by**：指定两表中需要关联的共同变量，以字符型的向量表示，例如by = c("a" = "b") 表示将x表中的a变量与y表中的b变量做关联；如果默认为NULL值，则连接操作将选择x表和y表中具有共同名称的变量做关联。
- **copy**：bool类型的参数，表示是否将y表中的数据复制到x表中，默认为FASLE。
- **suffix**：如果x表和y表存在相同的变量名称，并且这些变量不作为关联变量，那么在完成的整合数据中会存在两个重复的变量，为加以区分，可在两个变量后面加入后缀，默认的后缀为c(".x", ".y")。

下面以 3 张虚拟的数据表为例，讲解数据连接的具体操作。这 3 张表分别表示用户的注册信息、交易汇总信息和卡内余额信息，数据结构如图 3.22 所示。

Id	Name	Gender	Age	Regist_Date
1	张三	男	22	2017/8/13
2	李四	男	27	2017/5/16
3	王二	女	23	2017/3/16
4	赵五	男	39	2017/8/10
5	丁一	女	23	2017/1/17
6	胡七	女	35	2017/4/12
7	王六	男	32	2017/2/11

Id	Frequency	Total_Amt	Recency
1	7	372	17
3	3	110	23
4	12	895	8
6	4	506	64
7	6	677	45

Id	Balance
1	28
4	105
7	323

图 3.22　待连接的数据集

使用 R 语言中的 inner_join 函数和 left_join 函数完成上述 3 张表的整合，要求用户注册信息表与交易汇总表做内连操作、交易汇总表与卡内余额信息表做左连操作，代码如下：

```
# 读入 3 张数据表
regist <- read_excel(path = file.choose())
transaction <- read_excel(path = file.choose())
balance <- read_excel(path = file.choose())
# 数据连接
join_result <- regist %>% inner_join(transaction) %>% left_join(balance)
# 数据预览
View(join_result)
```

返回结果如图 3.23 所示。

	Id	Name	Gender	Age	Regist_Date	Frequency	Total_Amt	Recency	Balance
1	1	张三	男	22	2017-08-13	7	372	17	28
2	3	王二	女	23	2017-03-16	3	110	23	NA
3	4	赵五	男	39	2017-08-10	12	895	8	105
4	6	胡七	女	35	2017-04-12	4	506	64	NA
5	7	王六	男	32	2017-02-11	6	677	45	323

图 3.23　连接后的数据结果

经过连接之后仅包含了 5 条记录，这是因为连接用户注册信息表与交易汇总表的方法为内连接，并且两表中仅包含 5 个共同的用户；紧接着与卡内余额信息表做左连操作，余额表中仅有 3 个用户（Id 为 1、4 和 7）的信息能够匹配，其余用户无法匹配则以 NA 值表示。如上代码中的符号%>%为管道函数，表示将%>%左边的对象通过管道传递给%>%右边的函数对象。例如，对于 inner_join 函数来说，regist 表对应于函数中的 x 参数，transaction 表对应于 y 参数。

3.8 几种常用的抽样技术

众所周知，在对某一批产品或用户群做统计分析、检验或者建模时往往并不是直接使用目标产品或用户的所有个体，而是从总体中抽取一部分样本进行分析(尽管使用总体作分析是最准确的，但是这样做会费时耗力，成本高昂）。

统计学的一个核心内容就是基于样本的特征来推断总体，进而避免直接对总体做分析。如何从总体中抽出具有代表性的样本是非常重要的，因为样本越具有代表性，基于样本的统计结果将越接近于总体。关于抽样这里介绍几种常用的方法，分别是简单随机抽样、分层抽样以及整群抽样。

3.8.1 简单随机抽样

简单随机抽样是指从总体 N 个个体中任意抽取 n 个个体作为样本，并且抽样过程中要求每个样本被抽中的概率相等。例如，在数据挖掘过程中，经常需要将数据一分为二，其中一部分用于模型拟合，另一部分用于模型验证，这些拆开来的数据往往就是借助于简单随机抽样法实现的。

如需在 R 语言中实现简单随机抽样，则可直接调用 sample 函数。该函数的用法和参数含义如下：

```
sample(x, size, replace = FALSE, prob = NULL)
```

- **x**：指定被抽样的总体，可以是代表总体的向量值，也可以是表示总体标号的整数向量。
- **size**：指定从总体x中抽取多少样本量。
- **replace**：bool类型的参数，表示是否有放回的抽样，默认为FALSE。
- **prob**：指定样本的抽中概率，默认为NULL，表示每个样本被抽中的概率相等。

以 R 语言自带的 iris 数据集为例，从中抽取 75%的样本用于模型的构建，剩下 25%的样本用于模型的验证，可以通过下方的代码实现：

```
# 简单随机抽样
index <- sample(x = 1:nrow(iris), # 被抽样的总体为数据集的行编号
                size = 0.75*nrow(iris), # 样本量为总体的 75%
                replace = FALSE, # 无放回抽样
                prob = NULL # 等概率抽样
                )
# 训练数据集用于建模
train <- iris[index,]
# 测试数据集用于模型验证
test <- iris[-index,]
```

3.8.2 分层抽样

分层抽样是指从一个可以分成不同子总体的总体中按规定的比例从不同层中随机抽取样本的技术。例如,需要分析某高中学生的视力，这里的总体就是该学校的学生，他们可以划分为高一、高二和高三3个子总体（3个层），然后基于3个层分别做简单随机抽样。通常使用该技术抽取的样本代表性比较好，抽样误差比较小，但是操作上要比简单随机抽样烦琐得多。

如需在R语言中实现分层抽样，可以使用sampling包中的strata()函数。该函数的用法和参数含义如下：

```
strata(data, stratanames=NULL, size, pik,description=FALSE
    method=c("srswor","srswr","poisson","systematic"))
```

- **data**：指定被抽样的总体，是一个含有层变量的数据框。
- **stratanames**：指定表示层的变量名称（例如高中学生的年级）。
- **size**：以向量的形式指定需要从各层中抽取的样本量，要求向量元素顺序与分层变量值的顺序一致。
- **pik**：指定各层中样本的抽中概率，默认表示各层中每个样本被抽中的概率相等。
- **description**：bool类型的参数，表示抽样后是否打印各层样本的基本描述信息，默认为FALSE。
- **method**：指定层内样本的抽样方法，"srswor"表示无放回抽样、"srswr"表示有放回抽样、"poisson"表示泊松抽样、"systematic"表示系统抽样，默认为无放回抽样。

仍然以iris数据集为例，要求以Species变量作为分层变量，并且每个层被抽中的样本量分别为30、25和35，抽样过程可以通过下方代码实现：

```
# 加载第三方包
library(sampling)
# 抽样设置
sample_set <- strata(data = iris, # 指定待抽样的数据集
                     stratanames = 'Species', # 指定分层变量为Species
                     size = c(30,25,35), # 指定各层的样本数量
                     method = 'srswor' # 指定无放回抽样方法
                     )
# 获取抽样数据
samples <- getdata(data = iris, m = sample_set)
# 数据预览
View(samples)
```

返回结果如图3.24所示。

	Sepal.Length	Sepal.Width	Petal.Length	Petal.Width	Species	ID_unit	Prob	Stratum
3	4.7	3.2	1.3	0.2	setosa	3	0.6	1
9	4.4	2.9	1.4	0.2	setosa	9	0.6	1
11	5.4	3.7	1.5	0.2	setosa	11	0.6	1
12	4.8	3.4	1.6	0.2	setosa	12	0.6	1
13	4.8	3.0	1.4	0.1	setosa	13	0.6	1
14	4.3	3.0	1.1	0.1	setosa	14	0.6	1
15	5.8	4.0	1.2	0.2	setosa	15	0.6	1

图 3.24　分层抽样的结果

在原始iris数据集的基础上新添了3个变量，分别表示被抽中样本的编号、层内每个样本被抽中的概率以及样本所属的层。需要注意的是，通过函数strata并不能得到抽样结果，还需额外使用getdata函数。

3.8.3　整群抽样

整群抽样是指从多个互不重叠的集合（又称为群）中采用随机抽样或系统抽样的方法抽取出部分集合，一旦某些集合被抽中，各集合中的所有样本就组成了整体样本。该抽样方法又称为聚类抽样。例如，需要研究全国在校大学生的体能情况，使用整群抽样方法将是不错的选择，可以将高校作为群，然后从全国随机抽取部分高校，并使用这些高校大学生的体能数据作为所有大学生的体能推断。

如需在R语言中实现整群抽样，可以使用sampling包中的cluster()函数。该函数的用法和参数含义如下：

```
cluster(data, clustername, size, pik,description=FALSE,
    method=c("srswor","srswr","poisson","systematic"))
```

- **data**：指定被抽样的总体，是一个含有群变量的数据框。
- **clustername**：指定表示群的变量名称（例如高校的名称）。
- **size**：指定需要抽取的群数量。
- **pik**：指定各个群被抽中的概率，默认每个群抽中的概率相等。
- **description**：bool类型的参数，表示抽样后是否打印样本的描述信息，默认为FALSE。
- **method**：指定群的抽样方法，"srswor"表示无放回抽样、"srswr"表示有放回抽样、"poisson"表示泊松抽样、"systematic"表示系统抽样，默认为无放回抽样。

以上海二手房数据为例，要求以行政区域region变量作为群变量，从所有行政区域中随机抽取3个区，抽样过程可以通过下方代码实现：

```
# 数据读取
sec_buildings <- read_excel(path = file.choose())
# 抽样设置
sample_set <- cluster(data = sec_buildings, # 指定待抽样的数据集
                clustername = 'region', # 指定群变量为region
```

```
                size = 3, # 指定随机抽取 3 个群
                method = 'srswor', # 指定无放回抽样方法
                description = TRUE # 返回抽样的描述信息
                )
# 获取抽样数据
samples <- getdata(data = sec_buildings, m = sample_set)
# 数据预览
View(samples)
```

返回结果如图 3.25 所示。

	name	type	size	floow	direction	tot_amt	price_unit	built_date	region	ID_unit	Prob
1	爱庐世纪新苑	NA	61.80	中区/5层	朝南	310	50161	NA	闵行	18717	0.1764706
2	莘映象	1室2厅	68.36	高区/12层	NA	365	53393	2009年建	闵行	3573	0.1764706
3	名都新城	2室2厅	98.39	中区/13层	朝南北	750	76227	2005年建	闵行	26596	0.1764706
4	航华二村	NA	66.90	中区/6层	朝南	330	49327	1995年建	闵行	21206	0.1764706
5	东方御花园	NA	72.45	高区/6层	朝南北	370	51069	1996年建	闵行	4624	0.1764706
6	红旗五村	2室1厅	52.90	中区/5层	朝南北	208	39319	1987年建	闵行	14559	0.1764706
7	江南星城	2室2厅	83.24	低区/6层	朝南北	560	67275	2005年建	闵行	10738	0.1764706

图 3.25 整群抽样的结果

3.9 篇章总结

本章主要向读者讲解有关数据清洗和管理的常用技能，包括重复观测、缺失值、异常值的识别和处理、长形表与宽形表之间的转换、数据的聚合运算、数据表的合并与连接以及常用的抽样技术。通过本章内容的学习，希望能够帮助读者解决平时工作中所遇到的数据清洗和处理问题。

最后，回顾一下本章中所涉及的 R 语言函数（见表 3.12），以便读者查询和记忆。

表 3.12 本章所涉及的 R 语言函数

R 语言包	R 语言函数	说明
stats	paste0	将多个值连接为字符串的函数
	duplicated	判断数据是否存在重复
	any	类似于多个 OR 的逻辑判断函数
	quantile	计算数值型向量的分位点函数
	which	返回满足条件的元素位置
	sapply	基于向量、列表或数据框的并行运算函数
	complete.cases	判断数据行在各变量上是否完整
	is.na	判断对象是否为空
	subset	获取数据子集的函数
	names	返回数据集变量名称的函数

（续表）

R 语言包	R 语言函数	说明
stats	Sample	简单随机抽样函数
	aggregate	数据的聚合计算函数
	kmeans	K 均值聚类
ggplot2	ggplot	绘图前用于画板设置的函数
	geom_boxplot	绘制箱线图的函数
	geom_point	绘制点图的函数
	geom_hline	绘制水平参考线的函数
	theme	设置图形主题风格的函数
	stat_summary	添加统计汇总的函数
VIM	aggr	绘制缺失值模式图的函数
mice	mice	缺失值的多重插补函数
	complete	多重插补的结果整合
reshape2	melt	宽形表转长形表的函数
	dcast	长形表转宽形表的函数
dplyr	gather	宽形表转长形表的函数
	spread	长形表转宽形表的函数
	group_by summarise	数据的聚合计算函数
	bind_rows	数据集的行合并函数
	inner_join	两表之间的内连接函数
	left_join	两表之间的左连接函数
lubridate	ymd	将字符型转换为日期型
sqldf	sqldf	基于数据表执行 SQL 语法的函数
sampling	strata	分层抽样函数
	cluster	整群抽样函数
	getdata	返回抽样的具体数据集

第4章 基于正则表达式的字符串处理技术

上一章所介绍的数据清洗几乎都是基于数值型数据的，然而在数据分析和挖掘过程中也会碰到很多待处理的字符型数据，比如如何从搜集回来的日志信息中查询出 IP 地址所对应的值、如何在一系列的文件名称中搜寻出仅包含某个单词的文件、如何从字符型的交易金额中筛选出大于或等于 100 元的订单、如何将字符串按照某些指定的符号进行分割等。尽管类似这样的问题都可以通过条件或循环的方式解决，但是过程将会非常复杂。本章将重点介绍灵活而易用的正则表达式，它是专门解决字符型数据的一种有效技术，解决上述问题会特别轻松。

当然并不是所有的字符型问题都可以通过正则表达式才能完成，一些简单的字符处理只需借助于某些特定的函数就可以搞定，例如统计字符串中某个子串的个数、查询字符串中某个子串所在位置、计算字符串的字符长度、删除字符串的首尾空白等。如果关于字符型的问题相对复杂，并且存在某些隐藏的规律时，则使用正则表达式是不错的选择。

本章的核心内容是关于字符型数据的清洗和处理。通过本章内容的学习，读者将会掌握如下几方面的知识点：

- 基于字符串位置的处理技术；
- 正则表达式的定义以及常用用法；
- 基于正则的单字符匹配；
- 字符匹配次数的设置；
- 其他常用正则符号的使用。

4.1 基于字符串位置的处理技术

并不是所有字符型变量的处理都比较复杂，如果字符串特定部位的子串可以通过其所在位置解决，问题就显得很简单了。例如，不管是15位还是18位长度的身份证号码都可以通过字符串的位置返回对应的出生日期和性别；对于类似***元/平方米的字符型数据的清洗，仍然可以通过字符串的位置将数值部分取出来。为使读者理解字符串位置的概念，这里举几个常见的例子加以说明。

4.1.1 数据截断——特定位置的子串获取

注册表中含有用户身份证号码的变量，但不包含用户的出生日期、性别、所属省份等时，如何基于身份证号码将这些内容解析出来？注册表中既有用户的身份证号码，又有出生日期和性别等信息，但是出生日期和性别可能与身份证号码不一致，该如何根据身份证号对出生日期和性别做校验呢？图4.1所示为用户的注册表信息，需要从身份证号中解析出用户的年龄和性别。

	A	B	C
1	Name	Id	Regit
2	倪绍晨	51****198107038927	2015/1/18 13:56
3	鲍簇新	35****198810076599	2016/12/24 12:42
4	勾妍依	53****198406046343	2015/1/30 0:27
5	裴浩宇	61****199204057471	2017/5/9 11:33
6	却觅丹	34****197609251369	2017/10/20 6:01
7	董易容	54****198007208151	2017/4/5 20:35
8	缪小乐	46****198805214720	2016/11/16 20:47

图 4.1　待处理的身份证号数据

该问题的解决思路是：

（1）对于年龄的计算，首先需要从身份证 Id 字段中获取出生日期信息，然后将出生日期转换为日期型数据，最后利用系统时间和出生日期做时间差，计算出对应的年龄。

（2）对于性别的判断，首先需要从身份证 Id 字段中获取表示性别的数字，然后将该数字与 2 做除法，如果余数为 0 就表示女性，否则表示男性。

为解决上面的两个问题，需要使用到 stringr 包中的 str_sub 函数以及 lubridate 包中的 interval 函数和 time_length 函数。

（1）str_sub 函数用于截断字符串中的某个连续部分：

```
str_sub(string, start = 1L, end = -1L)
```

- **string**：指定需要处理的字符型向量。
- **start**：指定截断的开始位置。

- **end**：指定截断的结束位置。

（2）interval函数将两个表示日期的字符串或日期型数据转换为时间区间：

```
interval(start, end = NULL)
```

- **start**：指定时间区间的开始日期。
- **end**：指定时间区间的结束日期。

（3）time_length函数用于计算两个日期间的时间差：

```
time_length(x, unit = "second")
```

- **x**：指定一个表示时间区间的对象。
- **unit**：指定时间差的单位，默认计算两个日期之间的秒数。除此之外，还可以指定"year"、"quarter"、"month"、"day"、"week"、"hour"、"minute"等。

接下来利用上面所介绍的几个重要函数根据身份证号码中表示出生日期和性别的数字衍生出年龄和性别两个变量，代码如下：

```
# 加载第三方包
library(readxl)
library(stringr)
library(lubridate)

# 读取数据--User_Regit.xlsx
user <- read_excel(path = file.choose())
# 从身份证中截出表示出生日期的数字
birthday <- ifelse(nchar(user$Id) == 18, # 判断身份证号码长度是否为18位
             str_sub(user$Id, start = 7, end = 14), # 7~14位表示出生日期
             # 7~12位表示出生日期
             paste0('19',str_sub(user$Id, start = 7, end = 12))
                )
# 将用户的年龄写入到表中
# 计算出生日期与当前时间的时间差
user$Age <- ceiling(time_length(x = interval(start = birthday, end = today()),
              unit = 'year' )) # 设置时间差的单位为年

# 从身份证中截出表示性别的数字
gender_num <- ifelse(nchar(user$Id) == 18,
               # 倒数第二位表示性别
               as.integer(str_sub(user$Id, start = 17, end = 17)),
               # 最后一位表示性别
               as.integer(str_sub(user$Id, start = 15, end = 15))
                 )
# 将用户的性别写入表中
user$Gender <- ifelse(gender_num %% 2 == 0, '女','男')
```

```
# 数据预览
View(user)
```

返回结果如图 4.2 所示。

	Name	Id	Regit	Age	Gender
1	倪绍晨	51****198107038927	2015-01-18 13:56:00	40	女
2	鲍傣新	35****198810076599	2016-12-24 12:42:00	32	男
3	勾妍依	53****198406046343	2015-01-30 00:27:00	37	女
4	裴浩宇	61****199204057471	2017-05-09 11:33:00	29	男
5	却觅丹	34****197609251369	2017-10-20 06:01:00	44	女
6	董易容	54****198007208151	2017-04-05 20:35:00	41	男
7	缪小乐	46****198805214720	2016-11-16 20:47:00	33	女
8	薛孟飞	43****198110092669	2018-01-27 22:39:00	39	女
9	何芳	41****780123108	2016-04-12 01:13:00	43	女

图 4.2 基于身份证号衍生的两个变量

Age 变量和 Gender 变量是根据身份证号 Id 字段衍生出来的。针对上方的代码，有两点需要解释：

（1）对于 15 位长度的身份证号码来说，7~12 位表示出生日期，但是年份数字只占两位长度，所以需要将数字 19 和 7~12 位数字拼接为完整的出生日期，最后一位表示性别；对于 18 位长度的身份证号码来说，7~14 位表示完整的出生日期，倒数第二位表示性别数字。所以，采用 ifelse 函数判断不同长度下的身份证号码，选择不同的出生日期和性别的处理方法。

（2）使用 time_length 函数计算两个日期间的年数时会生成含有小数点的年数，故采用向上取整函数 ceiling 对用户的年龄取整，如 32.24 岁就转换为 33 岁。

4.1.2 数据清洗——非常规的字符型转数值型

相信读者一定碰到过字符型数据转换为数值型数据的情况，但这样的数据并不能直接通过 as.integer 函数或 as.float 转换，因为这些字符型数据中包含无法转换的其他字符，如数据的单位名称、表示百分比的%符号或千分位符的逗号“,”等。图 4.3 所示即为待清洗的二手房数据。

	A	B	C	D	E
1	Block	Price	Size	Tot_amt	Type
2	绿地香颂(奉贤)(别墅)	单价12126元/平米	418.96平米	508万	6室2厅
3	鞍山路310弄	单价60753元/平米	93平米	565万	2室2厅
4	中远两湾城	单价83140元/平米	64.35平米	535万	1室2厅
5	春申景城湖畔林语	单价69758元/平米	91.03平米	635万	2室2厅
6	新华公寓	单价84105元/平米	95.12平米	800万	2室2厅
7	达安花园	单价87025元/平米	140.19平米	1220万	3室2厅

图 4.3 待处理的二手房数据

待解决的问题是，将变量 Price、Size 和 Tot_amt 转换为数值型变量。显然，每一个变量都含有表示单位的中文，它们是无法直接转换的。要想解决问题，可以参考如下两条思路：

（1）根据字符串中数值的位置将其截出来，然后做类型的转换。

（2）将含有单位信息的中文替换为空字符（类似删除中文的操作），然后做类型的转换。

如上两种思路的解决方案可以借助于 stringr 包中的 str_sub 函数（上文介绍过）、str_locate 函数与 str_replace_all 函数完成。

（1）str_locate 函数用于返回字符串中某个子串首次出现的位置：

```
str_locate(string, pattern)
```

- **string**：指定需要处理的字符型向量。
- **pattern**：指定字符串中的某个子串，可以是某个具体的字符值，也可以是正则表达式。

（2）str_replace_all 函数通过指定某个新值，替换原字符串满足匹配条件的子串：

```
str_replace_all(string, pattern, replacement)
```

- **string**：指定需要处理的字符型向量。
- **pattern**：指定被替换的部分，可以是某个具体的字符值，也可以是正则表达式。
- **replacement**：指定替换的新值。

接下来利用如上介绍的函数对二手房数据中的 Price、Size 和 Tot_amt 变量做数据类型的转换，代码如下：

```
# 读取数据--house_info.xlsx
house <- read_excel(path = file.choose())
# 通过截断的方式处理二手房的单价 Price 变量
house <- transform(house,
                   Price_new = as.integer(str_sub(string = Price,
                                          start = 3,
                                          end = str_locate(Price, '元')-1))
                   )
# 通过替换的方式处理二手房的面积 Size 变量和总价格变量 Tot_amt
house <- transform(house,
                Size_new = as.numeric(str_replace_all(Size, '平米', '')),
                Tot_amt_new = as.integer(str_replace_all(Tot_amt, '万', ''))
                )
# 数据预览
View(house)
```

返回结果如图 4.4 所示。

	Block	Price	Size	Tot_amt	Type	Price_new	Size_new	Tot_amt_new
1	绿地香颂(奉贤)(别墅)	单价12126元/平米	418.96平米	508万	6室2厅	12126	418.96	508
2	鞍山路310弄	单价60753元/平米	93平米	565万	2室2厅	60753	93.00	565
3	中远两湾城	单价83140元/平米	64.35平米	535万	1室2厅	83140	64.35	535
4	春申景城湖畔林语	单价69758元/平米	91.03平米	635万	2室2厅	69758	91.03	635
5	新华公寓	单价84105元/平米	95.12平米	800万	2室2厅	84105	95.12	800
6	达安花园	单价87025元/平米	140.19平米	1220万	3室2厅	87025	140.19	1220
7	新湖明珠城	单价79739元/平米	140.46平米	1120万	3室2厅	79739	140.46	1120

图 4.4　处理后的二手房数据

利用上面的代码可以轻松地将字符型变量转换为数值型变量。其中，Price 变量只能通过截断的方式解决，因为替换方式无法一次性将首尾两部分的中文替换为空字符；Size 变量和 Tot_amt 变量既可以使用截断法，也可以使用替换法。

需要注意的是，针对 Price 变量的截断，str_sub 函数中的 end 参数是通过 str_locate 函数所返回的“元”字所在位置的值传递的，并且还需要减 1。

4.1.3　数据清洗——字符串子串的隐藏

假设公司在某次营销活动中需要将中奖用户的信息进行公示，但前提是必须对敏感信息进行脱敏处理，否则会泄露用户的重要信息，带来不必要的麻烦。通常最直接的处理办法就是将敏感信息中的一部分内容进行隐藏处理，例如仅显示中奖用户昵称的首尾字符、将手机号中间 4 位隐藏起来等。下面以用户的中奖信息（见图 4.5）为例（其中的手机号是虚构的），对用户的昵称和手机号进行脱敏处理。

	A	B	C	D
1	Uid	Nick_name	Phone_num	Prize
2	1	孙keju	13601112777	一等奖
3	2	陪Ni看·每个鉬紬	13918221234	二等奖
4	3	安枫轻云	18013255532	二等奖
5	4	初见&初恋	18729055581	二等奖
6	5	提拉米苏	13311224558	三等奖
7	6	米咔米苏零食	15000887106	三等奖

图 4.5　待处理的原始数据

该问题的解决思路是：利用 str_replace_all 函数将需要隐藏的子字符替换为星号“*”，子字符可以使用 str_sub 函数完成指定位置上的截断。具体代码如下：

```
# 读取数据--User_info.xlsx
user <- read_excel(path = file.choose())
# 处理用户昵称，仅显示首尾字符；处理用户手机号，隐藏中间 4 位数字
user <- transform(user,
                # 用户昵称的处理
                Nick_name_new = str_replace_all(Nick_name,
                                              str_sub(Nick_name, start = 2,
                                                      end = nchar(Nick_name)-1),
```

```
                                           '***'),
              # 用户手机号的处理
              Phone_num_new = str_replace_all(Phone_num,
                                          str_sub(Phone_num, start = 4, end = 7),
                                          '****')
        )
# 数据预览
View(user)
```

返回结果如图 4.6 所示。

	Uid	Nick_name	Phone_num	Prize	Nick_name_new	Phone_num_new
1	1	孙keju	13601112777	一等奖	孙***u	136****2777
2	2	陪Ni看·每个鉬紬	13918221234	二等奖	陪***紬	139****1234
3	3	安枫轻云	18013255532	二等奖	安***云	180****5532
4	4	初见&初恋	18729055581	二等奖	初***恋	187****5581
5	5	提拉米苏	13311224558	三等奖	提***苏	133****4558
6	6	米咔米苏零食	15000887106	三等奖	米***食	150****7106
7	7	半颗心M	18776238186	三等奖	半***M	187****8186

图 4.6　用户名和手机号的隐藏

不管是截断法还是替换法都可以根据字符串的某些特定位置实现问题的解决。然而也会存在一些无法通过位置解决的问题，例如将英文文本中所有的 We 单词替换为 I，同时必须防止 Web、west 等类似词中 we 部分的替换；从 URL 链接中提取出某类特征的 ID 值等。如果会使用正则表达式，这类问题就显得很简单了。关于正则表达式的知识点将在下一节介绍。

4.2　正则表达式的定义及用途

对于刚接触正则表达式的读者来说，从字面意思非常难理解这是一种什么样的表达式，它不像平时所使用的数学表达式、条件表达式以及逻辑表达式那样直观。从本节开始将通过具体的实例对正则表达式的相关知识点做解释。

4.2.1　什么是正则表达式

在解释正则表达式的定义之前，首先看一组数据，它们是 1,2,5,10,17，请问第 6 个数字应该为多少？为解决这个问题，必须掌握这一串数字背后的逻辑和生成方法，相信读者很快就能够发现其中的规律。不错，第 6 个数字就是 26，因为这串数字的生成是通过数学公式$(n-1)^2+1$得来的。

通过发现数据背后的规律并利用数学公式将数据的规律表达出来就称为数学表达式。如果数据不再是具体的数字，而是具有一定规律的字符串，那么用来表示字符串规律的表达式就称为正则表达式。换句话说，正则表达式就是用来匹配和处理字符串的一种语言，并且这种语言本身也是以字符串的形式表达的。

4.2.2 正则表达式的常见用法

构成正则表达式的字符有很多种，可以是某个具体的字符串，也可以是表示所有数字或字母的组合，还可以是表示重复次数的符号等。当然，基于正则表达式的应用场景也非常多。例如，在前端开发中，将所有的链接 URL 组装为可点击式的（HTML 语法中的<a href=URL></a>格式）；在数据清洗和处理中，将半结构化的数据转换为结构化的数据；在数据校验过程中，检查用户注册所用的邮箱地址是否有效等。

不管是哪种应用场景都逃离不开基于正则表达式的截、查、换、割这几种常见的用法。

“截”是指从字符串中截出一段连续的子串，通常截断的开始位置或结束位置会使用到正则表达式。例如，从字符串“消费金额：¥380.76 元，享受折扣：¥17.45 元”中截取出数值 380.76 就可以指定截断的起始位置为首次出现“¥”的位置加 1、结束位置为首次出现“元”的位置减 1。截断相关的操作可以搭配使用 stringr 包中的 str_sub 函数和 str_locate 函数。

“查”是指从字符串中查询出与正则表达式相匹配的内容。例如，从每一行的聊天日志中查询出聊天内容所对应的时间，从计算机的某个路径下查询出所有以 csv 或 txt 结尾的数据文件，从网页的源代码中查询出某些特定值的数据等。类似这些字符串的查询工作可以借助于 stringr 包中的 str_extract 或 str_extract_all 函数以及 str_match 或 str_match_all 函数来完成。

“换”是指将字符串中符合正则表达式的子串替换为新的字符串。例如，将交易额中美元符号$和千分位符号替换为空字符，将 txt 数据文件中变量间的分隔符（Tab 制表符）统一替换为逗号分隔符，将文本中某些表示数值单位的符号替换为大写的格式（如 kg、ml 和 m 分别替换为 KG、ML 和 M）。关于字符串中的替换操作，可以使用 stringr 包中的 str_replace 或 str_replace_all 函数来完成。

“割”是指将字符串按照指定的正则表达式切割为几个子部分。例如，将大段的文本内容按照各种标点符号切割为一条条句子，将用户注册所用的邮箱按照“@”符号分割为邮箱地址和域名两个部分，在数据处理过程中将含多个信息的变量按照指定的分割符拆分为具体的变量等。基于正则表达式的字符串分割，可以使用 stringr 包中的 str_split 函数。

关于如上提到的几个常用函数，后文将会通过具体的案例介绍它们的使用方法和参数含义。接下来，首先要讲解的是正则表达式相关的知识点，因为它们需要和如上介绍的函数一起使用才有效。

4.3 基于正则的单字符匹配

4.3.1 从静态文本的匹配开始

为了使读者能够由浅入深地感知正则表达式的应用，首先以静态的文本型表达式作为学习正则的开始。静态文本型的表达式是指以正则表达式为固定的字符串。下面通过两个具体的案例介绍静态文本匹配的应用。

图 4.7 所示为某路径下的所有数据文件，其中 2018Q1.txt 和 2018Q2.txt 两个文件为某电商各月的交易额和订单量，那么如何基于静态文本的正则表达式将两个文件中的数据做合并处理呢？

刻录　新建文件夹

名称	修改日期	类型	大小
2018Q1.txt	2018/6/18 星期...	文本文档	1 KB
2018Q2.txt	2018/6/18 星期...	文本文档	1 KB
app_info.csv	2018/6/18 星期...	Microsoft Excel ...	1 KB
Prod_Name.xlsx	2018/6/18 星期...	Microsoft Excel ...	10 KB
stu_info.csv	2018/6/18 星期...	Microsoft Excel ...	1 KB
面对经济全球化.ppt	2018/6/18 星期...	Microsoft Power...	4,439 KB
这届世界杯，豪门球迷咋这么难当.docx	2018/6/18 星期...	Microsoft Word ...	18 KB

图 4.7　待读取数据所在的目录

为搜寻出符合条件的文件名称，可以使用 str_extract_all 函数或 str_extract 函数。它们的用法和参数含义如下：

```
str_extract(string, pattern)
str_extract_all(string, pattern, simplify = FALSE)
```

- **string**：指定需要处理的字符型向量。
- **pattern**：指定搜寻的匹配模式，即传递一个正则表达式。
- **simplify**：是否以简化的形式返回结果。默认为FALSE，表示结果类型为列表；如果设置为TRUE，则表示结果类型为矩阵。

如上两个函数的功能相同，都是用于子串的提取，前者提取满足匹配条件的首个子串，后者提取满足匹配条件的所有子串。下面使用如上介绍的提取函数解决问题：

```
# 加载第三方包
library(dplyr)
# 设置 R 语言的工作空间——用于指定数据文件所在的路径
setwd('C:\\Users\\Administrator\\Desktop\\data')
# 读取该工作空间下的所有文件名
filenames <- dir()
# 筛选出文件名为 2018Q1 和 2018Q2 的数据文件
sub_filenames <- unlist(str_extract_all(string = filenames,
                        pattern = '2018Q1.txt|2018Q2.txt'))
# 通过 for 循环将指定文件中的数据做合并操作
bind_data <- data.frame()
for (i in sub_filenames){
  data <- read.csv(file = i)
  bind_data <- bind_rows(bind_data, data)
}
```

```
# 数据预览
View(bind_data)
```

2018 年两个季度内各月份交易额和订单量的合并结果如图 4.8 所示。

	month	trans_amt	trans_orders
1	1	68.23亿	2.3千万
2	2	59.77亿	1.9千万
3	3	72.34亿	2.2千万
4	4	60.77亿	2.1千万
5	5	66.78亿	2.3千万
6	6	102.41亿	3.1千万

图 4.8 数据合并后的结果

代码中有两点需要解释：

（1）使用 str_extract_all 函数从所有的文件名称中查询出指定的目标，该函数的参数 pattern 所指定的值为'2018Q1.txt|2018Q2.txt'，其中竖线 | 表示或的关系，即匹配的模式要么为'2018Q1.txt'，要么为'2018Q2.txt'。需要注意的是，竖线 | 两边千万不要添加空格，否则表示为'2018Q1.txt '和' 2018Q2.txt'。

（2）str_extract_all 函数返回的结果为列表结构，如需将查询得到的两个文件名称以向量的形式保存，还需使用 unlist 函数对列表结构做非列表化处理。

（3）代码中 sub_filenames 变量的值既可以使用 str_extract_all 函数查询获得，也可以使用成员函数%in%比对得到，即 filenames[filenames %in% c('2018Q1.txt', '2018Q2.txt')]。

假设某 txt 数据文件中变量之间的分隔符为 Tab 制表符，为了数据的方便读取，需要将其替换为逗号分隔符，该如何完成呢？图 4.9 为原始文件的数据格式。

Tab_sep.txt - 记事本

文件(F) 编辑(E) 格式(O) 查看(V) 帮助(H)

```
id	name	gender	age	income
1	张三	男	27	12500
2	李四	男	25	9000
3	王二	女	28	12000
4	赵一	男	23	8500
```

图 4.9 待处理的原始数据

```
# 数据读取--Tab_sep.txt
records <- readLines(con = file.choose())
# 将 Tab 制表符替换为逗号
records_comma <- str_replace_all(string = records,
                     pattern = '\t', replacement = ',')
# 数据反写回原始文件中
writeLines(text = records_comma,
      con = 'C:\\Users\\Administrator\\Desktop\\Tab_sep.txt')
```

返回结果如图 4.10 所示。

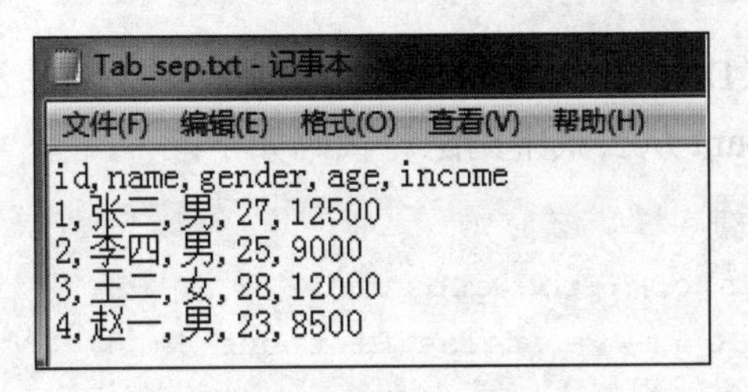

id,name,gender,age,income
1,张三,男,27,12500
2,李四,男,25,9000
3,王二,女,28,12000
4,赵一,男,23,8500

图 4.10　处理后的数据

4.3.2　任意单字符的匹配

对于 4.3.1 节所介绍的两个例子来说，组成正则表达式的字符均是某个具体的静态文本，尽管也能解决问题，但其弊端是不够灵活。例如，要读取的文件是 orders1,orders2,…,orders9 之类的名称，需要把所有文件名称都写入 pattern 参数中；或者需要将一段中文材料按照标点符号切割为句子时，就需要把所有可能想到的标点符号都罗列在 pattern 参数中。

在字符串处理过程中需要匹配某个动态的单个字符，并且这个字符可能是数字、字母或者下划线等时，可以在正则表达式中使用英文状态下的句号点（.）。该正则符号是本章首个介绍的符号，它的功能强大，可以指代所有非换行符（\n）的任意字符。

例如，在某超市的近 1 个月交易中需要筛选出所有以“电”字开头并且仅包含两个字的商品名称，然后进一步统计每个商品的总交易额。类似这样的问题该如何借助于正则表达式完成数据的筛选呢？图 4.11 为商品表的部分预览内容，包括每一个商品所对应的名称、价格、销售数量和折扣信息。

	A	B	C	D
1	Prod_Name	Price	Counts	Discount
2	电视	3999	42	0.9
3	电水壶	199	103	0.95
4	耳机	45	33	0
5	鼠标	65	72	0.78
6	电脑	7999	3	0.9
7	木凳	120	163	0

图 4.11　待处理的数据

```
# 读取数据 -- Prod_Name.xlsx
Prod <- read_excel(path = file.choose())
# 提取出所有“电”字开头的商品名称，但仅匹配两个字
products <- str_extract_all(string = Prod$Prod_Name, pattern = '电.')
# 从交易表中筛选数据子集
Prod_subset <- Prod[Prod$Prod_Name %in% products,]
```

如上的正则表达式写为'电.'，由于句号点代表任意一个字符，因此可以通过该方式筛选出所需的商品名称。尽管“电水壶”中的“电水”也能匹配出来，但在使用成员函数%in%时，“电水壶”这个产品是不会筛选进来的。类似地，其他所有“电”字开头且非两字的商品名称都不会筛选进来。

接下来基于如上筛选的数据子集计算每个商品的总交易额，其计算公式为价格（Price）

×数量（Counts）×折扣（Discount）。需要注意的是，如果商品没有折扣，就不能使用前面的公式，而是将折扣 Discount 从公式中剔除。代码如下：

```
# 计算每个商品的总交易额
Prod_subset <- transform(Prod_subset,
                  Tot_Amt = ifelse(Discount != 0,
                               Price*Counts*Discount, # 折扣不等于 0 的计算公式
                               Price*Counts) # 折扣等于 0 的计算公式
                 )
# 预览数据子集
View(Prod_subset)
```

返回结果如图 4.12 所示。

	Prod_Name	Price	Counts	Discount	Tot_Amt
1	电视	3999.0	42	0.9	151162.2
2	电脑	7999.0	3	0.9	21597.3
3	电池	9.9	307	0.0	3039.3
4	电筒	39.0	11	0.0	429.0

图 4.12　处理后的数据结果

类似这样的筛选并不常见，上面的案例仅用来描述正则符号中句号点的功能。在实际的工作场景中，更多的是筛选出以什么词开头或结尾的商品名称，或者是筛选出包含什么词的商品名称。对于这种筛选条件，需要使用到正则匹配次数的相关知识点（将在第 4.4 节中做详细介绍）。

在正则表达式的使用中，根据实际的匹配条件可以将句号点置于任何位置，例如从文件名称中筛选出 2016Q1、2016Q2、…、2018Q2 等 csv 文件，pattern 参数所设置的正则表达式可以写成'201.Q..csv'。正则表达式中的前两个句号点代表任意内容，最后一个句号点实际上代表了其本身（如果需要将正则符号指代其本身含义，通常需要在前面加上转义符号\，在 R 语言中转义符号为双斜杠\\）。

4.3.3　指定字符集的匹配

尽管英文状态下的句号点可以指代所有可用的单个字符，但是在某些特定场景下并不适用，因为它所指代的范围太过于宽泛。例如，需要从众多文件中筛选出仅包含单个数字的文件名称、将中文文本中涉及的数字或字母全部删除、将字符型变量中的值按照某些指定的分隔符进行切割等。此类问题均存在一个共同的特点，即需要匹配的仅仅是指定的数字或字母等字符，如果使用句号点，那么往往会导致错误的结果。

在正则表达式中，可以使用一对英文状态下的方括号“[]”将待匹配的字符集括起来，在做内容匹配时会选择方括号内的任意一个字符进行匹配。例如，匹配所有的单个数字，可以用'[0123456789]'表示，也可以使用'[0-9]'；如需匹配所有的单个字母，则可以使用'[a-zA-Z]'表示；如需匹配常用的中文标点符号，则将它们写在方括号内，即'[。，？；！]'。当然，还可

以借助于方括号“[]”取非匹配模式，例如匹配所有的非数字，只需在'[0-9]'基础上添加上^符号，即'[^0-9]'；同理，匹配所有的非字母，可以表示成'[^a-zA-Z]'。为使读者理解正则表达式中方括号的使用，下面将通过两个具体的案例加以说明。

图 4.13 所示为用户对某商品的评论内容。假如读者需要基于每一条评论内容做情感相关的文本挖掘，为了防止不必要字符的干扰，需要将文本中的数字或字母剔除，该如何实现呢？

	A	B	C
1	Nick	Date	Content
2	f***e	2015-11-26 22:16:56	非常实用颜色很喜欢。
3	唯***1	2017-12-27 14:54:20	忘了评价了，非常好，之前买过一次，这次贵了10块，
4	q***9	2015-05-17 00:49:11	架的质量很差，还那么贵……
5	l***5	2017-06-06 00:18:52	很漂亮，看着很好，安装简单，很值得拥有哦
6	R***n	2017-06-29 21:55:19	物美价廉值得0购买
7	j***g	2018-03-13 23:41:00	非常好看
8	y***r	2017-06-30 12:58:57	很方便，也很好用，晚上能安心睡觉了
9	叫***王	2017-09-22 15:02:27	还可以，习惯好评，孩子喜欢，睡觉踏实，不怕再被蚊
10	个***特	2016-05-01 12:49:58	………………
11	寧***箸	2017-08-10 15:10:46	3开门……美观

图 4.13　待清洗的文本数据

```
# 读取数据 - Evaluation.xlsx
evaluation <- read_excel(path = file.choose())
# 采用替换法将数字和字母删除
# 指定需要处理的评论内容
evaluation$Content <- str_replace_all(string = evaluation$Content,
                        pattern = '[0-9a-zA-Z]', # 正则表达式为所有的数字和字母
                        replacement = '' # 将满足匹配的内容替换为空字符
                      )

# 数据预览
View(evaluation)
```

返回结果如图 4.14 所示。

	Nick	Date	Content
1	f***e	2015-11-26 22:16:56	非常实用颜色很喜欢。
2	唯***1	2017-12-27 14:54:20	忘了评价了，非常好，之前买过一次，这次贵了块，不过感...
3	q***9	2015-05-17 00:49:11	架的质量很差，还那么贵&;&;
4	l***5	2017-06-06 00:18:52	很漂亮，看着很好，安装简单，很值得拥有哦
5	R***n	2017-06-29 21:55:19	物美价廉值得购买
6	j***g	2018-03-13 23:41:00	非常好看
7	y***r	2017-06-30 12:58:57	很方便，也很好用，晚上能安心睡觉了
8	叫***王	2017-09-22 15:02:27	还可以，习惯好评，孩子喜欢，睡觉踏实，不怕再被蚊子咬...
9	个***特	2016-05-01 12:49:58	&;&;&;&;&;&;
10	寧***箸	2017-08-10 15:10:46	开门&;&;美观

图 4.14　经清洗后的数据

原始数据集中的变量 Content 所包含的数字或字母全部消失，就是通过 str_replace_all 函数将数字或字母替换为了空字符。其中，该函数的 pattern 参数接受的正则表达式为

'[0-9a-zA-Z]'，即表示所有的单个数字或字母。类似这样的问题，其解决思路与其说是删除法，不如说是替换法。

再来看另一个例子：在图 4.15 中关于楼盘信息的变量为 House_Info，该变量中实际上包含了楼盘 6 个方面的信息，包括小区名称、户型、面积、朝向、装修和电梯状况，而这些信息之间存在两种分隔符，分别是竖线“|”和横线“-”。如何基于这两种分隔符将 House_Info 变量拆分为 6 个变量呢？

	A	B	C
1	Price	Tot_amt	House_Info
2	60753	565万	鞍山路310弄 | 2室2厅 | 93平米 - 南 - 简装 - 无电梯
3	69758	635万	春申景城湖畔林语 | 2室2厅 | 91.03平米 - 南 - 精装 - 有电梯
4	12126	508万	绿地香颂(奉贤)(别墅) | 6室2厅 | 418.96平米 - 南 - 简装 - 无电梯
5	69040	995万	上青佳园 | 3室2厅 | 144.12平米 - 南 - 毛坯 - 有电梯
6	83140	535万	中远两湾城 | 1室2厅 | 64.35平米 - 南 - 精装 - 有电梯
7	86214	1160万	上海绿城 | 3室2厅 | 134.55平米 - 南 - 精装 - 有电梯

图 4.15　待处理的二手房信息

该问题的解决需要使用 str_split 函数，关于它的用法和参数含义如下：

```
str_split(string, pattern, n = Inf, simplify = FALSE)
```

- **string**：指定需要处理的字符型向量。
- **pattern**：指定分隔符的模式，即传递某个正则表达式。
- **n**：指定切割的份数。默认为Inf，表示根据string的实际情况按照pattern进行完整切割。
- **simplify**：是否以简化的形式返回结果。默认为FALSE，表示结果类型为列表。如果设置为TRUE，则表示结果类型为矩阵。

接下来利用该函数按照竖线“|”和横线“-”对 House_Info 变量中的值进行切割，代码如下：

```
# 读取数据 -- building.xlsx
building <- read_excel(path = file.choose())
# 将变量 House_Info 按照“|”或者“-”切割为 6 部分
parts <- str_split(building$House_Info, pattern = '[|-]')
# 依次将 6 部分内容写入到 building 表中
building$Block = sapply(X = parts, FUN = '[', ... = 1)        # 小区名称
building$Type = sapply(X = parts, FUN = '[', ... = 2)         # 户型
building$Size = sapply(X = parts, FUN = '[', ... = 3)         # 面积
building$Direction = sapply(X = parts, FUN = '[', ... = 4)  # 朝向
building$Decoration = sapply(X = parts, FUN = '[', ... = 5) # 装修状况
building$Lift = sapply(X = parts, FUN = '[', ... = 6)         # 电梯状况
# 删除 building 表中的 House_Info 变量
building <- subset(building, select = -House_Info)
# 数据预览
View(building)
```

返回结果如图 4.16 所示。

	Price	Tot_amt	Block	Type	Size	Direction	Decoration	Lift
1	60753	565万	鞍山路310弄	2室2厅	93平米	南	简装	无电梯
2	69758	635万	春申景城湖畔林语	2室2厅	91.03平米	南	精装	有电梯
3	12126	508万	绿地香颂(奉贤)(别墅)	6室2厅	418.96平米	南	简装	无电梯
4	69040	995万	上春佳园	3室2厅	144.12平米	南	毛坯	有电梯
5	83140	535万	中远两湾城	1室2厅	64.35平米	南	精装	有电梯
6	86214	1160万	上海绿城	3室2厅	134.55平米	南	精装	有电梯
7	73441	730万	中远两湾城	2室2厅	99.4平米	南	精装	有电梯

图 4.16　经处理后的二手房数据

原本 House_Info 变量中的信息被成功地拆分为 6 个变量，在拆分过程中首先使用 str_split 函数对字符串进行切割，其中使用的正则表达式为'[|-]'；然后使用 sapply 函数将切割后的结果 parts 分别通过索引的方式（sapply 函数中参数 FUN 所传递的'['）将每一个部分取出来；最后重新写入到原始数据表中。

4.4　字符匹配次数的设置

不管是句号点所代表的任意字符，还是方括号中所指定的有限字符集合，它们都仅匹配符合条件的单个字符，然而这种应用场景并不常见，因为它们的局限性很强，仅作字符串的单次匹配。需要匹配多次时，该如何编写正则表达式呢？

例如，需要从字符串中匹配出所有的邮箱地址、从某天气网站的网页源代码中查询出所有的最高气温、从一段英文文本中筛选出含有某个字母的单词、从多个文件名称中匹配出所有以.xlsx 为后缀的文件等。这些问题的解决几乎无法通过单个字符的匹配完成，而需要进行字符匹配次数的设置。本节将介绍两类次数匹配的正则符号：一类是无上限的次数匹配，另一类是有限次数的匹配。

4.4.1　无上限的次数匹配

如需匹配同一个字符（如'a'、3 等）或者任意一个字符（如句号点'.'）以及用方括号“[]”所表示的字符集合无限多次，只需将星号（*）或加号（+）用作被匹配字符的后缀即可。其中，星号代表匹配前一个字符 0 次或无穷多次；加号代表匹配前一个字符 1 次或无穷多次。例如，正则表达式写为'abc*'时，可以匹配的内容有'ab'、'abc'、'abcc'等；正则表达式写为'abc+'时，可以匹配的内容有'abc'、'abcc'、'abccc'等。

为使读者掌握正则表达式中关于星号和加号的使用技巧，下面将通过两个具体的例子加以说明。首先以上海的二手房数据（见图 4.17）为例，假设需要从二手房中筛选出小区名称（name）含有“世纪”字样的记录，并统计各个行政区域（region）下各有多少二手房，以及它们的平均单价是多少。

	A	B	C	D	E	F	G	H	I
1	name	type	size	region	floow	direction	tot_amt	price_unit	built_date
2	梅园六街坊	2室0厅	47.72	浦东	低区/6层	朝南	500	104777	1992年建
3	碧云新天地（一期）	3室2厅	108.9	浦东	低区/6层	朝南	735	67474	2002年建
4	博山小区	1室1厅	43.79	浦东	中区/6层	朝南	260	59374	1988年建
5	金桥新村四街坊（博兴路	1室1厅	41.66	浦东	中区/6层	朝南北	280	67210	1997年建
6	博山小区	1室0厅	39.77	浦东	高区/6层	朝南	235	59089	1987年建
7	潍坊三村	1室0厅	34.84	浦东	中区/5层		260	74626	1983年建

图 4.17 待处理的二手房数据

```
# 读取数据 # sec_buildings
sec_buildings <- read.csv(file = file.choose())
# 使用正则表达式'.*世纪.*'从小区名称中筛选出所有包含“世纪”两个字的二手房
name_centry <- str_extract_all(string = sec_buildings$name, pattern = '.*世
纪.*')
# 根据上面的筛选结果进一步筛选出符合条件的数据子集
buildings_sub <- subset(sec_buildings, name %in% name_centry)
# 数据预览
View(buildings_sub)
```

返回结果如图 4.18 所示。

	name	type	size	region	floow	direction	tot_amt	price_unit	built_date
115	新世纪花苑（浦东）	1室1厅	50.85	浦东	中区/7层		358	70403	1996年建
236	浦东世纪花园（公寓）	3室2厅	181.70	浦东	低区/21层	朝南北	1560	85855	2002年建
481	浦东世纪花园（公寓）	3室2厅	129.85	浦东	高区/11层	朝南北	1250	96264	2002年建
571	新世纪花苑（浦东）	2室2厅	89.13	浦东	高区/6层	朝南	615	69000	2001年建
588	浦东世纪花园（公寓）	4室2厅	189.60	浦东	低区/30层	朝南北	1600	84388	2005年建
699	浦东世纪花园（公寓）	4室2厅	223.51	浦东	低区/30层	朝南北	1650	73822	2005年建
790	浦东世纪花园（公寓）	4室2厅	224.21	浦东	低区/26层	朝南	1850	82511	2005年建

图 4.18 数据筛选结果

在筛选出来的二手房中，小区名称均包含“世纪”两个字，所使用的正则表达式为'.*世纪.*'。其中，句号点“.”指代任意一个字符；紧跟后面的是星号“*”，表示需要匹配任意一个字符至少0次，如果恰好匹配0次，则表明小区名称要么以“世纪”开头，要么以“世纪”结尾。接下来基于如上得到的数据子集做分组统计，代码如下：

```
# 加载第三包
library(dplyr)
# 设定 region 变量为分组变量
grouped <- group_by(.data = buildings_sub, region)
# 基于分组变量统计各个行政区域下二手房的数量和平均单价
stats <- summarise(.data = grouped, Counts = n(), Avg_Price = mean(price_unit))
# 数据预览
View(stats)
```

返回结果如图 4.19 所示。

	region	Counts	Avg_Price
1	宝山	9	45226.33
2	奉贤	97	28487.51
3	黄浦	3	69569.00
4	闵行	10	51502.70
5	浦东	16	76937.88
6	普陀	75	72462.25
7	青浦	5	36583.00

图 4.19　数据汇总结果

网页的前端工程师在开发用户注册或登录环节的页面时往往需要判断用户填入的邮箱地址是否有效。关于这个问题的解答，就需要使用正则表达式。首先得明确知道什么样的邮箱地址才算是有效的。通常一个有效的邮箱地址必须满足如下几个条件：

（1）@符号之前的邮箱地址名称只能够包含大小写字母、数字、下划线(_)、连字符(-)或者句号点(.)。

（2）@符号之后的域名部分与邮箱地址名称的规则一样，也包含那么多种可用的符号，只不过域名通常会分一级域名(如.com)、二级域名(如 163.com)、三级域名(如 weixin.qq.com)等。

几个待处理的邮箱地址为 654088115@@qq.com、5579001QQ@.COM、Lsxxx2011@163.com、snake@super_vip.qq.com、279985462@qq.com、Abc@lenovo.com.cn，该如何利用正则表达式判断邮箱地址是否有效呢？

```
# 判断邮箱地址的有效性
email <- c('654088115@@qq.com','5579001QQ@.COM','Lsxxx2011@163.com',
       'snake@super_vip.qq.com','279985462@qq。com','Abc@lenovo.com.cn')
# 利用正则表达式匹配出有效的邮箱
valid_email <- str_extract(string = email,
                           pattern =
'[0-9a-zA-Z_\\.-]+@[a-zA-Z0-9_-]+(\\.[0-9a-zA-Z_\\-]+)+')
# 判断邮箱地址是否有效
judge_res <- ifelse(is.na(valid_email),0,1)
# 将有效地址 email 变量和判断结果 judge_res 写入到数据框中
df <- data.frame(email, judge_res)
# 数据预览
View(df)
```

返回结果如图 4.20 所示。

	email	judge_res
1	654088115@@qq.com	0
2	5579001QQ@.COM	0
3	Lsxxx2011@163.com	1
4	snake@super_vip.qq.com	1
5	279985462@qq. com	0
6	Abc@lenovo.com.cn	1

图 4.20　经判断后的邮箱结果

变量 judge_res 的值如果为 1，就表示对应的邮箱地址有效，否则无效。这里需要重点解释一下正则表达式'[0-9a-zA-Z_\\.-]+@[a-zA-Z0-9_-]+(\\.[0-9a-zA-Z_\\-]+)+'："@"符号前面的部分"[0-9a-zA-Z_\\.-]+"表示邮箱名称，可用的字符有数字、字母、下划线、句号点或者连字符；"@"符号后面的第一部分"[a-zA-Z0-9_-]+"表示"@"符号与第一个句号点之间的内容（如最后一个邮箱所包含的"lenovo"字符），该部分可以使用数字、字母、下划线或连字符；"@"符号后面的第二部分"(\\.[0-9a-zA-Z_\\-]+)+"表示多级域名（如最后一个邮箱所包含的".com.cn"），可以由数字、字母、下划线、句号点或连字符组成，由于不确定邮箱地址中会有多少级域名，因此将域名部分用圆括号括起来，表示一个整体，并在括号外用加号作为后缀，表示至少包含一个等级的域名。

4.4.2　有限次数的匹配

有时在字符串处理过程中也不需要无限次的字符匹配，而是根据实际情况指定某个具体的匹配次数或者指定某范围内的匹配次数。例如，匹配字符串中的年份信息，只需要对数字匹配 4 次即可。如需对前一个字符做有限次数的匹配，则可以在该字符后面加上一对大括号"{}"，并将具体的次数或范围写入括号内。关于大括号的使用，可以参考表 4.1。

表 4.1　正则比配次数的表示方法

次数匹配符	含义
{*m*}	匹配前一个字符 *m* 次
{*m*,}	匹配前一个字符至少 *m* 次（所以"星号"对应了{0,}，"加号"对应了{1,}）
{*m*,*n*}	匹配前一个字符 *m* 至 *n* 次（如果表示 0~1 次，还可以使用"?"替换{0,1}）
{,*n*}	匹配前一个字符最多 *n* 次

接下来将通过两个具体的案例说明有限次数匹配的使用方法：第一个例子是如何从日志信息中提取出 IP 地址对应的值；第二个例子是如何基于 QQ 群的聊天记录将半结构化的数据转换为结构化数据。

图 4.21 所示的内容是用户访问某网站时留下来的日志信息，并且每一条记录均包含该用户的 IP 地址，那么如何从字符串中匹配出 IP 所对应的值呢？IP 地址是由 4 段数据（例如 192.168.1.114）构成的，并且每一段数据都包含 1~3 个数字。如果按照这个规律搜寻出字符串中的 IP 值，就很简单了。

	A	B
1	create_time	env_info
2	2017/3/28	{"bv":"14D27" , "os":"iOS" , "ov":"10.2.1" , "ip":"180.168.164.107" , "net":"unknown"
3	2017/3/31	{"bv":"9.0" , "os":"iOS" , "ov":"9.1.0" , "ip":"180.168.164.107" , "net":"unknown" , "br
4	2017/3/31	{"dt":"x86_64" , "os":"iOS" , "nettype":"" , "ov":"10.0" , "ip":"180.168.164.107" , "net
5	2017/4/6	{"ver":"5.34.5" , "df":"cc94a375aa9d8461f0caaf30d1e55de0b1d74be0" , "os":"iOS" , "o
6	2017/4/7	{"os":"Windows" , "bv":"49.0.2623.110" , "ov":"10" , "ip":"183.6.129.98" , "bn":"Chron
7	2017/4/7	{"bv":"14A456" , "os":"iOS" , "ov":"10.0.2" , "ip":"180.168.164.107" , "net":"unknown"
8	2017/4/7	{"df":"f67fa845-03df-3e31-9ee3-c92a2fd24a3b" , "ver":"1.0.0" , "ov":"6.0.1" , "ip":"180.

图 4.21　待处理的文本数据

```
# 读取数据 -- Log.xlsx
Log <- read_excel(path = file.choose())
# 从字符串中提取出 IP 地址
IP <- str_extract(string = Log$env_info,
            pattern = '[0-9]{1,3}\\.[0-9]{1,3}\\.[0-9]{1,3}\\.[0-9]{1,3}')
# 将 IP 值反写到数据表 Log 中
Log$IP <- IP
# 数据预览
View(Log)
```

返回结果如图 4.22 所示。

	create_time	env_info	IP
1	2017-03-28 17:33:55	{"bv":"14D27", "os":"iOS", "ov":"10.2.1", "ip":"180.16...	180.168.164.107
2	2017-03-31 19:17:26	{"bv":"9.0", "os":"iOS", "ov":"9.1.0", "ip":"180.168.164...	180.168.164.107
3	2017-03-31 20:04:26	{"dt":"x86_64", "os":"iOS", "nettype":"", "ov":"10.0", ...	180.168.164.107
4	2017-04-06 18:56:06	{"ver":"5.34.5", "df":"cc94a375aa9d8461f0caaf30d1e55d...	183.6.129.98
5	2017-04-07 11:51:28	{"os":"Windows", "bv":"49.0.2623.110", "ov":"10", "i...	183.6.129.98
6	2017-04-07 16:18:41	{"bv":"14A456", "os":"iOS", "ov":"10.0.2", "ip":"180.16...	180.168.164.107
7	2017-04-07 17:18:53	{"df":"f67fa845-03df-3e31-9ee3-c92a2fd24a3b", "ver":"1....	180.168.164.107

图 4.22　IP 信息的返回结果

利用设定好的正则表达式成功地将 env_info 字段中的 IP 值提取出来了。需要注意的是，正则表达式中的句号点前面必须添加两个连续的反斜杠（“\\”为转义符），因为此时的句号点只能代表点本身，而非任意一个字符。

为了进一步理解和掌握正则表达式的使用技巧，再举一个更加有意思的例子。图 4.23 所示为某 QQ 群的聊天记录，数据中包含用户的昵称、QQ 号、聊天时间和聊天内容四方面的信息，不过数据并非以表格的形式存储，无法使用第 3 章所介绍的内容进行清洗和管理。为了方便数据的管理，如何将聊天记录转换成 4 个变量的数据表呢？

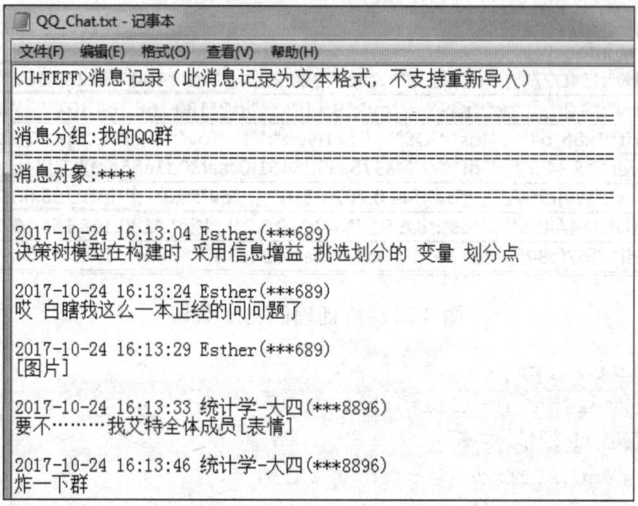

```
QQ_Chat.txt - 记事本
文件(F) 编辑(E) 格式(O) 查看(V) 帮助(H)
KU+FEFF>消息记录（此消息记录为文本格式，不支持重新导入）

================================================================
消息分组:我的QQ群
================================================================
消息对象:****
================================================================

2017-10-24 16:13:04 Esther(***689)
决策树模型在构建时 采用信息增益 挑选划分的 变量 划分点

2017-10-24 16:13:24 Esther(***689)
哎 白瞎我这么一本正经的问问题了

2017-10-24 16:13:29 Esther(***689)
[图片]

2017-10-24 16:13:33 统计学-大四(***8896)
要不………我艾特全体成员[表情]

2017-10-24 16:13:46 统计学-大四(***8896)
炸一下群
```

图 4.23　QQ 聊天记录

```
# 读取数据  -- QQ_Chat.txt
QQ_Chat <- readLines(con = file.choose())
# 定义变量，用于存储聊天记录中的各个信息
Date = NULL
Nick = NULL
QQ = NULL
Contents = NULL

# 表示日期时间的正则表达式
pattern = '[0-9]{4}-[0-9]{2}-[0-9]{2} [0-9]{2}:[0-9]{2}:[0-9]{2}'
# 通过 for 循环判断每一行是否包含日期时间信息
for (i in 9:length(QQ_Chat)){
  if (!is.na(str_extract(string = QQ_Chat[i], pattern = pattern))){
    # 通过字符串的截断方法（str_sub）截出用户的昵称
    Nick = c(Nick,str_sub(string = QQ_Chat[i], start = 20,
                end = str_locate(string = QQ_Chat[i], pattern =
'\\(')[1]-1))
    # 通过搜寻方法（str_extract）提取出 QQ 号信息
    QQ = c(QQ,str_extract(string = QQ_Chat[i], pattern = '\\(.+\\)'))
    # 通过搜寻方法（str_extract）提取出聊天的日期时间
    Date = c(Date,str_extract(string = QQ_Chat[i], pattern = pattern))
    # 日期时间行所对应的下一行数据即为聊天内容
    Contents = c(Contents, QQ_Chat[i+1])
  }
}

# 将 4 个变量的数据写入到数据框中
df <- data.frame(Nick, QQ, Date, Contents)
# 数据预览
```

```
View(df)
```

返回结果如图 4.24 所示。

	Nick	QQ	Date	Contents
1	Esther	(***689)	2017-10-24 16:13:04	决策树模型在构建时 采用信息增益 挑选划分的 变量 划分点
2	Esther	(***689)	2017-10-24 16:13:24	哎 白睹我这么一本正经的问问题了
3	Esther	(***689)	2017-10-24 16:13:29	[图片]
4	统计学-大四	(***8896)	2017-10-24 16:13:33	要不.........我支持全体成员[表情]
5	统计学-大四	(***8896)	2017-10-24 16:13:46	炸一下群
6	深圳-社交-数分	(***199)	2017-10-24 16:13:55	上照， 看颜值再决定是否回答
7	统计学-大四	(***8896)	2017-10-24 16:14:18	[QQ红包]请使用新版手机QQ查收红包。

图 4.24　QQ 聊天记录的清洗结果

针对上方的代码，有以下几点需要说明：

（1）用户昵称 Nick 通过字符串的截断方式获得，规律是卡在聊天时间与左括号“（”之间，故截断时对应的起始位置为固定的 20，结束位置则需要利用正则表达式进行定位，即 str_locate(string = QQ_Chat[i], pattern = '\\(')[1]-1)。

（2）用户 QQ 号正好在一对圆括号内，故可以利用 str_extract 函数将其提取出来，只需设置正则表达式为'\\(.+\\)'就可以了。

（3）聊天时间 Date 具有非常明显的规律，即“4 位数的年-2 位数的月-2 位数的日 2 位数的时:2 位数的分:2 位数的秒”，所以表示聊天时间的正则表达式可以写成'[0-9]{4}-[0-9]{2}-[0-9]{2} [0-9]{2}:[0-9]{2}:[0-9]{2}'。

（4）聊天内容 Contents 的规律也很明显，它会出现在聊天时间 Date 的下一行，所以只需要通过索引的方式将下一行内容取出来即可，即 QQ_Chat[i+1]。

4.5　其他正则符号的使用

正则表达式可以称得上是处理字符型数据的一把利器，结合前文所介绍的截断函数（str_sub 与 str_locate）、提取函数（str_extract 与 str_extract_all）、替换函数（str_replace 与 str_replace_all）以及分割函数（str_split），再搭配正则表达式，就可以轻松解决很多字符型数据的相关问题。在前面几节中，通过案例讲解了部分正则符号的使用，除此之外 R 语言中还有其他几种常用的正则符号，具体如表 4.2 所示。

表 4.2　其他常用正则符号

正则符号	含义
\\d	匹配数字，等同于[0-9]。R 语言中使用双斜杠表示转义，而其他编程工具中大多使用单斜杠表示转义
\\D	匹配所有的非数字

（续表）

正则符号	含义
\\s	匹配空白字符，如空格、换行符、制表符等
\\S	匹配非空白字符
\\w	匹配数字、英文或下划线，等同于[0-9 a-zA-Z_]
\\W	所有非数字、英文和下划线的匹配
\\t	匹配制表符
\\n	匹配换行符
\\r	匹配回车符
\\f	匹配换页符
\\b	匹配单词边界，如仅查询 we 单词，正则可以写成“\\bWe\\b”
()	将括号内满足正则表达式的内容定义为“组”，并将其临时存储起来
^	中括号内的^表示取非；非中括号内的^表示匹配以…开始的字符
$	匹配以…结尾的字符

灵活使用上面所介绍的其他常用正则符号，定能事半功倍。关于这部分内容不再详细举例，感兴趣的读者可以借用表中的正则符号将前文案例中涉及的正则表达式重新改写一遍。

4.6 篇章总结

本章主要向读者讲解了有关字符型数据的清洗和管理，不管是针对字符串的截断、查询、替换还是切割，或多或少都会涉及正则表达式的应用，因为正则表达式能够省去很多字符串处理上的麻烦。本章通过各种各样的数据案例详细讲解有关正则表达式的应用和技巧，包括正则表达式中的单字符匹配、重复匹配等。通过本章内容的学习，希望读者能够轻松地掌握有关字符型数据的常用处理技巧。

最后，回顾一下本章中所涉及的R语言函数（见表4.3），以便读者查询和记忆。

表4.3 本章所涉及的R语言函数

R语言包	R语言函数	说明
stats	ifelse	基于向量的 if...else...判断函数
	ceiling	向上取整函数
	nchar	用以计算字符串的字符长度
	as.integer	将字符型数值强制转换为整型
	paste0	数据的拼接函数
	transform	用于衍生数据框的新变量
	subset	用于生成数据的子集
	setwd	设置 R 语言的工作空间

（续表）

R 语言包	R 语言函数	说明
stats	dir	返回 R 语言工作空间下的文件名称
	unlist	将列表型数据结构转换为向量结构
	readLines	按行读取外部数据
	writeLines	按行将 R 中的数据写出到外部文件
	data.frame	构造数据框的函数
stringr	str_locate	返回子串在字符串中首次出现的位置
	str_locate_all	返回子串在字符串中的所有位置
	str_sub	字符串的截断函数
	str_replace_all	字符串的替换函数
	str_extract_all	字符串的提取函数
lubridate	interval	将两个日期设置为区间形式
	time_length	计算两个时间的时间差
dplyr	group_by	分组统计时设置分组变量
	summarise	分组统计时进行统计运算

第 5 章

数据可视化技术的应用

数据可视化技术是指将枯燥无味的数据以直观明朗的图形方式进行展现，进而从图中发现数据背后的规律或价值。试想，你是某部门的主管，每天看到的都是文字和表格形式的日报或周报，你能够从这些数据中发现更多有意思的信息吗？能够根据枯燥的数据做出下一步的决策吗？能够静下心来仔细查看每一个数据背后的原因吗？很显然，光这些文字和表格就会让你头晕目眩，哪还能快速地回答这些问题。

俗话说，“文不如字，字不如表，表不如图”，如果能够将数据转换为图表的形式，那么不管你是在听某场报告还是看公司的日常报表，都将拥有良好的体验和心情。所以，数据可视化技术越来越受到各行各业的欢迎，进而导致实现数据可视化的工具越来越多，例如 Excel 中的插图功能、Tableau 专用可视化工具、基于 JavaScript 的 ECharts 工具、基于统计工具的各种可视化包(如 SAS 的 GRAPH 模块、R 语言的 ggplot2 包、Python 的 matplotlib 包等)。

在数据分析或挖掘过程中，数据可视化技术显得尤为重要，例如在数据的探索性阶段，基本上都是通过可视化技术发现数据背后的问题、规律和价值；在数据的运算和统计阶段，借助于可视化技术可以将数据的趋势、关系、差异等展现得淋漓尽致；在数据的建模阶段，搭配可视化技术，可以将模型的结论表现得更加通俗易懂；在数据的决策阶段，利用可视化技术，将各种可行方案的展望与结论体现出来，以供决策层的讨论和选择。

本章将介绍第三方可视化包——ggplot2，它是由 Hadley Wickham 开发而成的，而且该包的下载量基本上稳居前三。截止到本章的写作，在近一个月的日均下载量超过 10000（工作日期间），具体如图 5.1 和图 5.2 所示。

Most downloaded packages

Name	Direct downloads	Indirect downloads	Total
1. Rcpp	55,304	269,879	325,183
2. stringi	106,937	197,635	304,572
3. ggplot2	69,907	212,408	282,315
4. glue	65,853	210,451	276,304
5. rlang	23,952	240,202	264,154

图 5.1　下载量最多的第三方包排名

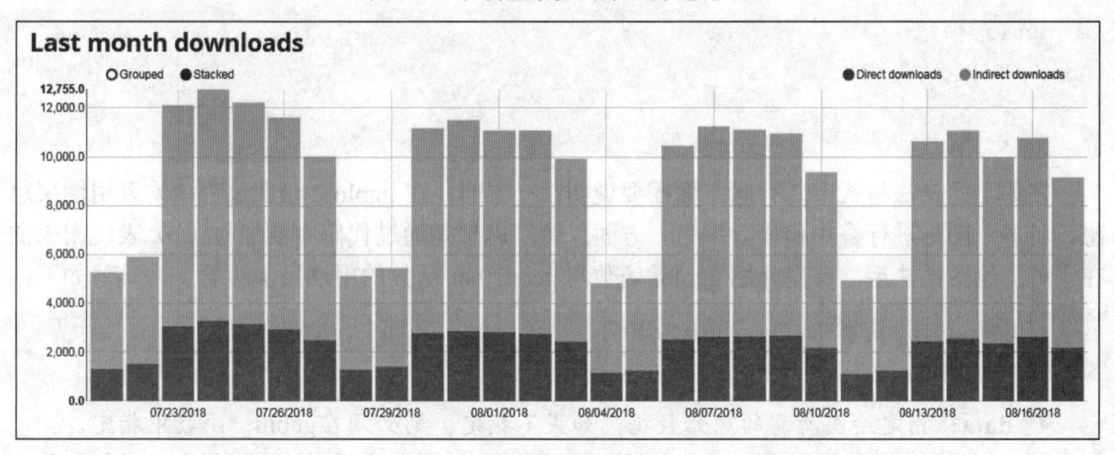

图 5.2　ggplot2 包的日下载量

R 语言的 ggplot2 绘图系统不仅具备高质量图形的绘制功能，还具备非常强的逻辑性与系统性。例如，通过 geom_*簇函数或 stat_*簇函数可以绘制几十种常用的统计图形；利用 scale_*簇函数实现图形的轴和图例的各种设置；采用 theme 函数可以灵活地调整图形中的各项元素（如标题、轴标签、刻度线、图例、图框、图形背景等）。ggplot2 所具备的这些特性对于初学者或使用者来说可谓有律可循，进而大大降低学习和使用成本，所以其备受 R 语言爱好者的广泛欢迎。

虽然可以利用 ggplot2 包中的 geom_*簇函数或 stat_*簇函数绘制几何图形，但是作者准备仅从 geom_*簇函数入手介绍各种统计图形的绘制，因为这两种函数的功能几乎没有差别。接下来利用 geom_*簇函数讲解如何通过其强大的功能灵活地绘制各种常见的统计图形。

通过本章内容的学习，读者将会掌握 ggplot2 包中绘制各种图形的技巧，具体可体现为如下几方面的知识点：

- 离散型与数值型数据的可视化方法；
- 数值型数据的可视化方法；
- 组合型数据的可视化方法。

5.1 条形图的绘制

条形图专用于离散变量和数值变量之间的可视化展现，其通过柱子的高低直观地比较离散变量各水平之间的差异，被广泛地应用于工业界和学术界。在ggplot2包中，读者可以借助于geom_bar函数轻松地绘制条形图。通常，在使用geom_*簇函数之前，都会添加ggplot函数生成图形对象，它们的组合形式如下：

```
ggplot(…) +
  geom_*(…) +
  geom_*(…) +
  …
```

在如上的语法格式中，有两方面需要说明：一方面，在ggplot2绘图过程中均采用图层思想，将多个图形进行叠加和设置；另一方面，图层思想是通过代码中的加号（+）表现出来的。在了解了绘图语法后，首先介绍ggplot函数与geom_bar函数的用法及参数含义，具体如下：

```
# 使用ggplot函数初始化一个图形对象
ggplot(data = NULL, mapping = aes())
```

- **data**：指定绘图所需的原始数据，如果不指定，则必须在geom_*函数中指定。
- **mapping**：通过aes的方式指定图形的属性（如x轴的变量，y轴的变量，颜色变量、形状变量、填充色变量等）。

```
# 绘制条形图的函数
geom_bar(mapping = NULL, data = NULL, stat = "count",
      position = "stack", ..., width = NULL, binwidth = NULL, na.rm = FALSE,
      show.legend = NA, inherit.aes = TRUE)
```

- **mapping**：通过aes的方式指定图形的属性（如轴信息、边框色、填充色等），但要求属性值来自于原始的绘图数据data。
- **data**：指定绘图所需的原始数据，如果使用默认的NULL值，则图形数据将来自于ggplot函数；如果指定一个明确的数据框，则该数据框将覆盖ggplot函数所指定的数据框。
- **stat**：借助于该参数控制绘图数据的统计变换，默认为'count'，表示计数（前提是绘图数据为明细数据）；如果指定为'identity'，就表示直接使用原始数据绘制y轴（前提是绘图数据已做了统计汇总）。
- **position**：用于设置条形图的摆放位置，默认为'stack'，表示绘制堆叠条形图；如果指定为'dodge'，就表示绘制水平交错条形图；如果为'fill'，则表示绘制百分比堆叠条形图。
- **...**：用于设置条形图的其他属性信息，如统一的边框色、填充色、透明度等。
- **width**：用于设置条形图的宽度，默认为0.9的比例。

- **binwidth**：该参数在条形图中已不再使用，但可以使用在绘制直方图的geom_histogram函数中。
- **na.rm**：bool类型的参数，表示在剔除绘图数据中的缺失值时是否不返回警告信息，默认为FALSE。
- **show.legend**：bool类型的参数，表示是否显示条形图的图例信息，默认为NA，即表示显示图例；如果设置为FALSE，则不显示任何图例；如果设置为TRUE，则显示图例。
- **inherit.aes**：bool类型的参数，表示绘图时是否沿用ggplot函数中的数据和轴属性，默认为TRUE；如果ggplot函数中的数据与geom_*函数中的数据存在冲突，那么可以将该参数设置为FALSE。

为使读者进一步理解和掌握上面所介绍的函数，接下来利用 geom_bar 绘制几种常见的条形图，代码如下：

```
# 加载第三方包
library(ggplot2)
library(gridExtra)

# 已汇总数据——单离散变量条形图的绘制
df <- data.frame(Province = c('北京','上海','天津','重庆'),
                 GDP = c(28000,30133,18595,19530))

p1 <- ggplot(data = df, # 指定绘图数据
         # 指定 x 轴和 y 轴的变量，并按 GDP 的大小降序排序
         mapping = aes(x = Province, y = GDP)) +
  # 绘制条形图
  geom_bar(stat = 'identity', # y 轴数据直接来自于原始数据框
          color = 'black', # 边框色为黑色
          fill = 'steelblue' # 填充色为铁蓝色
          ) +
  # 删除 x 轴的标题
  labs(x = '')

p2 <- ggplot(data = df,
         # 要求 x 轴的省份按 GDP 的大小降序排序
         mapping = aes(x = reorder(Province, -GDP), y = GDP)) +
  geom_bar(stat = 'identity', color = 'black', fill = 'steelblue') +
  labs(x = '') +
  # 添加数值标签
  geom_text(mapping = aes(x = Province, y = GDP, label = GDP, vjust = -0.2))+
  # 添加水平参考线
  geom_hline(yintercept = mean(df$GDP), color = 'red', lty = 'dashed')

# 合并 p1 和 p2 两幅图
```

```
grid.arrange(p1, p2, ncol = 2)
```

返回结果如图 5.3 所示。

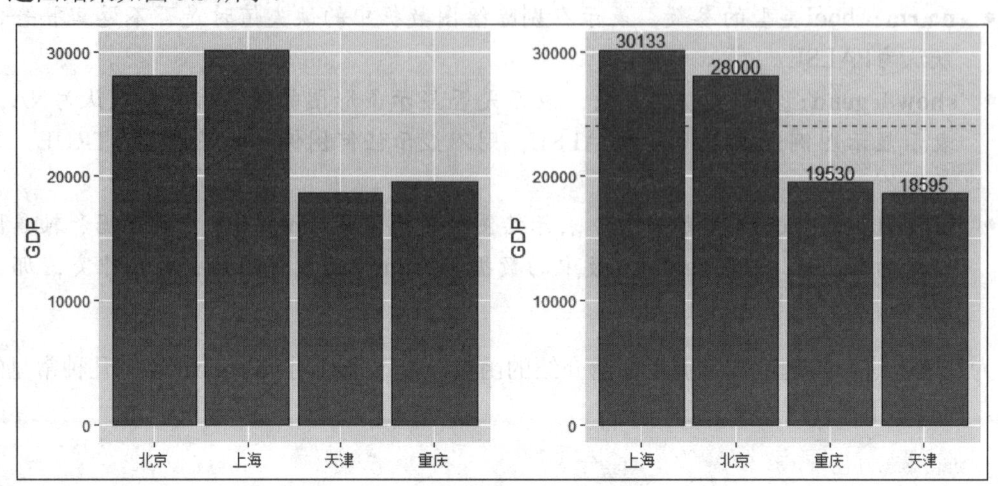

图 5.3 单离散变量的条形图

使用 grid.arrange 函数将两张图组合在了一个图框内（关于该函数的详细用法可参考第 6.1 节），其中左图是使用 geom_bar 函数直接生成的原始图形，右图在左图的基础上添加了 3 项功能，分别是条形图的排序（代码中 reorder 函数实现重排序）、数值标签的添加（代码中的 geom_text 函数，该函数的具体用法可参考第 6.2 节）以及平均水平参考线的添加（代码中的 geom_hline，该函数的具体用法可参考第 6.2 节）。

在实际应用中，对于单离散变量和单数值变量的条形图，右图会更加受欢迎，因为它更加直观（借助于排序可以迅速地发现柱子的最高、最低及差异；借助于数值标签可以明确地得知各离散水平下的具体值；借助于参考线可以比较哪些水平值高于平均水平，哪些低于平均水平，进而形成整体对比）。

如果绘图数据涉及的是双离散变量单数值变量或者双数值变量单离散变量，也可以借助于 geom_bar 函数绘制堆叠条形图、交错条形图和对比条形图，具体代码如下：

```
# 加载第三方包
library(readxl)

# 读取外部数据——weather2017.xlsx（上海 2017 年天气数据）
weather2017 <- read_excel(path = file.choose())

# 明细数据——双离散变量单数值变量的堆叠条形图
p1 <- ggplot(data = weather2017,
        mapping = aes(x = aqiInfo, fill = fengli) # 指定 x 轴变量和填充色变量
        ) +
  geom_bar(stat = 'count'  # 需对明细数据中的离散变量做频数统计
        ) +
  labs(x = '')
```

```
# 明细数据——双离散变量单数值变量的百分比堆叠条形图
p2 <- ggplot(data = weather2017, mapping = aes(x = aqiInfo, fill = fengli))+
  geom_bar(stat = 'count',
           position = 'fill'  # 条形图的摆放位置设置为百分比堆叠
           ) +
  labs(x = '', y = 'Rate')

# 明细数据——双离散变量单数值变量的交错条形图
p3 <- ggplot(data = weather2017, mapping = aes(x = aqiInfo, fill = fengli))+
  geom_bar(stat = 'count',
           position = 'dodge' # 条形图的摆放位置设置为水平交错
           ) +
  labs(x = '')

# 构造绘图数据
name <- c('张三','李四','王二','赵五','丁一')
sales <- c(230,452,128,337,278)
target <- c(200,480,150,350,250)
sales_data <- data.frame(name, sales, target)
# 根据 sales_data 数据集，衍生出是否完成目标的变量 is_done
sales_data <- transform(sales_data, is_done = ifelse(sales >= target, 1, 0))

# 已汇总数据——单离散变量双数值型变量的比较条形图
p4 <- ggplot(data = sales_data, mapping = aes(x = name, y = target)) +
  geom_bar(stat = 'identity', color = 'gray', alpha = 0.5) +
  geom_bar(data = sales_data,
           mapping = aes(x = name, y = sales, fill = factor(is_done)),
           width = 0.6, stat = 'identity') +
  # 修改图例值
  scale_fill_discrete(name = '', breaks = c(0,1), labels = c('未达标','达标'))+
  labs(x = '', y = 'Sales')

# 合并 p1、p2、p3 和 p4 四幅图
grid.arrange(p1, p2,p3, p4, ncol = 2)
```

返回结果如图 5.4 所示。

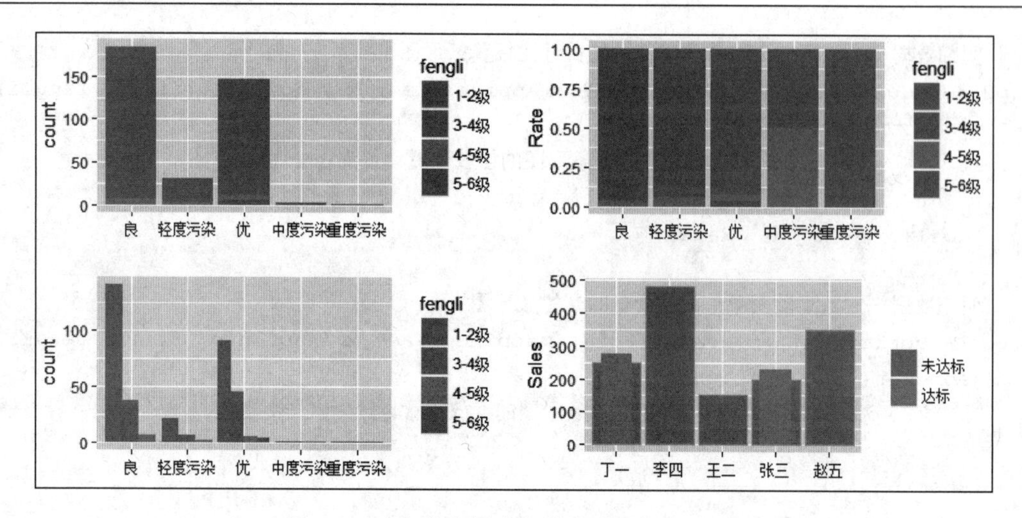

图 5.4 双离散变量或双数值变量的条形图

在如上所示的 4 幅图中，第一排分别为绝对值堆叠条形图和百分比堆叠条形图，前者可以查看组间的绝对值差异以及组内的分布特征（如 2017 年上海天气质量为良好等级的天数最多，其次是优等级，重度污染等级的天数最少；但不管哪种空气质量等级下，1~2 级的风力天数是最多的）；后者可以查看内部的比例差异和趋势（如空气质量为优、良和轻度污染的等级下，1~2 级风力的天数占比并没有较大的差异，均在 70%左右；对于中度污染等级而言，风力 1~2 级和 4~5 级的天数各占一半）。第二排分布为水平交错条形图和对比条形图，前者最大的好处是既可以实现数据的组内比较（如相同空气质量等级下不同风力的比较），也可以实现数据的组间比较（如相同风力下不同空气质量的比较）；后者用于双数值变量的差异对比，通常适用于纵向比较的问题（如同比、环比等）。

5.2 饼图与环形图的绘制

饼图或环形图也是非常常用的统计图形，用于比例问题的可视化展现（如各地区销售占比、男女之比、用户等级占比等）。不过 ggplot2 包中并没有直接提供饼图或环形图的绘制函数，但可以基于条形图的极坐标变换得到。下面通过具体的实例展示饼图或环形图的绘制过程，代码如下：

```
# 构造绘图数据
ratio = c(0.2515,0.3724,0.3336,0.0368,0.0057)
edu = c('中专','大专','本科','硕士','其他')
credit <- data.frame(ratio, edu)
credit$edu <- factor(credit$edu, levels = c('中专','大专','其他','本科','硕士'))
# 构造数值标签
labels <- paste0(round(credit$ratio*100,1),'%')

# 基于条形图绘制饼图
```

```
ggplot(data = credit, mapping = aes(x = '', y = ratio, fill = edu)) +
  geom_bar(stat = 'identity', width = 1) +#绘制饼图必须保证条形图的宽度大于等于 1
  # 添加数值标签
  geom_text(mapping = aes(x = '', y = ratio, label = labels),
          # 调整数值标签的位置（垂直居中）
          position = position_stack(vjust = 0.5)) +
  coord_polar(theta = 'y') + # 对条形图做极坐标变换
  theme(axis.ticks = element_blank(), # 去除图中的刻度线
      axis.title = element_blank(), # 去除图中坐标轴的标签
      axis.text = element_blank(), # 去除图中坐标轴的刻度标签
      panel.grid = element_blank(),# 去除图中的网格线
      panel.background = element_blank() # 去除图中的灰色背景
      )
```

结合条形图 geom_bar 函数和极坐标变换技术得到的饼图如图 5.5 所示。

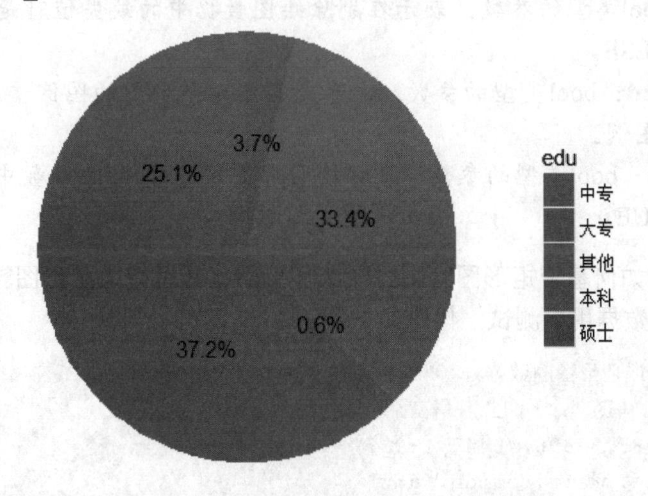

图 5.5　各教育水平下用户比例分布图

代码中的 coord_polar 函数为极坐标变换函数，theme 函数为图形主题函数（用于图形的修饰），有关这两个函数的具体用法可参考第 6.3 节和第 6.6 节。

需要注意的是，对于饼图来说，必须要求条形图的宽度参数 width 大于等于 1；如需绘制环形图，则必须将 width 参数设置为小于 1，值越小，则环越窄。

5.3　矩形图与瓦片图的绘制

矩形图和瓦片图的功能非常相似，都可以用来展现单离散变量或双离散变量与数值变量之间的可视化（建议基于矩形图绘制饼图或环形图，基于瓦片图绘制热力效果图）。读者可能对这两种图形并没有直观的感受，后文会通过具体的实例加以说明。下面讲解一下这两种图形所使用的函数及它们的参数含义：

```
# 矩形图函数
geom_rect(mapping = NULL, data = NULL, stat = "identity",
        position = "identity", ..., na.rm = FALSE, show.legend = NA,
        inherit.aes = TRUE)

# 瓦片图函数
geom_tile(mapping = NULL, data = NULL, stat = "identity",
        position = "identity", ..., na.rm = FALSE, show.legend = NA,
        inherit.aes = TRUE)
```

- **stat**：借助于该参数控制绘图数据的统计变换，默认为'identity'，表示使用原始数据绘图，不做任何统计变换。
- **position**：图形位置的调整，默认为'identity'，即使用默认的图形位置。
- **...**：用于设置图形的其他属性，如透明度、边框色、填充色等。
- **na.rm**：bool类型的参数，表示在剔除绘图数据中的缺失值时是否不返回警告信息，默认为FALSE。
- **show.legend**：bool类型的参数，表示是否显示条形图的图例信息，默认为NA，即表示显示图例。
- **inherit.aes**：bool类型的参数，表示绘图时是否沿用ggplot函数中的数据和轴属性，默认为TRUE。

为使读者理解如何基于矩形图绘制饼图或环形图（其思想与条形图转饼图一致），下面手动构造一个虚拟数据用于测试，代码如下：

```
# 构造绘制饼图或环形图的数据
region <- c('华东','华北','华南','华西')
amt <- c(52583,38996,40447,13987)
sales <- data.frame(region, amt)

# 基于 sales 数据集再延伸绘制饼图的其他数据
sales$fraction <- amt/sum(amt)  # 计算各地区的销售占比
sales$cumsum <- cumsum(sales$fraction) # 计算各地区的累计占比
# 累计占比的滞后，用于矩形图的叠加
sales$lag <- c(0,cumsum(sales$fraction)[-length(sales$fraction)])
labels <- paste0(round(sales$fraction*100,1),'%') # 构造数值标签

# 基于矩形图绘制饼图或环形图
ggplot(data = sales, mapping = aes(xmin = 2, xmax = 4, ymin = lag, ymax = cumsum,
fill = region)) +
  geom_rect(color = 'black') + # 矩形图的边框色为黑色
  # 添加数值标签（居中显示）
  geom_text(aes(x = 3, y = ((lag+cumsum)/2), label = labels), color = 'white')+
  coord_polar(theta = 'y') +
  xlim(c(-1, 4)) + # 通过 xlim 函数限制 x 轴的范围，进而实现环形图的绘制
  theme(axis.ticks = element_blank(), # 去除图中的刻度线
```

```
        axis.title = element_blank(), # 去除图中坐标轴的标签
        axis.text = element_blank(), # 去除图中坐标轴的刻度标签
        panel.grid = element_blank(),# 去除图中的网格线
        panel.background = element_blank() # 去除图中的灰色背景
        )
```

返回结果如图 5.6 所示。

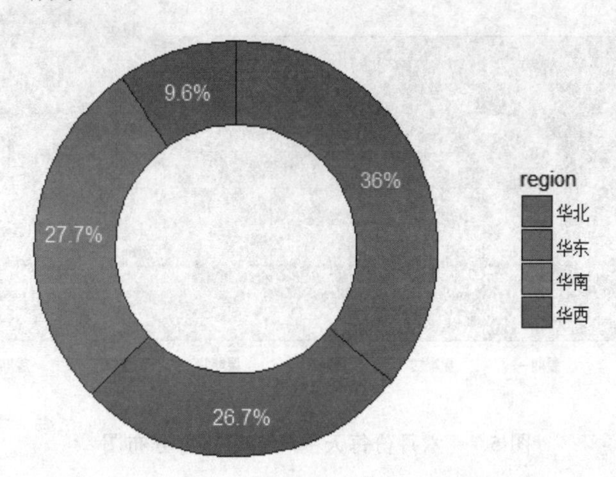

图 5.6　各区域下销售额的比例分布图

从代码上看似乎比较复杂，还需要基于原始数据做变量的衍生（例如，衍生出各地区销售额的占比、累计占比等），但是使用如上代码绘制环形图会更加灵活，因为它在调整环形宽度的同时并不影响环形图的半径大小。需要注意的是，如果代码中不使用 xlim 函数限制 x 轴的范围，则表示绘制饼图；如需绘制环形图，则必须使xlim函数所指定x轴的下限低于ggplot函数中 xmin 的参数值（差异越大，环形图的宽度越窄），而 x 轴的上限可以等于 ggplot 函数中 xmax 的参数值。

接下来，利用瓦片图绘制双离散变量的热力图，绘图数据为上海 2018 年 6 月份的天气信息，代码如下：

```
# 读取外部数据 -- weather2018.6.xlsx
weather2018_6 <- read_excel(path = file.choose())
# 调整各离散变量的因子顺序
weather2018_6$weekday <- factor(weather2018_6$weekday,
                      levels = c('星期日','星期一','星期二','星期三','星期四',
'星期五','星期六'))
weather2018_6$weekofmonth <- factor(weather2018_6$weekofmonth,
                      levels = c('第五周','第四周','第三周','第二周','第一周'))

# 双离散变量的瓦片图
ggplot(data = weather2018_6, mapping = aes(x = weekday, y = weekofmonth, fill
= aqi)) +
  geom_tile(color = 'black') + # 瓦片图的边框色为黑色
```

```
scale_fill_continuous(low = 'gray', high = 'red') + # 设置红灰风格的填充色
# 添加数值标签
geom_text(mapping = aes(x = weekday, y = weekofmonth, label = aqi))
```

返回结果如图 5.7 所示。

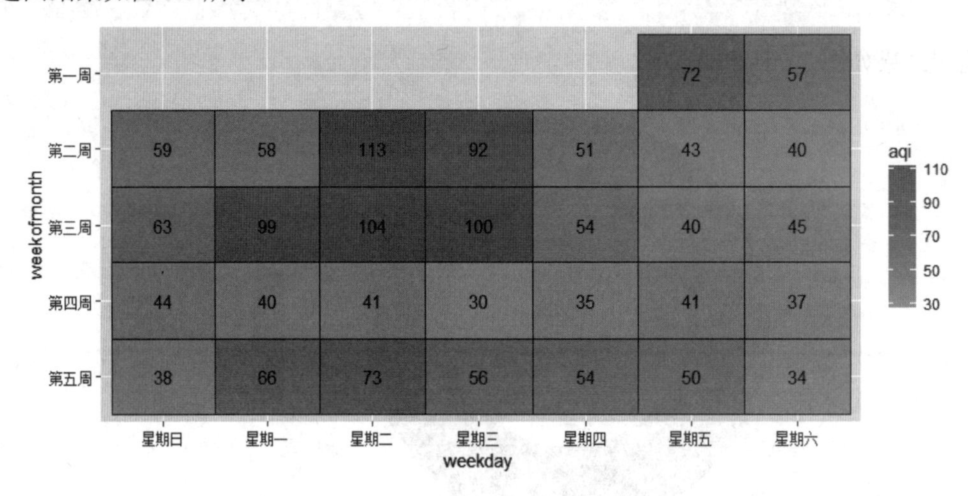

图 5.7　六月份每天空气质量热力分布图

在图 5.7 所示的热力图中，x 轴代表星期几，y 轴代表当月中的第几周，它们均属于离散变量，而热力图中的填充色代表空气质量指数，属于数值型变量。颜色越偏向于红色，表示空气质量越差(第二周的周二和周三两天，以及第三周的周一、周二和周三三天都是空气质量相对比较差的）。

需要注意的是，热力图的默认填充色为蓝色系，空气质量指数值越高，颜色越淡，否则颜色越深。为了更好地突显颜色的差异，使用 scale_fill_continuous 函数进行了颜色的修正(选择为红灰色系），有关该函数的详细说明可参考第 6.4 节。

5.4 直方图与频次多边形图的绘制

直方图是专门用来呈现数值型单变量的可视化技术，通过直方图既可以突出数据中的密集带（如发现用户的年龄集中落在 18~23 岁），又可以表现数据的分布特征（如是否近似服从正态分布）。直方图通常用于数据的探索阶段，发现数据背后的形态特征。与之对应的是频次多边形图，它是由直方图每根柱子的中心点连接而成的，更能够体现数据的分布趋势。这两种图形的绘制可以借助于 geom_histogram 函数和 geom_freqpoly 函数。关于这两个函数的用法和参数含义如下：

```
geom_histogram(mapping = NULL, data = NULL, stat = "bin", bins = NULL,
         position = "stack", …, binwidth = NULL,  na.rm = FALSE,
         show.legend = NA, inherit.aes = TRUE)
```

```
geom_freqpoly(mapping = NULL, data = NULL, stat = "bin", bins = NULL,
          position = "identity", …, binwidth = NULL, na.rm = FALSE,
          show.legend = NA, inherit.aes = TRUE)
```

- **stat**：借助于该参数控制绘图数据的统计变换，默认为'bin'，表示分箱统计。
- **position**：图形位置的调整，默认为'stack'，即堆叠摆放直方图。
- **...**：用于设置图形的其他属性，如透明度、边框色、填充色等。
- **binwidth**：设置直方图的组距。
- **bins**：设置直方图中柱子的个数，默认为30个。
- **na.rm**：bool类型的参数，表示在剔除数据中的缺失值时是否不返回警告信息，默认为FALSE。
- **show.legend**：bool类型的参数，表示是否显示条形图的图例信息，默认为NA，即表示显示图例。

接下来，基于 geom_histogram 函数继续利用上海 2017 年全年的天气数据绘制空气质量指标数据的直方图，代码如下：

```
# 绘制 2017 年上海空气质量指标的直方图
p1 <- ggplot(data = weather2017, mapping = aes(x = aqi)) +
  geom_histogram(color = 'black', # 设置直方图边框色
               fill = 'steelblue', # 设置直方图填充色
               binwidth = 5 # 直方图组距为 5
               )

# 生成空气质量指标值的理论密度分布值
X = seq(from = min(weather2017$aqi), to = max(weather2017$aqi), length = 1000)
X_dnorm <- dnorm(x = X, mean = mean(weather2017$aqi), sd = sd(weather2017$aqi))

# 在直方图 p1 的基础上添加核密度图和理论正态分布图
p2 <- ggplot(data = weather2017, mapping = aes(x = aqi, y = ..density..)) +
  geom_histogram(color = 'black',fill = 'steelblue', binwidth = 5) +
  geom_density(color = 'red', lwd = 1) + # 核密度曲线的颜色和宽度设置
  # 重新构造第二个绘图的数据
  geom_line(mapping = aes(x = X, y = X_dnorm), data = data.frame(X,X_dnorm),
# 理论正态分布曲线的颜色、宽度和类型设置
          color = 'black', lwd = 1, lty = 2)

# 合并 p1 和 p2 两幅图
grid.arrange(p1, p2, ncol = 2)
```

返回结果如图 5.8 所示。

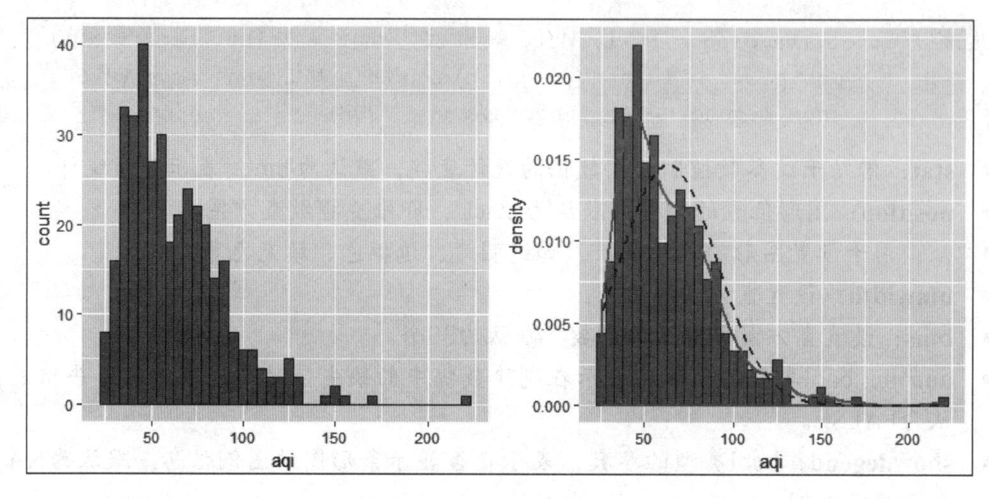

图 5.8　空气质量直方图

在图 5.8 中，从左图可知 2017 年上海空气质量指标值主要集中在 30~60 之间，而且从分布形态来看存在明显的右偏特征；右图在左图的基础上添加了实际分布的核密度曲线(红色的实心线）和理论正态分布的密度曲线（黑色的虚线），通过两条曲线的对比，说明 aqi 指标并不服从正态分布(因为它们之间的吻合度较差)，而且核密度曲线的长尾落在图的右侧，也说明了数据存在右偏现象。需要注意的是，如果在直方图中添加密度曲线，那么必须将直方图的 y 轴设置为频率，即代码中的 y = ..density..。

如上的绘图代码中使用 geom_density 函数绘制数据实际分布的核密度曲线；再基于构造的 X 和 X_dnorm 数据使用 geom_line 函数绘制正态分布的密度曲线。关于这两个函数的具体使用方法和参数说明，可以分别查看第 5.10 节和 5.6 节的内容。

接下来，利用 geom_freqpoly 函数绘制频次多边形图，仍然使用 2017 年上海天气数据，代码如下：

```
# 绘制 2017 年第 4 季度中每个月最高气温的频次多边形图
library(lubridate)
library(lubridate)
# 数据子集的获取
ggplot(data = subset(weather2017, month(ymd) %in% c(10,11,12)),
    mapping = aes(x = high, lty = factor(month(ymd)),
# 月份因子化处理，并用于颜色和线条类型的区分
                color = factor(month(ymd)))
    ) +
  geom_freqpoly(lwd = 1, # 多边形曲线的宽度
             binwidth = 2 # 多边形曲线的组距
             ) +
  facet_wrap(~month(ymd), # 按月份对数据绘制分面图
          scale = 'free_x' # 不固定各分面图的 x 轴范围
          ) +
  guides(color = FALSE, lty = FALSE) # 删除图例
```

2017 年第四季度各月份的最高温度的频次多边形图如图 5.9 所示。

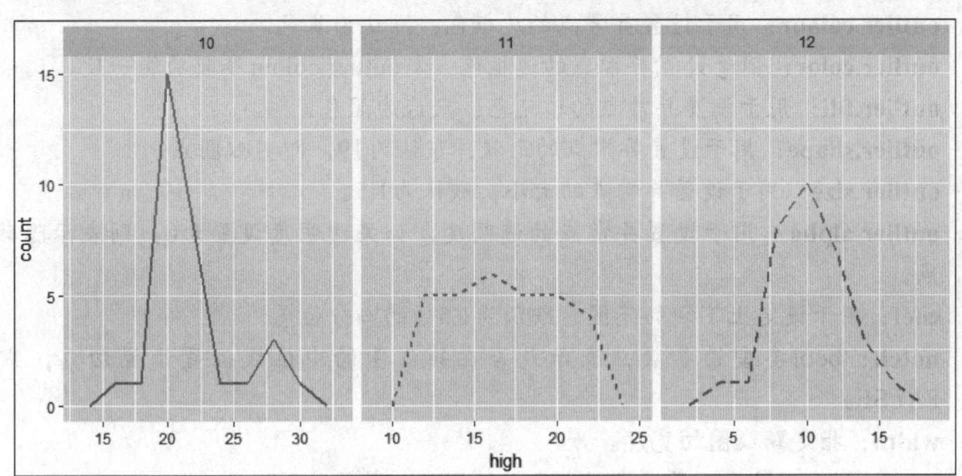

图 5.9　最高气温频次分布图

从图形的分布来看，各月份似乎都遵循中间高两边低的分布特征，其中 12 月份最高气温的分布最接近正态分布 。从 10 月份的分布来看，20 度左右的气温占据了半个多月，而 11 月份的气温分布相对比较均匀，基本上每个温度段内都在 5 天左右。

需要说明的是，代码中使用 guides 函数将图例从图形中剔除，有关该函数的详细说明可以参考 6.7 节的内容。

5.5　箱线图与小提琴图的绘制

正如上一节内容所说，直方图或频次多边形图都很擅长表达单数值型变量的数据特征，本节将介绍另一种可选的统计图形，即箱线图或小提琴图。箱线图主要有两个功能：一是便于呈现数据的分布特征；二是监督数据中的异常点（关于箱线图的具体说明，可以参考本书第 3.4 节的内容）；小提琴图则形象地刻画了数据的核密度分布。首先介绍绘制这两种图形的函数，它们分别是 geom_boxplot 和 geom_violin 函数，具体用法和参数含义如下：

```
geom_boxplot(mapping = NULL, data = NULL, stat = "boxplot",
           position = "dodge2", ..., outlier.colour = NULL,
           outlier.color = NULL,outlier.fill = NULL, outlier.shape = 19,
           outlier.size = 1.5, outlier.alpha = NULL, coef = 1.5,
           notch = FALSE,notchwidth = 0.5, varwidth = FALSE, width,
           na.rm = FALSE, show.legend = NA, inherit.aes = TRUE,)
```

- **stat**：借助于该参数控制绘图数据的统计变换，默认为'boxplot'，表示箱线图的分位数统计。
- **position**：图形位置的调整，默认为'dodge2'，即水平交错地摆放箱线图（图之间有间隔）。

- **...**：用于设置图形的其他属性，如透明度、边框色、填充色等。
- **outlier.colour**：用于设置异常点的边框色，默认为黑色。
- **outlier.color**：用于设置异常点的边框色，与outlier.colour参数功能一致。
- **outlier.fill**：用于设置异常点的填充色，默认为黑色。
- **outlier.shape**：用于设置异常点的形状，默认为19，即实心圆点。
- **outlier.size**：用于设置异常点的大小，默认为1.5。
- **outlier.alpha**：用于设置异常点的透明度，如果透明度设置为0，则表示隐藏异常点。
- **coef**：用于设定上下须的范围，默认为1.5倍的四分位差。
- **notch**：bool类型的参数，表示是否在箱线图的中位线位置设置切口，默认为FALSE。
- **width**：指定箱线图的宽度。
- **notchwidth**：用于设置箱线图中切口的宽度，默认为0.5。
- **varwidth**：bool类型的参数，表示是否用样本量代表箱线图的宽度（样本量越大，箱体越宽），默认为FALSE。

```
geom_violin(mapping = NULL, data = NULL, stat = "ydensity",
            position = "dodge", ..., trim = TRUE, scale = "area",
            na.rm = FALSE, show.legend = NA, inherit.aes = TRUE)
```

- **stat**：借助于该参数控制绘图数据的统计变换，默认为'ydensity'，表示计算y变量的核密度值。
- **position**：图形位置的调整，默认为'dodge2'，即水平交错地摆放小提琴图。
- **trim**：bool类型的参数，表示是否剔除小提琴图两端的数据，默认为TRUE。
- **scale**：图形的标准化处理，默认值为'area'，表示所有小提琴图的面积相等；如果设置为'count'，则使用样本量的比例大小代表小提琴图的面积大小；如果设置为'width'，则表示所有小提琴图的最大宽度一致。

为使读者理解和掌握这两个函数的功能和用法，接下来将使用上海 2017 年天气数据和 Titanic 乘客数据加以说明，代码如下：

```
# 绘制 2017 年第 4 季度中每个月最高气温的分组箱线图
ggplot(data = subset(weather2017, month(ymd) %in% c(10,11,12)),
      mapping = aes(x = factor(month(ymd)), y = high)) +
  geom_boxplot(fill = 'gray', # 填充色为灰色
              color = 'steelblue', # 箱线图中线的颜色为铁蓝色
              outlier.fill = 'red', # 异常点填充色为红色
              outlier.color = 'red', # 异常点的边框色为红色
              outlier.shape = 24 # 异常点的形状为实心三角形
              ) +
  # 往箱线图中添加均值点
  stat_summary(fun.y = 'mean', # 计算最高温度的平均值
              geom = 'point', # 几何图形为实心圆点
```

```
        colour = 'black' # 均值点的颜色为黑色
        ) +
  labs(x = '月份') # 设置 x 轴的名称
```

2017 年第 4 季度各月份最高气温的箱线图如图 5.10 所示。

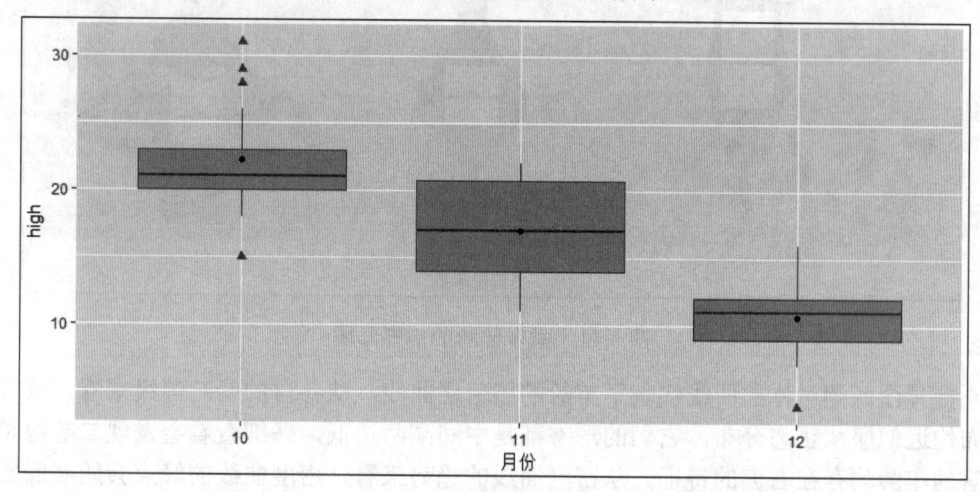

图 5.10　最高气温箱线图

通过箱线图可以查看数据对应分位点的数值。以 10 月份的箱线图为例，下四分位点对应的值为 20 度（可理解为当月有 1/4 的天数最高气温不超过 20 度），中位数对应的值约为 21 度，上四分位点对应的值约为 23 度。除此之外，还可以基于箱线图发现数据背后的异常点，如图 5.10 中的实心三角形所代表的点，发现 10 月份存在 4 个异常点（其中 3 个在上须之上，1 个在下须之下），12 月份存在 1 个异常点。

为比较各月份最高气温的中位数和均值之间的差异，利用 ggplot2 包中的统计汇总函数 stat_summary 将均值点（实心圆点）呈现在图中。从图中可知，10 月份最高气温的均值和中位数存在较大的差异，而其他两个月对应的值差异很小，从而说明 10 月份最高气温的波动相对较大。

接下来基于 geom_violin 函数对 Titanic 乘客的年龄绘制小提琴图，具体代码如下：

```
# 绘制 Titanic 数据集中乘客年龄的小提琴图
# 读取数据 -- Titanic.csv
titanic <- read.csv(file = file.choose())
ggplot(data = titanic,mapping = aes(x = factor(Pclass), y = Age)) +
  geom_violin(fill = 'steelblue', # 设置小提琴图的填充色
          scale = 'count' # 以各组样本量的比例表示小提琴图的面积大小
          ) +
  geom_boxplot(width = 0.2, outlier.color = 'red') + # 设置箱线图的宽度为 0.2
  stat_summary(fun.y = 'mean', geom = 'point', size = 3,
           shape = 18, colour = 'orange') +
  labs(x = '船舱等级')
```

返回结果如图 5.11 所示。

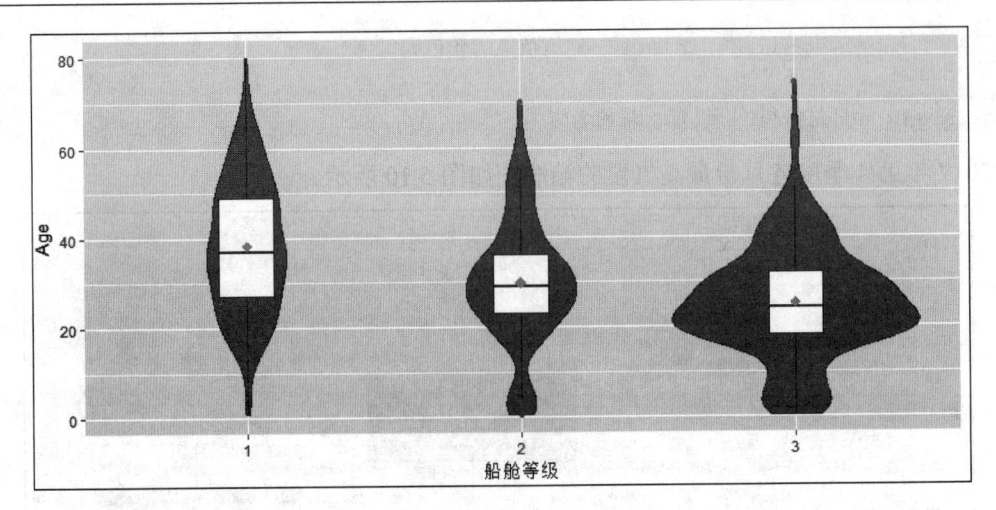

图 5.11　乘客年龄的小提琴图

小提琴图两侧对称的曲线代表了年龄的核密度曲线，从各自的船舱等级来看，乘客年龄的分布均近似服从正态分布，它们的形态都是中间高两边低，仔细查看会发现二等舱和三等舱乘客的年龄均存在右偏的特征。从密度曲线的趋势来看，密度曲线的峰点会随着船舱等级的下降而下降，即可认为船舱等级越高，对应乘客的年龄越大，实际上这个结论也可以从内部的箱线图体现出来，均值点和中位数都随着船舱等级的下降而下降。

另外，在绘制小提琴图的代码中，设置 scale 参数为'count'，即各组样本量的多少反映在小提琴图的面积上。所以，从小提琴的面积来看，最大的是三等舱，其次是一等舱，最后是二等舱，进而可以说明三等舱的乘客数最多、二等舱最少。

5.6 折线图与阶梯图的绘制

折线图在平时的学习和工作中非常常见，通过该图形可以发现数据在时间维度上的波动特征（如趋势性波动、季节性波动和周期性波动等）。与之很像的另一种图是阶梯图，所不同的是折线图看上去很平滑，而阶梯图棱角分明，通过绘制阶梯图可以更为直观地反映数据前后的落差。这两种图形的绘制需要使用 geom_line 函数和 geom_step 函数，有关这两个函数的用法和参数含义如下：

```
geom_line(mapping = NULL, data = NULL, stat = "identity",
        position = "identity", na.rm = FALSE, show.legend = NA,
        arrow, inherit.aes = TRUE, ...)

geom_step(mapping = NULL, data = NULL, stat = "identity",
        position = "identity", direction = "hv", na.rm = FALSE,
        show.legend = NA, inherit.aes = TRUE, ...)
```

- **stat**：借助于该参数控制绘图数据的统计变换，默认为'identity'，即表示不对原始数据做任何统计变换。

- **position**：图形位置的调整，默认为'identity'。
- **arrow**：通过该参数可为折线图的两端添加箭头，默认不添加。如需添加，可以借助于arrow函数，该函数的用法如下：

```
arrow(angle = 30, length = unit(0.25, "inches"),
      ends = "last", type = "open")
```

- ◆ **angle**：指定箭头的夹角，默认为30度。
- ◆ **length**：指定箭头的长度，默认为0.25英寸。
- ◆ **ends**：指定线条的哪端需要添加箭头，默认为末端（'last'）；如果设置为'first'，则表示在线条的起始端添加箭头；如果设置为'both'，则表示在线条两端均添加箭头。
- ◆ **type**：指定箭头的类型，默认为'open'，表示开口箭头；如果设置为'closed'，则表示封闭箭头。

接下来使用1997—2016年我国人口自然增长率数据绘制折线图和阶梯图，进而比较两者的差异，具体代码如下：

```
# 读取数据 -- population.xls
population <- read_excel(path = file.choose())

# 绘制 1997—2016 年我国人口自然增长率趋势图
p1 <- ggplot(data = population, mapping = aes(x = year, y = nature_grouth))+
  geom_line(lwd = 1, # 设置线条的宽度
         color = 'steelblue', # 设置线条的颜色
         # group = 1, # 如果年份为因子型变量，就必须添加 group 参数
         # 往线条的末端添加箭头
         arrow = arrow(angle = 20, # 箭头夹角为 20 度
                    length = unit(0.15,'inches'), # 箭头长度为 0.15 英寸
                    type = 'closed' # 封闭型的箭头
          )) +
  labs(x = '年份')

# 将如上的折线图切换为台阶图
p2 <- ggplot(data = population, mapping = aes(x = year, y = nature_grouth))+
  geom_step(lwd = 1, group = 1, color = 'steelblue') +
  labs(x = '年份')

# 合并 p1 和 p2 两幅图
grid.arrange(p1,p2, nrow = 1)
```

返回结果如图5.12所示。

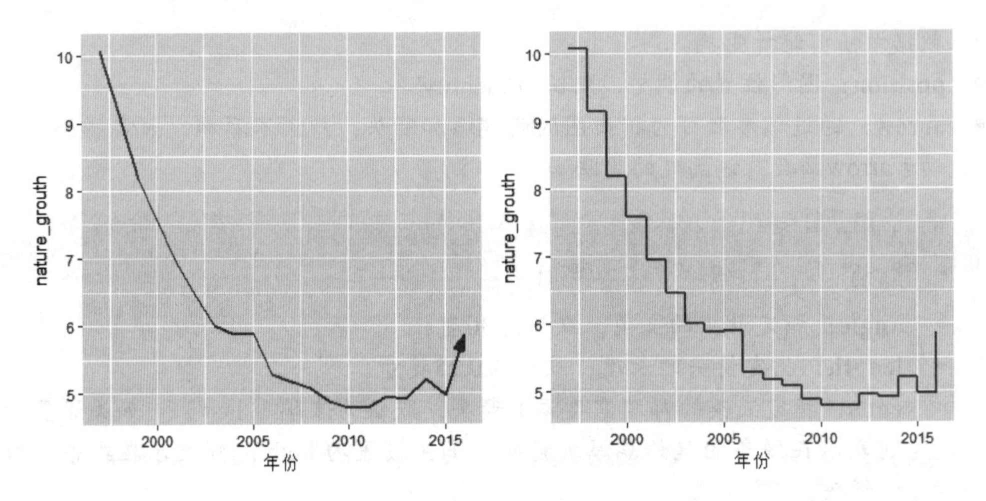

图 5.12 人口自然增长率的折线图与阶梯图

在图 5.12 中，左图为人口自然增长率的趋势折线图，从图中可知该指标一路向下（从 1996 年的千分之十跌到千分之四），直到 2010 年才开始出现回暖，截止到 2016 年，自然增长率接近千分之六。再看右边的阶梯图，能够非常明显地发现数据之间的落差（或斜率），从 1996 年之后的几年里，自然增长率下降幅度都非常大，然后慢慢变小；但在 2005 年至 2006 年间又一次出现大的滑坡；从 2010 年回暖之后，2015 年到 2016 年间自然增长率出现了最大幅度的提升。

一根折线图还可以按照某个离散型变量进行拆分，进而得到各离散值下的几根折线图，并将这些折线图呈现在一个图框内。下面将以我国 4 个直辖市的 GDP 数据为例，绘制分组折线图，代码如下：

```
# 读取外部数据 -- gdp.xlsx
GDP <- read_excel(path = file.choose())
# 分组折线图
ggplot(data = GDP, mapping = aes(x = Year, y = GDP,
# 使用颜色和线条类型区分各个省份
                        color = Province, lty = Province)) +
  geom_line(lwd = 1,
            arrow = arrow(angle = 20, length = unit(0.15,'inches'), type =
'closed')) +
  # 设定 y 轴的刻度标签
  scale_y_continuous(breaks = seq(from = 0, to = 30000, by = 5000)) +
  theme(legend.position = c(0.1,0.8), # 设置图例的位置
        legend.background = element_blank(), # 删除图例的背景色
        legend.title = element_blank() # 删除图例的名称
        )
```

2007 年至 2016 年 4 个直辖市 GDP 的走势如图 5.13 所示。

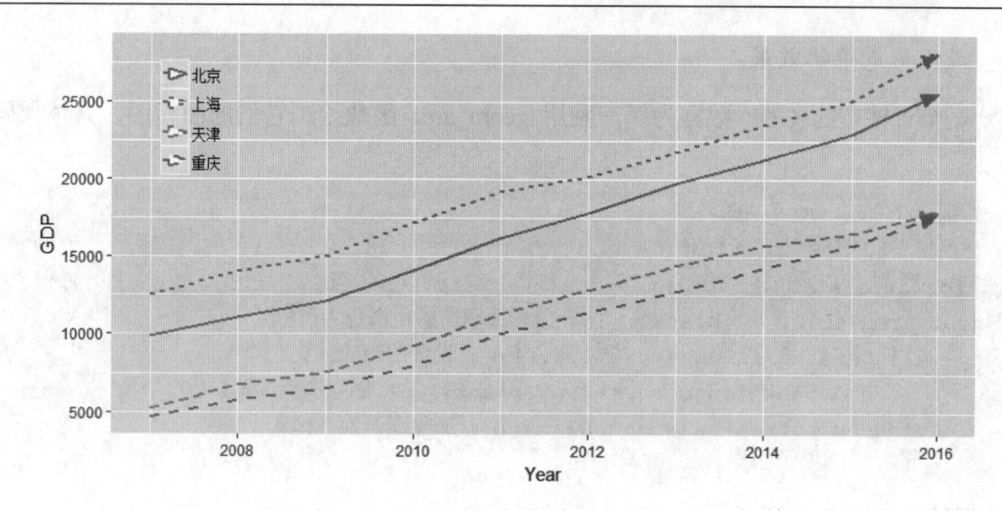

图 5.13 GDP 折线趋势图

从图 5.13 中可知，它们的增长率差异并不是很明显，因为这 4 条折线图的斜率差不多（体现在折线之间的平行关系）。从总体来看，北京与上海、重庆与天津之间的 GDP 差异在逐渐缩小，尤其是 2016 年重庆 GDP 逼近于天津。

需要注意的是，折线图的 x 轴通常为日期型变量（或数值型变量，如年份、体重等），为离散型变量时往往会出现无法绘图的问题，为避免这种情况的发生，需要将 geom_line 函数中的参数 group 设置为 1。

5.7 面积图与带状图的绘制

面积图是一种堆叠模式的折线图，相比于分组折线图，它的好处是可以发现某指标的总量趋势。以我国 4 个直辖市的 GDP 走势为例，对于分组折线图来说，可以表达每个直辖市 GDP 的波动情况，但无法得知这 4 个城市的所有 GDP 波动趋势，而面积图可以解决这个问题。带状图是指根据某个指标的上、下限绘制出其波动幅度的范围，应用最典型的就是置信区间的展现。这两种图形可以借助于 geom_area 函数和 geom_ribbon 函数实现落地，有关函数的用法及参数含义如下：

```
geom_area(mapping = NULL, data = NULL, stat = "identity",
        position = "stack", na.rm = FALSE, show.legend = NA,
        inherit.aes = TRUE, ...)

geom_ribbon(mapping = NULL, data = NULL, stat = "identity",
         position = "identity", ..., na.rm = FALSE,
         show.legend = NA, inherit.aes = TRUE)
```

- **position**：在面积图中，图形位置为堆叠效果；在带状图中，图形位置为默认效果。
- **mapping**：对于带状图函数geom_ribbon来说，mapping参数需要传入ymin和ymax值，

进而形成带状效果。

以 4 个直辖市的 GDP 数据为例，利用 geom_area 函数绘制它们的面积图，具体代码如下：

```
# 绘制 4 个直辖市 GDP 的面积图
# 使用填充色区分各省份的数据
ggplot(data = GDP, mapping = aes(x = Year, y = GDP, fill = Province)) +
  geom_area(color = 'black') + # 设置面积图的边框色为黑色
  theme(legend.position = c(0.1,0.8), # 设置图例的位置
        legend.background = element_blank(), # 删除图例的背景色
        legend.title = element_blank() # 删除图例的名称
        )
```

返回结果如图 5.14 所示。

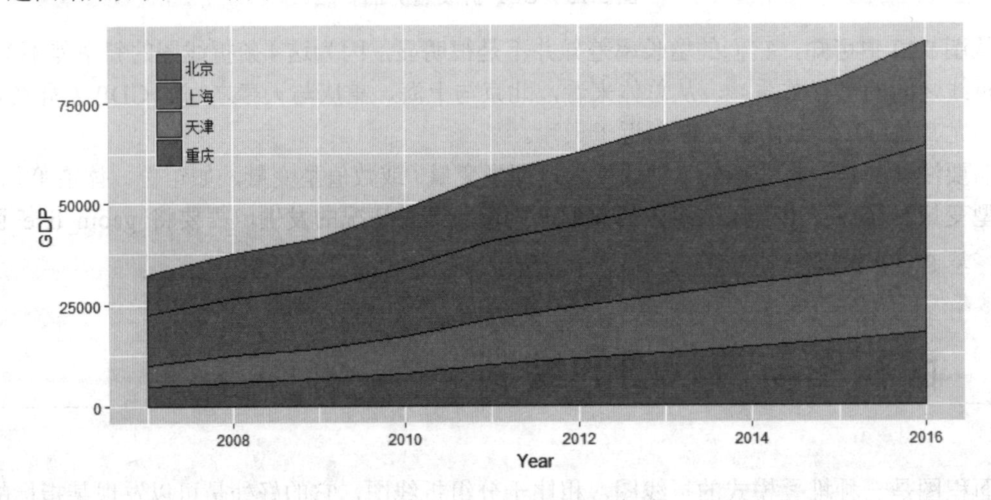

图 5.14　GDP 的累加面积图

在图 5.14 中，最顶层的折线为 4 个直辖市总的 GDP 趋势，最底层的折线为重庆市 GDP 的趋势，中间两条折线（从下往上）分别代表重庆+天津以及重庆+天津+上海的 GDP 总量趋势。所以，面积图的好处就是分量、总量以及组合分量的波动趋势都可以展现（例如，查看上海 GDP 的趋势，只需要通过 factor 函数，稍微调整离散变量 Province 的因子顺序就可以了）。

接下来利用 R 语言自带的 cars 数据集绘制汽车速度和刹车距离之间的线性回归线以及 95%的预测置信区间。代码如下：

```
# 基于汽车速度和刹车距离数据构建线性回归模型
fit <- lm(formula = dist ~ ., data = cars)
# 基于 fit 模型，完成预测
pred <- predict(object = fit, # 预测所使用的模型对象
             newdata = cars, # 待预测的数据
             interval = 'confidence' # 计算预测的置信区间
            )
# 将预测结果转换为数据框
```

```
pred <- as.data.frame(pred)
# 将汽车速度信息添加到 pred 数据集中
pred$speed = cars$speed

# 绘制线性回归模型预测的置信区间
ggplot(data = pred, mapping = aes(x = speed, ymin = lwr, ymax = upr)) +
  # 绘制 95%的置信区间
  geom_ribbon(fill = 'gray', # 设置带状的填充色颜色
              alpha = 0.6 # 设置带状颜色的透明度
              ) +
  # 添加预测线
  geom_line(mapping = aes(x = speed, y = fit),
            color = 'steelblue', size = 1) +
  # 设置 y 轴的名称
  labs(y = 'dist')
```

返回结果如图 5.15 所示。

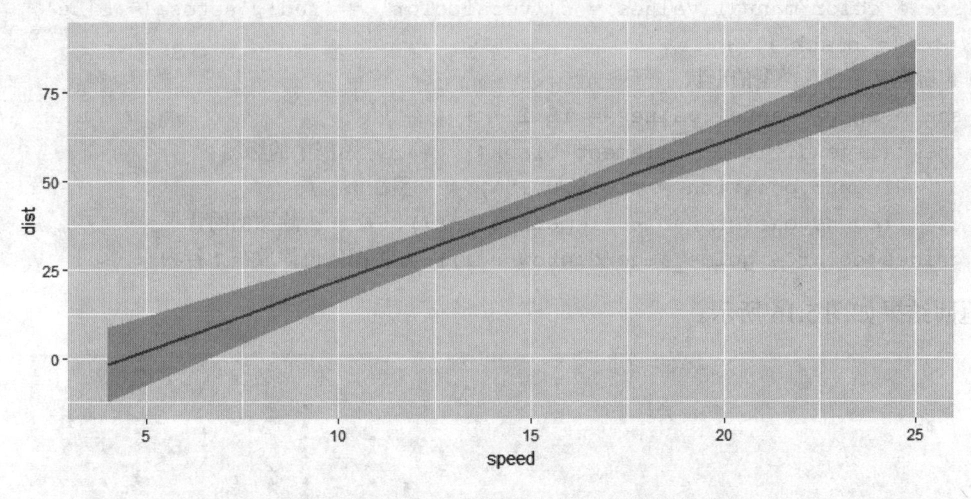

图 5.15　汽车速度与刹车距离关系的区间带状图

其中，直线是利用线性回归模型得到的 speed 与 dist 之间的拟合线，浅灰色的区间带为模型预测值的 95%置信区间。从图中可知，拟合线中间部分的区间带相对狭窄，说明模型对这部分数据的预测更接近真实值。

需要说明的是，在如上的代码中使用 lm 函数对 speed 与 dist 两个变量做了线性回归模型的拟合，关于模型的详细介绍将在第 7 章中呈现。

5.8　散点图及气泡图的绘制

需要研究两个数值型变量之间的关系时，散点图是一个不错的选择，通过散点图的绘制可以发现数据背后存在的线性或非线性关系。如果数据之间存在较强的线性关系，则散点图

会形成向上倾斜或向下倾斜的趋势；如果数据之间存在非线性关系，则散点图将呈现明显的波动（例如常见的非线性关系有二次关系、指数关系、对数关系等）。在 ggplot2 的绘图系统中，读者可以使用 geom_point 函数绘制散点图，该函数的用法如下：

```
geom_point(mapping = NULL, data = NULL, stat = "identity",
         position = "identity", ..., na.rm = FALSE, show.legend = NA,
         inherit.aes = TRUE)
```

由于函数中各参数的含义在前文的其他函数中都有所介绍，因此这里不再赘述。下面直接使用 R 语言自带的 iris 数据集小试牛刀，代码如下：

```
# 绘制 iris 数据集中花瓣宽度和长度的散点图
# 使用颜色和点的形状区分不同的花类型
ggplot(data = iris, mapping = aes(x = Petal.Width, y = Petal.Length,
                    color = Species, shape = Species)) +
  geom_point() + # 绘制点图
  # 自定义各种花类型的颜色
  scale_color_manual(values = c('versicolor' = 'red','setosa'='blue',
'virginica'='black')) +
  # 自定义各种花类型的形状
  scale_shape_manual(values = 15:17) +
  theme(legend.title = element_blank(), # 去除图例中的标题
      legend.position = c(0.8,0.15), # 调整图例位置
      legend.background = element_blank()) + # 去除图例的背景
  guides(color = guide_legend(nrow = 1)) # 将图例值摆放在 1 行内
```

返回结果如图 5.16 所示。

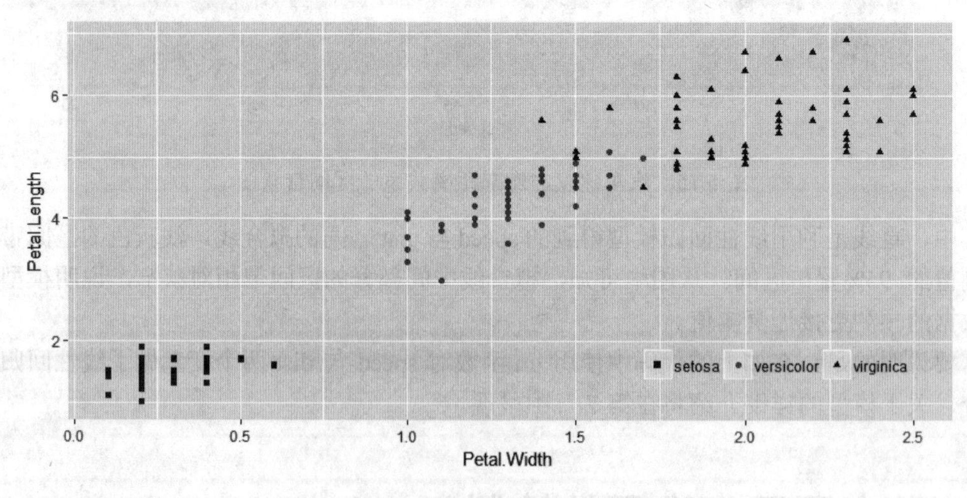

图 5.16　iris 花瓣宽度与长度的散点图

从所有的数据点来看，花瓣宽度与花瓣长度之间存在较强的线性关系，且为正相关关系。图中使用不同的颜色和点的形状对花的类型做了区分，可以清楚地发现 3 种花之间存在明显的差异。

需要说明的是，代码中使用 scale_color_manual 函数对点的颜色做了自定义选择，使用 scale_shape_manual 函数对点的形状也做了自定义选择，有关这两个函数的说明可以参考第 6.5 节的内容。其中，数据点的形状设置为 15、16 和 17，分别代表实心的正方形、圆形和三角形。有关更多的点形状，可以参考图 5.17。

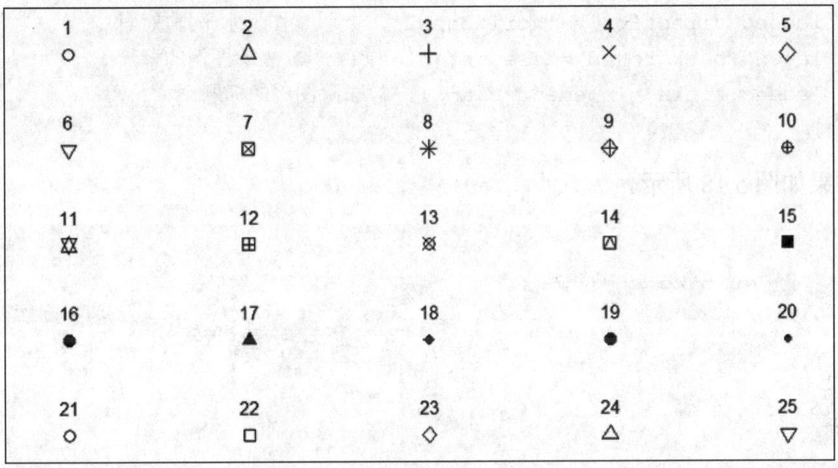

图 5.17　点的形状所对应的数字

利用散点图可以得到数据之间存在的某种关系，还可以基于 geom_smooth 函数给散点图添加拟合线（如线性拟合线、局部加权拟合线等），从而更加直观地呈现数据的内在联系。关于该函数的使用方法和参数含义如下：

```
geom_smooth(mapping = NULL, data = NULL, stat = "smooth",
        position = "identity", ..., method = "auto", formula = y ~ x,
        se = TRUE, na.rm = FALSE, show.legend = NA,
        inherit.aes = TRUE, span = 0.75, level = 0.95)
```

- **method**：指定拟合线的函数，可以选择lm（线性回归）、glm（广义线性回归）、loess（局部加权回归）以及MASS包中的其他拟合函数。
- **formula**：指定拟合线的方程，默认为$y\sim x$的风格，即拟合线中x轴数据为自变量，y轴数据为因变量。
- **se**：bool类型的参数，表示是否显示拟合线两边的置信区间，默认为TRUE。
- **span**：指定局部加权回归线的光滑程度，取值范围为0~1，值越大，拟合线越光滑，默认值为0.75。
- **level**：指定拟合线置信区间所使用的置信水平，默认为0.95。

接下来利用如上介绍的函数在 iris 数据集的散点图基础上添加线性拟合线，具体代码如下：

```
# 基于花瓣宽度和长度的散点图添加线性拟合线
ggplot(data = iris, mapping = aes(x = Petal.Width, y = Petal.Length,
                    color = Species, shape = Species)) +
  geom_point() +
```

```
    geom_smooth(method = lm) + # 添加线性拟合线
    scale_color_manual(values = c('versicolor' =
'red','setosa'='blue','virginica'='black')) +
    scale_shape_manual(values = 15:17) +
    theme(legend.position = c(0.2,0.85), # 调整图例位置
          legend.direction = 'horizontal', # 设置图例水平摆放风格
          legend.background = element_blank(), # 去除图例的背景
          legend.title = element_blank() # 去除图例的标题
          )
```

返回结果如图 5.18 所示。

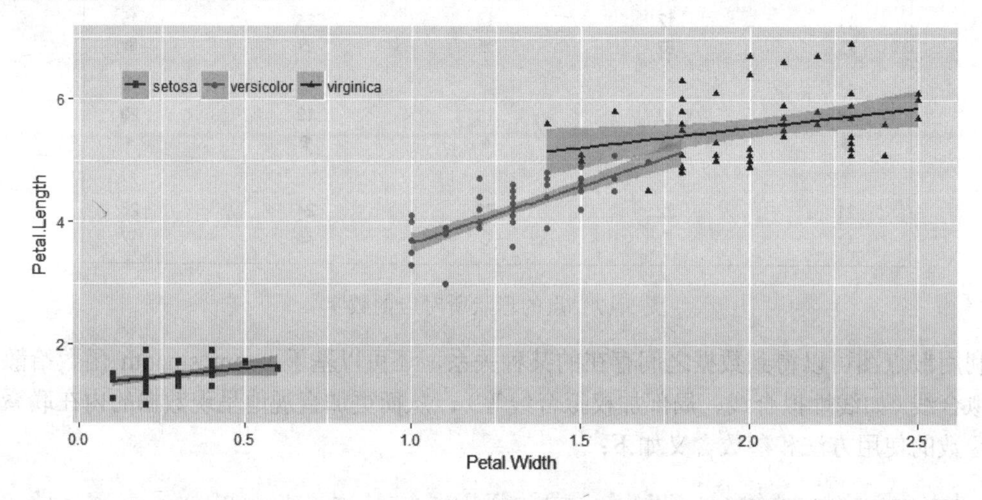

图 5.18　在散点图中添加拟合线

每一部分的散点图都添加了对应的拟合直线。从图 5.18 中可知，对于 setosa 类型和 virginica 类型的花，其花瓣宽度与长度之间拟合线的斜率并不是很大（尤其是 setosa 类型的花，拟合线更接近于水平线），说明两者之间的线性关系不强烈；对于 versicolor 类型的花，其拟合线存在明显的正相关关系，斜率相对比较大。

从上面的散点图可知，x 轴和 y 轴各反映了一个数值型变量的指标，颜色反映了一个离散变量的指标，如想基于散点图呈现第四个指标值，还可以利用散点的大小。这就是气泡图，气泡图的绘制仍然使用 geom_point 函数，所不同的是，需要将点的大小用另一个变量表达。在气泡图中，还可以自定义气泡面积或半径大小，或者对气泡大小所表示的图例进行设置。有关这方面的设置，可以借助于scale_radius函数或scale_size函数，它们的用法及参数含义如下：

```
# 半径类型的气泡大小
scale_radius(name = waiver(), breaks = waiver(),
          labels = waiver(), limits = NULL, range = c(1, 6),
          trans = "identity", guide = "legend")
# 面积类型的气泡大小
scale_size(name = waiver(), breaks = waiver(),
        labels = waiver(),limits = NULL, range = c(1, 6),
```

```
        trans = "identity", guide = "legend")
```

- **name**：通过该参数设置气泡图中图例的标题。
- **breaks**：设置图例中的数据间隔点。
- **labels**：设置图例中间隔点的标签值。
- **limits**：通过二值向量筛选指定范围数据。
- **range**：通过二值向量指定气泡的最小半径和最大半径。
- **trans**：指定表示气泡大小数据的数学转换，默认为'identity'，即不做任何数学转换；常用的数学转换有'exp'（指数转换）、'log'（对数转换）、'sqrt'（算术平方根转换）、'boxcox'（BOX-COX转换）以及'probability'（概率转换）等。
- **guide**：图例相关的设置。

接下来基于我国各省份人口总量、GDP 以及人均年可支配收入的数据绘制气泡图，具体代码如下：

```
  # 读取外部数据 -- economics.xlsx
  Economics <- read_excel(path = file.choose())
  # 添加衍生变量：各省人均可支配收入是否超过整体平均水平
  Economics$high_mean <- ifelse(Economics$Disposable_income >
mean(Economics$Disposable_income),1,0)

  # 绘制气泡图
  # 使用填充色和点的大小代表不同的指标值
  ggplot(Economics, aes(x = population, y = gdp, fill = factor(high_mean),
                size = Disposable_income)) +
    geom_point(color = 'black', # 设置点的边框色
              pch = 21, # 设置点的形状为实现圆点
              alpha = 0.7 # 设置点的透明度
              ) +
  # 自定义气泡大小的图例
    scale_size(name = '可支配收入', # 修改图例的名称
           range = c(1,10), # 控制气泡半径的大小
           limits = c(15000,55000), # 仅针对可支配收入在 15000~55000 之间的数据绘图
           breaks = c(15000,25000,30000,35000,40000,50000) # 设置图例中的间隔点
           ) +
    # 设置填充色图例的值标签和标题
    scale_fill_discrete(name = '', breaks = c(0,1),
             labels = c('低于平均水平','高于平均水平'))
```

返回结果如图 5.19 所示。

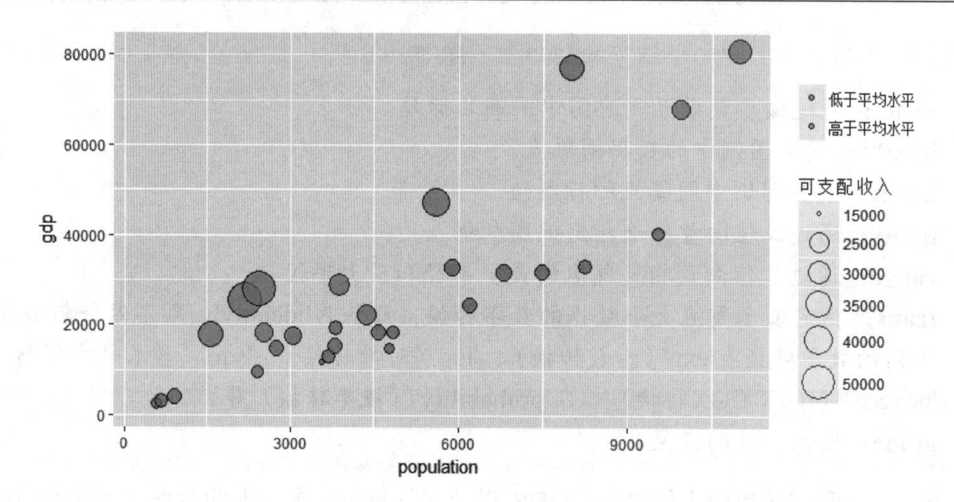

图 5.19　气泡图的绘制效果

在图 5.19 中，气泡的大小代表人均可支配收入的多与少，颜色代表各省份可支配收入是否超过整体平均水平。从散点的角度看，各省份的人口总量与 GDP 之间存在正向的线性关系，即人口越多，GDP 越高；从点的颜色看，超过 2/3 省份的人均可支配收入都在平均线以下。

5.9 区块频次图的绘制

对于散点图来说，最大的缺陷就是当数据量非常大时会导致数据点的重叠，进而无法直观地发现数据点的集中块。对于这个问题的解决，最简单的处理办法是利用透明度进行调整，颜色越深，则说明此处的样本点越多。除此之外，还可以运用区块频次图，即绘制矩形或六边形的块，每个区块内存放数量不同的样本点，并以颜色呈现样本点的多与少。可以使用 geom_bin2d 函数和 geom_hex 绘制矩形块和六边形块。有关这两个函数的使用及参数含义如下：

```
geom_bin2d(mapping = NULL, data = NULL, stat = "bin2d",
        position = "identity", ..., na.rm = FALSE,
        bins = c(30,30), binwidth = NULL, drop = TRUE,
        show.legend = NA,inherit.aes = TRUE)

geom_hex(mapping = NULL, data = NULL, stat = "binhex",
        position = "identity", ..., na.rm = FALSE,
        bins = c(30,30), binwidth = NULL,
        show.legend = NA, inherit.aes = TRUE)
```

- **bins**：以向量的形式指定x轴和y轴上矩形的个数（组数）。
- **binwidth**：以向量的形式指定x轴和y轴上矩形的宽度（即组距）。
- **drop**：bool类型的参数，表示是否删除0频次的小矩形，默认为TRUE。

为了说明样本点比较多时所产生的重叠问题，这里不妨随机生成 10000 个数据点，并根据这些数据绘制散点图，代码如下：

```
# 生成绘制散点图的数据
set.seed(1234)
x = c(rnorm(n = 5000, mean = 0, sd = 0.3),
     rnorm(n = 5000, mean = -1, sd = 0.2))
y = -1 + 1.5*x + rnorm(1000)
type = c(rep(1,5000), rep(2,5000))
df = data.frame(x, y, type)

# 绘制散点图
p1 <- ggplot(data = df, mapping = aes(x = x, y = y)) +
  geom_point()

# 设置散点图的透明度
p2 <- ggplot(data = df, mapping = aes(x = x, y = y)) +
  geom_point(alpha = 0.05)

# 合并 p1 和 p2 两幅图
grid.arrange(p1, p2, nrow = 1)
```

返回结果如图 5.20 所示。

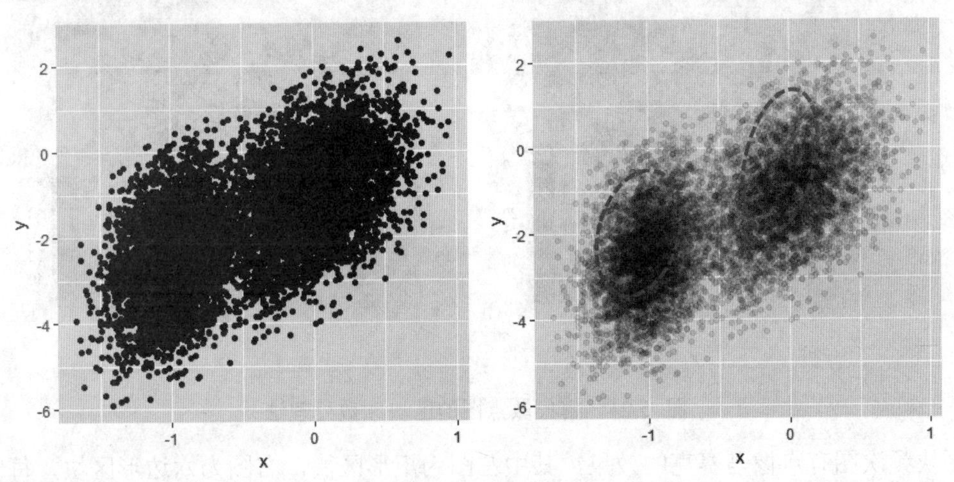

图 5.20　密集散点图的透明度处理法

在图 5.20 中，左图为原始散点图，明显地发现数据存在严重的重叠现象，但无法从图中发现具体的聚集中心；右图为经过透明度处理后的散点图，此时会发现两块颜色较深的阴影，进而可以认为阴影部分的数据是重叠最严重的。尽管透明度可以解决散点图的重叠问题，但是无法从定量的角度衡量数据的重叠强度，接下来对该数据绘制区块频次图，代码如下：

```
# 利用二维矩形计数图
p1 <- ggplot(data = df, mapping = aes(x = x, y = y)) +
```

```
  geom_bin2d(bins = c(80,60) # 将 x 轴分为 80 段、y 轴分为 60 段
          ) +
  # 自定义填充颜色
  scale_fill_continuous(low = gray, 'high' = black) +
  theme(legend.position = c(0.9,0.25),
        legend.background = element_blank())

# 利用六边形计数图
p2 <- ggplot(data = df, mapping = aes(x = x, y = y)) +
  geom_hex(binwidth = c(0.05,0.2) # 将 x 轴的组距设置为 0.05、y 轴的组距设置为 0.2
         ) +
  # 自定义填充颜色
  scale_fill_continuous(low = gray, 'high' = black) +
  theme(legend.position = c(0.9,0.25),
        legend.background = element_blank())

# 合并 p1 和 p2 两幅图
grid.arrange(p1, p2, nrow = 1)
```

返回结果如图 5.21 所示。

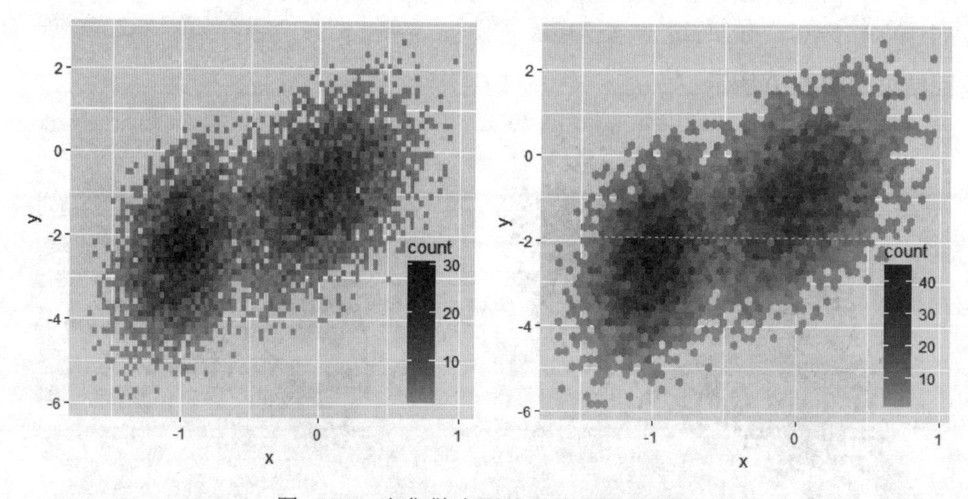

图 5.21 密集散点图的区块频数处理法

区块频次图有点像马赛克的效果，其中左图为矩形区块，右图为六边形区块，每一个区块内都有不同数量的样本点。从图中不仅可以发现数据的集中地带，还可以得到集中地带内样本量的多少，以左图为例，样本点集中在(-1,-2)和(0,-1)两个点的附近，并且颜色最深的矩形内至少包含 30 个样本点。

需要注意的是，geom_hex 函数绘制六边形区块图是依赖于 hexbin 包的，所以读者在 R 语言中得提前下载好该包。

5.10　核密度图的绘制

对于单个数值型变量来说，绘制它的核密度图实际上就是分布形态图（如 5.4 节中，在直方图基础上添加的核密度图）。本节将重点介绍二维数值变量的核密度图，其实质就是三维立体分布图的投影，它的效果图与高中地理中的等高线非常相似，越中间的等高线代表数据的密度值越高（或集中程度越强）。

返回结果如图 5.22 所示。

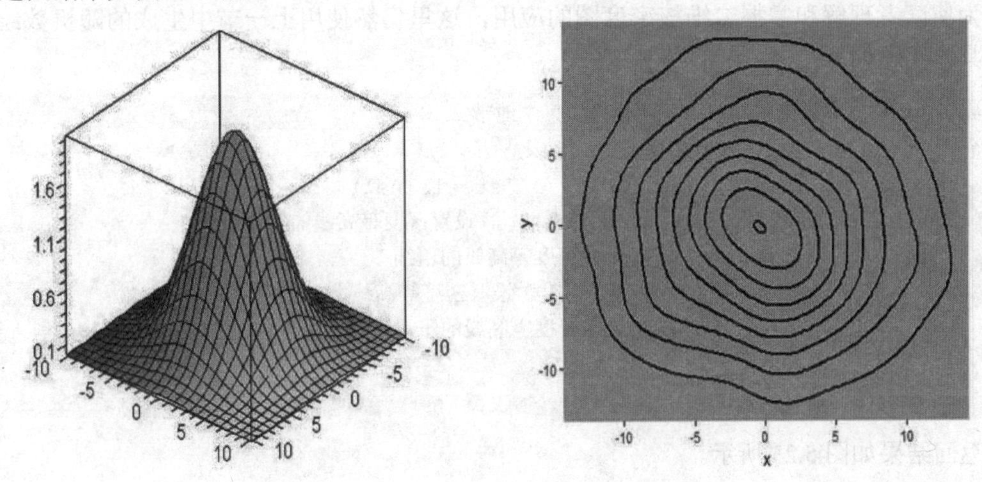

图 5.22　正态分布的立体图与等高线图

在图 5.22 中，左图为二维正态分布数据的立体图形，右图则对应了其投影下的二维密度图（或等高线图）。从左图可知，二维数据的均值点在(0,0)附近时对应的密度值最高；同理，在右图中，最中心的等高线也代表了数据的密度或集中程度最高。

所以，还可以利用二维数值变量的核密度解决散点图重叠的问题。ggplot 包中的 geom_density_2d 函数可以轻松地实现二维核密度图的绘制，有关该函数的用法和参数含义如下：

```
# 一维核密度图
geom_density(mapping = NULL, data = NULL, stat = "density",
             position = "identity", ..., na.rm = FALSE,
             show.legend = NA, inherit.aes = TRUE)

# 二维核密度图
geom_density_2d(mapping = NULL, data = NULL, stat = "density2d",
                position = "identity", ..., na.rm = FALSE,
                contour = TRUE, n = 100, h = NULL,
                show.legend = NA, inherit.aes = TRUE)
```

- **stat**：借助于该参数控制绘图数据的统计变换，对于一维数据的密度估计默认使用stats包中的density函数计算；对于二维数据的密度估计默认使用MASS包中的kde2d函数计算。
- **contour**：bool类型的参数，表示是否绘制二维密度估计的等高线图，默认为TRUE。
- **n**：用于设置每个方向下的网格点个数，即密度等高线的平滑度，默认为100，该值越高，等高线越平滑。
- **h**：以向量的形式指定*x*轴和*y*轴上的带宽（密度等高线之间的距离，可以理解为组距），该值越小，密度线之间越紧凑。
- **...**：用于设置密度等高线的其他属性，如颜色、线类型、线宽度等。

为使读者理解和掌握二维核密度图的应用，这里仍然使用上一节中生成的随机数绘制图形，具体代码如下：

```
# 结合透明度和二维密度曲线呈现数据的集中地带
ggplot(data = df, mapping = aes(x = x, y = y)) +
  geom_point(alpha = 0.3, color = 'steelblue') +
  geom_density_2d(color = 'black', # 设置密度等高线的颜色
                  lwd = 1, # 设置密度等高线的粗细
                  h = c(0.4, 0.6), # 设置密度等高线之间的带宽
                  n = 300, # 设置密度等高线的平滑度
                 ) +
  guides(color = FALSE)
```

返回结果如图 5.23 所示。

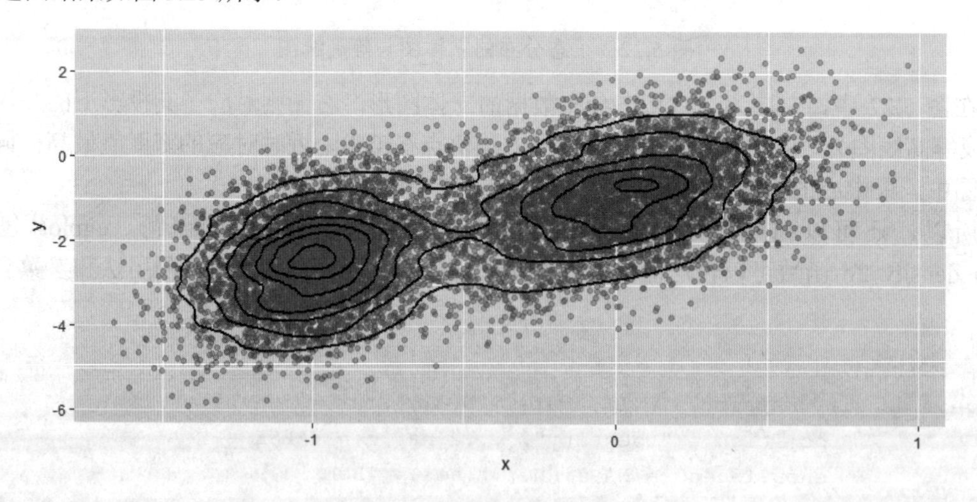

图 5.23　等高线效果图

从二维核密度曲线的分布可知，随机样本中存在两个中心地带，一个是点(-1,-2.5)附近，另一个是点(0,-1)附近。在两个中心点附近都存在非常密集的数据点，进而可以得知它们附近的数据点重叠非常严重。

5.11　QQ 图的绘制

在 5.4 节中介绍了如何绘制直方图的方法，提到可以借助于直方图呈现数据的分布特征，例如是否近似服从正态分布或有偏分布等。除了可以使用该方法外，还可以使用另一种更直观的 QQ 图，这里的 Q 代表了数据的分位数，即利用实际数据的分位数与理论正态分布的分位数做比较，如果吻合（两种分位数的点形成一条斜线），则认为实际数据服从正态分布，否则不服从正态分布。可以使用 ggplot2 包中的 geom_qq 函数绘制，该函数的用法及参数含义如下：

```
geom_qq(mapping = NULL, data = NULL, geom = "point",
        position = "identity", ..., distribution = stats::qnorm,
        dparams = list(), na.rm = FALSE, show.legend = NA,
        inherit.aes = TRUE)
```

- **geom**：用于设置QQ图的几何图形，默认绘制点图。
- **distribution**：用于判定数据的分布，默认利用QQ图判定数据是否服从正态分布。
- **dparams**：用于设置分布函数中的其他参数值。
- **...**：用于设置点图的其他属性，如点的形状、大小、颜色等。

为比较 QQ 图的正态性检验效果，随机生成两组数据，一组为正态随机数，另一组为 F 分布随机数。接下来基于这两组数据绘制 QQ 图，代码如下：

```
# 随机生成正态分布和 F 分布的数据
set.seed(1234)
norm_dist <- data.frame(x = rnorm(n = 1000, mean = 2, sd = 3))
F_dist <- data.frame(x = rf(n = 1000, df1 = 2, df2 = 3))

# 基于 norm 数据集绘制 QQ 图
p1 <- ggplot(data = norm_dist, mapping = aes(sample = x)) +
  geom_qq(color = 'steelblue') # 绘制 QQ 图

# 基于 t 数据集绘制 QQ 图
p2 <- ggplot(data = F_dist, mapping = aes(sample = x)) +
  geom_qq(color = 'steelblue')

# 合并 p1 和 p2 两幅图
grid.arrange(p1, p2, nrow = 1)
```

返回结果如图 5.24 所示。

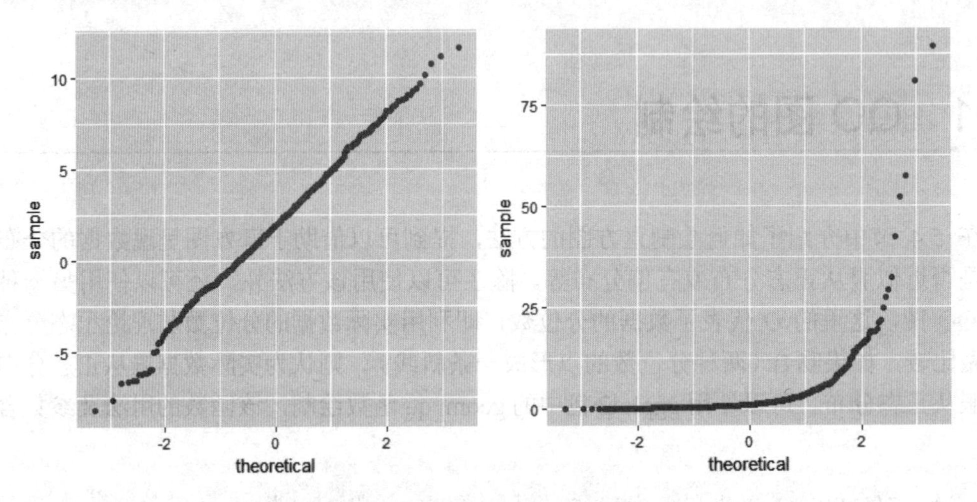

图 5.24　利用 QQ 图判断数据是否服从正态分布

在图 5.24 中，左图为正态分布数据的 QQ 图，右图为 F 分布数据的 QQ 图。对于正态分布数据来说，QQ 图形成的点几乎构成一条直线，进一步验证了它服从正态分布；对于 F 分布的数据来说，QQ 图形成的点像指数函数的趋势，并不在一条直线上，所以它不服从正态分布。

5.12 篇章总结

本章介绍了 R 语言中最流行的可视化包 ggplot2，它的绘图思路严谨而系统，根据有律可循的函数特征可以非常轻松地学习和使用该包绘制各种统计图形。本章的主要内容包含了十几种常用几何图形的绘制，涵盖了离散型数据与数值型数据的可视化方法、数值型数据的可视化方法以及组合型数据的可视化方法等。通过本章内容的学习，读者可以有针对性地选择几何图形进行数据的可视化展现。

遗憾的是，ggplot2 包并不能绘制双轴图形（即无法利用 ggplot2 绘制两个不同量纲的 y 轴或 x 轴）以及 3D 图形（即立体图）。如果读者在平时的学习或工作中需要用到双轴图的绘制，这里推荐 poltrix 包中的 twoord.plot 函数和 twoord.stackplot 函数；如果需要绘制立体图形，这里推荐 rgl 包中的各种*3d 簇函数。

为了使读者掌握有关本章内容所涉及的函数，这里将其重新梳理到表 5.1 中，以便读者查阅和记忆。

表 5.1　本章所涉及的 R 语言函数

R 语言包	R 语言函数	说明
stats	data.frame	构造数据框
	transform	基于数据框的新变量衍生
	factor	因子化转换
	paste0	对象拼接函数

（续表）

R 语言包	R 语言函数	说明
stats	Cumsum	计数累计和
	seq	根据起始值和终止值生成指定长度或步长的向量
	dnorm	基于 x 变量生成对应的正态分布密度值
	lm	构造线性回归模型
	predict	基于 lm 函数在测试上做预测
	read.csv	读取文本文件数据
	as.character	字符型转换
	ifelse	if…then…的逻辑判断
readxl	read_excel	读取 Excel 文件数据
grid	arrow	直线中填写箭头
ggplot2	ggplot	新增绘图对象
	geom_bar	绘制条形图
	coord_polar	极坐标转换
	geom_rect	绘制图形图
	geom_tile	绘制瓦片图
	geom_histogram	绘制直方图
	geom_density	绘制核密度曲线
	geom_line	绘制折线图
	geom_step	绘制阶梯图
	geom_freqpoly	绘制频次多边形图
	geom_boxplot	绘制箱线图
	stat_summary	绘制统计汇总图
	geom_violin	绘制小提琴图
	geom_area	绘制面积图
	geom_ribbon	绘制带状图
	geom_smooth	绘制平滑曲线
	geom_point	绘制散点图
	scale_size	基于面积控制气泡图的大小
	geom_bin2d	绘制二维计数矩形图
	geom_hex	绘制二维计数六边形图
	geom_density_2d	绘制二维密度图
	geom_polygon	绘制多边形填充图
	geom_qq	绘制 QQ 图
	scale_x_date	日期型 x 轴的设置（x 也可以换成 y）
	geom_text	添加文本标签

（续表）

R语言包	R语言函数	说明
ggplot2	geom_hline	添加水平参考线
	facet_wrap	单向排列分面图
	labs	设置 x 轴、y 轴和图形的标题
	xlim	设置 x 轴的刻度范围（x 也可以换成 y）
	scale_fill_discrete	离散型图例的设置（填充色图例）
	scale_fill_continuous	连续型图例的设置（填充色图例）
	scale_color_manual	自定义线条颜色
	scale_shape_manual	自定义点的形状
	scale_linetype_manual	自定义线的类型
	scale_x_continuous	连续型 x 轴刻度的设置（x 也可以换成 y）
	guides	图例本身的设置
	theme	图形主题设置
	element_blank	删除图形元素
gridExtra	grid.arrange	多图形的合并
rgdal	readOGR	读取地图矢量数据
dplyr	left_join	两表之间的左连接操作
	rename	变量重命名

第6章

可视化图形的个性化调整

第5章的内容重点讲解了如何利用最受欢迎的ggplot2包完成数据的可视化，其中包含各种常见图形的绘制，如条形图、饼图、地图、直方图、小提琴图、折线图、散点图等。本章将在第5章的基础上进一步讲解如何使用ggplot2包中的其他函数完善已绘好的统计图形，使图形展现得更加美观。通过本章的学习，读者将会掌握如下几方面的内容：

- 分面图与组合图的使用；
- 如何在图中添加参考线与文本标签；
- 轴系统coord_*的几种设置；
- 尺度scale_*的常用设置；
- 图形主题theme的设置；
- 图例本身的相关设置。

6.1 分面图与组合图的绘制

在第5章中介绍的都是单幅图形的绘制，然而在实际的工作中可能会碰到分面图或组合图的绘制。分面图是指将某类图形按照一些离散变量进行分组绘制，例如用户年龄的直方图按照性别和受教育水平进行分组绘制，进而可以比较各组合下的直方图差异；组合图是指将不同类型的图形组装在一个图框内，形成类似仪表板的效果。

分面图的绘制可以使用facet_grid函数或facet_wrap函数。这两种函数之间存在一定的差异：前者可以绘制多离散变量的组合分面图，形成网格效果；后者的分面图只能按照离散变量值的组合进行同方向的摆放，形成排列效果。这两个函数的用法和参数含义如下：

```
facet_grid(facets, margins = FALSE, scales = "fixed", space = "fixed",
        shrink = TRUE, labeller = "label_value", as.table = TRUE,
        switch = NULL, drop = TRUE)

facet_wrap(facets, nrow = NULL, ncol = NULL, scales = "fixed",
        shrink = TRUE, labeller = "label_value", as.table = TRUE,
        switch = NULL, drop = TRUE, dir = "h", strip.position = "top")
```

- **facets**：以公式的形式表达分面图的呈现方式，对于facet_grid函数来说，可以写成Class~.（表示多行分面图）、.~Class（表示多列分面图）、Class1~Class2（表示同时构成多行和多列的组合分面图）；对于facet_wrap函数来说，只能写成~Class的形式（表示按Class变量的离散值排列分面图）。
- **margins**：bool类型的参数，表示是否需要在分面图的边缘添加未分组数据的图形（类似于Excel中透视表边缘的ALL），默认为FALSE。
- **scales**：在分面图中，是否共享分面图的x轴或y轴刻度标签，默认为'fixed'，即分面图共享相同的刻度；如果设置为'free_x'，则表示分面图中的x轴刻度不固定；如果设置为'free_y'，则表示分面图中的y轴刻度不固定；如果设置为'free'，则表示分面图的所有轴刻度均不固定。
- **space**：用于指定各分面图的尺寸是否保持相同，默认为'fixed'，即多列分面图的宽度或多行分面图的高度均固定；如果设置为'free_x'，则表示多列分面图的宽度与x轴的刻度范围成比例；如果设置为'free_y'，则表示多行分面图的高度与y轴的刻度范围成比例；如果设置为'free'，则表示分面图的宽度或高度都是可变的。
- **shrink**：bool类型的参数，表示是否按照统计转换后的数据设定轴的刻度范围，默认为TRUE。
- **labeller**：用于指定分面子图的边缘标签，默认为'label_value'，表示仅显示分面变量的值；如果设置为label_both，则表示变量名称和具体的值均显示为边缘标签。
- **as.table**：bool类型的参数，表示是否将分面变量的最大值呈现在图形的右下角，默认为TRUE，否则呈现在图形的右上角。
- **switch**：调整分面子图边缘标签的位置，默认将名称显示在多列分面图的顶部或多行分面图的右端；如果设置为'x'，则顶部变为底部；如果设置为'y'，则右端变为左端；如果设置为'both'，则等同于同时设置为'x'和'y'。
- **drop**：bool类型的参数，表示是否不显示没有数据的分面图，默认为TRUE。
- **nrow**：指定分面图的行数。
- **ncol**：指定分面图的列数。
- **dir**：指定分面图的排列顺序，默认为'h'，表示逐行排列，如果设置为'v'，则表示逐列排列。
- **strip.position**：指定分面子图边缘标签的位置，默认在子图的顶端，除此之外还可以选择'bottom'、'left'和'right'。

这里通过具体的例子加以说明，希望读者能够区分它们的差异，灵活使用这两种分面函数。代码如下：

```
# 根据日期变量衍生出对应的月份和日（使用 5.1 节的天气数据）
library(lubridate)
weather2017$month <- month(weather2017$ymd)
weather2017$day <- day(weather2017$ymd)

# 将宽形表转换为长形表
library(tidyr)
data_reshape <- gather(data = weather2017[,c('month','day','high','low')],
                key = 'type', value = 'temprature', -c(month, day))

# 使用 facet_wrap 函数绘制 2017 年各月份最高气温与最低气温的趋势
ggplot(data = data_reshape, mapping = aes(x = day, y = temprature, color = type)) +
  geom_line(lwd = 1) +
  facet_wrap(facets = ~ month, # 指定分面变量
        scales = 'free' # x 轴和 y 轴的刻度均不固定
        )
```

上述代码对 2017 年上海每天的最高气温和最低气温走势图按照月份做了分面处理（使用的是 facet_wrap 函数），返回结果如图 6.1 所示。

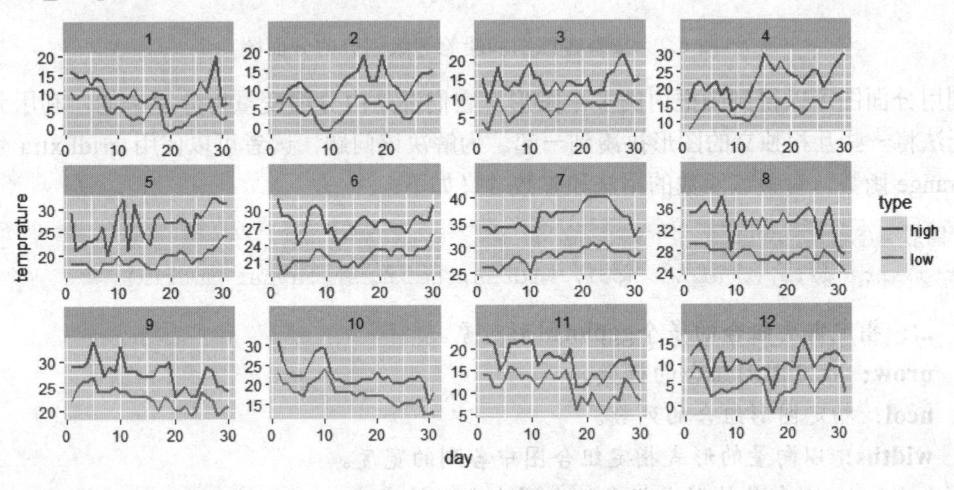

图 6.1　按月份划分的分面图

从图 6.1 可知，分面图按月份进行了排列，最终形成 3 行 4 列的效果图。如果换作 facet_grid 函数，则无法得到这个效果，它将得到 12 行或 12 列的效果图。在绘制折线图时，对各分面的 y 轴和 x 轴做了自由化处理，即不要求每个分面图都具有相同刻度的 y 轴和 x 轴。

接下来使用 facet_grid 函数绘制双分组变量的网格效果图，使用 5.5 节的 Titanic 数据集，代码如下：

```
# 使用 facet_grid 函数绘制两个因子变量的组合分面图
ggplot(data = titanic, mapping = aes(x = Age, y = ..count..)) +
  geom_histogram(binwidth = 3, fill = 'steelblue', color = 'black') +
  facet_grid(Sex ~ Pclass, # 以性别作为分面图的多行，以船舱等级作为分面图的多列
        scale = 'free_y', # 多行分面图的 y 轴刻度不共享
```

```
        switch = 'y', # 将多行分面图的右边标签挪到左边
        labeller = label_both # 分面图的边缘标签显示为变量名称和对应的值
        )
```

运行上述代码，形成网格效果的直方图，其中每一行代表不同的性别，每一列代表不同的船舱等级，如图 6.2 所示。

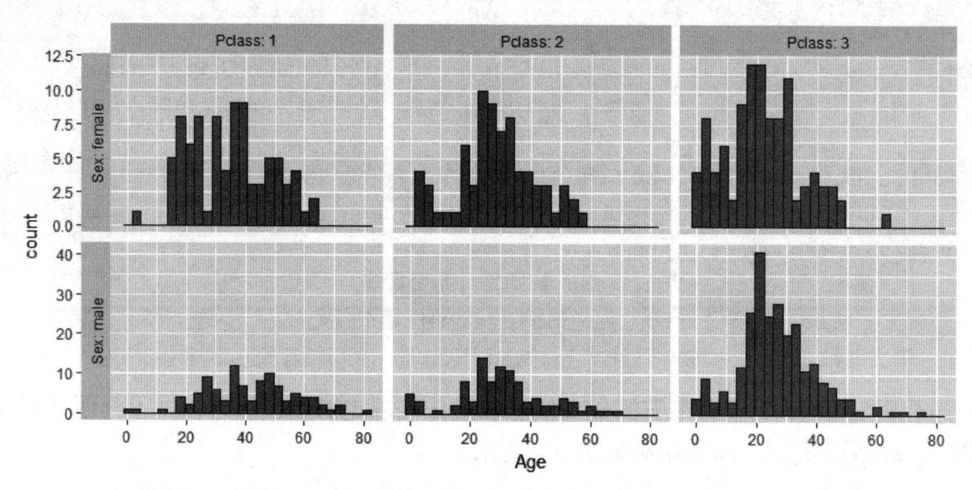

图 6.2 按乘客性别和船舱等级划分的分面图

利用分面图可以得到图框内的多个图形，它们都是由分组变量拆分出来的，利用分面图技术无法将一些互相独立的图形拼凑到一起。为解决该问题，读者可以使用 gridExtra 包中的 grid.arrange 函数，有关该函数的用法和参数含义如下：

```
# 图形组合
grid.arrange(..., nrow, ncol, widths, heights, layout_matrix)
```

- **...**：指定需要组合的多个ggplot图形对象。
- **nrow**：指定图形组合的行数。
- **ncol**：指定图形组合的列数。
- **widths**：以向量的形式指定组合图中各列的宽度。
- **heights**：以向量的形式指定组合图中各行的高度。
- **layout_matrix**：用于控制图形的布局，如图形的跨行设置或跨列设置。

下面通过具体的例子说明如上函数的使用，数据为某酒吧的日常交易记录，功能为将男女比例的饼图、weekday 的平均交易额条形图、单笔交易金额的直方图以及客户单笔消费额与服务员小费之间的散点图组合到同一个图框内，具体代码如下：

```
# 加载第三方包
library(gridExtra)

# 读取酒吧交易数据 -- -- tips.csv
tips <- read.csv(file = file.choose())
# 按客户性别进行频次统计
```

```
    gender_counts <- as.data.frame(table(tips$sex))
    # 重命名变量名称
    names(gender_counts) <- c('Gender','Counts')
    # 构建比例标签值
    ratio_label <- paste0(round(gender_counts$Counts/sum(gender_counts$Counts) *
100, 2), '%')

    # 绘制酒吧男女客户的比例饼图
    p1 <- ggplot(data = gender_counts, mapping = aes(x = '', y = Counts, fill =
Gender)) +
      geom_bar(stat = 'identity', width = 1) + # 绘制条形图
      coord_polar(theta = 'y') + # 极坐标变换
      # 添加文本标签
      geom_text(mapping = aes(x = '', y = Counts, label = ratio_label),
              position = position_stack(vjust = 0.5)) +
      theme(axis.ticks = element_blank(), # 去除图中的刻度线
           axis.title = element_blank(), # 去除图中坐标轴的标签
           axis.text = element_blank(), # 去除图中坐标轴的刻度标签
           panel.grid = element_blank()# 去除图中的网格线
           )

    # 加载第三方包
    library(dplyr)

    # 数据汇总，计算各工作日和双休日的平均交易额
    grouped <- group_by(.data = tips, weekday = day)
    avg_amts <- summarise(.data = grouped, avg_amt = mean(total_bill))
    # 重新调整因子水平的顺序
    avg_amts$weekday <- factor(avg_amts$weekday, levels = c('Thur','Fri','Sat',
'Sun'))

    # 绘制周四~周日平均交易额的条形图
    p2 <- ggplot(data = avg_amts, mapping = aes(x = weekday, y = avg_amt)) +
      # 绘制条形图
      geom_bar(stat = 'identity', fill = 'steelblue', color = 'black') +
      coord_cartesian(ylim = c(15,22)) # 调整 y 轴的刻度范围

    # 绘制客户单笔消费额的直方图
    p3 <- ggplot(data = tips, mapping = aes(x = total_bill, y = ..count.., fill
= sex)) +
      geom_histogram(bins = 30) + # 绘制直方图
      theme(legend.title = element_blank(), # 去除图例标题
           legend.position = c(0.85,0.9), # 调整图例位置
           legend.background = element_blank(), # 去除图例背景
           legend.direction = 'horizontal' # 水平摆放图例
```

```
        )

    # 基于消费额与客户给的小费数据构建一元线性回归模型
    fit <- lm(formula = tip ~ total_bill, data = tips)
    # 构建回归模型的方程标签
    formula_label = paste0('tip==',round(fit$coefficients[1],2) ,'+',
                           round(fit$coefficients[2],2), '*', 'total_bill')

    # 绘制消费金额与小费之间的散点图
    p4 <- ggplot(data = tips, mapping = aes(x = total_bill, y = tip)) +
      geom_point(color = 'steelblue', size = 2) + # 绘制散点图
      geom_smooth(method = 'lm', color = 'black', se = TRUE) + # 添加线性拟合线
      # 添加模型的数学公式
      geom_label(mapping = aes(x = 45, y = 4),
                 label = formula_label, parse = TRUE)

    # 将如上 4 幅图组合为一个图框
    grid.arrange(p1,p2,p3,p4, # 指定需要组合的图形
                 nrow = 2 # 图形组合为两行
                 )
```

借助于 grid.arrange 函数轻松地将 4 幅图形合并到了同一个图框内，而且它们之间并没有直接的联系，如图 6.3 所示。需要注意的是，第四幅子图中添加了线性回归模型的表达式，它是利用函数 geom_label 实现的，有关该函数的使用将在下一节的内容中详细介绍。

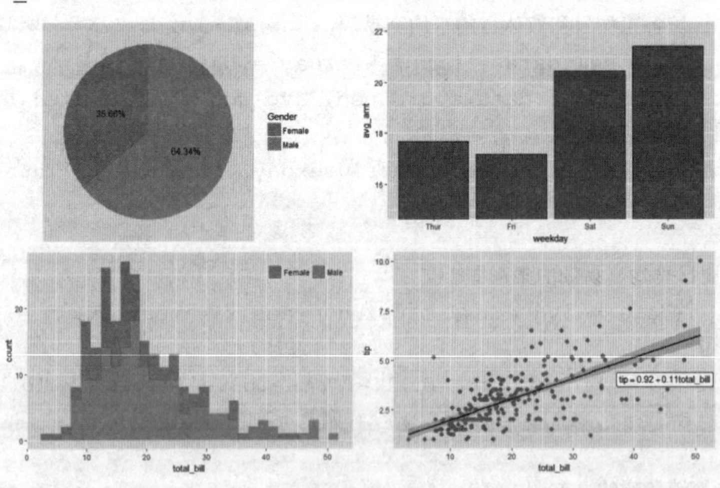

图 6.3 各种图形的组合效果

如上整合的图是 4 幅，可以构造成 2×2 的矩阵效果，假设需要整合的图并不是 4 幅，而是 3 幅时，如果直接使用 grid.arrange 函数构建 2×2 的组合图，将会导致第四个位置没有图，这样看上去会很不和谐，这时只需要稍微调整函数中的 layout_matrix 参数，构成跨行或跨列的效果即可。不妨对后面的 3 幅图做组合，代码如下：

```
# 设置图形组合的布局，p2 和 p3 占一行，p4 跨行
```

```
grid.arrange(p2,p3,p4, nrow = 2, ncol = 2,
          layout_matrix = rbind(c(1,2),c(3,3)),
          widths = c(1,2), # 设定左右图形的宽度比为1:2
          heights = c(2,3) # 设定上下图形的高度比为2:3
          )
```

图的整体布局还是 2×2 的矩形格，所不同的是通过 layout_matrix 参数将第三幅图实现了跨列（散点图占了两列的空间），如图 6.4 所示。除此之外，还可以利用 widths 参数和 heights 参数灵活地调整两列子图之间的宽度比和两行子图之间的高度比，从图6.4中可以发现第一排的两幅图宽度差异很大（因为 widths 参数设置为了 1:2 的比例）。

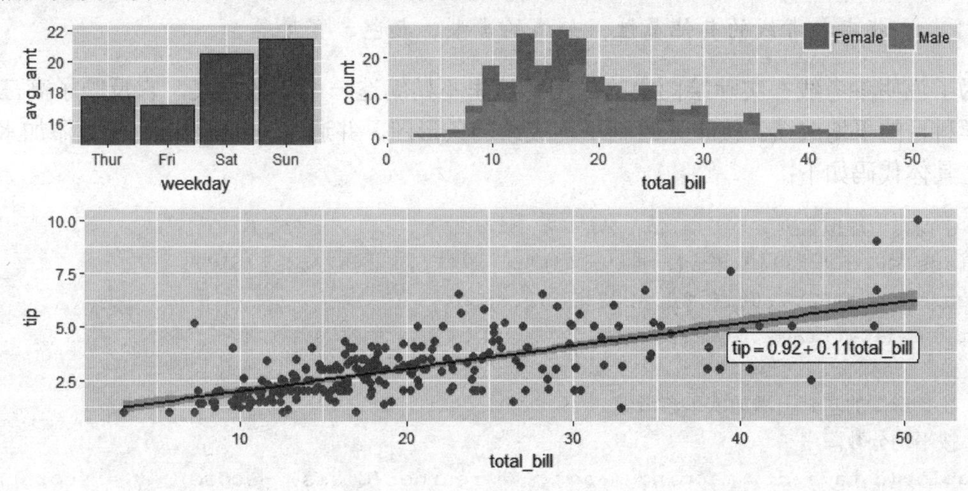

图 6.4　跨列的组合图

6.2　参考线和文本标签的添加

有时为了图形具有更强的可比性，需要在图中添加参考线，例如以日为单位的销售额折线图，通过添加表示均值的水平参考线，可以非常直观地发现哪些天的交易额超过平均水平，哪些天的交易额低于平均水平，进而可以有针对性地剖析数据背后的原因。有时为了图形呈现具体的数值标签或标注出图形中某些关键点的注释信息，需要给图形添加文本标签，例如某电商网站的访问量在某天发生陡崖式下降，为了说明其原因，就可以在图中添加相应的注解。

首先从添加参考线的知识点开始介绍，在 ggplot2 包中可以利用 geom_abline 函数、geom_hline 函数或 geom_vline 函数实现参考线的绘制。其中，第一个函数用于添加包含斜率和截距项的参考线，中间的函数用于添加水平参考线，最后一个函数用于添加垂直参考线。这 3 种函数的具体用法及参数含义如下：

```
geom_abline(mapping = NULL, data = NULL, …, slope, intercept,
        na.rm = FALSE, show.legend = NA)
```

```
geom_hline(mapping = NULL, data = NULL, …, yintercept,
        na.rm = FALSE, show.legend = NA)

geom_vline(mapping = NULL, data = NULL, …, xintercept,
        na.rm = FALSE, show.legend = NA)
```

- **slope**：指定参考线的斜率。
- **intercept**：指定参考线的截距项。
- **yintercept**：指定水平参考线所对应的*y*轴数据。
- **xintercept**：指定垂直参考线所对应的*x*轴数据。
- **…**：指定参考线的其他属性，如线的类型、颜色、宽度等。

为了说明参考线在实际绘图中的作用，这里不妨编造一个小数据集，它反映了高三 1~6 班数学科目的平均成绩。接下来绘制平均成绩的条形图，并通过 geom_hline 函数添加水平参考线，具体代码如下：

```
# 手动构造虚拟数据
Class <- c('三(1)','三(2)','三(3)','三(4)','三(5)','三(6)')
score <- c(82.7,88.6,80.8,72.9,81.8,85.7)
df <- data.frame(Class, score)

# 在条形图的基础上添加水平参考线
# 按平均分数降序
ggplot(data = df, mapping = aes(x = reorder(Class, -score), y = score)) +
  geom_bar(stat = 'identity', fill = 'steelblue') + # 绘制条形图
  coord_cartesian(ylim = c(70,90)) +  # 设置 y 轴的数据范围
  geom_hline(yintercept = mean(df$score), # 添加水平参考线
          lty = 2, color = 'red', lwd = 1) + # 设置参考线的类型、颜色和宽度
  labs(x = '') # 去除 x 轴的名称
```

返回结果如图 6.5 所示。

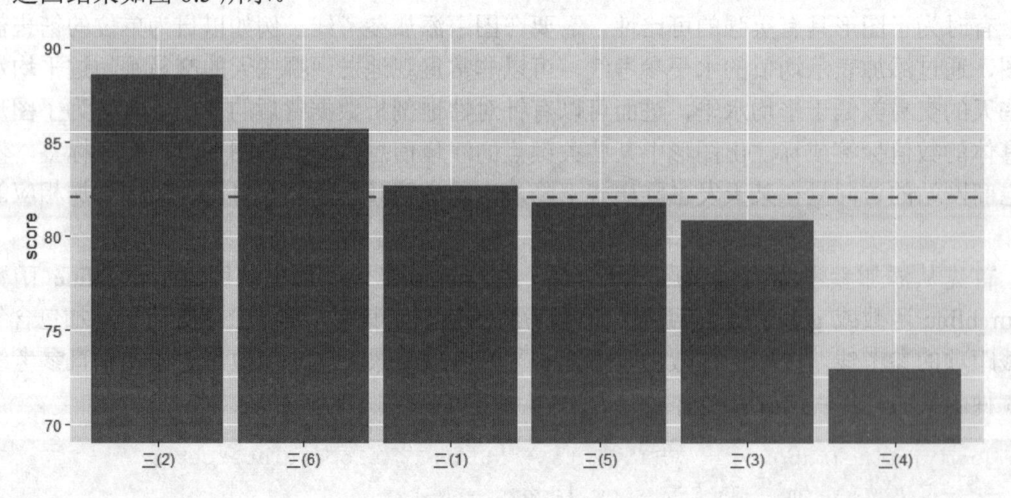

图 6.5　条形图中添加水平参考线

图形中呈现的条形图已做了排序处理（具体可以看代码中 ggplot 函数内部的参数使用），通过添加水平参考线，可以非常直观地发现高三 3~5 班低于平均线，拖了整个年级的后腿，尤其是高三(4)班，它的平均成绩远低于平均水平。

需要注意的是，代码中使用 coord_cartesian 函数对 *y* 轴的刻度做了范围的限制，该函数属于轴系统函数中的一员（在 6.3 节中将会详细介绍所有轴系统函数的用法）。

接下来介绍有关文本标签的使用，读者可以借助于 geom_label 函数、geom_text 函数或 annotate 函数实现图形文本标签的添加。其中前两个函数的用法完全相同，所不同的是 geom_label 函数在添加文本标签时会形成背景框，进而使标签内容更加突出；annotate 函数更侧重于添加图形的注解信息，可以通过 geom 参数设置注解的几何图形。3 个函数的具体用法和参数含义如下：

```
# 添加文本标签
geom_label(mapping = NULL, data = NULL, stat = "identity",
           position = "identity", ..., parse = FALSE,
           nudge_x = 0, nudge_y = 0, label.padding = unit(0.25, "lines"),
           label.r = unit(0.15, "lines"), label.size = 0.25,
           na.rm = FALSE, show.legend = NA, inherit.aes = TRUE)

geom_text(mapping = NULL, data = NULL, stat = "identity",
          position = "identity", ..., parse = FALSE,
          nudge_x = 0, nudge_y = 0, check_overlap = FALSE,
          na.rm = FALSE, show.legend = NA, inherit.aes = TRUE)

annotate(geom, x = NULL, y = NULL, xmin = NULL, xmax = NULL,
         ymin = NULL, ymax = NULL, xend = NULL, yend = NULL, ...,
         label, parse = FALSE, na.rm = FALSE)
```

- **mapping**：通过设定x、y的值指定文本标签的位置。
- **parse**：bool类型的参数，如果文本标签中含有数学公式，则可以将该参数设置为TRUE，进而将标签解析为数学表达式的形式。
- **nudge_x**：微调文本标签的水平位置。
- **nudge_y**：微调文本标签的垂直位置。
- **label.padding**：用于设置文本标签背景框的边距，默认为0.25。
- **label.r**：用于设置圆形的半径，默认为0.15。
- **label.size**：用于设置文本标签边框的粗细，默认为0.25。
- **check_overlap**：bool类型的参数，表示是否不显示重叠的文本标签，默认为FALSE，即显示重叠标签。
- **geom**：指定文本标签所使用的几何图形，常用的有'text'（文本）、'rect'（矩形）、'segment'（分割线段）和'pointrange'（点区间）。
- **x/y**：指定标签所在的位置（或起始位置）。
- **xmin/xmax/ymin/ymax**：geom选择为'rect'时，可通过该参数设定矩形的四边范围。
- **xend/yend**：geom选择为'segment'时，可通过该参数设定分割线段的结束位置。

- **label**：设置具体的文本标签内容。
- **...**：设置文本标签的其他属性，如颜色、字体、大小等。

为了使读者理解和掌握如上 3 种函数的功能和区别，接下来通过几个具体的案例加以说明，代码如下：

```
# 绘制标准正态分布密度曲线
x <- seq(from = -5, to = 5, length = 100)
y <- dnorm(x)
df <- data.frame(x, y)

ggplot(data = df, mapping = aes(x = x, y = y)) +
  geom_line(colour = 'steelblue', size = 1) +
  geom_label(mapping = aes(x = 2.5, y = 0.1), # 设置标签的位置
             label = 'f(x) == frac(1,sqrt(2*pi))*e^(-frac(x^2,2))', # 标签内容
             nudge_x = 1, # 标签往右平移一个单位
             parse = TRUE, # 解析数学表达式
             label.size = 0.25 # 边框线宽度设置为0.25
             )
```

返回结果如图 6.6 所示。

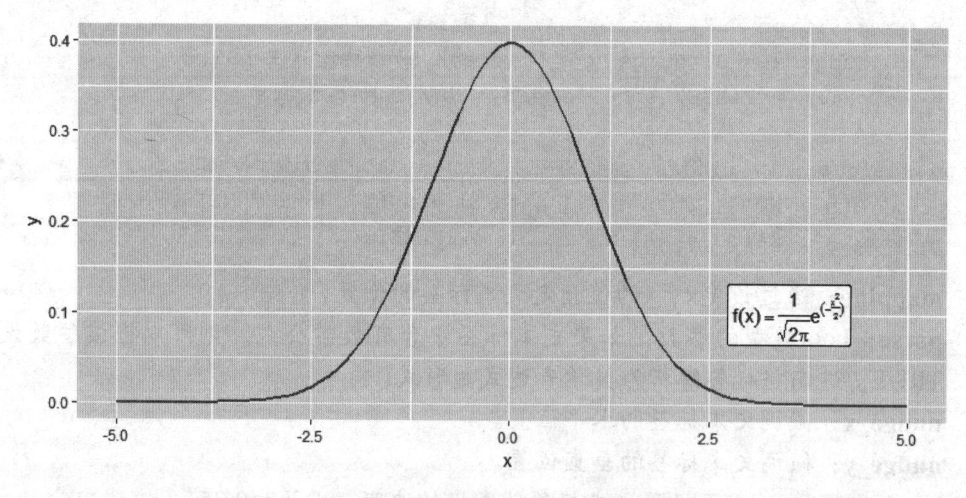

图 6.6 文本标签的添加效果图

如上代码通过 geom_label 函数为标准正态分布的密度曲线添加了函数表达式，其中 parse 参数将函数表达式强制为数学公式，而且标签后形成了白色的框背景。需要注意的是，R 语言有属于自己的表达数学公式的方法，例如表示公式中的等号用'=='、表示下标用'[i]'、表示二次方根用'sqrt'等，由于这部分内容比较多，感兴趣的读者可以在网络搜索对应的表示方法。

接下来看一下 geom_text 函数和 annotate 函数的实例，使用的数据为某公司网站的访问量 PV，具体代码如下：

```
# 读取外部数据 -- PV_UV.xlsx
```

```
pv_uv <- read_excel(path = file.choose())
# 需要强制转换为日期型，因为绘图时用 x 轴表示日期
pv_uv$date <- as.Date(pv_uv$date)

# 绘制折线图，并添加文本标签
ggplot(data = pv_uv, mapping = aes(x = date, y = PV)) +
  geom_line(lwd = 1) + # 绘制折线图
  geom_point() + # 绘制点图
  # 设置 x 轴的刻度标签
  scale_x_date(date_breaks = '3 days', date_labels = '%m-%d') +
  # 添加矩形标注
  annotate(geom = 'rect', xmin = as.Date('2018-7-27'), xmax = 
as.Date('2018-7-29'),
           ymin = 28000, ymax = 30000, fill = 'gray', alpha = 0.5) +
  # 使用 geom_text 添加文本标签
  geom_text(mapping = aes(x = as.Date('2018-7-31'), y = 29000), label = '新
品上架') +
  # 使用 annotate 添加线段类型的几何图形
  annotate(geom = 'segment', x = as.Date('2018-8-14'), xend = 
as.Date('2018-8-11'),
           y = 12500, yend = 7000, color = 'red', lwd = 1,
           # 设置线的箭头
           arrow = arrow(angle = 30, length = unit(0.1,'inches'), type = 'closed')) +
  # 使用 annotate 添加文本标签
  annotate(geom = 'text', x = as.Date('2018-8-14'), y = 12500, label = '服务
器故障')
```

返回结果如图 6.7 所示。

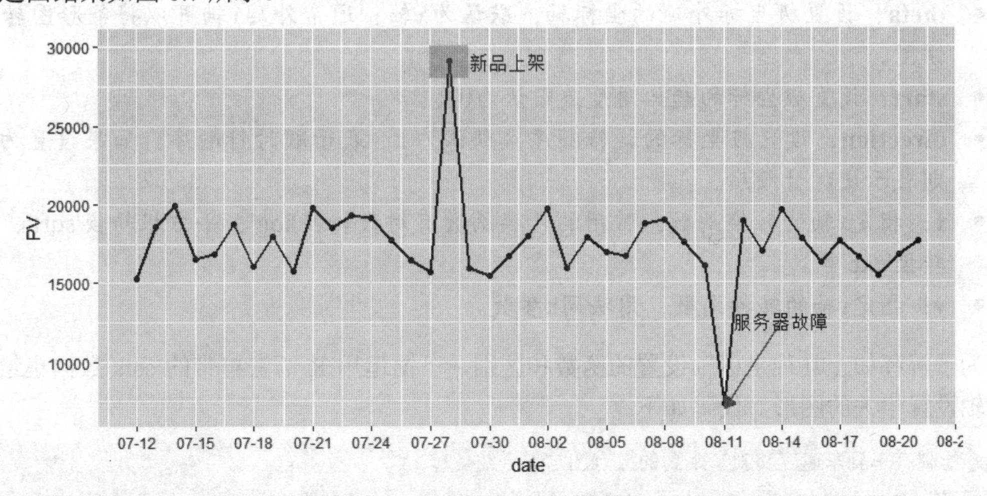

图 6.7　文本标签的添加效果图

在图 6.7 中添加了两处文本注解，并且加了对应的几何图形。其中，矩形框和带箭头线段的几何图形是通过 annotate 函数绘制的，文本注解分别是通过 geom_text 函数和 annotate 函

数添加的。annotate函数除了具有geom_text函数的功能(注意,添加的文本标签没有背景框),还可以添加几何图形。

6.3 轴系统 coord_*的设置

在前文的章节中已陆陆续续用到一些与轴相关的设置，例如运用极坐标变换的方式将条形图转换成饼图，通过调整笛卡儿坐标轴的刻度范围将条形图显示得更具有差异性。本节将重点介绍几种常用的轴变换函数，具体用法如下所示：

```
# 笛卡儿坐标轴的范围设置
coord_cartesian(xlim = NULL, ylim = NULL, expand = TRUE)
# 笛卡儿坐标轴的伸缩设置
coord_fixed(ratio = 1, xlim = NULL, ylim = NULL, expand = TRUE)
coord_flip(xlim = NULL, ylim = NULL, expand = TRUE) # 笛卡儿坐标轴的转置设置
coord_polar(theta = "x", start = 0, direction = 1) # 笛卡儿坐标转极坐标
# 笛卡儿坐标轴的数学转换
coord_trans(x = "identity", y = "identity", limx = NULL, limy = NULL)
```

- **xlim**：设置笛卡儿坐标系统的x轴范围。
- **ylim**：设置笛卡儿坐标系统的y轴范围。
- **expand**：bool类型的参数，表示是否延伸x轴与y轴的长度，防止数据与轴的重叠，默认为TRUE。
- **ratio**：设置笛卡儿坐标系统中y轴的单位长度与x轴的单位长度之比，比值越大，图形越显得高窄，反之越矮宽。
- **theta**：设置极坐标外延的坐标轴，默认为x轴；通常外延y轴可以将条形图转换为饼图。
- **start**：设置极坐标的起始角度，默认为0度。
- **direction**：设置极坐标的旋转顺序，默认为1，表示顺时针顺序；如果设置为-1，则表示逆时针顺序。
- **x**：指定x轴的转换函数，常用的转换函数有对数转换'log'、平方根转换'sqrt'、指数转换'exp'等。
- **y**：指定y轴的转换函数，用法同x参数。

为了解释如上几种坐标轴设置的函数和区别，下面运用R语言自带的cars数据集绘制几幅与轴设置相关的图形，代码如下：

```
# 绘制汽车刹车速度和刹车距离的散点图与拟合线
p1 <- ggplot(data = cars, mapping = aes(x = speed, y = dist)) +
  geom_point(color = 'steelblue') +
  geom_smooth(method = 'loess', color = 'red')
```

```
# 坐标轴的伸缩设置
p2 <- ggplot(data = cars, mapping = aes(x = speed, y = dist)) +
  geom_point(color = 'steelblue') +
  geom_smooth(method = 'loess', color = 'red') +
  coord_fixed(ratio = 1/8) #设置图形 y 轴与 x 轴的刻度比例关系

# 轴的转置
p3 <- ggplot(data = cars, mapping = aes(x = speed, y = dist)) +
  geom_point(color = 'steelblue') +
  geom_smooth(method = 'loess', color = 'red') +
  coord_flip() # x 轴与 y 轴的转置

# 轴的数学转换
p4 <- ggplot(data = cars, mapping = aes(x = speed, y = dist)) +
  geom_point(color = 'steelblue') +
  geom_smooth(method = 'loess', color = 'red') +
  coord_trans(x = 'exp') # 对 x 轴做指数变换

# 将 4 张图形合并
grid.arrange(p1,p2,p3,p4)
```

返回结果如图 6.8 所示。

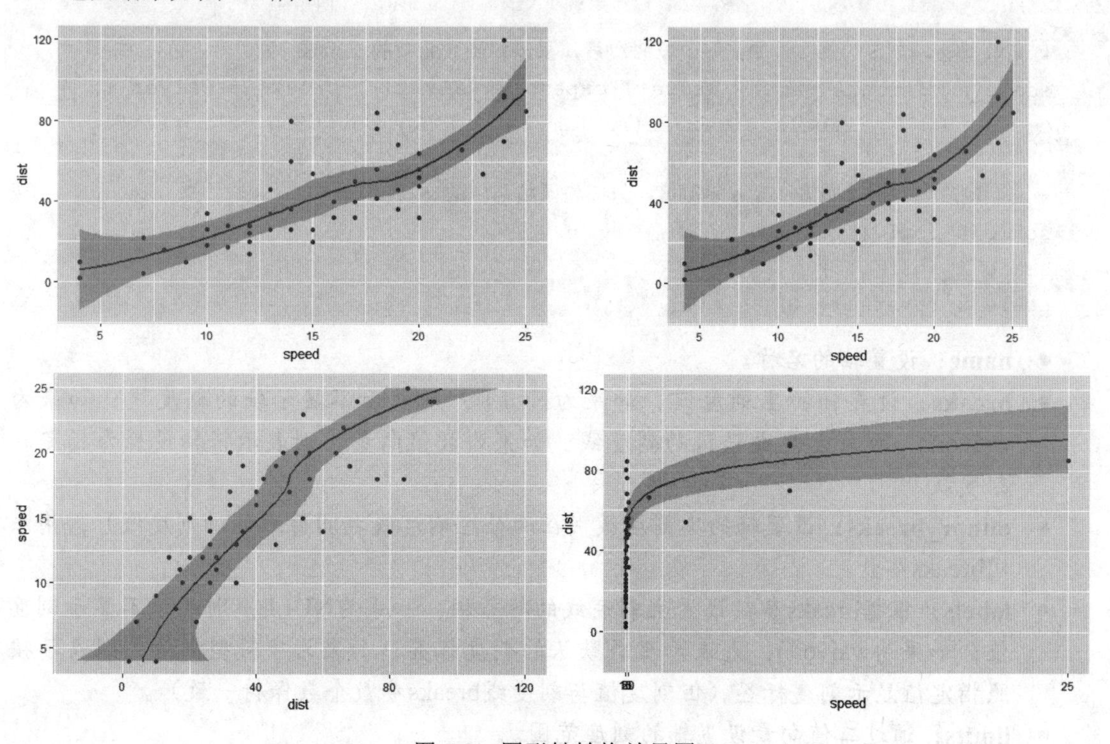

图 6.8　图形轴转换效果图

在图 6.8 中，左上角的散点图和平滑曲线为原始图形；右上角的图实际上与左上角的完全一致，所不同的是 x 轴和 y 轴的长宽比例发生了变化，原图中 y 轴的刻度步长为40，x 轴的刻度步长为5，通过设置参数ratio为1/8使图框成为正方形；左下角的图是在原图的基础上做了轴转置的操作；右下角的图对 x 轴做了指数变换，那么为什么经过轴变换后 x 轴的刻度范围并没有发生变化呢，这是因为使用 coord_trans 函数对轴做数学变换时并不是直接将变换后的数据用于绘图，而是先使用原始数据绘图，然后在图的基础上转换轴，进而导致图形发生扭曲。

6.4 尺度 scale_*的设置

在 ggplot2 包中，scale_*簇函数都是关于图形尺度修改的，例如轴刻度的修改、轴的数学变换、颜色图例的修改等。接下来将从轴和图例两个方面介绍 scale_*簇函数的使用方法，首先是关于轴刻度呈现和轴转换的介绍，实现这些功能的函数和参数含义如下：

```
# 连续型 x 轴刻度的修改（如需修改 y 轴刻度，只需将函数名中的 x 换成 y）
scale_x_continuous(name = waiver(), breaks = waiver(), minor_breaks = waiver(),
                   labels = waiver(), limits = NULL, expand = waiver(),
                   na.value = NA_real_, trans = "identity", position = "bottom",
                   sec.axis = waiver())

# 离散型 x 轴刻度的修改（如需修改 y 轴刻度，只需将函数名中的 x 换成 y）
scale_x_discrete(name = waiver, expand = waiver(), breaks = waiver(),
                 labels = waiver(), limits = NULL, position = "bottom")

# x 轴刻度的颠倒（如需修改 y 轴刻度，只需将函数名中的 x 换成 y）
scale_x_log10(...)
scale_x_sqrt(...)
scale_x_reverse(...)
```

- **name**：设置轴的名称。
- **breaks**：设置轴的主刻度线，如果为NULL，则表示不显示轴的刻度线；如果为waiver()，则表示生成默认的刻度线；如果为数值向量，则表示将轴设置为指定的刻度线。
- **minor_breaks**：设置轴的次刻度线（在两个主刻度线之间再添加细刻度线），用法同breaks参数。
- **labels**：根据breaks参数设置主刻度线的标签值，如果为NULL，则表示不显示刻度值；如果为waiver()，则表示生成默认的刻度标签；如果为字符型向量，则表示按照指定值显示刻度标签（但刻度值与刻度线breaks参数个数保持一致）。
- **limits**：通过二值向量设置轴的刻度范围。
- **expand**：通过二值向量设置轴两端的延伸，目的是使图的起始位置与轴之间保持一定的距离，对于连续变量的轴而言，默认使轴两端延长5%，即用向量*c*(0.05,0)表示；对于离散变量的轴而言，默认使轴两端延长0.6个单位，用向量$c(0,0.6)$表示。

- **na.value**：x轴的变量中存在缺失值时，可以通过该参数替换缺失值，默认不做任何替换。
- **trans**：指定轴的数学转换，默认为'identity'，表示不做任何数学转换。
- **position**：指定轴的位置， 对于垂直轴（如y轴），可以指定右边或左边（默认值）；对于水平轴（如x轴），可以指定顶部和底部（默认值）。
- **sec.axis**：可通过sec_axis()函数指定图形的次坐标。

接下来通过具体的案例说明轴刻度设置的方法。使用 R 语言自带的 cars 数据集来绘制汽车刹车速度与刹车距离的散点图，具体代码如下：

```
ggplot(data = cars, mapping = aes(x = speed, y = dist)) +
  geom_point(color = 'steelblue') + # 绘制散点图
  # 对 x 轴的刻度做修改
  scale_x_continuous(name = 'Brake_Speed', # 添加轴名称
                breaks = c(4,9,12,15,18,21,25), # 设置刻度线
                labels = c(4,9,12,15,18,21,'25 (mph)'), # 设置刻度标签
                expand = c(0.03,0), # 将轴的两端延长 3%
                position = 'top', # 将原 x 轴移到图形的顶端
                # 添加次坐标（或理解为次轴）
                sec.axis = sec_axis(trans = ~log(.), # 次轴为主轴的对数转换
                          name = 'Log_Speed' # 添加次轴名称
                ))
```

返回结果如图 6.9 所示。

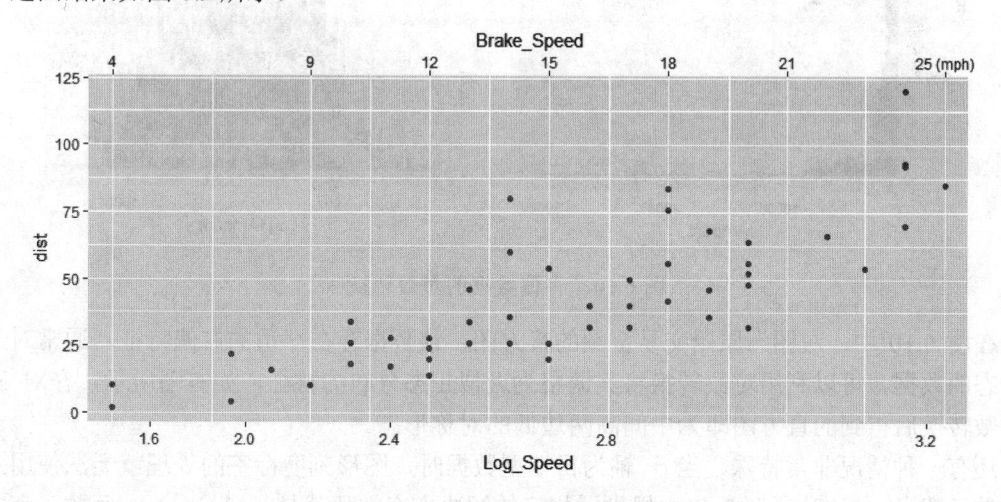

图 6.9 刻度标签修改的效果图

散点图中包含了两个 x 轴，一个在顶部，一个在底部，其中顶部的刻度值通过 breaks 参数和 labels 参数做了相应的调整，使得刻度值并不是均匀分布的，而且最后一个刻度值还包含了数量单位；底部的 x 轴为原始轴的对数变换，其通过 sec.axis 参数实现。另外，还可以通过 scale_x_continuous 函数修改 x 轴的名称。

有时绘图前还需要对轴做数学变换，最常见的数学变换有对数变换和二次方根变换，下面以某超市客户的单笔交易额为例绘制直方图，代码如下：

```
# 读取超市交易数据 -- Super_Market_Orders.csv
super_market <- read.csv(file = file.choose())

# 绘制单笔交易额直方图
p1 <- ggplot(data = super_market, mapping = aes(x = Amount, y = ..count..))+
  geom_histogram(bins = 100, fill = 'steelblue', color = 'black')

# 基于直方图 p1 对 x 轴做对数变换
p2 <- p1 +
  scale_x_log10() + # 轴变换处理
  labs(x = 'Log_Amount')

# 将 p1 和 p2 两幅图合并
grid.arrange(p1, p2, nrow =1)
```

返回结果如图 6.10 所示。

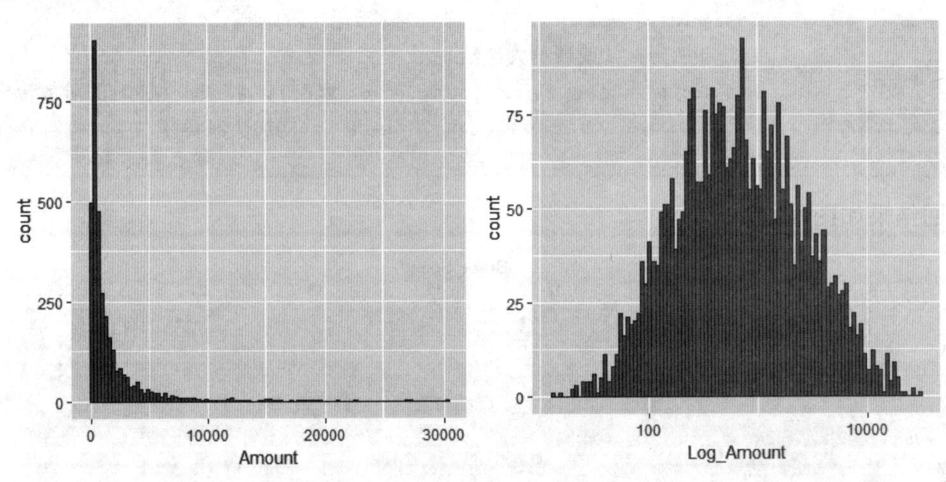

图 6.10 有偏数据的对数转换

在图 6.10 中，左图为原始交易金额的直方图，该数据存在严重的右偏特征。通常对于严重偏态的数据，可以利用对数转换将其调整为近似正态分布的特征，如右图所示，在对 x 轴做对数转换后得到的直方图即为中间高两边低的对称形态。

还有一种情况非常特殊，当 x 轴为日期型数据时，图形刻度标签的处理就无法使用上面介绍的函数了，好在 ggplot2 包中提供了相应的解决方案，那就是 scale_x_date 函数。有关该函数的用法及参数含义如下：

```
# 针对日期型的 x 轴刻度处理（如需修改 y 轴刻度，只需将函数名中的 x 换成 y）
scale_x_date(name = waiver(), breaks = waiver(), date_breaks = waiver(),
         labels = waiver(), date_labels = waiver(), minor_breaks = waiver(),
         date_minor_breaks = waiver(), limits = NULL, expand = waiver(),
```

```
             position = "bottom")
```

- **name**：设置轴的名称。
- **breaks**：设置轴的主刻度线，如果为NULL，则表示不显示轴的刻度线；如果为waiver()，则表示生成默认的刻度线；如果为日期型向量，则表示将轴设置为指定的日期刻度线。
- **date_breaks**：设置轴的主刻度线，与breaks参数不同的是，该参数可设定轴的步长，如'5 days'（每5天一个刻度线）、'1 weeks'（每1周一个刻度线）和'3 months'（每3个月一个刻度线）等。
- **labels**：该参数与breaks参数相对应，指定轴的刻度标签。
- **date_labels**：以字符串的形式指定日期的展现格式，如'%Y-%m'（表示年-月格式）、'%m-%d'（表示月-日格式）和'%Y/%m/%d'（表示年/月/日格式）等。
- **minor_breaks**：设置轴的次刻度线，用法同breaks。
- **date_minor_breaks**：设置轴的次刻度线，用法同date_breaks。
- **limits**：用法同scale_x_continuous函数。
- **expand**：用法同scale_x_continuous函数。
- **position**：用法同scale_x_continuous函数。

如上介绍的日期型轴函数可以非常灵活而快捷地完成轴刻度的调整，接下来以 2017 年上海天气数据为例绘制每天最高气温的趋势图，具体代码如下：

```
# 将表中的 ymd 变量强制转换为日期型数据（否则后面无法使用 scale_x_date 函数）
weather2017$ymd <- as.Date(weather2017$ymd)
# 绘制趋势图
ggplot(data = weather2017, mapping = aes(x = ymd, y = high)) +
  geom_line(color = 'steelblue', lwd = 0.8) +
  scale_x_date(name = '', # 去除轴名称
             date_breaks = '15 days', # 每 15 天设置一个刻度线
             date_labels = '%m-%d', # 设置 x 轴刻度值的呈现方式
             expand = c(0.01,0) # x 轴两端延伸 1%
             ) +
  # 刻度标签旋转 45 度
  theme(axis.text.x = element_text(angle = 45))
```

返回结果如图 6.11 所示。

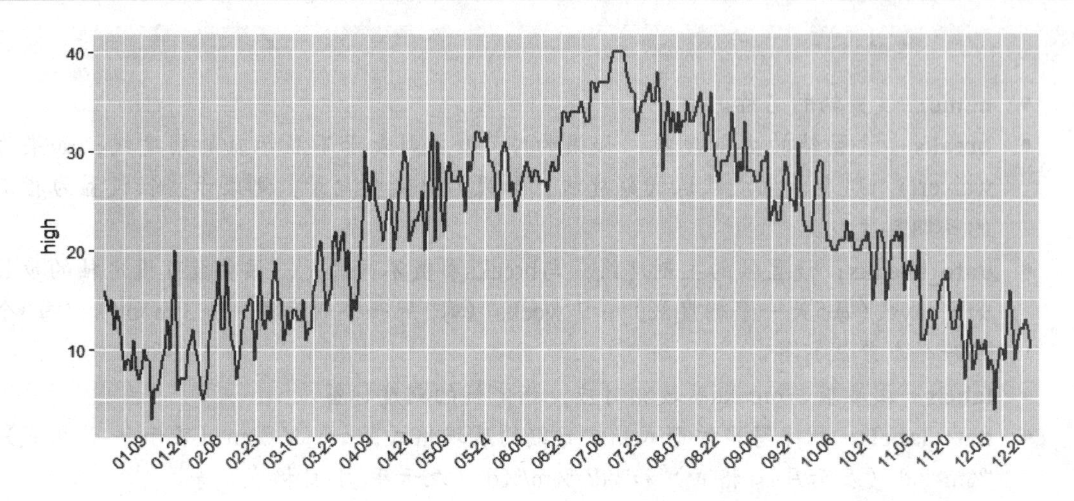

图 6.11 日期型轴的刻度标签调整

图中的刻度标签每 15 天显示一个，以“年-月”的形式呈现。刻度标签之间非常拥挤或存在重叠现象时，可以使用角度旋转的方法解决该问题（如代码中的 theme 部分，该函数的具体使用会在后文中详细讲解）。

需要说明的是，利用 date_labels 参数可以自定义刻度值的呈现方式，如代码中的'%m-%d'。其中，%m 表示 01~12 的月份，%d 表示 01~31 的日。除此之外，R 语言中还有其他的常用日期格式，具体如表 6.1 所示。

表 6.1 常用的日期型格式符号

格式符	含义	格式符	含义
%a	weekday，如星期一	%A	weekday，如星期一
%b	month，如八月	%B	month，如八月
%d	01–31 格式的 day	%H	00–23 格式的时
%I	01–12 格式的时	%j	001–366 格式的年中第几日
%m	01–12 格式的月	%M	01–59 格式的分
%p	上午或下午，可与%I 搭配使用	%r	时分秒格式，如 11:09:01 上午
%S	00–61 格式的秒	%u	1–7 格式的 weekday，1 为星期一
%w	0–6 格式的 weekday，0 为星期日	%W	00–53 格式的年中第几周
%y	两位数字的年	%Y	四位数字的年

正如前文所说，scale_*簇函数既可以对轴的刻度做修改，也可以对图例做修改。接下来基于 scale_*簇函数讲解有关图例的设置，相关函数及参数含义如下：

```
# 连续变量的颜色设置 -- 两个函数的功能完全一致（如需修改填充色，只需将函数名中的 colour
# 改为 fill）
scale_colour_gradient(..., low = "#132B43", high = "#56B1F7",space = "Lab",
                na.value = "grey50", guide = "colourbar")

scale_colour_continuous(..., low = "#132B43", high = "#56B1F7",
```

```
                    type = getOption("ggplot2.continuous.colour",default =
"gradient"))
```

- **...**：关于连续变量图例的其他设置，如图例名称name、显示范围limits、分割点breaks、图例值labels等。
- **low/high**：用于设置起始和终止的颜色梯度。
- **space**：用于设置色彩空间，目前仅支持'Lab'值。
- **na.value**：用于设置绘图数据中缺失值的颜色，默认为灰度50。
- **guide**：用于设置图例类型，默认为颜色条。
- **type**：颜色图例的类型默认选择为梯度色，此时scale_colour_continuous函数与scale_colour_gradient函数的功能完全一致。

```
# 离散变量的颜色设置（如需修改填充色，只需将函数名中的 colour 改为 fill）
scale_colour_brewer(..., type = "seq", palette = 1, direction = 1)

scale_colour_hue(..., h = c(0, 360) + 15, c = 100, l = 65, h.start = 0,
           direction = 1, na.value = "grey50")
```

- **...**：关于离散变量图例的其他设置，如图例名称name、显示范围limits、图例值breaks、图例值的别名labels等。
- **type**：用于选定调色板的类型，默认为'seq'，还可以选择'div'和'qual'。
- **palette**：用于选定某类调色板下的第几个色系，默认为第一个色系。
- **direction**：用于设置图例颜色的显示顺序，默认为1，将按照调色板的颜色顺序显示，如果设置为-1，则颠倒显示。
- **h**：用于设置色彩值的范围，默认为0~360。
- **c**：用于设置色彩的深度，默认为100，值越大，颜色越深，色彩差异越明显。
- **l**：用于设置色彩的亮度，默认为65，范围落在0~100之间，值越大，颜色越亮。
- **h.start**：用于设置色彩的起始值，默认为0。
- **na.value**：用法同scale_colour_gradient函数。

为使读者理解上面介绍的几种函数，接下来通过具体的案例介绍离散变量的图例颜色是如何实现修改的（使用第 5.5 节的 titanic 数据集），具体代码如下：

```
# 默认状态下的散点图
p1 <- ggplot(data = titanic, mapping = aes(x = Age, y = Fare, color =
factor(Pclass))) +
   geom_point()

# 设置图例名称和图例值，默认色板为蓝色
p2 <- ggplot(data = titanic, mapping = aes(x = Age, y = Fare, color =
factor(Pclass))) +
   geom_point() +
   scale_colour_brewer(name = '船舱等级', # 设置图例名称
                  labels = c('一等舱','二等舱','三等舱') # 修改图例值
```

```
                )

  # 通过调色板设置图例颜色（红黄蓝）
  p3 <- ggplot(data = titanic, mapping = aes(x = Age, y = Fare, color =
factor(Pclass))) +
    geom_point() +
    scale_colour_brewer(name = '船舱等级', labels = c('一等舱','二等舱','三等舱'),
                type = 'div', # 选择'div'类型的调色板
                palette = 'RdYlBu' # 选择颜色为红黄蓝色系
                )

  # 利用 scale_colour_hue 函数设置颜色值
  p4 <- ggplot(data = titanic, mapping = aes(x = Age, y = Fare, color =
factor(Pclass))) +
    geom_point() +
    scale_colour_hue(name = '船舱等级', breaks = c(1,2,3),
              labels = c('一等舱','二等舱','三等舱'),
              h.start = 58, # 设置色彩的起始值为 58
              c = 200, # 设置色彩的深度为 200
              l =50 # 设置色彩的亮度为 50
              )

  # 四幅图的合并
  grid.arrange(p1,p2,p3,p4)
```

返回结果如图 6.12 所示。

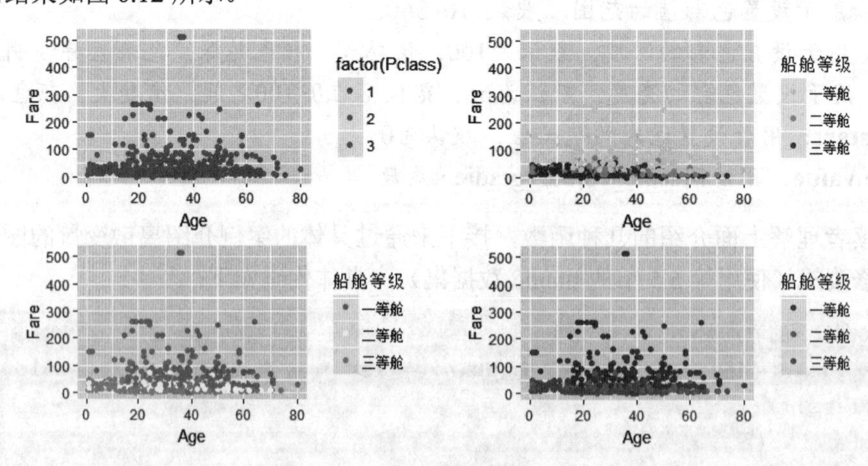

图 6.12　调色板的使用效果图

在图 6.12 中，左上角的散点图是不做任何修饰和参数设置的情况下得到的图形，默认的颜色为红、绿、蓝 3 种颜色，而且图例的名称和图例值都是最原始的；右上角利用离散型的调色板函数 scale_colour_brewer 对图例颜色做了默认设置（蓝色系列的调色板），且通过 name 参数和 labels 参数修正了图例名称和图例值；左下角散点图中的图例颜色仍然使用调色板函

数 scale_colour_brewer，所不同的是调色板选择为红、黄、蓝三色；右下角的散点图则通过 scale_colour_hue 函数选择色系的初始值，并结合 c 和 l 参数修正了颜色的深度和亮度，最终得到棕色、绿色和亮粉色的搭配。

在 scale_colour_brewer 函数中，可以选择不同类型的调色板，每种类型下的调色板又包含一些对应的色系。如果读者对调试板的颜色比较感兴趣，可以参看图 6.13 中的各种色系。

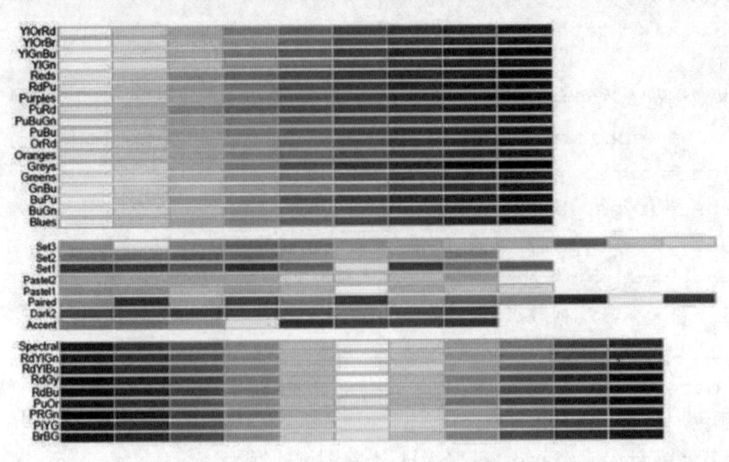

图 6.13　可用的调色板选项

6.5　颜色、形状和线条类型的自定义设置

读者可能会发现，在之前的饼图、散点图、折线图等图形中都会包含默认的颜色、点形状和线条类型，如果这些默认状态下的值不是很理想，就需要人工自定义的设置。本节就自定义设置问题展开详细的讲解，涉及的函数及参数含义如下：

```
# 针对离散型图例的自定义设置
scale_colour_manual(..., values)
scale_shape_manual(..., values)
scale_linetype_manual(..., values)
```

- **...**：指定离散型图例的其他设置，如图例名称name、显示范围limits、图例值breaks、图例值的别名labels等。
- **values**：设定自定义的颜色值、形状值和线类型值；既可以直接传递具体的值向量，也可以将变量值与图例颜色、形状和线类型对应匹配，如 c('1'='indianred','2'='steelblue','3'= 'black')。

为使读者理解和掌握如上介绍的 3 种函数，将以笔者的公众号（“数据分析 1480”）后台数据为例讲解如上函数的具体使用方法，代码如下：

```
# 导入第三方包
library(tidyr)
```

```
# 读取外部数据 -- wechat.xlsx
wechat <- read_excel(path = file.choose())
# 日期类型的转换
wechat$Date <- as.Date(wechat$Date)
# 将宽形表转换为长形表
wechat_reshape <- gather(data = wechat, key = 'type', value = 'counts', -Date)

# 绘制微信文章浏览人次和人数折线图
ggplot(data = wechat_reshape, mapping = aes(x = Date, y = counts,
       color = type, # type 变量表示颜色
       shape = type, # type 变量表示点的形状
       linetype = type)) + # type 变量表示线的类型
  geom_line() + # 绘制折线图
  geom_point() + # 绘制散点图
  # 设置 x 轴的日期输出格式
  scale_x_date(date_breaks = '10 days', date_labels = '%m-%d') +
  # 自定义颜色
  scale_color_manual(name = '', # 去除图例的标题
                labels = c('人数','人次'), # 修改图例的具体值
                # 自定义各折线的颜色
                  values = c('Counts'='indianred', 'Times'='steelblue')) +
  # 自定义点的形状
  scale_shape_manual(name = '', labels = c('人数','人次'),
                  values = c('Counts'=17, 'Times'=19)) + # 自定义各折线上点的形状
  # 自定义线的类型
  scale_linetype_manual(name = '', labels = c('人数','人次'),
                    # 自定义各折线的类型
                    values = c('Counts'='solid', 'Times'='longdash')) +
  labs(y = '人数(次)') + # 修改 y 轴标签
  theme(legend.position = c(0.1,0.9), # 调整图例的位置
       legend.background = element_blank(), # 去除图例的背景框
       axis.text.x = element_text(angle = 30)) # x 轴刻度标签旋转 30 度
```

结果如图 6.14 所示。

折线图中包含了线条的颜色、点的形状以及线条的类型。在如上使用的自定义函数中，name 参数用来设置图例的名称；labels 参数用来更改图例的具体值；values 参数则用来自定义具体的颜色、形状和类型。

在如上代码中，关于线条类型的自定义值为'solid'和'longdash'，它们分别代表实心线和长须线。在 R 语言中，还包括其他 4 种可用的线条类型，分别是'dashed'、'dotted'、'dotdash'和'twodash'，在使用这些线条类型时，既可以写它们的名称，也可以写对应的编号（1~6）。上面描述的线条类型所代表的具体含义如图 6.15 所示。

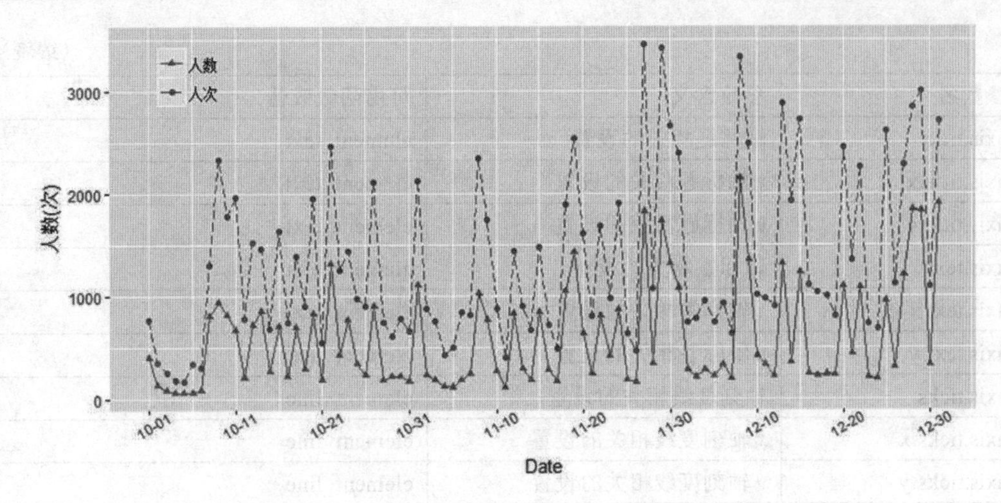

图 6.14　自定义颜色、点形状和线条类型的效果图

图 6.15　可用的线条形状

6.6　图形主题的设置

当一幅统计图形绘制好后，往往还需要对其外观做更详细的调整和设置，如标题颜色、字体的设置；轴标签、刻度标签的字体和颜色的设置；图例标题、位置的设置、网格线颜色、类型的设置等。这些选项的设置都可以通过 theme 函数实现，该函数功能强大而灵活，但对应的参数选项也非常多。为了便于读者理解 theme 函数中的参数含义，这里将其汇总到表 6.2 中。

表 6.2　主题函数 theme 的参数解释

参数名	参数含义	可用函数或值
line	所有直线相关的设置	element_line
rect	所有矩形框相关的设置	element_rect
text	所有文本相关的设置	element_text
title	所有标题相关的设置	element_text

（续表）

参数名	参数含义	可用函数或值
axis.title	轴标题相关的设置	element_text
axis.title.x	x 轴标题相关的设置	element_text
axis.title.y	y 轴标题相关的设置	element_text
axis.text	轴标签相关的设置	element_text
axis.text.x	x 轴标签相关的设置	element_text
axis.text.y	y 轴标签相关的设置	element_text
axis.ticks	轴刻度线相关的设置	element_line
axis.ticks.x	x 轴刻度线相关的设置	element_line
axis.ticks.y	y 轴刻度线相关的设置	element_line
axis.ticks.length	轴刻度线长度的设置	unit
axis.line	垂直与水平轴的设置	element_line
axis.line.x	x 轴的设置	element_line
axis.line.y	y 轴的设置	element_line
legend.background	图例背景框的设置	element_rect
legend.margin	图例背景框边距设置	margin
legend.spacing	多个图例间距离的设置	unit
legend.spacing.x	多个图例间水平距离的设置	unit
legend.spacing.y	多个图例间垂直距离的设置	unit
legend.key	图例值的背景框设置	element_rect
legend.key.size	图例值的背景框大小设置	unit
legend.key.height	图例值的背景框高度设置	unit
legend.key.width	图例值的背景框宽度设置	unit
legend.text	图例值文本的设置	element_text
legend.text.align	图例值文本对齐方式设置	0（左）~1（右）之间的取值
legend.title	图例标题的设置	element_text
legend.title.align	图例标题的对齐方式设置	0（左）~1（右）之间的取值
legend.position	图例位置的设置	'left', 'right', 'bottom', 'top'或 0~1 之间的二值向量
legend.direction	图例方向的设置	'horizontal'或'vertical'
legend.justification	图例位置的微调	0~1 之间的二值向量
legend.box	多个图例框的位置调整	'horizontal'或'vertical'
panel.background	图形背景的设置	element_rect
panel.border	图框边界线的设置	element_rect，须设置 fill = NA
panel.spacing	分面图之间的距离	unit
panel.spacing.x	分面图之间的水平距离	unit

（续表）

参数名	参数含义	可用函数或值
panel.spacing.y	分面图之间的垂直距离	unit
panel.grid	网格线的设置	element_line
panel.grid.major	主网格线的设置	element_line
panel.grid.major.x	*x* 轴上主网格线的设置	element_line
panel.grid.major.y	*y* 轴上主网格线的设置	element_line
panel.grid.minor	次网格线的设置	element_line
panel.grid.minor.x	*x* 轴上次网格线的设置	element_line
panel.grid.minor.y	*y* 轴上次网格线的设置	element_line
plot.background	图框背景的设置	element_rect
plot.title	图形标题的设置	element_text
plot.subtitle	图形子标题的设置	element_text
plot.caption	图形脚注文字的设置	element_text
plot.margin	图框边距设置	margin
strip.background	分面图边缘标签背景的设置	element_rect
strip.text	分面图边缘标签文本的设置	element_text
strip.text.x	多列分面图的边缘标签设置	element_text
strip.text.y	多行分面图的边缘标签设置	element_text

需要说明的是，theme 函数中很多参数的设置依赖于一些函数，如表示文本相关的设置函数 element_text、线条相关的设置函数 element_line、边框距离相关的设置函数 margin 等。所以，还需要进一步对这些函数的用法和参数含义做相应的说明，这样可以使读者真正了解和掌握图形主题的设置：

```
# 图形元素的删除函数
element_blank()
# 矩形框边界的设置
margin(t = 0, r = 0, b = 0, l = 0, unit = "pt")
# 长度与单位的设置
unit(x,units)
# 矩形框的设置（如边框、背景框等）
element_rect(fill = NULL, colour = NULL, size = NULL,
        linetype = NULL,color = NULL)
# 线条相关的设置
element_line(colour = NULL, size = NULL, linetype = NULL,
        lineend = NULL, color = NULL, arrow = NULL)
# 文本内容的设置
element_text(family = NULL, face = NULL, colour = NULL, size = NULL,
        hjust = NULL, vjust = NULL, angle = NULL, lineheight = NULL,
        color = NULL, margin = NULL, debug = NULL)
```

- **t/r/b/l**：分别设置矩形框四周边界（顶部、右边、底部和左边）与内部图形或图例的距离。
- **unit/units**：表示长度的单位，常用的有'mm'（表示毫米）、'pt'（表示点距，1pt等于0.376毫米）、'inch'（表示英寸，1inch等于2.54厘米）、'cm'（表示厘米）。
- **x**：指定长度的具体值。
- **fill**：用于指定矩形框的填充色。
- **colour/color**：用于指定矩形框边缘、线条和文本的颜色。
- **size**：用于指定矩形框的大小、线条的粗细(毫米单位)和文本的大小(点距单位)。
- **linetype**：用于指定矩形框边和线条的类型，可以传递1~6的数字，也可以传递具体的线条的类型名称。
- **lineend**：用于指定线条两端的风格。
- **arrow**：用于设置线条两端的箭头。
- **family**：用于设置文本的子图。
- **face**：用于设置字体外表，如'plain'（扁平体）、'italic'（斜体）、'bold'（粗体）、'bold.italic'（粗斜体）。
- **hjust/vjust**：用于微调文本的水平位置和垂直位置。
- **angle**：用于调整文本的倾斜角度。
- **margin**：用于设置文本周围的边框距，需调用margin函数。
- **debug**：是否在文本的背后添加背景框，默认为NULL，即不添加。

接下来通过一个具体的案例说明 theme 函数的使用，案例中所使用的数据来源于 R 语言自带的 iris 数据集，具体代码如下：

```
# 基于 iris 数据集绘制散点图，并修改图形的主题元素
ggplot(data = iris, mapping = aes(x = Petal.Length, y = Petal.Width)) +
  geom_point() +
  facet_wrap(~Species) +
  theme(# 轴名称设置为橙色和粗体
        axis.title = element_text(color = 'orange', face = 'bold'),
        # 刻度标签设置为白色
        axis.text = element_text(color = 'white'),
        # 图框背景设为铁蓝色
        plot.background = element_rect(fill = 'steelblue'),
        # 图形背景设置为灰色
        panel.background = element_rect(fill = 'gray'),
        # 分面图形边缘标签所在背景框设置为白色
        strip.background = element_rect(fill = 'white'),
        # 分面图边缘标签设置为红色和粗体
        strip.text.x = element_text(color = 'red', face = 'bold'),
        # 设置多列分面图之间的距离为 1 厘米
        panel.spacing.x = unit(1,'cm'),
        # 图框边界线设置为黑色
        panel.border = element_rect(color = 'black', fill = NA),
```

```
      # 去除次网格线
      panel.grid.minor = element_blank(),
      # 主网格线设置为白色虚线
      panel.grid.major = element_line(color = 'white', linetype = 2)
      )
```

结果如图 6.16 所示。

为使用 theme 函数的功能，对分面图做了夸张的调整，如分面图边缘标签的字体设置为红色粗体、分面图之间的水平距离设置为 1 厘米、图框背景设置为铁蓝色、图形背景设置为灰色、轴标题设置为橙色粗体、刻度值标签设置为白色等。所以，通过该函数读者可以将图形设置成出版质量的水平。

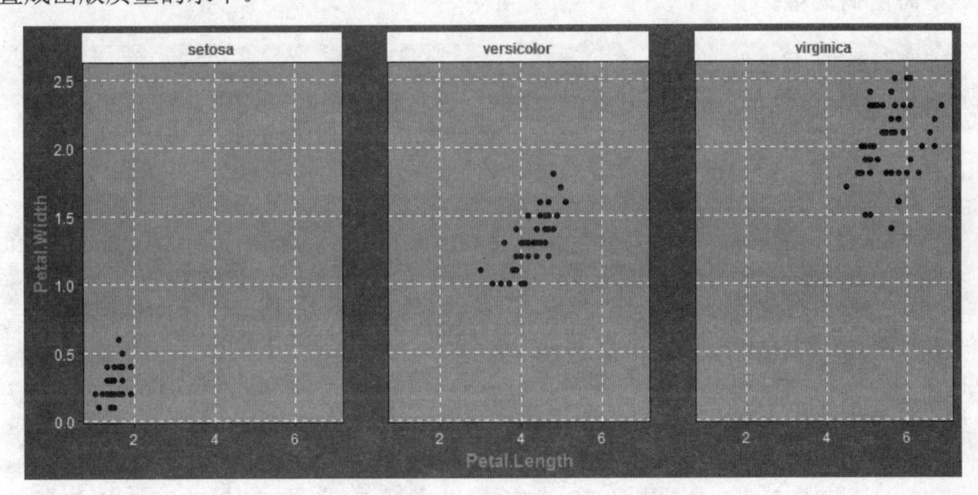

图 6.16　基于 theme 函数设置的图形主题效果

6.7　有关图例布局的调整

本节将是 R 语言绘图知识点的最后一节，那就是调整图例本身。尽管在 6.4 节和 6.5 节也讲解到图例的设置，但那是关于图例中点的形状、颜色以及线条类型的调整，本节则侧重于图例布局的调整。

对于图例布局的调整，读者可能觉得比较抽象，这里举几个例子可能会好理解一些，例如图形中是否显示图例、图例标题的位置调整、图例值的位置调整、图例值的背景框调整、图例值设置成几行几列等。

这些功能的实现可以依赖于 guides 函数、guide_legend 函数和 guide_colorbar 函数。其中，guides 函数统领另外两个函数，guide_legend 函数用于离散型的图例，guide_colorbar 函数用于连续型的图例。有关这 3 种函数的使用方法和参数含义如下：

```
# 图例布局的统领函数
guides(color, fill, shape, lty, ...)
```

- **color**：如果设置为FALSE，则表示不显示颜色相关的图例；如果借助于guide_legend函数设定nrow或ncol值，则可以调整图例的行数或列数。
- **fill**：如果设置为FALSE，则表示不显示填充色相关的图例；如果借助于guide_legend函数，用法同上。
- **shape**：如果设置为FALSE，则表示不显示形状相关的图例；如果借助于guide_legend函数，用法同上。
- **lty**：如果设置为FALSE，则表示不显示线条类型相关的图例；如果借助于guide_legend函数，用法同上。
- **...**：可以通过离散型图例函数guide_legend或连续型图例函数guide_colorbar设定更多的图例风格。

```
# 离散型图例的布局函数
guide_legend(title = waiver(), title.position = NULL, title.hjust = NULL,
          title.vjust = NULL, label = TRUE, label.position = NULL,
          label.hjust = NULL, label.vjust = NULL, keywidth = NULL, keyheight
= NULL,
          direction = NULL, default.unit = "line",nrow = NULL, ncol = NULL,
          byrow = FALSE, reverse = FALSE)

# 连续型图例的布局函数
guide_colorbar(title = waiver(), title.position = NULL, title.hjust = NULL,
            title.vjust = NULL, label = TRUE, label.position = NULL,
            label.hjust = NULL, label.vjust = NULL, barwidth = NULL,
            barheight = NULL, nbin = 20, ticks = TRUE, ticks.colour = "white",
            ticks.linewidth = 0.5, draw.ulim = TRUE, draw.llim = TRUE,
            direction = NULL, default.unit = "line", reverse = FALSE)
```

- **title**：设置图例的标题。
- **title.position**：调整图例标题的位置，对于垂直摆放的图例，可以调整为'top'或'bottom'；对于水平摆放的图例，可以调整为'left'或'right'。
- **title.hjust**：微调图例标题的水平位置。
- **title.vjust**：微调图例标题的垂直位置。
- **label**：bool类型的参数，表示是否显示具体的图例值，默认为TRUE。
- **label.position**：调整图例值的位置，用法同title.position参数。
- **label.hjust**：微调图例值的水平位置，用法同title.hjust参数。
- **label.vjust**：微调图例值的垂直位置，用法同title.vjust参数。
- **keywidth**：设置图例符号后面的背景框宽度。
- **keyheight**：设置图例符号后面的背景框高度。
- **direction**：指定图例的方向，可选择'horizontal'（水平摆放）或'vertical'（垂直摆放）。
- **default.unit**：指定图例符号后面背景框宽度或高度的单位，如厘米'cm'、英寸'inch'等。
- **nrow**：指定图例值的行数。

- **ncol**：指定图例值的列数。
- **byrow**：bool类型的值，表示是否按水平方向排放图例值，默认为FALSE。
- **reverse**：bool类型的值，表示是否颠倒图例值的顺序，默认为FALSE。
- **barwidth**：指定图例条的宽度。
- **barheight**：指定图例条的高度。
- **nbin**：指定图例条中颜色的阶数，默认为20阶，值越大，颜色越平滑。
- **ticks**：bool类型的参数，表示是否显示图例条中的刻度线，默认为TRUE。
- **ticks.colour**：指定图例条中刻度线的颜色，默认为白色。
- **ticks.linewidth**：指定图例条中刻度线的宽度，默认为0.5。
- **draw.ulim**：bool类型的参数，表示是否显示刻度标签的上限，默认为TRUE。
- **draw.llim**：bool类型的参数，表示是否显示刻度标签的下限，默认为TRUE。

对于如上的 3 个函数而言，它们拥有非常多的参数，为使读者理解和掌握这些参数的含义，这里将通过两个具体的案例加以说明。绘图数据来自于6.4 节中读入的超市交易数据，具体代码如下：

```
# 绘制不同品类商品的销售额与利润之间的散点图
ggplot(data = super_market, mapping = aes(x = Amount, y = Profit,
                                  color = Category, # Category 变量表示颜色
                                      shape = Category)) + # Category 变量表示点的形状
  geom_point() + 绘制散点图
  guides(color = guide_legend(title.position = 'top', # 图例标题位置设为顶部
                       title.hjust = 0.5, # 图例名称居中显示
                       nrow = 1, # 图例值显示在一行中
                       keywidth = 0.5, # 图例符号的背景框宽度为 0.5
                       keyheight = 1 # 图例符号的背景框长度为 1
                     )) +
  theme(legend.position = c(0.15,0.9), # 调整图例的位置
        legend.background = element_blank(), # 去除图例的背景框
        # 设置图例标题
        legend.title = element_text(face = 'bold', # 图例标题加粗
                             color = 'brown' # 图例标题颜色为棕色
                           ))
```

结果如图 6.17 所示。

原本垂直布局的图例通过 nrow 参数调整为仅一行显示的水平布局；原本左对齐显示的图例标题通过 title.hjust 调整为水平居中对齐；原本图例符号的背景框为正方形，通过 keywidth 和 keyheight 参数调整为 1:2 的矩形。

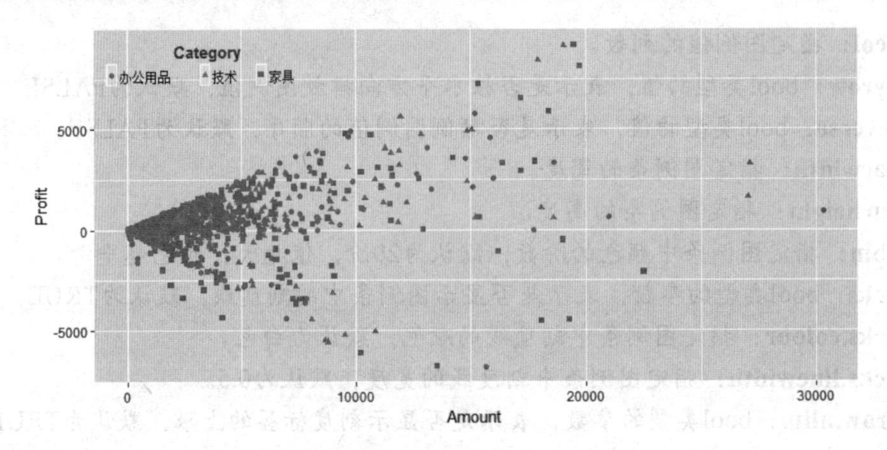

图 6.17 离散型图例的设置效果图

如上散点图是利用离散型的产品类别变量 Category 将图形做了区分，进而形成三个不同的图例值。接下来仍然绘制销售额与利润之间的散点图，所不同的是，图例表示为连续型的利润率，代码如下：

```
# 绘制销售额与利润之间的散点图，并以数值型的利润率作为颜色标识
ggplot(data = super_market, mapping = aes(x = Amount, y = Profit, color =
Profit_Ratio)) +
  geom_point(size = 2) +
  # 图例颜色的设置
  scale_color_continuous(breaks = seq(-4,0.5,by = 0.5),
                         low = 'indianred', high = 'steelblue') +
  guides(color = guide_colorbar(barwidth = 1, # 设置颜色条的宽度为 1
                                barheight = 6, # 设置颜色条的高度为 6
                                nbin= 10 # 设置颜色条的阶数为 10
                           )) +
  theme(legend.position = c(0.08,0.75),
        legend.background = element_blank())
```

结果如图 6.18 所示。

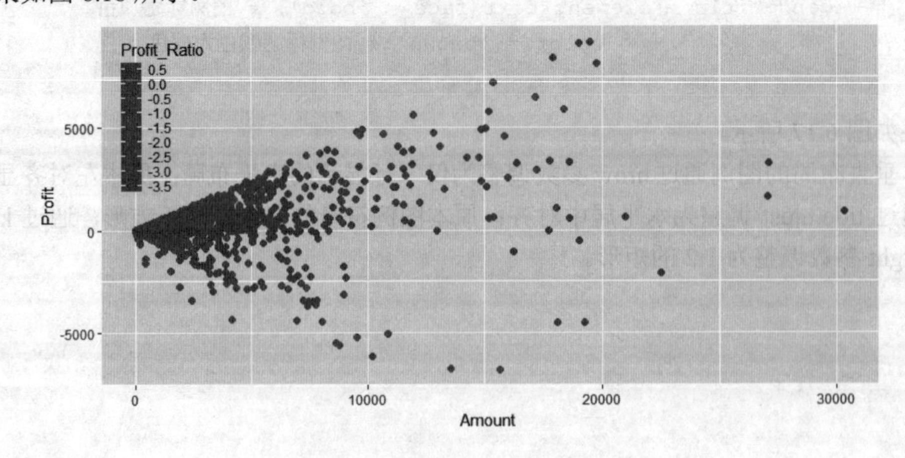

图 6.18 连续型图例的设置效果

通过 barwidth 和 barheight 参数对图例的宽度和高度做了相应的调整，读者可以尝试在没有设置该参数的情况下对比前后两种图形的差异。

6.8 篇章总结

本章内容在第 5 章的基础上又介绍了图形额外的设置，如分面图以及组合图的绘制、图形轴与图例的设置、文本标签的添加以及图形主题元素的设置。通过本章内容的学习，读者可以根据自己的艺术细胞绘制出高质量的统计图形，进而在学习或工作中成为可视化技术的大咖。

为了使读者掌握有关本章内容所涉及的函数，这里将其重新梳理到表 6.3 中，以便读者查阅和记忆。

表 6.3 本章所涉及的 R 语言函数

R 语言包	R 语言函数	说明
stats	read.csv	读取文本文件数据
	lm	构造线性回归模型
	predict	基于 lm 函数在测试上做预测
	as.data.frame	强制转换为数据框对象
	data.frame	构造数据框
	paste0	对象拼接函数
	factor	因子化转换
	dnorm	基于 x 变量生成对应的正态分布密度值
	seq	根据起始值和终止值生成指定长度或步长的向量
	as.Date	日期转换函数
readxl	read_excel	读取 Excel 文件数据
lubridate	month	根据日期型数据返回月份
	day	根据日期型数据返回月中的日
tidyr	gather	宽形表转长形表
dplyr	group_by	数据的分组
	summarise	基于分组数据的统计
grid	arrow	直线中填写箭头
ggplot2	ggplot	新增绘图对象
	geom_line	绘制折线图
	geom_histogram	绘制直方图
	geom_bar	绘制条形图
	geom_text	添加文本标签
	geom_label	添加带背景框的文本标签

（续表）

R语言包	R语言函数	说明
ggplot2	Annotate	添加注释信息
	geom_point	绘制散点图
	geom_smooth	绘制平滑曲线
	geom_hline	添加水平参考线
	geom_vline	添加垂直参考线
	geom_abline	添加带斜率的参考线
	facet_wrap	单向排列分面图
	facet_grid	网格分面图
	coord_polar	极坐标转换
	coord_cartesian	笛卡儿坐标轴的范围设置
	coord_fixed	笛卡儿坐标轴的伸缩设置
	coord_flip	笛卡儿坐标轴的转置
	coord_trans	笛卡儿坐标轴的数学转换
	scale_x_date	日期型 x 轴的设置（x 也可以换成 y）
	scale_x_continuous	连续型 x 轴刻度的设置（x 也可以换成 y）
	scale_colour_brewer	离散型图例颜色的设置
	scale_colour_hue	离散型图例颜色的设置
	scale_color_continuous	连续型图例的设置（非填充色图例）
	scale_color_manual	自定义线条颜色
	scale_fill_manual	自定义填充色
	scale_shape_manual	自定义点的形状
	scale_linetype_manual	自定义线的类型
	labs	设置 x 轴、y 轴和图形的标题
	theme	图形主题设置
	element_blank	删除图形元素
	element_text	图中文本相关的设置
	element_rect	图中矩形框相关的设置
	element_line	图中线性相关的设置
	guides	图例本身的设置
	guide_legend	基于 guides 函数的图例设置（离散型图例）
	guide_colorbar	基于 guides 函数的图例设置（连续型图例）
gridExtra	grid.arrange	多图形的合并

第 7 章

线性回归模型的预测应用

在平时的日常生活或工作中经常会存在预测性问题，例如某酒店根据历史的天气状况、订餐数量、折扣等数据来预测第二天的营业额；某网站根据其新用户注册量、老用户活跃状态、网站内容更新频率等因素预测网页某个环节的转化率；某公司根据产品的研发成本、营销成本、管理成本等因素预测其利润情况；根据患者的体检各项指标，预测其患某种疾病的概率大小等。

上面所提到的几个案例预测问题其实都有一个共同的特定，即被预测的那个变量属于连续的数值型变量。如果能够构建模型来预测，就必须拥有历史数据(包含预测变量和被预测变量）作为支撑，因为类似上面的预测模型在数据挖掘中属于有监督的学习算法。

本章将应用统计学中的线性回归模型来解决你手中的预测类问题，通过本章内容的学习，你将会收获：

- 相关分析与回归分析的区别；
- 线性回归模型的理论铺垫；
- 如何使用R语言完成线性回归模型的应用。

7.1 相关性分析

相关分析从字面上理解就是事件之间是否存在某种相关或依存关系，例如气温的升高与空调销量之间的关系、广告投入与销售额之间的关系、城市收入水平的提升与犯罪率之间的关系、摩擦系数与刹车距离之间的关系、电商的崛起和发展与交通事故发生量之间的关系等。

一般而言，在判断变量之间的相关性时，可以选择绘制散点图（见图 7.1），通过散点图的分布来发现它们之间所存在的某种关系。

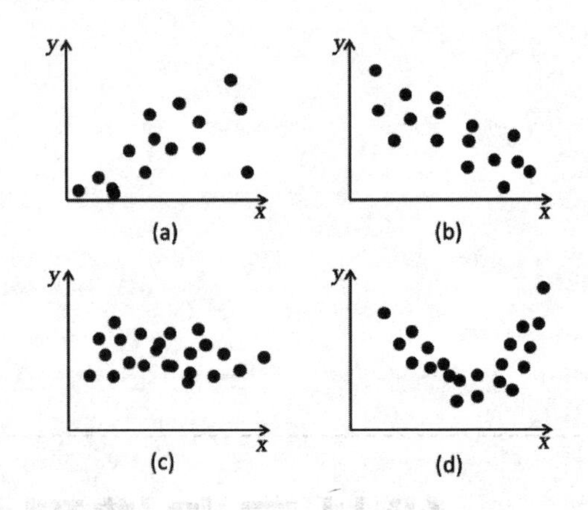

图 7.1 变量之间的散点图关系

在（a）图中，随着 x 轴的增加，y 轴的数据也呈现增加的趋势，这样的关系称为正相关关系；在（b）图中，正好与（a）图所呈现的相反，即随着 x 的增加，y 在减小，说明它们之间存在负相关关系；在（c）图中，随着 x 轴的增加，y 轴的数据似乎没有明显的趋势，一般称之为无相关关系；在（d）图中，y 轴的数据先是下降趋势，后是上升趋势，呈现典型的二次函数关系，对于这样的情况，只能说 x 与 y 之间不存在线性关系。

除了绘图这个方法，我们还可以计算两个变量之间的相关系数，通过这个定量的方法，可以得知变量之间相关的程度大小。例如，Pearson 相关系数的计算公式如下：

$$\rho=\frac{\sum(X_i-\bar{X})(Y_i-\bar{Y})}{\sqrt{\sum(X_i-\bar{X})^2\sum(Y_i-\bar{Y})^2}}$$

其中，X_i 表示 X 变量的第 i 个样本，$\bar{X}$ 为该变量的平均值。通过上式得到的相关系数取值范围在-1 到+1，绝对值越接近于 1，说明两个变量之间的线性相关程度越强；绝对值越接近于 0，就表示两个变量之间的线性相关程度越弱。关于相关程度的高低，这里给一个大概的范围（见表 7.1），仅供读者参考。

表 7.1 相关系数与相关程度的关系

$\|\rho\|\geqslant 0.8$	$0.5\leqslant\|\rho\|<0.8$	$0.3\leqslant\|\rho\|<0.5$	$\|\rho\|<0.3$
高度相关	中度相关	弱相关	几乎不相关

7.2 回归性分析

早在 1855 年，英国著名生物学家兼统计学家高尔顿通过研究 1078 对夫妇及其成年儿子的身高数据，发现父母的平均身高可以预测儿子的身高，且两者近似于一条直线。除此，他还发现了一个有意思的规律，成年儿子的身高会围绕父辈的平均身高上下波动。这里的波动就可以理解成“回归”，就像太阳围绕赤道在南北回归线之内波动一样，这也就是为什么人类的身高相对稳定，没有产生两极分化的状态。

对比相关分析来说，回归分析更像是一种因果关系的“函数”度量。该分析方法用来确定两个或两个以上变量之间的数量依存关系，属于一种统计分析方法。之所以说是因果关系，是因为一些变量（因素）促使了另一个变量（结果）的变化，例如广告投入的增加会导致产品销售额的增加；理财产品的风险越高，其相应的收益也将越高；产品库存的紧张会促使价格的提升；医疗水平的提高会导致病发率的降低等。

这些因果关系的背后所需的“函数”度量就是我们本章需要跟读者介绍的线性回归模型，该模型直观地刻画了因变量（结果）与自变量（因素）之间的线性组合。当这种组合中仅包含一个因变量和一个自变量时，一般称之为简单线性回归模型；当组合中包含一个因变量和两个及以上的自变量时，则将其称为多元线性回归模型。构建变量之间的线性回归模型主要出于两个目的：一方面是从多个因素中找到真正影响结果的原因；另一方面是基于该模型实现未知结果的预测。本章我们将直接讲解有关多元线性回归模型的知识点和应用，主要是由于绝大多数的情况下影响因变量的因素会有很多种；同时，多元线性回归模型也是简单线性回归模型的推广。

7.3　线性回归模型的介绍

从某平台获得有关二手房的数据，包括二手房的户型、面积、朝向、所属区域、楼层、建筑年代、交通状况等，并通过这些数据来预测房价时，可以考虑使用多元线性回归模型。例如，这些数据包含 n 个观测、p+1 个变量，其中 p 个变量是自变量，1 个变量是因变量，则这些数据可以写成下方的矩阵形式：

$$\boldsymbol{y}=\begin{pmatrix} y_1 \\ y_2 \\ \vdots \\ y_n \end{pmatrix} \quad \boldsymbol{X}=\begin{pmatrix} x_{11} & x_{12} & \cdots & x_{1p} \\ x_{21} & x_{22} & \cdots & x_{2p} \\ \vdots & \vdots & & \vdots \\ x_{n1} & x_{n2} & \cdots & x_{np} \end{pmatrix}$$

正如上文所说，线性回归模型反映的是因变量与自变量的线性组合，则矩阵中的因变量 $\boldsymbol{y}$ 可以用自变量 $\boldsymbol{X}$ 来表示，并且它们之间存在线性关系，即：

$$y=\beta_0+\beta_1 x_1+\beta_2 x_2+\cdots \beta_p x_p+\varepsilon$$

为了书写的方便，可以将上式中的线性回归模型写成 $\boldsymbol{y}=\boldsymbol{X\beta}+\boldsymbol{\varepsilon}$。其中，$\boldsymbol{\beta}=\begin{pmatrix} \beta_1 \\ \beta_2 \\ \vdots \\ \beta_p \end{pmatrix}$，$\boldsymbol{\varepsilon}=\begin{pmatrix} \varepsilon_1 \\ \varepsilon_2 \\ \vdots \\ \varepsilon_n \end{pmatrix}$，它们分别代表多元线性回归模型的偏回归系数和误差项。误差项用来

平衡模型无法覆盖的结果值。

注意，在应用手中的数据去创建多元线性回归模型之前，需要了解该模型的几个重要假设前提：

（1）误差项$\boldsymbol{\varepsilon}$服从均值为0、标准差为σ的正态分布。

（2）误差项$\boldsymbol{\varepsilon}$之间相互独立。

（3）自变量之间不存在多重共线性。

（4）因变量与自变量之间存在线性关系。

7.4 回归系数求解

很显然，如需得知具体的线性回归模型，需要先得到模型的偏回归系数$\boldsymbol{\beta}$，那么这个系数该如何计算得到呢？接下来我们就详细地说说偏回归系数的来龙去脉。

前面假设线性回归模型的误差项ε服从均值为0、标准差为σ的正态分布，即可以表示为$\boldsymbol{\varepsilon}=\boldsymbol{y}-\boldsymbol{X\beta}\sim N(0,\sigma^2)$。由于正态分布的概率密度函数可以写成下面的这个式子：

$$f(\boldsymbol{x})=\frac{1}{\sqrt{2\pi}\sigma}\mathrm{e}^{\frac{-(\boldsymbol{x}-\mu)^2}{2\sigma^2}}$$

其中，μ为样本均值，σ为样本标准差。所以，线性回归模型误差项$\boldsymbol{\varepsilon}$的概率密度函数可以写成如下所示的式子：

$$\begin{aligned}f(\boldsymbol{\varepsilon})&=\frac{1}{\sqrt{2\pi}\sigma}\mathrm{e}^{\frac{-(\boldsymbol{\varepsilon}-0)^2}{2\sigma^2}}\\&=\frac{1}{\sqrt{2\pi}\sigma}\mathrm{e}^{\frac{-(\boldsymbol{y}-\boldsymbol{X\beta})^2}{2\sigma^2}}\end{aligned}$$

使用训练数据集进行建模过程中，已知的数据包含自变量$\boldsymbol{X}$和因变量$\boldsymbol{y}$，对于上式来说，要求得误差项$\boldsymbol{\varepsilon}$的概率密度值，就必须先得到偏回归系数$\boldsymbol{\beta}$的值。

在统计学中，如果已知随机变量服从某个概率密度函数，那么当概率密度函数中的某些参数未知时，可以考虑使用极大似然估计法完成未知参数的求解。极大似然估计的实质就是利用已知的样本结果（$\boldsymbol{X},\boldsymbol{y}$）反推最有可能（最大概率）导致结果的参数值。关于极大似然估计的一般步骤如下：

（1）构造似然函数。

（2）对似然函数取对数，并做进一步的整理。

（3）对似然函数求导。

（4）计算最终的偏回归系数。

下面将带着读者通过上面的4个步骤完成偏回归系数$\boldsymbol{\beta}$的求解。

7.4.1　构造似然函数

$$L(\boldsymbol{\varepsilon})=\prod\frac{1}{\sqrt{2\pi}\sigma}e^{\frac{-(y-X\beta)^2}{2\sigma^2}}$$

之所以写成误差项 $\boldsymbol{\varepsilon}$ 的概率密度函数乘积，是因为假设样本之间是相互独立的，样本间的联合概率密度函数就可以写成各样本概率密度函数的乘积。

7.4.2　取对数并整理

$$\begin{aligned}\log(L(\boldsymbol{\varepsilon}))&=l(\boldsymbol{\varepsilon})\\&=\log(\prod\frac{1}{\sqrt{2\pi}\sigma}\mathrm{e}^{\frac{-(y-X\beta)^2}{2\sigma^2}})\\&=\sum\log(\frac{1}{\sqrt{2\pi}\sigma}\mathrm{e}^{\frac{-(y-X\beta)^2}{2\sigma^2}})\end{aligned}$$

通过对概率密度函数的乘积取对数，得到概率密度函数的对数和，下面对其做进一步整理：

$$\begin{aligned}l(\boldsymbol{\varepsilon})&=\sum\log(\frac{1}{\sqrt{2\pi}\sigma}\mathrm{e}^{\frac{-(y-X\beta)^2}{2\sigma^2}})\\&=\sum\log(\frac{1}{\sqrt{2\pi}\sigma})+\log(\mathrm{e}^{\frac{-(y-X\beta)^2}{2\sigma^2}})\\&=n\log(\frac{1}{\sqrt{2\pi}\sigma})+\sum\frac{-(\boldsymbol{y}-\boldsymbol{X\beta})^2}{2\sigma^2}\\&=n\log(\frac{1}{\sqrt{2\pi}\sigma})-\sum\frac{(\boldsymbol{y}-\boldsymbol{X\beta})^2}{2\sigma^2}\end{aligned}$$

由于等式的前半部分 $n\log(\frac{1}{\sqrt{2\pi}\sigma})$ 是一个常数，而后半部分是一个负值，所以求解似然函数的最大概率问题就转换成了求解 $\sum\frac{(\boldsymbol{y}-\boldsymbol{X\beta})^2}{2\sigma^2}$ 的最小值问题，即：

$$\underset{\arg\min}{J(\boldsymbol{\beta})}=\frac{1}{2}\sum(\boldsymbol{y}-\boldsymbol{X\beta})^2=\frac{1}{2}\sum\boldsymbol{\varepsilon}^2$$

要求得合理的偏回归系数 $\boldsymbol{\beta}$ ，就必须保证预测值与实际值尽可能接近，即模型能够很好地拟合真实值的 $\boldsymbol{y}$ 值。为衡量两者的接近程度，可以使用上式中的离差平方和。预测值与实际值越接近，误差平方和就应该越小，从而由 $\boldsymbol{\beta}$ 的极大似然估计引申出参数求解的最小二乘法。

7.4.3 展开并求导

$$
\begin{aligned}
J(\boldsymbol{\beta}) &= \frac{1}{2}\sum (y-\boldsymbol{X\beta})^2 = \frac{1}{2}\sum \varepsilon^2 \\
&= \frac{1}{2}(y-\boldsymbol{X\beta})'(y-\boldsymbol{X\beta}) \\
&= \frac{1}{2}(y'-\boldsymbol{\beta}'\boldsymbol{X}')(y-\boldsymbol{X\beta}) \\
&= \frac{1}{2}(y'y-y'\boldsymbol{X\beta}-\boldsymbol{\beta}'\boldsymbol{X}'y+\boldsymbol{\beta}'\boldsymbol{X}'\boldsymbol{X\beta})
\end{aligned}
$$

由于上式中的 $y'\boldsymbol{X\beta}$ 和 $\boldsymbol{\beta}'\boldsymbol{X}'y$ 都是常量，故常量的转置就是其本身，所以 $y'\boldsymbol{X\beta}$ 和 $\boldsymbol{\beta}'\boldsymbol{X}'y$ 是相等。接下来对目标函数的 $\boldsymbol{\beta}$ 系数求导，并令导函数为 0：

$$
\begin{aligned}
\underset{\arg\min}{J(\boldsymbol{\beta})} &= \frac{\partial J(\boldsymbol{\beta})}{\partial \boldsymbol{\beta}} \\
&= \frac{1}{2}(0-\boldsymbol{X}'\boldsymbol{y}-\boldsymbol{X}'\boldsymbol{y}+2\boldsymbol{X}'\boldsymbol{X\beta})=0
\end{aligned}
$$

7.4.4 计算偏回归系数

$$
\begin{aligned}
2\boldsymbol{X}'\boldsymbol{X\beta} &= 2\boldsymbol{X}'\boldsymbol{y} \\
\boldsymbol{\beta} &= (\boldsymbol{X}'\boldsymbol{X})^{-1}\boldsymbol{X}'\boldsymbol{y}
\end{aligned}
$$

至此，关于线性回归模型偏回归系数的求解就完成了，从而基于得到的偏回归系数构建出多元线性回归模型，并利用这个模型实现预测。接下来通过 R 语言的实战例子来说明线性回归模型的简单应用。

7.5 实战案例——如何基于成本预测利润

本案例所使用的数据是关于产品的成本和利润的，数据集中的变量包含产品的研发成本、管理成本、市场营销成本、产品销售的州和产品利润 5 个变量，其中产品利润是因变量，其余都是自变量。

首先通过探索性数据分析对数据做到心中有数：

```
# 加载第三方包
library(ggplot2)
library(gridExtra)

# 读取数据并查看数据信息  -- Predict to Profit.csv
profit <- read.csv(file = file.choose())
str(profit)
```

```
summary(profit)
> str(profit)
'data.frame':  50 obs. of  5 variables:
 $ R.D.Spend:       num  165349 162598 153442 144372 142107 …
 $ Administration :     num  136898 151378 101146 118672 91392 …
 $ Marketing.Spend:     num  471784 443899 407935 383200 366168 …
 $ State:           Factor w/ 3 levels "California","New York",...: 2 1 3 2 3
2 1 3 2 1 …
 $ Profit:          num  192262 191792 191050 182902 166188 …
> summary(profit)
```

结果如表7.2和表7.3所示。

表7.2 数值型变量的统计描述

	R.D.Spend	Administration	Marketing.Spend	Profit
Min	0	51283	0	14681
1st Qu	39936	103731	129300	90139
Median	73051	122700	212716	107978
Mean	73722	121345	211025	112013
3rd Qu	101603	144842	299469	139766
Max	165349	182646	471784	192262

表7.3 离散型变量的统计描述

State	California	New York	Florida
	17	17	16

该数据集共包含50个样本，其中State变量为因子型，其余变量均为数值型；同时，对于因子型变量输出各水平的频数，对于数值型变量输出最小值、下四分位数、中位数、均值、上四分位数和最大值。

下面采用散点图来探索因变量与自变量之间的关系，采用直方图来查看目标变量的分布状况：

```
# 绘制散点图和直方图
p1 <- ggplot(data = profit, mapping = aes(x = R.D.Spend, y = Profit)) +
  geom_point(fill = 'steelblue') +
  labs(x = '研发成本', y = '利润')

p2 <- ggplot(data = profit, mapping = aes(x = Administration, y = Profit)) +
  geom_point(fill = 'steelblue') +
  labs(x = '管理成本', y = '利润')

p3 <- ggplot(data = profit, mapping = aes(x = Marketing.Spend, y = Profit))+
  geom_point(fill = 'steelblue') +
  labs(x = '市场成本', y = '利润')
```

```
p4 <- ggplot(data = profit, mapping = aes(x = Profit)) +
  geom_histogram(bins = 10, fill = 'steelblue', color = 'black') +
  labs(x = '利润', y = '频数')

# 将 4 幅图合并到一起
grid.arrange(p1,p2,p3,p4,ncol=2)
```

结果如图 7.2 所示。

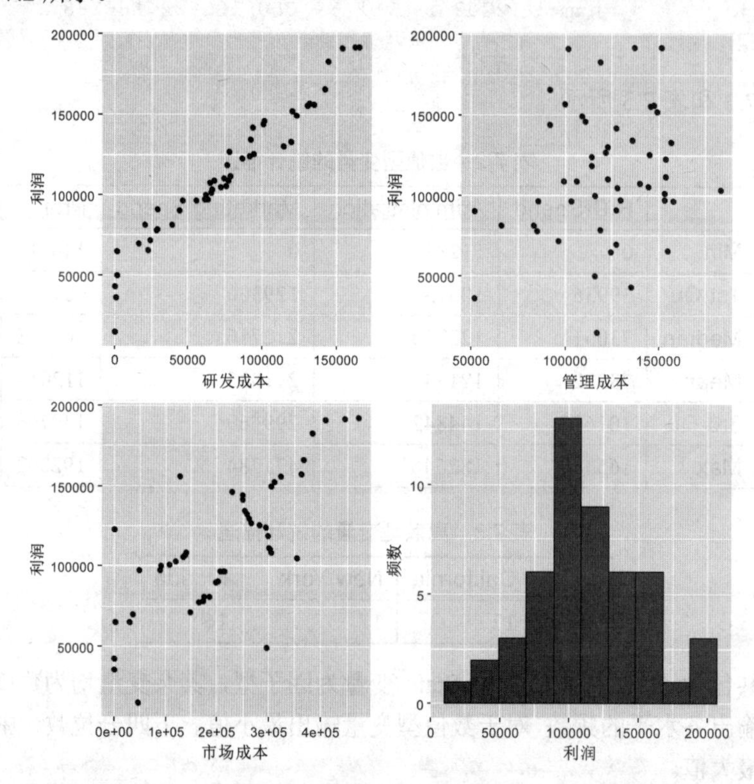

图 7.2 数据的探索性分析

从图 7.2 中我们可以看到，研发成本和利润之间的散点图形成一个上升的区带，即研发成本的投入越大，利润越高；市场成本与利润之间的散点图也存在上升趋势，但没有形成明显的区带；管理成本与利润之间几乎没有什么趋势；再看利润的直方图，呈现中间高两边低的特征，直观感受近似正态分布，但存在左偏。

在 R 语言中，可以通过 lm 函数实现多元线性回归模型的运算，首先介绍一下 lm 函数的语法及重要参数的含义：

```
lm(formula, data, subset, weights, na.action)
```

- **formula**：指定线性模型的函数公式，如y~x1+x2的形式。
- **data**：指定需要建模的数据集。
- **subset**：可选项，通过指定向量创建样本子集，用于建模。
- **weights**：可选项，如果不指定样本权重，则使用最小二乘法计算偏回归系数，否则使用加权最小二乘法计算偏回归系数。

- **na.action**：当训练样本集中存在缺失值时，可以通过该参数指定处理办法，默认为删除样本集中的缺失值。

接下来根据上文中探索得知的数据信息，使用 lm 函数对利润构建多元线性回归模型：

```
# 因子调整，将加利福尼亚州作为参照组
profit$State <- factor(profit$State, levels = c('California','New
York','Florida'))

# 将数据集拆分为训练集和测试集
set.seed(1234)
idx <- sample(x = 1:nrow(profit), size = 0.8*nrow(profit))
train <- profit[idx,]
test <- profit[-idx,]

# 建模并查看模型概览信息
model <- lm(Profit ~ ., data = train)
model
> model

Call:
lm(formula = Profit ~ ., data = profit)

Coefficients:
   (Intercept)  R.D.Spend  Administration  Marketing.Spend  StateFlorida
    5.347e+04  8.152e-01   -6.145e-02       2.623e-02        9.315e+02
   StateNew York
    -3.032e+02
```

如上就是多元线性回归模型运算得到的结果，每一个变量名下面对应的数值就是偏回归系数，故根据偏回归系数可以得到产品利润与其他自变量之间的回归模型：

$$
\begin{aligned}
\text{profit} = {} & 53470 + 0.8152 \times \text{R.D.Spend} - 0.06145 \times \text{Ad min istation} \\
& + 0.02623 \times \text{Marketing.Spend} - 303.2 \times \text{New\_York} \\
& + 931.5 \times \text{Florida}
\end{aligned}
$$

虽然关于利润的多元线性回归模型计算出来了，但是还需要验证模型是否显著（至少有一个自变量能够真正影响因变量）；同时，需要检验每一个偏回归系数是否都是显著的（自变量对因变量具有重要意义）。针对这两个问题，需要进一步了解有关模型的 F 检验和偏回归系数的 t 检验。

7.6 模型的显著性检验——F 检验

在统计学中，对模型的显著性检验是通过 F 检验来验证的，具体的检验步骤如下：

（1）提出问题的原假设和备择假设。

（2）在原假设的条件下，构造统计量。

（3）根据样本信息计算统计量的值。

（4）对比统计量的值和理论分布的值，并得出结论。

同样，按照上面的 4 个具体步骤对模型进行 F 检验，验证模型最终是否通过显著性检验。

7.6.1 提出假设

$$H_0:\beta_0=\beta_1=\cdots=\beta_p=0$$
$$H_1:\beta_0,\beta_1,\cdots,\beta_p\text{不全为}0$$

$\boldsymbol{H}_0$ 被称为原假设，该假设认为模型的所有偏回归系数全为 0，即认为没有一个自变量是构成因变量的影响因素；$\boldsymbol{H}_1$ 为备择假设，正好是原假设的对立面，即至少有一个自变量能够决定因变量的变化。在实际操作中，研究者更希望通过数据来推翻原假设，从而起到保护备择假设的作用。

7.6.2 构造统计量

在构造统计量之前，先通过图 7.3 来了解几个离差平方和的概念，有助于理解 F 检验的来历。

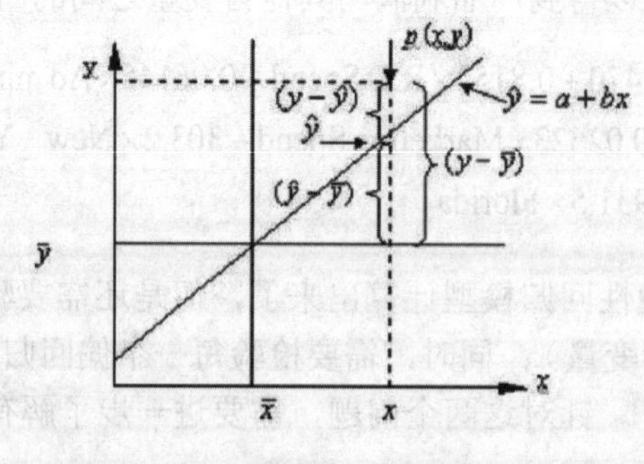

图 7.3　F 检验的几何意义

图 7.3 中所显示的斜线就是某个回归模型，p 点是数据集中的一个实际点，我们称图中的几个线段平方和为：

$$\begin{cases}\sum_{i=1}^{n}(y_i-\overline{y})^2=\text{TSS}\\ \sum_{i=1}^{n}(\hat{y}-\overline{y})^2=\text{RSS}\\ \sum_{i=1}^{n}(y_i-\hat{y})^2=\text{ESS}\end{cases}$$

TSS 称为总的离差平方和，衡量的是因变量的值与其均值之间的离差平方和，是一个固定的量；RSS 称为回归离差平方和，衡量的是因变量的预测值与实际均值之间的离差平方和，会随模型的变动而变化；ESS 称为误差平方和，衡量的是因变量的实际值与预测值之间的离差平方和，同样也会随模型的更改而变动。它们三者之间存在这样的等式关系：TSS=RSS+ESS。

既然 TSS 是一个固定的值，那么 ESS 的减小就会导致 RSS 的增加，反之亦然。在建模过程中，所期望的就是模型能够非常好地拟合实际值，即模型的预测值与实际值接近，会导致误差平方和 ESS 非常小、对应的 RSS 非常大。

为了构造衡量模型好坏的统计量，可以利用上面提到的 ESS 和 RSS，即 F 统计量可以写成：

$$F=\frac{\text{RSS}/p}{\text{ESS}/(n-p-1)}\sim F(p,n-p-1)$$

其中，p 和 $n-p-1$ 分别为 RSS 和 ESS 的自由度。如果模型拟合的越好，则 ESS 就越小，RSS 就越大，得到的商也就越大。

7.6.3 计算统计量

这里直接借助 anova 函数对线性回归模型进行方差分析，结果如下：

```
# 方差检验表
result <- anova(model)
result
> result
Analysis of Variance Table

Response: Profit
                Df    Sum Sq       Mean Sq      F value    Pr(>F)
R.D.Spend       1    6.4892e+10   6.4892e+10   693.1029   <2e-16 ***
Administration  1    2.0608e+08   2.0608e+08   2.2011     0.1471
Marketing.Spend 1    1.3347e+08   1.3347e+08   1.4256     0.2407
State           2    1.0702e+07   5.3511e+06   0.0572     0.9445
Residuals       34   3.1832e+09   9.3625e+07

Signif. codes:  0 '***' 0.001 '**' 0.01 '*' 0.05 '.' 0.1 ' ' 1
```

上面结果中的SUM Sq列是离差平方和的组成部分，TSS是该列的所有数字和，ESS是该列最后一行的值，RSS是该列前4行的和，对应的自由度是DF列。通过编程计算最终的F统计量值如下：

```
# F统计量的计算
RSS <- sum(result$ 'Sum Sq' [1:4])
df_RSS <- sum(result$Df[1:4])
ESS <- result$ 'Sum Sq' [5]
df_ESS <- sum(result$Df[5])
F <- (RSS/df_RSS)/(ESS/df_ESS)
F
> F
[1] 139.3688
```

7.6.4 对比统计量的值和理论分布值

通过上面的计算得到F统计量的值为139.37。在理论的F分布中，如果自由度分别为5和34，并且给定置信水平0.05的前提下可以得到F分布的理论值为：

```
> qf(0.95,5,34)
[1] 2.493616
```

很显然，在原假设的前提下计算出来的统计量F值139.37远远大于F分布的理论值2.49，所以应当拒绝原假设，即认为得到的多元线性回归模型是通过显著性检验的，也就是说回归模型的各偏回归系数都不全为0。

7.7 参数的显著性检验——t检验

对于模型中每一个偏回归系数的显著性检验，可以使用t检验方法，这里仍然可以采用F检验中的4个步骤得出t检验的结论。

7.7.1 提出假设

$$H_0:\beta_j=0,\quad j=0,1,2,\cdots,p$$
$$H_1:\beta_j\neq 0$$

t检验实质上是单独对模型中的每个偏回归系数做一次显著性检验，对于原假设H_0，认为第j个偏回归系数为0；备择假设则认为该偏回归系数不为0。接下来，在原假设的基础上构建统计量，看是否可以推翻原假设。

7.7.2 构造统计量

$$t=\frac{\hat{\beta}_j-\beta_j}{se(\hat{\beta}_j)}\sim t(n-p-1)$$

其中，$\hat{\beta}_j$ 是由最小二乘法计算得到的回归系数估计值，$se(\hat{\beta}_j)$ 为偏回归系数 $\hat{\beta}_j$ 的标准误，并且标准误的计算公式为：

$$se(\hat{\beta}_j)=\sqrt{c_{jj}\frac{\sum\varepsilon_i^2}{n-p-1}}$$

其中，c_{jj} 表示矩阵 $(X'X)^{-1}$ 主对角线上的第 j 个元素。

7.7.3 计算统计量

关于 t 统计量，这里就不手动计算了，完全可以通过 summary 函数将模型的概览信息展现出来：

```
# 查看模型概览信息
> summary(model)

Call:
lm(formula = Profit ~ ., data = train)

Residuals:
  Min     1Q     Median     3Q    Max
-32780    -4506   872        6406  15477

Coefficients:
                 Estimate     Std. Error    t value    Pr(>|t|)
(Intercept)      5.347e+04     8.382e+03     6.379     2.79e-07 ***
R.D.Spend        8.152e-01     5.689e-02     14.328     5.72e-16 ***
Administration  -6.145e-02     6.178e-02    -0.995     0.327
Marketing.Spend  2.623e-02     2.272e-02     1.154     0.256
StateFlorida     9.315e+02     3.734e+03     0.249     0.804
StateNew York   -3.032e+02     4.058e+03    -0.075     0.941

Signif. codes:  0 '***' 0.001 '**' 0.01 '*' 0.05 '.' 0.1 ' ' 1

Residual standard error:  9676 on 34 degrees of freedom
Multiple R-squared:  0.9535,   Adjusted R-squared:  0.9466
F-statistic:  139.4 on 5 and 34 DF,  p-value:  < 2.2e-16
```

结果中 Std. Error 列即为各个偏回归系数的标准误，t value 一列是对应的 t 统计量的值，它就是通过计算 Estimate 列与 Std. Error 列的商所得的结果。

除此，还可以发现结果中的最后一行信息是关于模型的显著性检验，F 统计量的值就是上面手动计算的结果，而且对应的 p 值远远小于 0.05 这个置信水平。

7.7.4 对比统计量的值和理论分布值

对于理论的 t 分布而言，在 0.05 的置信水平下，当自由度为 n-p-1 时，可以计算其理论的统计值：

```
# 理论 t 分布的值
n <- nrow(train)
p <- ncol(train)
t <- qt(0.975,n-p-1)
t
> t
[1] 2.032245
```

只需将 summary 函数中的 t 统计量结果与这里的理论 t 分布值进行比较即可。如果计算的 t 统计量大于理论的 t 分布值，则拒绝原假设，否则需要接受原假设。例如，根据 summary 函数中得到的模型截距项和 R.D.Spend 变量所对应的 t value 均大于 2.03，则认为它们的回归系数通过了显著性检验，而其他变量的回归系数是不显著的，说明这些不显著的自变量对利润这个因变量没有足够的影响力。

7.8 变量选择——逐步回归法

有没有一个比较好的自动化方法能帮助分析师在建模过程中实现模型变量的选择呢？答案是肯定的，就是采用“逐步回归”法，这里对该方法做一个简单的介绍。

“逐步回归”法有 3 种简单的选择变量思路，分别是“前向逐步回归”“后向逐步回归”和“双向逐步回归”。

- 前向逐步回归：该方法是逐个将自变量添加到模型中，并对模型和偏回归系数做显著性检验，同时也会计算信息量AIC的值，通过反复迭代最终确定合理的自变量保留在模型中。需要注意的是，该方法一旦将某个变量添加到模型中，后续将不会删除该变量。
- 后向逐步回归：起初是将所有的自变量与因变量建模，然后逐个从模型中删除自变量，并对模型的变动和偏回归系数进行显著性检验，同样计算信息量AIC的值经过一番迭代后选择出对模型最有利的变量。与“前向逐步回归”正好相反，某个变量一旦从模型中剔除，后续不会再将该变量加入到模型中。
- 双向逐步回归：该方法避免了“前向逐步回归”和“后向逐步回归”的不可逆缺

点，它在选择变量时会根据实际的显著性检验结果和AIC信息值将变量从模型中剔除，或从已剔除的变量中选择某些变量加入到模型。

通过“逐步回归”法实现线性回归模型的变量选择，有两方面的优势：一方面说明被选择出来的变量对因变量是重要的；另一方面也可以避免自变量之间的多重共线性。接下来使用“双向逐步回归”方法对已建好的模型进行变量选择：

```
# 逐步回归完成遍历选择
model2 <- step(model)
> model2 <- step(model)
Start:  AIC=739.69
Profit ~ R.D.Spend + Administration + Marketing.Spend + State

                   Df   Sum of Sq       RSS          AIC
- State             2   1.0702e+07   3.1939e+09     735.83
- Administration    1   9.2617e+07   3.2759e+09     738.84
- Marketing.Spend   1   1.2476e+08   3.3080e+09     739.23
<none>                               3.1832e+09     739.69
- R.D.Spend         1   1.9222e+10   2.2405e+10     815.75

Step:  AIC=735.83
Profit ~ R.D.Spend + Administration + Marketing.Spend

                    Df      Sum of Sq      RSS         AIC
- Administration    1       9.6892e+07     3.2908e+09    735.02
- Marketing.Spend   1       1.3347e+08     3.3274e+09    735.46
<none>                                     3.1939e+09    735.83
- R.D.Spend         1       1.9245e+10     2.2439e+10    811.81

Step:  AIC=735.02
Profit ~ R.D.Spend + Marketing.Spend

                   Df       Sum of Sq      RSS          AIC
<none>                                    3.2908e+09    735.02
- Marketing.Spend   1       2.4266e+08    3.5335e+09    735.87
- R.D.Spend         1       2.0662e+10    2.3953e+10    812.42
```

上面的结果显示，在Start阶段（模型中包含所有变量）模型的AIC为739.69。于是开始演算，从模型中剔除State变量时，对应的AIC为735.83；剔除Administration变量时，对应的AIC为735.83；剔除R.D.Spend变量时，对应的AIC为815.75。根据AIC越小越好的原则，在该阶段会剔除State变量。以此类推，在进行其他步骤时，通过自变量的进进出出最终确定模型的最佳变量。

如下就是应用“逐步回归”的方法得到的最佳回归模型：

```
# 最佳模型的概览
```

```
summary(model2)
> summary(model2)

Call:
lm(formula = Profit ~ R.D.Spend + Marketing.Spend, data = train)

Residuals:
   Min     1Q      Median     3Q    Max
 -32781   -4704    303        5681  15129

Coefficients:
                       Estimate    Std. Error     t value    Pr(>|t|)
(Intercept)            4.592e+04   3.249e+03      14.133     <2e-16 ***
R.D.Spend              7.953e-01   5.218e-02      15.242     <2e-16 ***
Marketing.Spend        3.411e-02   2.065e-02      1.652      0.107

Signif. codes:  0 '***' 0.001 '**' 0.01 '*' 0.05 '.' 0.1 ' ' 1

Residual standard error: 9431 on 37 degrees of freedom
Multiple R-squared:  0.9519,    Adjusted R-squared:  0.9493
F-statistic:  366.2 on 2 and 37 DF,  p-value:  < 2.2e-16
```

如上结果显示最终保留 R.D.Spend 和 Marketing.Spend 两个变量，在数据的探索性分析过程中，这两个变量与因变量利润的散点图也验证了它们之间存在一定的相关性。尽管 Marketing.Spend 变量的偏回归系数并没有通过显著性检验，但是其对应的 t value 还是比较接近理论分布值 2.03 的。

7.9 验证模型的各类假设前提

前面内容提到，多元线性回归模型的构建是需要一定假设前提的，如果这些前提条件得不到满足，在一定程度上就会影响模型的有效性、稳定性和准确性。接下来，针对多元线性回归模型的假设前提进行验证，希望所建的模型是稳固、准确的。

7.9.1 多重共线性检验

多重共线性是指模型中的自变量之间存在较高的相关关系，它的存在会给模型带来严重的后果，如由最小二乘法得到的偏回归系数无效、模型缺乏稳定性等。所以，模型建好后就要验证自变量之间是否存在多重共线性。在 R 语言中，可以借助第三方包 car 中的 vif 函数进行检验，具体操作如下：

```
# 多重共线性检验
library(car)
```

```
vif(model2)
> vif(model2)
     R.D.Spend      Marketing.Spend
      2.664605        2.664605
```

VIF 简称方差膨胀因子，可以通过该值判断变量之间是否存在多重共线性。其判断标准是，当 0<VIF<10 时，自变量间不存在多重共线性；当 10≤VIF<100 时，说明自变量间存在较强的多重共线性；当 VIF≥100 时，表明自变量间存在严重的多重共线性。

上面的结果显示，两个变量所对应的 VIF 均小于 10，说明不存在多重共线性。如果某个变量存在多重共线性，则需要考虑将该变量剔除。

7.9.2 正态性检验

虽然模型的假设是对残差项要求服从正态分布，其实质就是要求因变量服从正态分布。如下公式所示，等式右边的 $\boldsymbol{X}$ 其实是已知的，而等式左边的 $\boldsymbol{y}$ 是未知的（故需要通过建模进行预测）。所以，要求误差项服从正态分布，就是要求因变量服从正态分布，接下来对因变量进行正态性检验。

$$\boldsymbol{y} = \boldsymbol{X\beta} + \boldsymbol{\varepsilon}$$

检验变量是否服从正态分布，一般有两种方法：一种是可视化方法；另一种是统计检验方法。在可视化方法中，可以通过直方图、PP 图或 QQ 图来检验；统计检验法一般可以使用 shapiro 检验和 k-s 检验。

```
# 绘制直方图
hist(x = profit$Profit, freq = FALSE, main = '利润的直方图',
     ylab = '核密度值',xlab = NULL, col = 'steelblue')

# 添加核密度图
lines(density(profit$Profit), col = 'red', lty = 1, lwd = 2)

# 添加正态分布图
x <- profit$Profit[order(profit$Profit)]
lines(x, dnorm(x, mean(x), sd(x)),
      col = 'black', lty = 2, lwd = 2.5)

# 添加图例
legend('topright',legend = c('核密度曲线','正态分布曲线'),
       col = c('red','black'), lty = c(1,2),
       lwd = c(2,2.5), bty = 'n')
```

结果如图 7.4 所示。

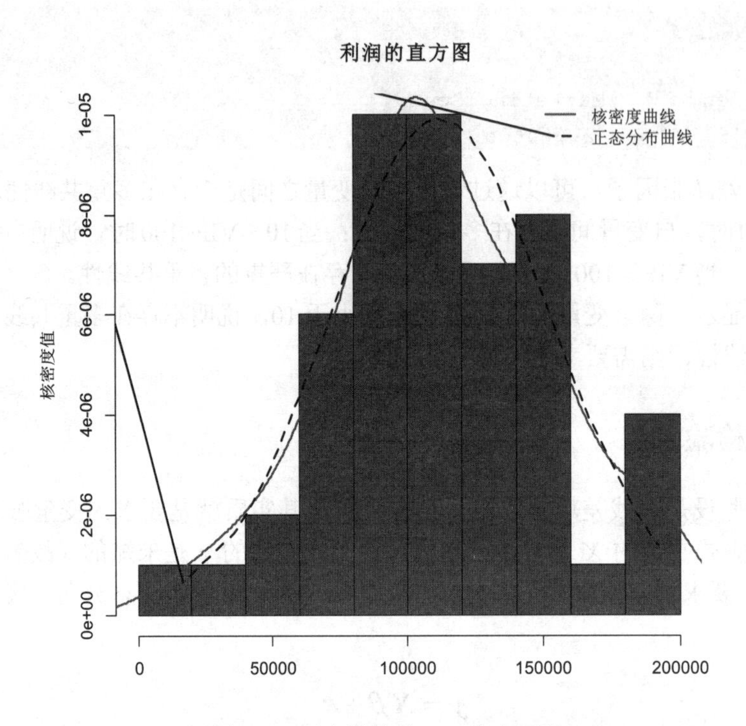

图 7.4 正态性检验——直方图法

在图 7.4 中，同时还绘制了对应的核密度曲线和理论的正态分布曲线，如果核密度曲线和理论的正态分布曲线比较吻合，则认为因变量近似服从正态分布，否则直观上就否定了正态分布的结论。图中显示，核密度曲线与正态分布曲线的趋势比较吻合，故直观上可以认为利润这个变量服从正态分布。

```
# 绘制 PP 图
real_dist <- ppoints(profit$Profit)
theory_dist <- pnorm(profit$Profit, mean = mean(profit$Profit),
                     sd = sd(profit$Profit))

# 绘图
plot(sort(theory_dist), real_dist, col = 'steelblue',
     pch = 20, main = 'PP 图', xlab = '理论累计概率',
     ylab = '实际累计概率')

# 添加参考线
abline(a = 0,b = 1, col = 'red', lwd = 2)

# 绘制 QQ 图
qqnorm(profit$Profit, col = 'steelblue', pch = 20,
       main = 'QQ 图', xlab = '理论分位数',
       ylab = '实际分位数')
# 绘制参考线
qqline(profit$Profit, col = 'red', lwd = 2)
```

结果如图 7.5 所示。

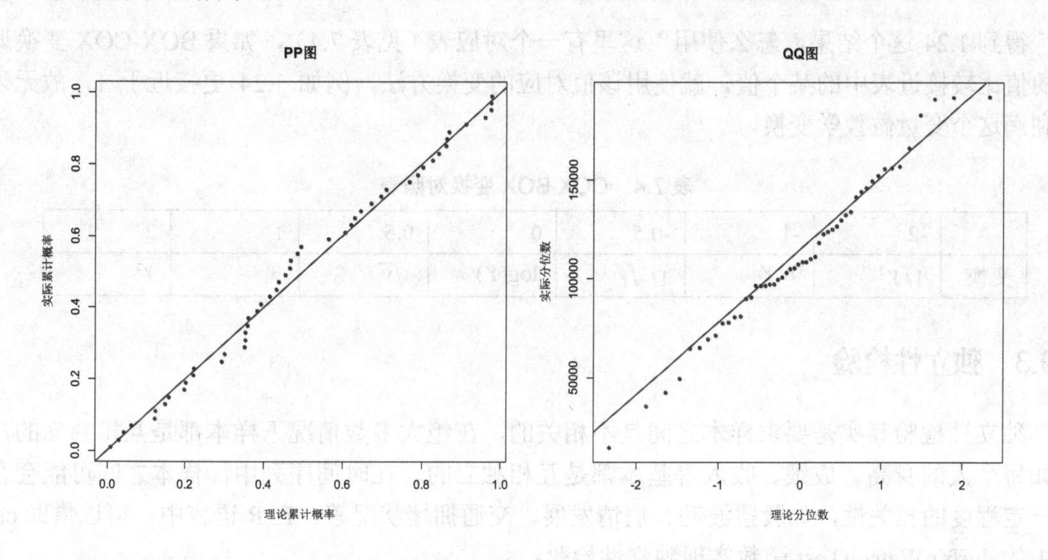

图 7.5　正态性检验——PP 图法与 QQ 图法

如果实际的散点都比较均匀地散落在直线上，就说明变量近似服从正态分布，否则认为数据并不服从正态分布。不管是 PP 图还是 QQ 图，散点均落在直线的附近，没有比较大的偏离，故认为利润变量近似服从正态分布。

```
# 统计法
shapiro.test(profit$Profit)
> shapiro.test(profit$Profit)

    Shapiro-Wilk normality test

data:  profit$Profit
W = 0.98488,  p-value = 0.7666
```

除了可以使用上面介绍的可视化方法判断变量是否服从正态分布外，还可以使用统计计算方法，当样本量低于 5000 时，建议使用 shapiro 检验法，否则建议使用 k-s 检验法。由于案例中的样本量不足 5000，因此这里使用 shapiro 检验法，通过对比 p 值发现其大于置信水平 0.05，故接受原假设，即认为变量服从正态分布。

当输出的图形和统计检验结果均显示变量不服从正态分布时，该如何处理呢？一般选择对变量进行某些数学变换，如开根号、取倒数、取对数等。有一种比较快捷的方法，就是对模型进行 BOX-COX 变换，该变换方法可以通过 car 包中的 powerTransform 函数实现，具体操作如下：

```
# box-cox 变换
powerTransform(model2)
> powerTransform(model2)
Estimated transformation parameters
     Y1
```

```
1.244196
```

得到 1.24 这个结果，怎么使用？这里有一个对应表（见表 7.4），如果 BOX-COX 变换返回的值比较接近表中的某个值，就使用该值对应的变换方法，例如 1.24 更接近于 1，故无须对利润这个变量做数学变换。

表 7.4　COX-BOX 变换对照表

	-2	-1	-0.5	0	0.5	1	2
变换	$1/Y^2$	$1/Y$	$1/\sqrt{Y}$	$\log(Y)$	$\sqrt{Y}$	无	Y^2

7.9.3　独立性检验

独立性检验其实是要求样本之间是不相关的，在绝大多数情况下样本都是互相独立的，例如每个人的身高、成绩、收入等基本都是互相独立的。在时间序列中，样本之间可能会存在一定程度的相关性，如股票波动、病情发展、交通拥堵状况等。在 R 语言中，可以借助 car 包中的 durbinWatsonTest 函数实现独立性检验：

```
# 独立性检验
durbinWatsonTest(model2)
> durbinWatsonTest(model2)
 lag   Autocorrelation   D-W Statistic  p-value
   1      0.03463107      1.888644   0.716
 Alternative hypothesis: rho != 0
```

通过上面的检验结果显示，统计量 D-W 对应的 p 值大于置信水平 0.05，需要接受原假设，即认为样本之间是独立的。

7.9.4　方差齐性检验

方差齐性就是要求模型残差项的方差不随自变量的变动而呈现某种趋势，如果模型的残差项不满足这个前提，就将会影响模型偏回归系数的显著性检验、导致模型结论错误等。一般可以通过图示法和统计法完成方差齐性的检验。图示法主要是绘制自变量与残差项的散点图；统计检验法主要是判断自变量与残差之间是否存在线性关系（使用 BP 检验）或非线性关系（使用 White 检验），如果存在，则表明方差可能不满足齐性的条件。

```
# 残差项方差齐性检验
p1 <- ggplot(data = NULL) +
  geom_point(mapping = aes(x = train$R.D.Spend, y = scale(model2$residuals)))+
  geom_hline(yintercept = 0) +
  labs(x = '研发成本', y = '标准化残差')

p2 <- ggplot(data = NULL) +
  geom_point(mapping = aes(x = train$Marketing.Spend, y =
scale(model2$residuals)) +
```

```
  geom_hline(yintercept = 0) +
  labs(x = '市场营销成本', y = '标准化残差')
# 图形合并
grid.arrange(p1,p2)
```

结果如图 7.6 所示。

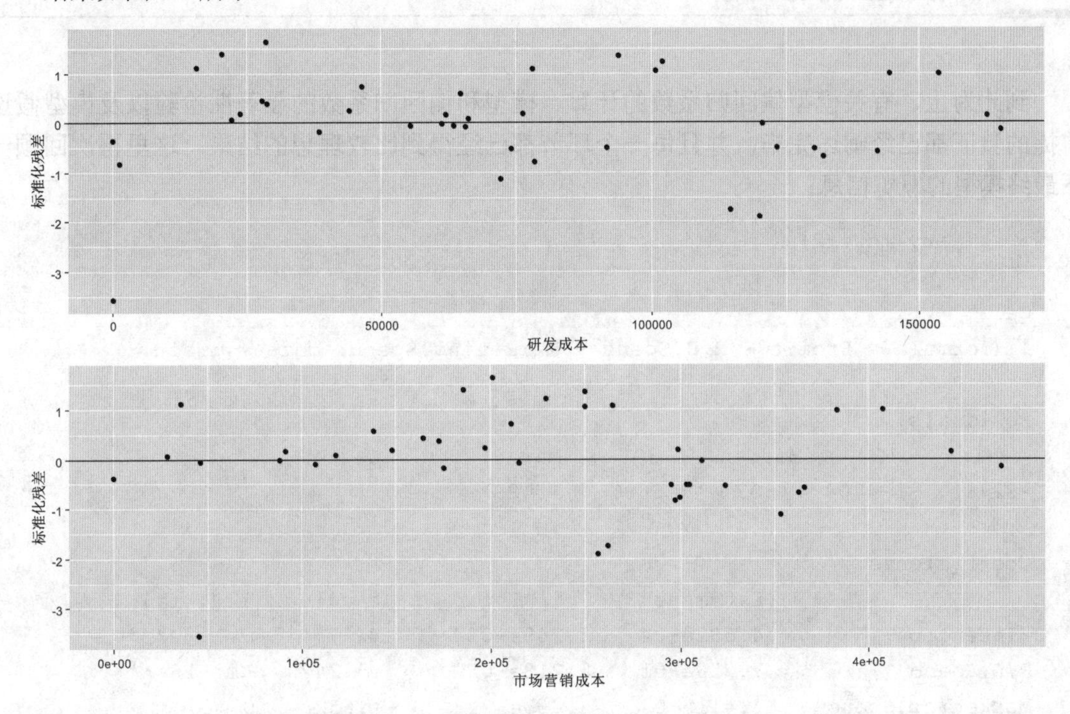

图 7.6　方差异性检验的可视化方法

标准化残差并没有随自变量的变动而呈现开口或闭口的喇叭趋势，散点几乎均匀分布在 y=0 的水平线上下，故基本可以认定模型的残差项满足方差齐性这个前提假设。下面再使用 BP 检验法进行定量的检验：

```
# 方差齐性检验
ncvTest(model2)
> ncvTest(model2)
Non-constant Variance Score Test
Variance formula: ~ fitted.values
Chisquare = 3.518021    Df = 1     p = 0.0607049
```

结果显示，BP 检验对应的 p 值大于 0.05 这个置信水平，说明需要接受模型误差项满足方差齐性的原假设。

图示法或统计法的检验结果都显示模型残差项不满足方差齐性时，一般需要构造一组权重，并通过加权最小二乘法完成模型偏回归系数的求解。常见的几种权重构造方法如下：

（1）将残差绝对值的倒数作为权重。

（2）将残差平方的倒数作为权重。

（3）用残差的平方对数与 $\boldsymbol{X}$ 重新拟合模型，并将得到的拟合值取指数，用指数的倒数作为权重。

7.10 模型的预测

到此为止，有关模型偏回归系数的计算、模型和偏回归系数的显著性检验以及模型假设前提的验证都已经阐述完毕，并且每一个环节都已经得到比较理想的结果。这里再次回顾一下最终模型的概览信息：

```
> summary(model2)

Call:
lm(formula = Profit ~ R.D.Spend + Marketing.Spend, data = train)

Residuals:
   Min     1Q     Median     3Q      Max
-32781    -4704    303      5681    15129

Coefficients:
                   Estimate    Std. Error    t value   Pr(>|t|)
(Intercept)        4.592e+04   3.249e+03     14.133    <2e-16 ***
R.D.Spend          7.953e-01   5.218e-02      15.242    <2e-16 ***
Marketing.Spend    3.411e-02   2.065e-02     1.652     0.107

Signif. codes:  0 '***' 0.001 '**' 0.01 '*' 0.05 '.' 0.1 ' ' 1

Residual standard error: 9431 on 37 degrees of freedom
Multiple R-squared:  0.9519,    Adjusted R-squared:  0.9493
F-statistic:  366.2 on 2 and 37 DF,  p-value:  < 2.2e-16
```

第一部分：说明了多元线性回归模型中的因变量和自变量。

第二部分：对模型的误差项做了简单的描述性统计，统计值包含最小值、下四分位数、中位数、上四分位数和最大值。

第三部分：对模型偏回归系数的描述，包含偏回归系数的估计值、标准误、t 值和对应的 p 值，最后一列的“*”个数反映了不同置信水平下的显著性程度。根据偏回归系数的估计值，可以得到多元线性回归模型的表达式：

$$\text{profit}=45920+0.7953\times\text{R.D.Spend}+0.03411\times\text{Marketing.Spend}$$

其中，45920 是模型的截距项，一般不做解释；研发成本 R.D.Spend 前的系数代表在其他因素不变的情况下研发成本每提升一个单位，将促使平均利润提升 0.7953 个单位；同理，在其他因素不变的情况下，市场营销成本每提升一个单位会导致平均利润提升 0.03411 个单位。

第四部分：包含了有关衡量线性回归模型好坏的几个指标，如 Adjusted R-squared 反映的是自变量对因变量方差的解释程度，这里解释度近 95%，是非常高的解释比例；F-statistic 是关于模型显著性检验的 F 统计量，其对应的 p 值远远低于 0.05 的置信水平，说明模型是显著的。

最后，基于上面得到的模型使用测试数据集对模型进行验证。验证的目的就是检验模型在测试集上的预测效果，可以使用 R 语言中的 predict 函数实现，具体操作如下：

```
# 模型预测
pred <- predict(model2, newdata = test[,c('R.D.Spend','Marketing.Spend')])

# 绘制预测值与实际值的散点图
ggplot(data = NULL, mapping = aes(pred, test$Profit)) +
  geom_point(color = 'red', shape = 19) +
  geom_abline(slope = 1, intercept = 0, size = 1) +
  labs(x = '预测值', y = '实际值')
```

结果如图 7.7 所示。

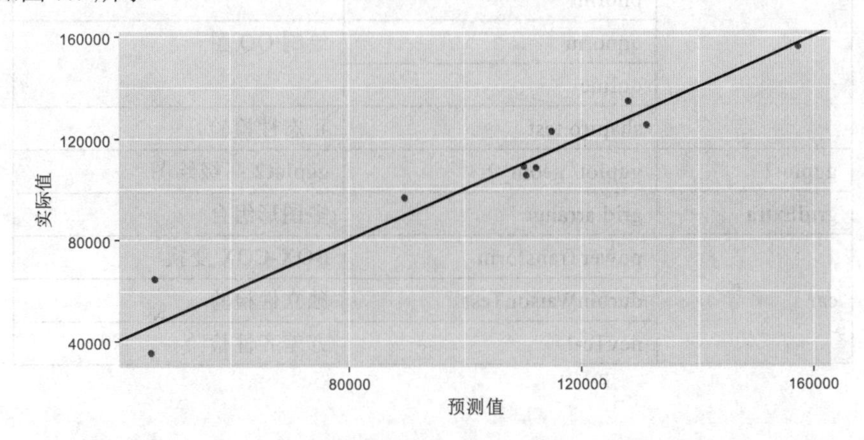

图 7.7　模型预测效果的可视化展现

在图 7.7 中，绘制了有关模型在测试集上的预测值和实际值的散点图，可以用来衡量预测值与实际值之间的距离差异。如果两者非常接近，那么得到的散点图一定会在对角线附近微微波动。从结果来看，大部分的散点都落在对角线附近，说明模型的预测效果还是不错的。

当企业确定好研发成本和市场营销成本的分配时，就可以通过该模型来预测将来产品的平均利润情况。

7.11 篇章总结

本章主要向读者介绍了有关线性回归模型的相关知识点以及对应的实现过程，通过本章内容的学习，希望读者能够重视理论知识的梳理和实战技巧的掌握，能够将多元线性回归模型应用到工作或学习中，实现连续数值因变量的预测分析。尤其需要注意的是，在构建线性回归模型过程中，需要满足模型的各项前提假设，否则得到的模型可能是伪回归模型。

最后，回顾一下本章中所涉及的R语言函数（见表7.5），以便读者查询和记忆。

表7.5 本章所涉及的R语言函数

R语言包	R语言函数	说明
stats	read.csv	数据读取
	summary	查看概览信息
	sample	抽样
	lm	构建线性回归模型
	step	构建逐步回归
	anova	模型的方差分析
	predict	模型预测
	vif	多重共线性检验
	ppoints	绘制PP图
	pnorm	
	qqnorm	绘制QQ图
	qqline	
	shapiro.test	正态性检验
ggplot2	ggplot/ geom_*	ggplot2高级绘图
gridExtra	grid.arrange	多图形组合
car	powerTransform	BOX-COX变换
	durbinWatsonTest	独立性检验
	ncvTest	方差齐性检验

第 8 章

岭回归与 LASSO 回归模型

第 7 章介绍了有关线性回归模型的理论知识和应用实战，包括回归系数的推导过程、模型及偏回归系数的显著性检验、模型的假设诊断和预测。根据线性回归模型的参数估计公式$\boldsymbol{\beta} = (\boldsymbol{X}'\boldsymbol{X})^{-1}\boldsymbol{X}'\boldsymbol{y}$可知，得到$\boldsymbol{\beta}$的前提是矩阵$\boldsymbol{X}'\boldsymbol{X}$可逆。在实际应用中，可能会出现自变量个数多于样本量或者自变量间存在多重共线性的情况，此时将无法根据公式计算回归系数的估计值$\boldsymbol{\beta}$。为解决这类问题，本章将基于线性回归模型介绍另外两种扩展的回归模型，分别是岭回归和 LASSO 回归。通过本章内容的学习，读者将会掌握如下内容：

- 岭回归与LASSO回归的系数求解；
- 系数求解的几何意义；
- LASSO回归的变量选择；
- 岭回归与LASSO回归的预测。

8.1 岭回归模型的介绍

为了能够使读者理解为什么自变量个数多于样本量或者自变量间存在多重共线性时，回归系数的估计值$\boldsymbol{\beta}$无法求解的原因，这里不妨设计两种矩阵$\boldsymbol{X}$，并分别计算矩阵$\boldsymbol{X}'\boldsymbol{X}$的行列式。

第一种：列数比行数多

构造矩阵：$\boldsymbol{X} = \begin{bmatrix} 1 & 2 & 5 \\ 6 & 1 & 3 \end{bmatrix}$

计算乘积：$\boldsymbol{X'X}=\begin{bmatrix}1 & 6\\2 & 1\\5 & 3\end{bmatrix}\begin{bmatrix}1 & 2 & 5\\6 & 1 & 3\end{bmatrix}=\begin{bmatrix}37 & 8 & 23\\8 & 5 & 13\\23 & 13 & 34\end{bmatrix}$

计算行列式：$|\boldsymbol{X'X}|=37\times5\times34+8\times13\times23+23\times8\times13$
$-37\times13\times13-8\times8\times34-23\times5\times23=0$

第二种：列之间存在多重共线性（不妨设第三列是第二列的两倍）

构造矩阵：$\boldsymbol{X}=\begin{bmatrix}1 & 2 & 2\\2 & 5 & 4\\2 & 3 & 4\end{bmatrix}$

计算乘积：$\boldsymbol{X'X}=\begin{bmatrix}1 & 2 & 2\\2 & 5 & 3\\2 & 4 & 4\end{bmatrix}\begin{bmatrix}1 & 2 & 2\\2 & 5 & 4\\2 & 3 & 4\end{bmatrix}=\begin{bmatrix}9 & 18 & 18\\18 & 38 & 36\\18 & 36 & 36\end{bmatrix}$

计算行列式：$|\boldsymbol{X'X}|=9\times38\times36+18\times36\times18+18\times18\times36$
$-9\times36\times36-18\times18\times36-18\times38\times18=0$

所以，不管是自变量个数多于样本量的矩阵还是存在多重共线性的矩阵，最终算出来的行列式都等于0或者近似为0，类似于这样的矩阵都会导致线性回归模型的偏回归系数无解或者解是无意义的（因为矩阵$\boldsymbol{X'X}$的行列式近似为0时，其逆矩阵将偏于无穷大，从而使得回归系数也被放大）。针对这个问题的解决，1970年Heer提出了岭回归模型，可以非常巧妙地解决这个难题，即在线性回归模型的目标函数之上添加一个$l2$的正则项，进而使得模型的回归系数有解。

8.1.1 参数求解

正如前文所说，岭回归模型的功效可以解决线性回归模型系数求解中的难题，解决问题的思路就是在线性回归模型的目标函数之上添加$l2$正则项（也称为惩罚项），故岭回归模型的目标函数可以表示成：

$$J(\boldsymbol{\beta})=\sum(\boldsymbol{y}-\boldsymbol{X\beta})^2+\lambda\|\boldsymbol{\beta}\|_2^2=\sum(\boldsymbol{y}-\boldsymbol{X\beta})^2+\sum\lambda\boldsymbol{\beta}^2$$

其中，λ为非负数，当$\lambda=0$时，该目标函数就退化为线性回归模型的目标函数；当$\lambda\to+\infty$时，$\sum\lambda\boldsymbol{\beta}^2$也会趋于无穷大，为了使目标函数$J(\boldsymbol{\beta})$达到最小，只能通过缩减回归系数使$\boldsymbol{\beta}$趋近于0；$\|\boldsymbol{\beta}\|_2^2$表示回归系数$\boldsymbol{\beta}$的平方和。

为求解目标函数$J(\boldsymbol{\beta})$的最小值，需要对其求导，并令导函数为0，具体推导过程如下：

第一步：根据线性代数的知识点展开目标函数中的平方项。

$$\begin{aligned}J(\boldsymbol{\beta})&=(\boldsymbol{y}-\boldsymbol{X\beta})'(\boldsymbol{y}-\boldsymbol{X\beta})+\boldsymbol{\lambda\beta'\beta}\\&=(\boldsymbol{y}'-\boldsymbol{\beta'X'})(\boldsymbol{y}-\boldsymbol{X\beta})+\boldsymbol{\lambda\beta'\beta}\\&=\boldsymbol{y'y}-\boldsymbol{y'X\beta}-\boldsymbol{\beta'X'y}+\boldsymbol{\beta'X'X\beta}+\boldsymbol{\lambda\beta'\beta}\end{aligned}$$

第二步：对展开的目标函数求导数。

$$\frac{\partial J(\boldsymbol{\beta})}{\partial \boldsymbol{\beta}} = 0 - \boldsymbol{X}'\boldsymbol{y} - \boldsymbol{X}'\boldsymbol{y} + 2\boldsymbol{X}'\boldsymbol{X}\boldsymbol{\beta} + 2\lambda\boldsymbol{\beta}$$

$$= 2(\boldsymbol{X}'\boldsymbol{X} + \lambda\boldsymbol{I})\boldsymbol{\beta} - 2\boldsymbol{X}'\boldsymbol{y}$$

第三步：令导函数为 0，计算回归系数$\boldsymbol{\beta}$。

$$2(\boldsymbol{X}'\boldsymbol{X} + \lambda\boldsymbol{I})\boldsymbol{\beta} - 2\boldsymbol{X}'\boldsymbol{y} = 0$$

$$\therefore \boldsymbol{\beta} = (\boldsymbol{X}'\boldsymbol{X} + \lambda\boldsymbol{I})^{-1}\boldsymbol{X}'\boldsymbol{y}$$

通过上面的推导，最终可以获得回归系数$\boldsymbol{\beta}$的估计值，但估计值中仍然含有未知的λ值，从目标函数$J(\boldsymbol{\beta})$来看，λ是$l2$正则项平方的系数，它是用来平衡模型的方差（回归系数的方差）和偏差（真实值与预测值之间的差异）。为了使读者理解模型方差和偏差的概念，请参考图 8.1。

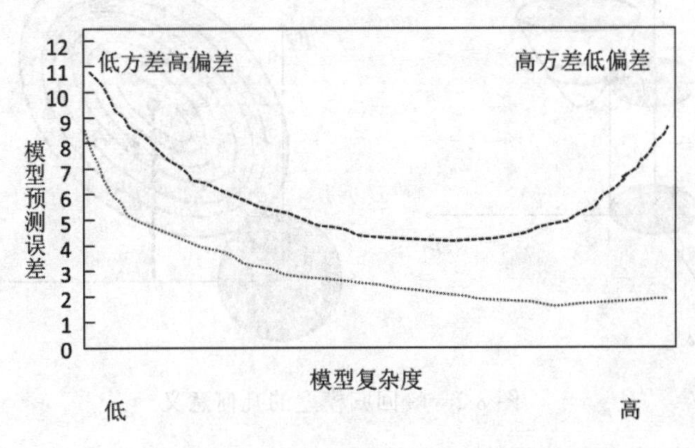

图 8.1　模型复杂度与误差之间的关系

在图 8.1 中，横坐标为模型的复杂度，纵坐标为模型的预测误差，下面的曲线代表模型在训练集上的效果，上面的曲线代表模型在测试集的效果。从预测效果的角度来看，随着模型复杂度的提升，在训练集上的预测效果会越来越好，呈现在下面的曲线是预测误差越来越低，但是模型运用到测试集上预测误差呈现上面曲线的变化，先降低后上升，上升时就说明模型可能出现了过拟合；从模型方差角度来看，模型方差会随着复杂度的提升而提升。针对图 8.1 而言，希望通过平衡方差和偏差来选择一个比较理想的模型，对于岭回归来说，随着λ的增大，模型方差会减小（因为矩阵$(\boldsymbol{X}'\boldsymbol{X} + \lambda\boldsymbol{I})$的行列式随$\lambda$的增加在增加，使得矩阵的逆就会逐渐减小，进而岭回归系数被“压缩”而变小）而偏差会增大。

8.1.2　系数求解的几何意义

根据凸优化的相关知识，可以将岭回归模型的目标函数$J(\boldsymbol{\beta})$最小化问题等价于下方的式子：

$$\begin{cases} \text{argmin}\left\{\sum(\boldsymbol{y} - \boldsymbol{X}\boldsymbol{\beta})^2\right\} \\ \text{附加约束} \sum \boldsymbol{\beta}^2 \leqslant t \end{cases}$$

其中，t为一个常数，上式可以理解为，在确保残差平方和最小的情况下，限定所有回归系数的平方和不超过常数t。

读者可能不理解为什么要对回归系数的平方和做约束，这里举一个特例加以解释，例如影响一个家庭可支配收入(y)的因素有收入(x_1)和支出(x_2)，很明显，收入和支出之间会存在比价高的相关性。在做线性回归时，可能会产成一个非常大的正系数和一个非常大的负系数，最终导致模型的拟合效果不佳。如果给线性回归模型的系数添加平方和的约束，就可以避免这种情况的发生。

为了进一步理解目标函数中$\mathrm{argmin}\{\sum(\boldsymbol{y}-\boldsymbol{X\beta})^2\}$和$\sum\boldsymbol{\beta}^2\leqslant t$的几何意义，这里仅以两个自变量的回归模型为例将目标函数中的两个部分表示为如图 8.2 所示。

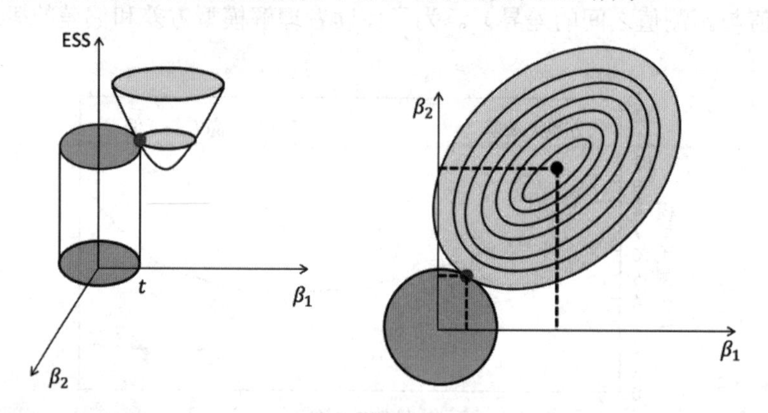

图 8.2　岭回归模型的几何意义

在图 8.2 中，左图为立体图形，右图为对应的二维投影图。左图中的半椭圆体代表了$\sum_{i=1}^{n}\left(y_i-\beta_0-\sum_{j=1}^{2}x_{ij}\beta_j\right)^2$的部分，是关于两个系数的二次函数；圆柱体代表了$\beta_1^2+\beta_2^2\leqslant t$的部分。将其映射到二维坐标图中也许更容易理解有关非负数λ对回归系数的缩减。对于线性回归模型来说，抛物面的中心黑点代表模型的最小二乘解，当附加$\beta_1^2+\beta_2^2\leqslant t$时，抛物面与圆面构成的交点就是岭回归模型的系数解。从图中不难发现，岭回归模型的系数相比于线性回归模型的系数会偏小，从而达到“压缩”效果。

虽然岭回归模型可以解决线性回归模型中$\boldsymbol{X'X}$不可逆的问题，但付出的代价是“压缩”回归系数，从而使模型更加稳定和可靠。由于惩罚项$\sum\lambda\boldsymbol{\beta}^2$是关于回归系数$\boldsymbol{\beta}$的二次函数，所以求目标函数的极小值问题时，对其偏导总会保留自变量本身。正如图8.2所示，抛物面与圆面的交点很难发生在轴上，即某个变量的回归系数$\boldsymbol{\beta}$为 0，所以岭回归模型并不能真正意义上实现变量的选择。

8.1.3　岭回归模型的应用

为了将岭回归模型的理论知识应用到实战，接下来以糖尿病数据集为例，该数据集包含442条观测、10个自变量和1个因变量。这些自变量分别为患者的年龄、性别、体质指数、平均血压及 6 个血清测量值；因变量为糖尿病指数，其值越小，说明糖尿病的治疗效果越好。根据文献可知，对于胰岛素治疗糖尿病的效果表明，性别和年龄对治疗效果无显著影响，所以在接下来的建模中将丢弃这两个变量。

由前文可知，岭回归模型的系数表达式为$\boldsymbol{\beta} = (\boldsymbol{X}'\boldsymbol{X} + \lambda \boldsymbol{I})^{-1}\boldsymbol{X}'\boldsymbol{y}$，故关键点是找到一个合理的$\lambda$值来平衡模型的方差和偏差，进而得到更加符合实际的岭回归系数。关于λ值的确定，通常可以使用两种方法，一种是可视化方法，另一种是交叉验证法。

1. 可视化方法确定λ值

由于岭回归模型的系数是关于λ值的函数，因此可以通过绘制不同的λ值和对应回归系数的折线图确定合理的λ值。一般而言，选择λ值的标准是，当回归系数随着λ值的增加而趋近于稳定的值时，就是所要寻找的λ值。

由于折线图中涉及岭回归模型的系数，因此第一步得根据不同的λ值计算相应的回归系数。在 R 语言中，可以使用 glmnet 包中的 glmnet 函数实现模型系数的求解，关于该函数的语法和参数含义如下：

```
    glmnet(x, y, family=c("gaussian","binomial","poisson","multinomial","cox",
"mgaussian"),
        weights, alpha = 1, nlambda = 100,
        lambda.min.ratio = ifelse(nobs<nvars,0.01,0.0001), lambda=NULL,
        standardize = TRUE, intercept=TRUE, thresh = 1e-07,  dfmax = nvars + 1,
        pmax = min(dfmax * 2+20, nvars), exclude, penalty.factor = rep(1, nvars),
        lower.limits=-Inf, upper.limits=Inf, maxit=100000,
        type.gaussian=ifelse(nvars<500,"covariance","naive"),
        type.logistic=c("Newton","modified.Newton"),
        standardize.response=FALSE, type.multinomial=c("ungrouped",
"grouped"))
```

- **x**：指定建模所需的自变量$\boldsymbol{X}$的数据，要求为矩阵格式，可以通过as.matrix函数将$\boldsymbol{X}$转换为矩阵格式。
- **y**：指定建模所需的因变量数据。
- **family**：根据因变量y的特征，选择不同的回归类型，如果y变量为一维的连续变量，则该参数应选择为'gaussian'值；如果y变量为多维的连续变量，则该参数应选择为'mgaussian'值；如果y变量为非负的整型变量，则该参数应选择为'poisson'值；如果y变量为二元离散型变量，则该参数应选择为'binomial'值；如果y变量为多元离散型变量，则该参数应选择为'poisson'值。
- **weights**：用于设置每个样本的权重，默认各样本的权重相同。
- **alpha**：该参数为弹性网络混合参数，默认为1，表示构造LASSO回归模型；如果设置为0，则构造岭回归模型。
- **nlambda**：用于设置模型中惩罚系数Lambda值的个数，默认为100，即可以得到100个模型。
- **lambda.min.ratio**：用于限定Lambda值的最小值，且该值为Lambda最大值的某个比例；默认情况下，如果样本量多于变量个数，则比例的默认值为0.0001，否则为0.01。
- **lambda**：用于指定Lambda的序列值，并根据不同的Lambda值计算模型的系数，默认值为NULL，即glmnet函数会自主选择合理的lambda值范围。

- **standardize**：bool类型的参数，表示是否对输出的自变量X做标准化处理，默认为TRUE。
- **intercept**：bool类型的参数，表示是否拟合模型的截距项，默认为TRUE。
- **thresh**：指定模型收敛的阈值，即模型系数的变化小于该参数时模型停止。该参数的默认值为1e-07。
- **dfmax**：指定模型中变量的最大数量（该参数对于含有大量自变量的数据比较有效）。
- **pmax**：用于限定非零系数所对应变量的最大数目。
- **exclude**：指定哪些变量需要从模型中剔除，需剔除的变量通过其索引指定。
- **penalty.factor**：指定哪些变量需要设置惩罚因子，默认每个变量的惩罚因子为1。
- **lower.limits**：以向量的形式指定模型中每个变量系数的最小值，要求向量中每个元素的值小于0，该参数的默认值为负无穷。
- **upper.limits**：以向量的形式指定模型中每个变量系数的最大值，该参数的默认值为正无穷。
- **maxit**：指定Lambda值的最大传递数，默认为1e+05。
- **type.gaussian**：当参数family='gaussian'时，有两种可用的算法类型。如果变量个数小于500时，算法使用'covariance'类型，并且运算时将保存所有内容结果；如果变量个数远大于观测数或者变量个数大于500时，算法使用'naive'类型。
- **type.logistic**：当参数family='binomial'时，该参数的默认值为'Newton'，算法计算时会完全使用hessian矩阵；如果参数值指定为'modified.Newton'，则计算时仅使用hessian矩阵的上界，但这样做可以提高运算速度。
- **standardize.response**:当参数family='mgaussian'时，可将因变量做标准化处理。

正如上文的参数介绍可知，glmnet 函数可以通过 alpha 参数的调整构建岭回归模型和LASSO 回归模型，而且在默认情况下还可以得到 100 个不同 Lambda 值下的模型系数。接下来基于糖尿病数据集绘制不同λ值下所对应回归系数的折线图，具体代码如下：

```
# 加载第三方包
library(readxl)
library(glmnet)

# 读取数据——需要通过 as.data.frame 函数将读入的数据强制为数据框结构
diabetes <- as.data.frame(read_excel(path = file.choose()))
# 数据预览
View(diabetes)
```

结果如图 8.3 所示。

	AGE	SEX	BMI	BP	S1	S2	S3	S4	S5	S6	Y
1	59	2	32.1	101.00	157	93.2	38.0	4.00	4.8598	87	151
2	48	1	21.6	87.00	183	103.2	70.0	3.00	3.8918	69	75
3	72	2	30.5	93.00	156	93.6	41.0	4.00	4.6728	85	141
4	24	1	25.3	84.00	198	131.4	40.0	5.00	4.8903	89	206
5	50	1	23.0	101.00	192	125.4	52.0	4.00	4.2905	80	135
6	23	1	22.6	89.00	139	64.8	61.0	2.00	4.1897	68	97
7	36	2	22.0	90.00	160	99.6	50.0	3.00	3.9512	82	138

图 8.3　diabetes 数据集的预览

在图 8.3 中，Y 变量即为因变量。需要注意的是，读者使用 readxl 包中的 read_excel 函数读取外部数据时，一定要通过 as.data.frame 函数将其转换为数据框格式，否则后文使用 glmnet 函数时会报错。

```
# 从数据集中剔除患者性别和年龄两个自变量
diabetes_sub <- subset(diabetes, select = -c(AGE,SEX))
# 将数据集拆分为训练集和测试集，其中训练集占 80%的比例
set.seed(123)  # 设置随机种子
index <- sample(x = 1:nrow(diabetes_sub), size = 0.8*nrow(diabetes_sub))
train <- diabetes_sub[index,]
# 负索引代表删除对应的观测行，即将训练集以外的样本用作测试集
test <- diabetes_sub[-index,]  #

# 利用 glmnet 函数构造岭回归模型
# 输入的 x 数据集需要强制转换为矩阵格式
fit_ridge <-  glmnet(x = as.matrix(train[,-9]),
               y = train[,9], # 指定因变量的值
               # 指定 family 参数为'gaussian'，因为 y 变量为连续的数值型变量
               family = 'gaussian',
               alpha = 0 # 设置该参数为 0，表示构建岭回归模型
               )
# 绘制 lambda 值与岭回归系数之间的折线图
plot(fit_ridge, # 指定绘图数据 -- glmnet 函数计算得到的 100 组 Lambda 值和回归系数
   xvar = 'lambda' # 指定折线图 X 轴类型为 Lambda 的对数
)
```

结果如图 8.4 所示。

图 8.4 展现了不同λ值的对数与回归系数之间的折线图，其中的每条折线代表了不同的变量，对于比较突出的喇叭形折线，一般代表该变量存在多重共线性。从图 8.4 可知，当$\log\lambda$值趋向于 0 时，各变量对应的回归系数并没有缩减，故各系数的值应该与线性回归模型的最小二乘解完全一致；随着λ值的不断增加，各回归系数的取值会迅速缩减为 0。最后，根据λ值的选择标准，发现$\log\lambda$值在 2 附近时绝大多数变量（至少有 5 个变量）的回归系数趋于稳定，故可以认为$\log\lambda$值选择在 2 附近会比较合理。

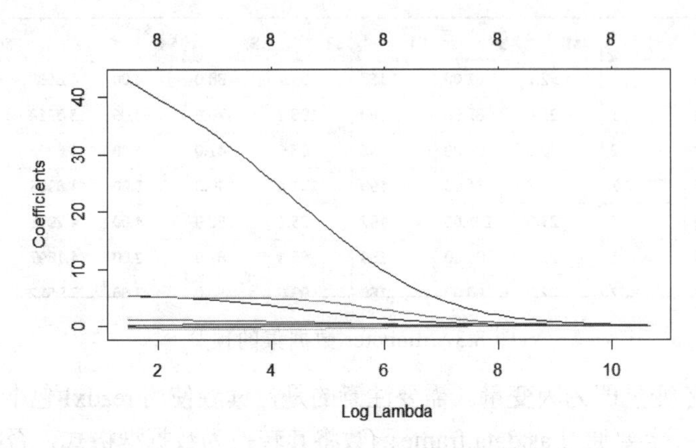

图 8.4 Lambda 与岭回归系数之间的关系图

2. 交叉验证法确定λ值

可视化方法只能确定λ值的大概范围，为了能够定量地找到最佳的λ值，需要使用k重交叉验证的方法。该方法的操作思想可以借助于图 8.5 加以说明。

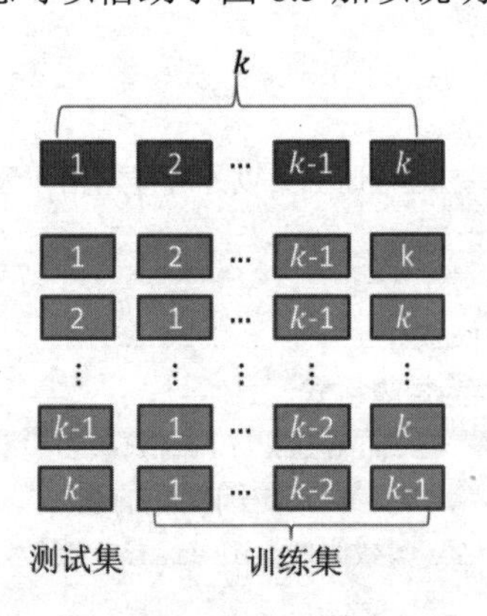

图 8.5 交叉验证示意图

首先将数据集拆分成k个样本量大体相当的数据组（如图 8.5 中的第一行），并且每个数据组与其他组都没有重叠的观测；然后从k组数据中挑选$k-1$组数据用于模型的训练，剩下的一组数据用于模型的测试（如图 8.5 中的第二行）；以此类推，将会得到k种训练集和测试集，在每一种训练集和测试集下都会对应一个模型及模型得分（如均方误差）；所以在构造岭回归模型的k重交叉验证时，对于每一个给定的λ值都会得到k个模型及对应的得分，最终以平均得分评估模型的优良。

实现岭回归模型的k重交叉验证，可以使用 glmnet 包中的 cv.glmnet 函数，下面介绍有关该函数的语法及参数含义：

```
cv.glmnet(x, y, family, weights, lambda, type.measure,
          nfolds, grouped, keep,parallel, ...)
```

- **x**：指定交叉验证所需的自变量X的数据，要求为矩阵格式。
- **y**：指定交叉验证所需的因变量数据。

- **family**：可根据因变量*y*的特征选择不同的回归类型，参数含义与glmnet函数中的一致。
- **weights**：用于设置每个样本的权重，默认各样本的权重相同。
- **lambda**：用于指定Lambda的序列值，并根据不同的Lambda值计算模型的系数，默认值为NULL，即glmnet函数会自主选择合理的lambda值范围。
- **type.measure**：指定模型交叉验证时所选择的损失函数度量方法，如果选择'deviance'，则表示使用-2倍的似然对数值评估模型的损失；如果选择'mse'，则表示使用均方误差衡量模型的损失；如果选择'mae'，则表示使用平均绝对误差衡量模型的损失；如果选择'class'，则表示使用误判率衡量模型的损失；如果选择'auc'，则表示使用ROC曲线下的面积作为模型的损失度量。
- **nfolds**：指定交叉验证的重数，默认为10重交叉验证。
- **grouped**：经验参数，默认为TRUE，大多数情况下该参数值不需要调整。
- **keep**：bool类型的参数，表示是否返回每个观测的拟合值和Lambda值。
- **parallel**：bool类型的参数，交叉验证时是否需要并行运算，默认为FALSE。
- **...**：其他可用参数，具体可参考glmnet函数中的参数。

为了得到岭回归模型的最佳λ值，下面使用 cv.glmnet 函数对糖尿病数据集做 10 重交叉验证，具体代码如下：

```
# 岭回归的交叉验证，确定最佳的 lambda 值
# 输入的自变量 x，仍然需要转换为矩阵格式
fit_ridge_cv <- cv.glmnet(x = as.matrix(train[,-9]),
                          y = train[,9], # 输入的因变量 y
                          # 由于 y 变量为连续的数值型变量，故指定 family 参数为'gaussian'
                          family = 'gaussian',
                          nfolds = 10, # 指定交叉验证的重数
                          type.measure = 'mse', # 选择交叉验证的度量标准
                          alpha = 0 # 基于岭回归模型做交叉验证
                          )
# 以图形的形式显示交叉验证的结果
plot(fit_ridge_cv)
```

交叉验证的可视化结果如图 8.6 所示。

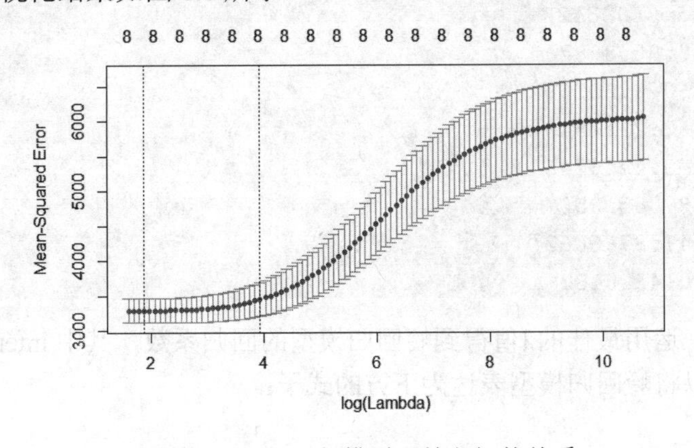

图 8.6　Lambda 与模型误差之间的关系

x轴代表Lambda的对数值；y轴为模型的均方误差统计值；顶端的x轴表示随着$\log\lambda$值的增加非零系数的自变量个数；红色点代表各$\log\lambda$值下模型的均方误差；点上的“工”字形代表MSE的一倍标准差范围；第二条虚线表示最小的一倍标准差。从图8.6可知，最佳的$\log\lambda$值应为红色点的最低处（图8.6中的第一条虚线），它的值不超过2，这与上文中折线图的结论基本保持一致。如需得到精确的λ值（不是$\log\lambda$值），可使用下方的代码：

```
# 从众多 Lambda 值中选择使 MSE 值最小的 Lambda
best_lambda_ridge <- fit_ridge_cv$lambda.min
best_lambda_ridge
out: 6.604633
```

如上结果所示，经过10重交叉验证的计算得到最佳的λ值为6.60，对应的log值为1.89。如需得到图中第二条虚线对应的λ值，可以使用如下命令：

```
# 从众多 Lambda 值中选择使 MSE 的一倍标准差最小的 Lambda
best_lambda_ridge <- fit_ridge_cv$lambda.1se
best_lambda_ridge
out: 46.59438
```

8.1.4 模型的预测

建模的目的就是对未知数据的预测，所以接下来需要运用岭回归模型对测试集进行预测，进而比对预测值与实际值之间的差异，评估模型的拟合效果。根据上一节内容，通过交叉验证方法获得了最佳的λ值，并根据该值构建岭回归模型，输出模型的偏回归系数，进而可以使用该模型对测试数据集进行预测，操作代码如下：

```
# 基于最佳的 Lambda 值建模，并返回岭回归系数
coeffient_ridge <- coef(object = fit_ridge_cv, # 指定模型对象
                    s = best_lambda_ridge # 指定最佳的 Lambda 值
                    )
coeffient_ridge
out:
(Intercept)      -278.1016031
BMI           5.0402312
BP            0.9653987
S1            -0.0962169
S2            -0.2122543
S3            -0.4746745
S4            3.3551258
S5            47.8786662
S6            0.4330182
```

如上结果所示，运用最佳的λ值得到岭回归模型的回归系数，其中Intercept对应的值为模型的截距项。故可以将岭回归模型表达为下方的式子：

$$Y = -278.101 + 5.040\text{BMI} + 0.965BP - 0.096\text{S1} - 0.212\text{S2} - 0.475\text{S3} + 3.355\text{S4} + 47.879\text{S5} + 0.433\text{S6}$$

上式中对岭回归系数的解释方法与多元线性回归模型一致，以体质指数BMI为例，在其他变量不变的情况下，体质指数每提升 1 个单位，将促使糖尿病指数Y提升 5.04 个单位。接着，需要使用该模型对测试集中的数据进行预测：

```
# 模型的预测
pred_ridge <- predict(object = fit_ridge_cv,
                      s = best_lambda_ridge,
                      newx = as.matrix(test[,-9]) # 指定待预测的数据集（仅包含 X 变量）
                      )
# 使用 RMSE 指标衡量模型的预测效果
RMSE <- sqrt(mean((test$Y-pred_ridge)**2))
RMSE
out:
53.19457
```

如上结果所示，通过预测后，使用均方根误差 RMSE 对模型的预测效果做了定量的统计值，结果为 53.195。有关 RMSE 的计算公式如下：

$$\text{RMSE} = \sqrt{\frac{\sum_{i=1}^{n}(y_i - \widehat{y_i})^2}{n}}$$

其中，n代表预测集中的样本量，y_i代表因变量的实际值，$\widehat{y_i}$为因变量的预测值。对于该统计量，值越小，说明模型对数据的拟合效果越好。

8.2 LASSO 回归模型的介绍

正如第 8.1 节所说，岭回归模型可以解决线性回归模型中矩阵$\boldsymbol{X'X}$不可逆的问题，解决的办法是添加$l2$正则的惩罚项，最终导致偏回归系数的缩减，但不管怎么缩减都会始终保留建模时的所有变量，无法降低模型的复杂度。为了克服这个缺点，1996 年 Robert Tibshirani 首次提出了 LASSO 回归。

与岭回归模型类似，LASSO 回归同样属于缩减性估计，而且在回归系数的缩减过程中可以将一些不重要的回归系数直接缩减为 0，即达到变量筛选的功能。之所以 LASSO 回归可以实现该功能，是因为原本在岭回归模型中的惩罚项由平方和改成了绝对值，虽然只是稍作修改，但形成的结果却大相径庭。

首先，对比岭回归模型的目标函数，可以将LASSO回归模型的目标函数表示为下方的公式：

$$J(\boldsymbol{\beta}) = \sum(\boldsymbol{y} - \boldsymbol{X\beta})^2 + \lambda\|\boldsymbol{\beta}\|_1 = \sum(\boldsymbol{y} - \boldsymbol{X\beta})^2 + \sum\lambda|\boldsymbol{\beta}|$$

其中，$\lambda\|\boldsymbol{\beta}\|_1$为目标函数的惩罚项，并且$\lambda$为惩罚项系数，与岭回归模型中的惩罚系数一致，需要迭代估计出一个最佳值，$\|\boldsymbol{\beta}\|_1$为回归系数$\boldsymbol{\beta}$的$l1$正则，表示所有回归系数绝对值的和。

8.2.1 参数求解

由于目标函数的惩罚项是关于回归系数$\boldsymbol{\beta}$的绝对值之和，所以惩罚项在零点处是不可导的，那么应用在岭回归上的最小二乘法将在此失效，不仅如此，梯度下降法、牛顿法与拟牛顿法都无法计算出 LASSO 回归的拟合系数。为了能够得到 LASSO 的回归系数，下面将介绍坐标轴下降法。

坐标轴下降法与梯度下降法类似，都属于迭代算法，所不同的是坐标轴下降法是沿着坐标轴（维度）下降，而梯度下降则是沿着梯度的负方向下降。坐标轴下降法的数学精髓是：对于p维参数的可微凸函数$J(\boldsymbol{\beta})$而言，如果存在一点$\widehat{\boldsymbol{\beta}}$，使得函数$J(\boldsymbol{\beta})$在每个坐标轴上均达到最小值，则$\widehat{J(\boldsymbol{\beta})}$就是点$\widehat{\boldsymbol{\beta}}$上的全局最小值。

可能上面的说明比较晦涩，换一种说法也许能够帮助读者理解坐标轴下降法的精髓。以多元线性回归模型为例，求解目标函数$\sum(\boldsymbol{y}-\boldsymbol{X\beta})^2$的最小值，其实是对整个$\boldsymbol{\beta}$做一次性偏导。坐标轴下降法则是对目标函数中的某个$\beta_j$做偏导，即控制其他$p-1$个参数不变的情况下沿着一个轴的方向求导，以此类推，再对剩下的$p-1$个参数求偏导。最终，令每个分量下的导函数为 0，得到使目标函数达到全局最小的$\widehat{\boldsymbol{\beta}}$。

将 LASSO 回归的目标函数写成下方的式子：

$$J(\boldsymbol{\beta})=\sum_{i=1}^{n}\left(y_i-\sum_{j=1}^{p}\beta_j x_{ij}\right)^2+\lambda\sum_{j=1}^{p}|\beta_j|=\mathrm{ESS}(\boldsymbol{\beta})+\lambda l_1(\boldsymbol{\beta})$$

其中，$\mathrm{ESS}(\boldsymbol{\beta})$代表误差平方和，$\lambda l_1(\boldsymbol{\beta})$代表惩罚项。由于$\mathrm{ESS}(\boldsymbol{\beta})$是可导的凸函数，故可以对该函数中的每个分量$\beta_j$做偏导。

首先将$\mathrm{ESS}(\boldsymbol{\beta})$展开，并假设$x_{ij}=h_j(x_i)$，则：

$$\begin{aligned}\mathrm{ESS}(\boldsymbol{\beta})&=\sum_{i=1}^{n}\left(y_i-\sum_{j=1}^{p}\beta_j h_j(x_i)\right)^2\\&=\sum_{i=1}^{n}\left(y_i{}^2+\left(\sum_{j=1}^{p}\beta_j h_j(x_i)\right)^2-2y_i\left(\sum_{j=1}^{p}\beta_j h_j(x_i)\right)\right)\end{aligned}$$

然后，对$\mathrm{ESS}(\boldsymbol{\beta})$做$\beta_j$的偏导数：

$$\frac{\partial \mathrm{ESS}(\boldsymbol{\beta})}{\partial\beta_j}=-2\sum_{i=1}^{n}h_j(x_i)\left(y_i-\sum_{k\neq j}\beta_k h_k(x_i)-\beta_j h_j(x_i)\right)$$

$$= -2\sum_{i=1}^{n} h_j(x_i)\left(y_i - \sum_{k\neq j}\beta_k h_k(x_i)\right) + 2\beta_j \sum_{i=1}^{n} h_j(x_i)^2$$

为了方便起见，令$m_j = \sum_{i=1}^{n} h_j(x_i)\left(y_i - \sum_{k\neq j}\beta_k h_k(x_i)\right)$、$n_j = \sum_{i=1}^{n} h_j(x_i)^2$，所以$\text{ESS}(\boldsymbol{\beta})$对$\beta_j$的偏导数可以表示成$-2m_j+2\beta_j n_j$。

由于惩罚项是不可导函数，故不能直接使用梯度方法，而使用次梯度方法，它的诞生就是为了求解不可导凸函数的最小值问题。对于某个分量β_j来说，惩罚项可以表示成$\lambda|\beta_j|$，故在β_j处的次导函数为：

$$\frac{\partial \lambda l_1(\boldsymbol{\beta})}{\partial \beta_j} = \begin{cases} \lambda, & \beta_j > 0 \\ [-\lambda, \lambda], & \beta_j = 0 \\ -\lambda, & \beta_j < 0 \end{cases}$$

为求解最终的 LASSO 回归系数，需要将$\text{ESS}(\boldsymbol{\beta})$与$\lambda l_1(\boldsymbol{\beta})$的分量导函数相结合，并令导函数为 0：

$$\frac{\partial \text{ESS}(\boldsymbol{\beta})}{\partial \beta_j} + \frac{\partial \lambda l_1(\boldsymbol{\beta})}{\partial \beta_j} = \begin{cases} -2m_j + 2\beta_j n_j + \lambda = 0 \\ [-2m_j - \lambda, -2m_j + \lambda] = 0 \\ -2m_j + 2\beta_j n_j - \lambda = 0 \end{cases}$$

$$\widehat{\beta_j} = \begin{cases} \left(m_j - \dfrac{\lambda}{2}\right)/n_j, & m_j > \dfrac{\lambda}{2} \\ 0, & m_j \in \left[-\dfrac{\lambda}{2}, \dfrac{\lambda}{2}\right] \\ \left(m_j + \dfrac{\lambda}{2}\right)/n_j, & m_j < -\dfrac{\lambda}{2} \end{cases}$$

如上公式所示，最终获得 LASSO 回归的模型系数，而且系数将依赖于λ值得到 3 种不同的分支。

8.2.2　系数求解的几何意义

同理，依据凸优化原理，将 LASSO 回归模型目标函数$J(\boldsymbol{\beta})$的最小化问题等价转换为下方的式子：

$$\begin{cases} \text{argmin}\left\{\sum(\boldsymbol{y} - \boldsymbol{X\beta})\right\}^2 \\ \text{附加约束} \sum|\boldsymbol{\beta}| \leqslant t \end{cases}$$

其中，t为常数，可以将上面的公式理解为：在残差平方和最小的情况下限定所有回归系数的绝对值之和不超过常数t。

为了使读者理解目标函数中$\text{argmin}\left\{\sum(\boldsymbol{y} - \boldsymbol{X\beta})^2\right\}$和$\sum|\boldsymbol{\beta}| \leqslant t$的几何意义，这里仅以两个自变量的回归模型为例，将目标函数中的两个部分表示为图 8.7。

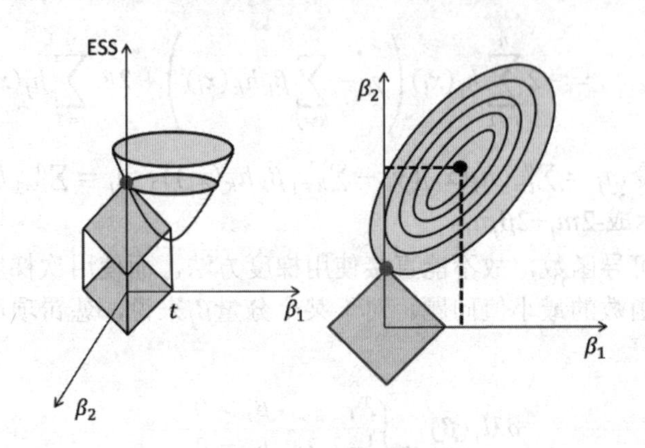

图 8.7 LASSO 回归模型的几何意义

在图 8.7 中，左图为三维立体图形，右图为对应的二维投影图。左图中的半椭圆体仍然代表$\sum_{i=1}^{n}\left(y_i-\beta_0-\sum_{j=1}^{2}x_{ij}\beta_j\right)^2$的部分，它是关于两个系数的二次函数；正方体则代表了$|\beta_1|+|\beta_2|\leqslant t$的部分，之所以是正方体，是因为$\beta$前的系数均为 1。将其映射到二维坐标图中就能够理解为什么 LASSO 回归可以做到非重要变量的删除，从图 8.7 可知，将 LASSO 回归的惩罚项映射到二维空间就会形成“角”，一旦“角”与抛物面相交，就会导致β_1为 0，进而实现变量的删除。相比于圆面，$l1$正则项的方框顶点更容易与抛物面相交，起到变量筛选的效果。

所以，LASSO 回归不仅可以实现变量系数的缩减（如二维图中，抛物面的最小二乘解由黑点转移到了相交的红点，β_2系数明显被“压缩”了），还可以完成变量的筛选，对于无法影响因变量的自变量，LASSO 回归都将其过滤掉。

8.2.3 LASSO 回归模型的应用

由于 LASSO 回归模型的目标函数包含惩罚项系数λ，因此，在计算模型回归系数之前仍然需要得到最理想的λ值。与岭回归模型类似，λ值的确定可以通过定性的可视化方法和定量的交叉验证方法。下面逐一介绍这两种方法选定惩罚项系数λ的值。

1．可视化方法确定λ值

可视化方法是通过绘制不同的λ值与回归系数之间的折线图，然后根据λ值的选择标准判断出合理的λ值。折线图中将涉及 LASSO 回归模型的系数计算，这部分仍然使用前文介绍的 glmnet 函数，所不同的是需要指定函数中的 alpha 参数为 1。

为了比较岭回归模型与 LASSO 回归模型的拟合效果，将继续使用糖尿病数据集绘制λ值与回归系数的折线图，代码如下：

```
# 根据糖尿病数据集构建 LASSO 回归模型
fit_lasso <-  glmnet(x = as.matrix(train[,-9]),
                y = train[,9],
                family = 'gaussian',
                alpha = 1 # 需指定为 1，表示构建 LASSO 回归模型
                )
```

```
# 绘制各 lambda 值与 LASSO 回归系数之间的折线图
plot(fit_lasso,xvar = 'lambda')
```

结果如图 8.8 所示。

glmnet 函数默认选择的$\log\lambda$值大致落在-4 与 4 之间，并根据这些不同的$\log\lambda$值绘制出了 LASSO 回归系数的折线图，图中的每条折线同样指代了不同的变量。与岭回归模型绘制的折线图类似，出现了喇叭形折线，说明该变量存在多重共线性。从图 8.8 可知，当$\log\lambda$值落在 0 附近时绝大多数变量的回归系数趋于稳定，所以基本可以锁定合理的λ值范围，接下来需要通过定量的交叉验证方法获得准确的λ值。

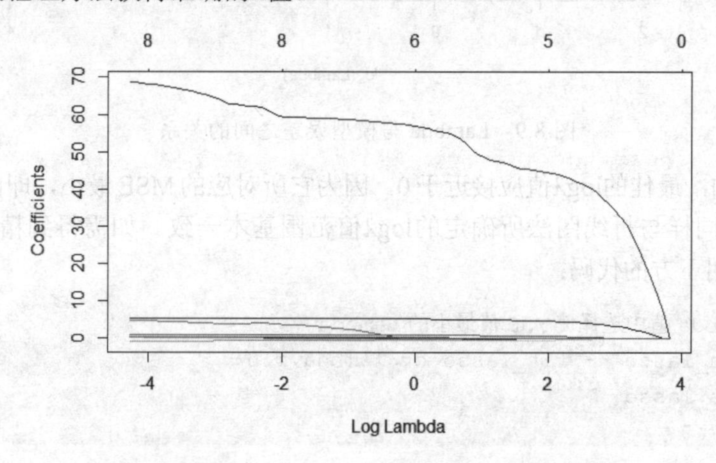

图 8.8 Lambda 与 LASSO 回归系数的关系图

2. 交叉验证法确定λ值

读者如果需要实现 LASSO 回归模型的交叉验证，可以继续使用 glmnet 包中的 cv.glmnet 函数，所不同的是需要将 alpha 参数值设置为 1，关于它的用法可以参考节中的内容。接下来，利用 cv.glmnet 函数对糖尿病数据集做 10 重交叉验证，进一步求得最佳的λ值，具体代码如下：

```
# 对糖尿病数据集做 10 重交叉验证
fit_lasso_cv <- cv.glmnet(x = as.matrix(train[,-9]),
                          y = train[,9],
                          alpha = 1 # 需指定为 1，表示构建 LASSO 回归模型
                          )
# 以图形的形式展示交叉验证的结果
plot(fit_lasso_cv)
```

交叉验证的可视化结果如图 8.9 所示。

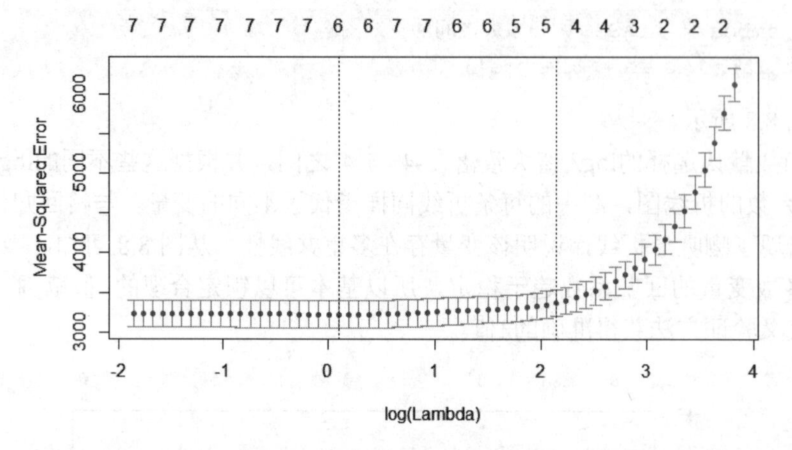

图 8.9 Lambda 与模型误差之间的关系

从图 8.9 可知，最佳的logλ值应接近于 0，因为它所对应的 MSE 最小，即图中第一条虚线对应的数值，这同样与折线图法所确定的logλ值范围基本一致。如需得到精确的λ值（而非logλ值），可使用下方的代码：

```
# 从众多 Lambda 值中选择使 MSE 值最小的 Lambda
best_lambda_lasso <- fit_lasso_cv$lambda.min
best_lambda_lasso
out: 1.101719
```

如上结果所示，通过 10 重交叉验证的计算最终确定合理的λ值为 1.102，其对应的log值为 0.097。接下来，基于这个最佳的λ值构建 LASSO 回归模型，求解模型的系数。

8.2.4 模型的预测

当确定最佳的λ值后，可以借助于 Lasso 类重新构建 LASSO 回归模型，具体的建模代码如下：

```
# 基于最佳的 Lambda 值建模，并返回 LASSO 回归的系数值
coeffient_lasso <- coef(object = fit_lasso_cv,
                        s = best_lambda_lasso)
coeffient_lasso
out:
(Intercept) -297.6931723
BMI            5.2743852
BP             0.9313420
S1            -0.2352159
S2             .
S3            -0.4236578
S4             .
S5            56.6186273
S6             0.3108125
```

如上结果所示，返回的是 LASSO 回归模型的系数。值得注意的是，有两个变量对应的系数值为句号点，说明它们的系数值为 0。可以理解为S2变量和S4变量对糖尿病指数Y没有显著意义，故最终可以将 LASSO 回归模型表达为：

$$Y = -297.693 + 5.274\text{BMI} + 0.931\text{BP} - 0.235S1 - 0.424S3 + 56.619S_5 + 0.311S_6$$

接下来，基于如上所得的回归模型对测试集中的数据进行预测，同时计算出用于评估模型好坏的均方根误差 RMSE，代码如下：

```
# 模型的预测
pred_lasso <- predict(object = fit_lasso_cv,
                      s = best_lambda_lasso,
                      newx = as.matrix(test[,-9]))
# 使用 RMSE 指标衡量模型的预测效果
RMSE <- sqrt(mean((test$Y-pred_lasso)**2))
RMSE
out:
52.80411
```

如上结果所示，LASSO 回归模型在测试集上得到的 RMSE 值为 52.804，相比于岭回归模型的 RMSE 值，大约下降 0.4，得到的结论是：在降低模型复杂度的情况下（模型中删除了S2变量和S4变量）反而提升了模型的拟合效果。所以，在绝大多数情况下，LASSO 回归得到的系数比岭回归模型更加可靠和易于理解。而且在实际应用中，通常会选择 LASSO 回归模型做建模前的特征选择。

为了对比多元线性回归模型和岭回归模型、LASSO 回归模型在糖尿病数据集上的拟合效果，再运用第 7 章所学的知识构建多元线性回归模型，具体代码如下：

```
# 基于训练集构建多元线性回归模型
fit_lm <- lm(formula = 'Y ~ .', data = train)
# 返回模型的概览信息
summary(fit_lm)
Coefficients:
              Estimate   Std. Error   t value   Pr(>|t|)
(Intercept) -373.9038    77.8537     -4.803    2.34e-06 ***
BMI            5.3569     0.7925      6.760    5.93e-11 ***
BP             1.0043     0.2484      4.043    6.51e-05 ***
S1            -0.8868     0.6945     -1.277    0.202512
S2             0.4655     0.6524      0.713    0.476058
S3             0.4507     0.9203      0.490    0.624638
S4             5.2618     6.8654      0.766    0.443955
S5            71.5177    18.4302      3.880    0.000125 ***
S6             0.3392     0.3064      1.107    0.268971
```

如上结果所示，基于训练数据集构建多元线性回归模型时会产生很多变量的系数值不显著，如果直接利用该模型对训练数据集做预测，效果将会非常不理想。为了简单起见，这里直接在 fit_lm 模型的基础上做逐步回归，代码如下：

```
# 利用逐步回归过滤掉不显著的变量
fit_lm2 <- step(object = fit_lm,
                trace = FALSE # 取消逐步回归过程中的日志信息
                )
# 返回变量系数
summary(fit_lm2)
Coefficients:
              Estimate    Std. Error    t value     Pr(>|t|)
(Intercept)-320.8100    31.0117      -10.345     < 2e-16 ***
BMI           5.5603     0.7725       7.198      3.80e-12 ***
BP            1.0624     0.2408       4.412      1.37e-05 ***
S1           -0.4182     0.1074      -3.895      0.000118 ***
S4            5.7635     3.1696       1.818      0.069874 .
S5           61.2667     8.0856       7.577      3.24e-13 ***
```

如上结果所示，经过逐步回归之后，变量S2、S3和S6均被过滤，剩下来的变量基本通过显著性检验（尽管变量S4没有显著，但其 P 值也接近于 0.05）。最终可根据如上所得的回归系数，将多元线性回归模型表示成如下的公式：

$$Y = -320.810 + 5.560\text{BMI} + 1.062\text{BP} - 0.418S_1 + 5.764S_4 + 61.267S_5$$

进一步，将多元线性回归模型应用在测试集中，得到糖尿病指数的预测值，然后根据测试中的实际值和预测值计算 RMSE 值，具体代码如下：

```
# 模型的预测
pred_lm <- predict(object = fit_lm2,
                   newdata = test[,-9])
# 使用 RMSE 指标衡量模型的预测效果
RMSE <- sqrt(mean((test$Y-pred_lm)**2))
RMSE
out:
53.03516
```

如上结果所示，在对模型结果不做任何假设检验以及拟合诊断的情况下，线性回归模型的拟合效果在 3 个模型中属于居中，因为其对应的RMSE值恰好落在岭回归模型和LASSO回归模型之间。当然，作者也可以按照第 7 章的逻辑重新对糖尿病数据集构建多元线性回归建模，结合模型的拟合效果也许会得出不一样的结论。

之所以将三者做对比，不仅仅是让读者明白它们之间的差异，更重要的是对于不满足$\boldsymbol{X'X}$可逆的数据集，读者可以有更多的模型选择余地，进而避免线性回归模型出现死胡同的情况。

8.3 篇章总结

本章重点介绍了有关线性回归模型的两个扩展模型，分别是岭回归与LASSO回归，内容包含两种模型的参数求解、目标函数几何意义的理解以及基于糖尿病数据集的应用实战。当自变量间存在多重共线性或数据集中自变量个数多于观测数时，会导致矩阵$\boldsymbol{X}'\boldsymbol{X}$不可逆，进而无法通过最小二乘法得到多元线性回归模型的系数解，而本章介绍的岭回归与LASSO回归就是为了解决这类问题。相比于岭回归模型来说，LASSO 回归可以非常方便地实现自变量的筛选，但付出的代价是增加了模型运算的复杂度。

为了使读者掌握本章中所涉及的R语言函数，这里将其重新梳理到表8.1中，以便读者查阅和记忆。

表 8.1　本章所涉及的 R 语言函数

R 语言包	R 语言函数	说明
stats	as.data.frame	将对象强制转换为数据框结构
	as.matrix	将对象强制转换为矩阵结构
	subset	基于数据框实现数据子集的筛选
	sample	抽样函数
	set.seed	用于设置抽样的随机种子
	sqrt	平方根计算
	mean	计算向量的均值
	lm	构建多元线性回归模型
	step	基于多元线性回归模型做进一步的逐步回归
	summary	返回模型的概览信息
	predict	基于模型对测试数据集做预测
readxl	read_excel	读取 Excel 文件
glmnet	glmnet	构建岭回归或 LASSO 回归模型
	cv.glmnet	岭回归或 LASSO 回归模型的交叉验证
	plot	基于模型结果做可视化图形
	coef	返回模型的回归系数

第 9 章

Logistic 回归模型的分类应用

在实际的数据挖掘中，站在预测类问题的角度来看，除了需要预测连续型的因变量，还需要预判离散型的因变量。对于连续型变量的预测，例如如何根据产品的市场价格、广告力度、销售渠道等因素预测利润的高低、基于患者的各种身体指标预测其病症的发展趋势、如何根据广告的内容、摆放的位置、图片尺寸的大小、投放时间等因素预测其被点击的概率等，类似这样的问题基本上可以借助于第 7 章和第 8 章所介绍的多元线性回归模型、岭回归模型或 LASSO 回归模型来解决；对于离散型变量的判别，例如某件商品在接下来的 1 个月内是否被销售、根据人体内的某个肿瘤特征判断其是否为恶性肿瘤、如何依据用户的信用卡信息认定其是否为优质客户等，又该如何解决呢？

本章将介绍另一种回归模型，它与线性回归模型存在着千丝万缕的关系，但与之相比，它属于非线性模型，专门用来解决二分类的离散问题。正如上文所讲，商品是否被销售、肿瘤是否为恶性、客户是否具有优质性等都属于二分类问题，而这些问题都可以通过 Logistic 回归模型解决。

Logistic 回归模型目前是最受工业界所青睐的模型之一，例如电商企业利用该模型判断用户是否会选择某种支付方式、金融企业通过该模型将用户划分为不同的信用等级、旅游类企业则运用该模型完成酒店客户的流失概率预测。该模型的一个最大特色就是相对于其他很多分类算法（如 SVM、神经网络、随机森林等）来说具有很强的可解释性。接下来，将通过本章详细介绍有关 Logistic 回归模型的来龙去脉，读者将会掌握如下几方面内容：

- 如何构建Logistic回归模型以及求解参数；
- Logistic回归模型的参数解释；
- 模型效果的评估都有哪些常用方法；
- 如何基于该模型完成实战项目。

9.1 Logistic 回归模型的构建

正如前文所说，Logistic 回归是一种非线性的回归模型，但它又和线性回归模型有关，所以其属于广义的线性回归分析模型。可以借助该模型实现两大用途：一个是寻找“危险”因素，例如医学界通常使用模型中的优势比寻找影响某种疾病的“坏”因素；另一个用途是判别新样本所属的类别，例如根据手机设备的记录数据判断用户是处于行走状态还是跑步状态。

首先要回答的是为什么 Logistic 回归模型与线性回归模型有关，为了使读者能够理解这个问题的答案，需要结合图 9.1 进行说明。

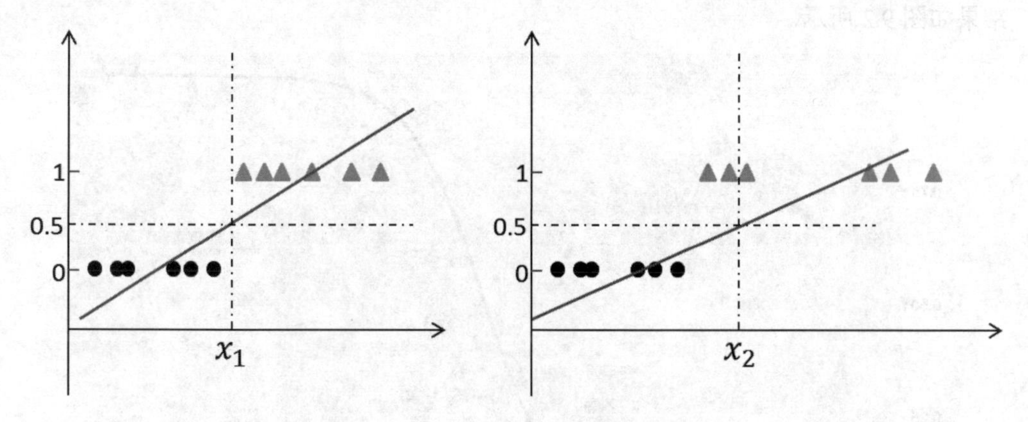

图 9.1 类别型因变量与线性拟合线

假设x轴表示的是肿瘤体积的大小；y轴表示肿瘤是否为恶性，其中 0 表示良性，1 表示恶性；垂直和水平的虚线均属于参考线，其中水平参考线设置y=0.5 处。很明显，这是一个二分类问题，如果使用线性回归模型预测肿瘤状态，得到的不会是（0,1）两种值，而是实数范围内的某个值。如果以 0.5 作为判别标准，左图呈现的回归模型对肿瘤的划分还是比较合理的，因为当肿瘤体积小于x_1时都能够将良性肿瘤判断出来，反之亦然；再来看右图，当恶性肿瘤在x轴上相对分散时，得到的线性回归模型如图中所示，最终导致的后果就是误判的出现，当肿瘤体积小于x_2时，会有两个恶性肿瘤被误判为良性肿瘤。

所以，直接使用线性回归模型对离散型的因变量建模容易导致错误的结果。按照图 9.1 的显示，线性回归模型的预测值越大（如果以 0.5 作为阈值），肿瘤被判为恶性的可能性就越大，反之亦然。如果对线性回归模型做某种变换，能够使预测值被“压缩”在 0~1 之间，那么这个范围就可以理解为恶性肿瘤的概率。所以，预测值越大，转换后的概率值就越接近于 1，从而得到肿瘤为恶性的概率也就越大，反之亦然。对 Logistic 回归模型熟悉的读者一定知道这个变换函数，不错，它就是 Logit 函数，该函数的表达式为：

$$g(z) = \frac{1}{1 + \mathrm{e}^{-z}}$$

其中，$z \in (-\infty, +\infty)$。很明显，当z趋于正无穷大时，e^{-z}将趋于 0，进而导致$g(z)$逼近于 1；相反，当z趋于负无穷大时，e^{-z}会趋于正无穷大，最终导致$g(z)$逼近于 1；当z=0 时，

e^{-z}=1，所以得到$g(z)$=0.5，通过图 9.2 也能够说明这个结论。

```
# 加载第三方包
library(ggplot2)
# 生成绘图数据
x <- seq(from = -10, to = 10, by = 0.01)
y = exp(x)/(1+exp(x))
# 绘制 Logit 函数曲线
ggplot(data = NULL, mapping = aes(x = x,y = y)) +
  geom_line(colour = 'blue') +    # 绘制折线
  # 往图形中添加文本信息
  annotate('text', x = 1, y = 0.3, label ='y==e^x / 1+e^x', parse = TRUE)
```

结果如图 9.2 所示。

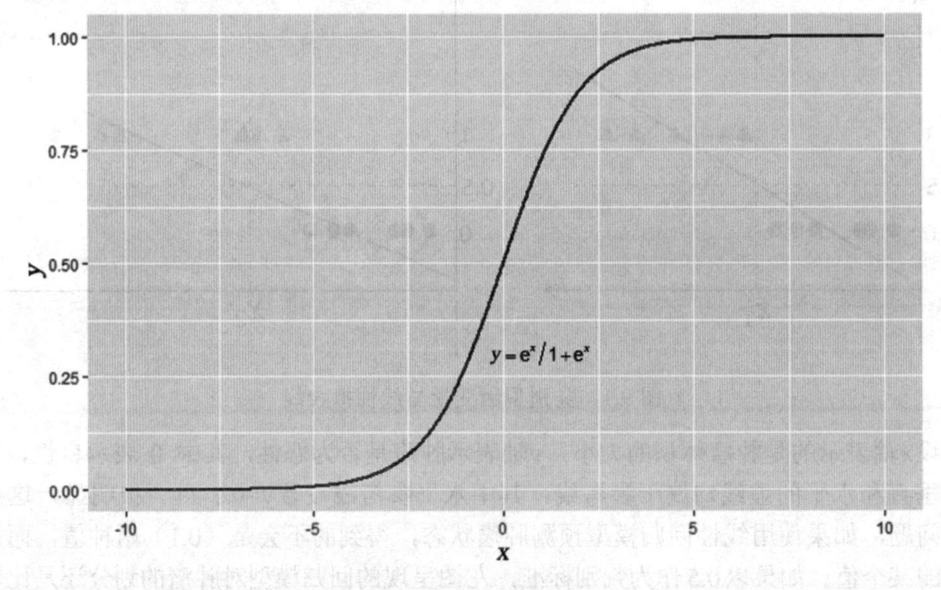

图 9.2 Logit 函数的可视化

如果将 Logit 函数中的z参数换成多元线性回归模型的形式，则关于线性回归的 Logit 函数可以表达为：

假定：$z = \beta_0 + \beta_1 x_1 + \beta_2 x_2 + \cdots + \beta_p x_p$

则 $g(z) = \dfrac{1}{1 + e^{-(\beta_0 + \beta_1 x_1 + \beta_2 x_2 + \cdots + \beta_p x_p)}} = h_{\boldsymbol{\beta}}(\boldsymbol{X})$

上式中的$h_{\boldsymbol{\beta}}(\boldsymbol{X})$也被称为 Logistic 回归模型，它是将线性回归模型的预测值经过非线性的 Logit 函数转换为[0,1]之间的概率值。假定，在已知$\boldsymbol{X}$和$\boldsymbol{\beta}$的情况下，因变量取 1 和 0 的条件概率分别用$h_{\boldsymbol{\beta}}(\boldsymbol{X})$和 1–$h_{\boldsymbol{\beta}}(\boldsymbol{X})$表示，则这个条件概率可以表示为：

$$P(y = 1|\boldsymbol{X}; \boldsymbol{\beta}) = h_{\boldsymbol{\beta}}(\boldsymbol{X}) = p$$
$$P(y = 0|\boldsymbol{X}; \boldsymbol{\beta}) = 1 - h_{\boldsymbol{\beta}}(\boldsymbol{X}) = 1 - p$$

接下来，可以利用这两个条件概率将 Logistic 回归模型还原成线性回归模型，具体推导如下：

$$\begin{aligned}\frac{p}{1-p} &= \frac{h_{\boldsymbol{\beta}}(\boldsymbol{X})}{1-h_{\boldsymbol{\beta}}(\boldsymbol{X})} \\ &= \left(\frac{\dfrac{1}{1+\mathrm{e}^{-(\beta_0+\beta_1x_1+\beta_2x_2+\cdots+\beta_px_p)}}}{1-\dfrac{1}{1+\mathrm{e}^{-(\beta_0+\beta_1x_1+\beta_2x_2+\cdots+\beta_px_p)}}}\right) \\ &= \frac{1}{\mathrm{e}^{-(\beta_0+\beta_1x_1+\beta_2x_2+\cdots+\beta_px_p)}} \\ &= \mathrm{e}^{\beta_0+\beta_1x_1+\beta_2x_2+\cdots+\beta_px_p}\end{aligned}$$

公式中的$p/(1-p)$通常称为优势（odds）或发生比，代表了某个事件发生与不发生的概率比值，它的范围落在$(0,+\infty)$之间。如果对发生比$p/(1-p)$取对数，则如上公式可以表示为：

$$\begin{aligned}\log\left(\frac{p}{1-p}\right) &= \log\left(\mathrm{e}^{\beta_0+\beta_1x_1+\beta_2x_2+\cdots+\beta_px_p}\right) \\ &= \beta_0+\beta_1x_1+\beta_2x_2+\cdots+\beta_px_p\end{aligned}$$

是不是很神奇，完全可以将 Logistic 回归模型转换为线性回归模型的形式，但问题是因变量不再是实际的y值，而是与概率相关的对数值。所以，无法使用我们在第 7 章所介绍的方法求解未知参数β，而是采用极大似然估计法，接下来将重点介绍有关 Logistic 回归模型的参数求解问题。

9.2 Logistic 回归模型的参数求解

重新回顾上一节所介绍的事件发生概率与不发生概率的公式，可以将这两个公式重写为一个公式，具体如下：

$$P(y|X;\beta) = h_\beta(X)^y \times \left(1-h_\beta(X)\right)^{1-y}$$

其实如上的概率值就是关于$h_{\boldsymbol{\beta}}(\boldsymbol{X})$的函数，即事件发生的概率函数。可以简单描述一下这个函数，当某个事件发生时（如因变量y用 1 表示），则上式的结果为$h_{\boldsymbol{\beta}}(\boldsymbol{X})$，反之结果为$1-h_{\boldsymbol{\beta}}(\boldsymbol{X})$，正好与两个公式所表示的概率完全一致。

9.2.1 极大似然估计

为了求解公式中的未知参数$\boldsymbol{\beta}$，需要构建一个目标函数，这个函数就是似然函数。似然函数的统计背景是，如果数据集中的每个样本都是互相独立的，则n个样本发生的联合概率就是各样本事件发生的概率乘积，故似然函数可以表示为：

$$L(\boldsymbol{\beta}) = P(\vec{\boldsymbol{y}}|\boldsymbol{X};\boldsymbol{\beta})$$

$$
\begin{aligned}
&= \prod_{i=1}^{n} P\left(y^{(i)} | x^{(i)}; \boldsymbol{\beta}\right) \\
&= \prod_{i=1}^{n} h_{\boldsymbol{\beta}}\left(x^{(i)}\right)^{y^{(i)}} \times \left(1 - h_{\boldsymbol{\beta}}\left(x^{(i)}\right)\right)^{1-y^{(i)}}
\end{aligned}
$$

其中，上标i表示第i个样本。接下来要做的就是求解使目标函数达到最大的未知参数$\boldsymbol{\beta}$，而上文提到的极大似然估计法就是实现这个目标的方法。为了方便起见，将似然函数$L(\boldsymbol{\beta})$做对数处理：

$$
\begin{aligned}
l(\beta) = \log\left(L(\beta)\right) &= \log\left(\prod_{i=1}^{n} h_{\boldsymbol{\beta}}\left(x^{(i)}\right)^{y^{(i)}} \times \left(1 - h_{\boldsymbol{\beta}}\left(x^{(i)}\right)\right)^{1-y^{(i)}}\right) \\
&= \sum_{i=1}^{n} \log\left(h_{\boldsymbol{\beta}}\left(x^{(i)}\right)^{y^{(i)}} \times \left(1 - h_{\boldsymbol{\beta}}\left(x^{(i)}\right)\right)^{1-y^{(i)}}\right) \\
&= \sum_{i=1}^{n} \left(y^{(i)} \log\left(h_{\boldsymbol{\beta}}\left(x^{(i)}\right)\right) + \left(1 - y^{(i)}\right) \log\left(1 - h_{\boldsymbol{\beta}}\left(x^{(i)}\right)\right)\right)
\end{aligned}
$$

如上公式为对数似然函数，如想得到目标函数的最大值，通常使用的套路是对目标函数求导，进一步令导函数为 0，进而可以计算出目标函数中的未知参数。接下来，尝试这个套路，计算目标函数的最优解。

步骤一：知识铺垫

已知：$h_{\boldsymbol{\beta}}(\boldsymbol{X}) = \dfrac{1}{1 + \mathrm{e}^{-\boldsymbol{X}\boldsymbol{\beta}}}$

所以：
$$
\begin{aligned}
\frac{\partial h_{\boldsymbol{\beta}}(\boldsymbol{X})}{\partial \boldsymbol{\beta}} &= \frac{\boldsymbol{X}\mathrm{e}^{-\boldsymbol{X}\boldsymbol{\beta}}}{(1 + \mathrm{e}^{-\boldsymbol{X}\boldsymbol{\beta}})^2} = \frac{1}{1 + \mathrm{e}^{-\boldsymbol{X}\boldsymbol{\beta}}}\left(1 - \frac{1}{1 + \mathrm{e}^{-\boldsymbol{X}\boldsymbol{\beta}}}\right)\boldsymbol{X} \\
&= h_{\boldsymbol{\beta}}(\boldsymbol{X})\left(1 - h_{\boldsymbol{\beta}}(\boldsymbol{X})\right)\boldsymbol{X}
\end{aligned}
$$

步骤二：目标函数求导

$$
\begin{aligned}
\frac{\partial l(\boldsymbol{\beta})}{\partial \boldsymbol{\beta}} &= \sum_{i=1}^{n}\left(y^{(i)} \frac{1}{h_{\boldsymbol{\beta}}(x^{(i)})} - \left(1 - y^{(i)}\right) \frac{1}{1 - h_{\boldsymbol{\beta}}(x^{(i)})}\right) \frac{\partial h_{\boldsymbol{\beta}}\left(x^{(i)}\right)}{\partial \boldsymbol{\beta}} \\
&= \sum_{i=1}^{n}\left(y^{(i)} \frac{1}{h_{\boldsymbol{\beta}}(x^{(i)})} - \left(1 - y^{(i)}\right) \frac{1}{1 - h_{\boldsymbol{\beta}}(x^{(i)})}\right) h_{\boldsymbol{\beta}}\left(x^{(i)}\right)\left(1 - h_{\boldsymbol{\beta}}\left(x^{(i)}\right)\right) x^{(i)} \\
&= \sum_{i=1}^{n}\left(y^{(i)}\left(1 - h_{\boldsymbol{\beta}}\left(x^{(i)}\right)\right) - \left(1 - y^{(i)}\right) h_{\boldsymbol{\beta}}\left(x^{(i)}\right)\right)\left(x^{(i)}\right) \\
&= \sum_{i=1}^{n}\left(y^{(i)} - h_{\boldsymbol{\beta}}\left(x^{(i)}\right)\right)\left(x^{(i)}\right)
\end{aligned}
$$

步骤三：令导函数为 0

$$
\sum_{i=1}^{n}\left(y^{(i)} - h_{\boldsymbol{\beta}}\left(x^{(i)}\right)\right)\left(x^{(i)}\right) = 0
$$

很显然，通过上面的公式无法得到未知参数$\boldsymbol{\beta}$的解，因为它不是关于$\boldsymbol{\beta}$的多元一次方程组。

所以，只能使用迭代方法来确定参数$\boldsymbol{\beta}$的值，迭代过程会使用到经典的梯度下降算法。

9.2.2　梯度下降

由于对似然函数求的是最大值，因此直接用梯度下降方法不合适，因为梯度下降专门用于解决最小值问题。为了能够适用梯度下降方法，需要在目标函数的基础之上乘以-1，即新的目标函数可以表示为：

$$\begin{aligned} J(\boldsymbol{\beta}) &= -l(\boldsymbol{\beta}) \\ &= -\sum_{i=1}^{n}\left(y^{(i)}\log\left(h_{\boldsymbol{\beta}}\left(x^{(i)}\right)\right) + \left(1-y^{(i)}\right)\log\left(1-h_{\boldsymbol{\beta}}\left(x^{(i)}\right)\right)\right) \end{aligned}$$

既然无法利用导函数直接求得未知参数β的解，那就结合迭代的方法对每一个未知参数β_j做梯度下降，通过梯度下降法可以得到β_j的更新过程，即

$$\beta_j := \beta_j - \alpha\frac{\partial J(\boldsymbol{\beta})}{\partial \beta_j},\quad (j = 1,2,\dots,p)$$

其中，α为学习率，也称为参数β_j变化的步长，通常步长可以取 0.1、0.05、0.01 等。如果设置的α过小，就会导致β_j变化微小，需要经过多次迭代，收敛速度过慢；如果设置的α过大，就很难得到理想的β_j值，进而导致目标函数可能是局部最小。

根据前文对目标函数的求导过程，可以沿用至对分量β_j的求导，故目标函数对分量β_j偏导数可以表示成：

$$\frac{\partial J(\boldsymbol{\beta})}{\partial \beta_j} = -\sum_{i=1}^{n}\left(y^{(i)} - h_{\boldsymbol{\beta}}\left(x^{(i)}\right)\right)\left(x_{(j)}^{(i)}\right)$$

其中，$x_{(j)}^{(i)}$表示第j个变量在第i个样本上的观测值，所以利用梯度下降的迭代过程可以进一步表示为：

$$\beta_j := \beta_j - \alpha\frac{\partial J(\boldsymbol{\beta})}{\partial \beta_j} = \beta_j - \alpha\sum_{i=1}^{n}\left(h_{\boldsymbol{\beta}}\left(x^{(i)}\right) - y^{(i)}\right)\left(x_{(j)}^{(i)}\right)$$

9.3　Logistic 回归模型的参数解释

对于线性回归模型而言，参数的解释还是比较容易理解的。例如，以产品成本、广告成本和利润构建的多元线性回归模型为例，在其他条件不变的情况下，广告成本每提升一个单位，利润将上升或下降几个单位，这便是广告成本系数的解释。对于 Logistic 回归模型来说，似乎就不能这样解释了，因为它是由线性回归模型的 Logit 变换而来的，那么应该如何解释 Logistic 回归模型的参数含义呢？

在上一节曾提过发生比的概念，即某事件发生的概率p与不发生的概率$(1-p)$之间的比值，它是一个以e为底的指数，并不能直接解释参数$\boldsymbol{\beta}$的含义。发生比的作用只能解释为在同

一组中事件发生与不发生的倍数。例如，对于男性组来说，患癌症的概率是不患癌症的几倍，所以并不能说明性别这个变量对患癌症事件的影响有多大。使用发生比率就可以解释参数β的含义了，即发生比之比。

假设影响是否患癌的因素有性别和肿瘤两个变量，通过建模可以得到对应的系数β_1和β_2，则 Logistic 回归模型可以按照事件发生比的形式改写为：

$$\begin{aligned}\text{odds} &= \frac{p}{1-p} = \mathrm{e}^{\beta_0+\beta_1\text{Gender}+\beta_2\text{Volum}} \\ &= \mathrm{e}^{\beta_0} \times \mathrm{e}^{\beta_1\text{Gender}} \times \mathrm{e}^{\beta_2\text{Volum}}\end{aligned}$$

分别以性别变量和肿瘤体积变量为例，解释系数β_1和β_2的含义。假设性别中男用 1 表示，女用 0 表示，则：

$$\frac{\text{odds}_1}{\text{odds}_0} = \frac{\mathrm{e}^{\beta_0} \times \mathrm{e}^{\beta_1\times 1} \times \mathrm{e}^{\beta_2\text{Volum}}}{\mathrm{e}^{\beta_0} \times \mathrm{e}^{\beta_1\times 0} \times \mathrm{e}^{\beta_2\text{Volum}}} = \mathrm{e}^{\beta_1}$$

所以，性别变量的发生比率为e^{β_1}，表示男性患癌的发生比约为女性患癌发生比的e^{β_1}倍，这是对离散型自变量系数的解释。如果是连续型的自变量，也是类似的方法解释参数含义，假设肿瘤体积为Volum_0，当肿瘤体积增加 1 个单位时，体积为$\text{Volum}_0 + 1$，则：

$$\frac{\text{odds}_{\text{Volum}_0+1}}{\text{odds}_{\text{Volum}_0}} = \frac{\mathrm{e}^{\beta_0} \times \mathrm{e}^{\beta_1\text{Gender}} \times \mathrm{e}^{\beta_2(\text{Volum}_0+1)}}{\mathrm{e}^{\beta_0} \times \mathrm{e}^{\beta_1\text{Gender}} \times \mathrm{e}^{\beta_2\text{Volum}_0}} = \mathrm{e}^{\beta_2}$$

所以，在其他变量不变的情况下，肿瘤体积每增加一个单位，就将会使患癌发生比变化e^{β_2}倍，这个倍数是相对于原来的Volum_0而言的。

当β_k为正数时，e^k将大于 1，表示x_k每增加一个单位时发生比会相应增加；当β_k为负数时，e^k将小于 1，说明x_k每增加一个单位时发生比会相应减小；当β_k为 0 时，e^k将等于 1，表明无论x_k如何变化都无法使发生比发生变化。

9.4 几种常用的模型评估方法

9.2 节介绍了如何利用梯度下降法求解 Logistic 回归模型的未知参数$\boldsymbol{\beta}$，当模型参数得到后就可以用来对新样本的预测。预测效果的好坏该如何评估是一个值得研究的问题，第 8 章中涉及了线性回归模型的评估指标，即 RMSE，但它只能用于连续型的因变量评估。对于离散型的因变量有哪些好的评估方法呢？本节的重点就是回答这个问题，介绍有关混淆矩阵、ROC 曲线、K-S 曲线等评估方法。

9.4.1 混淆矩阵

假设以肿瘤为例，对于实际的数据集会存在两种分类，即良性和恶性。基于 Logistic 回归模型将会预测出样本所属的类别，这样就会得到两列数据，一个是真实的分类序列，另一个是模型预测的分类序列。所以，可以依据这两个序列得到一个汇总的列联表，该列联表就称为混淆矩阵。这里构建一个肿瘤数据的混淆矩阵，0 表示良性(负例)，1 表示恶性(正例)，正例一般被理解为研究者所感兴趣或关心的那个分类，如表 9.1 所示。

表 9.1 混淆矩阵

	实际值			
预测值		良性——0	恶性——1	
	良性——0	A, True Negative	B, False Negtive	A+B, Predict Negtive
	恶性——1	C, False Positive	D, True Positive	C+D, Predict Positive
		A+C, Acture Negtive	B+D, Acture Positive	

混淆矩阵中的字母均表示对应组合下的样本量，通过混淆矩阵，有一些重要概念需要加以说明，它们分别是：

- **A**：表示正确预测负例的样本个数，用TN表示。
- **B**：表示预测为负例，但实际为正例的个数，用FN表示。
- **C**：表示预测为正例，但实际为负例的个数，用FP表示。
- **D**：表示正确预测正例的样本个数，用TP表示。
- **A+B**：表示预测负例的样本个数，用PN表示。
- **C+D**：表示预测正例的样本个数，用PP表示。
- **A+C**：表示实际负例的样本个数，用AN表示。
- **B+D**：表示实际正例的样本个数，用AP表示。
- **准确率**：表示正确预测的正负例样本数与所有样本数量的比值，即(A+D)/(A+B+C+D)。该指标用来衡量模型对整体数据的预测效果，用Accuracy表示。
- **正例覆盖率**：表示正确预测的正例数在实际正例数中的比例，即D/(B+D)。该指标反映的是模型能够在多大程度上覆盖所关心的类别，用Sensitivity表示。
- **负例覆盖率**：表示正确预测的负例数在实际负例数中的比例，即A/(A+C)，用Specificity表示。
- **正例命中率**：与正例覆盖率比较相似，表示正确预测的正例数在预测正例数中的比例，即D/(C+D)，这个指标在做市场营销的时候非常有用，例如对预测的目标人群做活动，实际响应的人数越多，说明模型越能够刻画出关心的类别，用Precision表示。

如果使用混淆矩阵评估模型的好坏，一般会选择准确率指标 Accuracy、正例覆盖率指标 Sensitivity 和负例覆盖率 Specificity 指标。这 3 个指标越高，说明模型越理想。

混淆矩阵的构造可以通过 Pandas 模块中的 crosstab 函数实现，也可以借助于 sklearn 子模块 metrics 中的 confusion_matrix 函数完成。

9.4.2 ROC 曲线

ROC 曲线通过可视化的方法实现模型好坏的评估，使用两个指标值进行绘制，其中x轴为 1-Specificity，即负例错判率；y轴为 Sensitivity，即正例覆盖率。在绘制 ROC 曲线过程中，会考虑不同的阈值下 Sensitivity 与 1-Specificity 之间的组合变化。为了更好地理解 ROC 曲线的绘制过程，这里虚拟一个数据表格，如图 9.3 所示。

ID	Class	Score
1	P	0.55
2	P	0.87
3	P	0.23
4	P	0.61
5	P	0.75
6	P	0.77
7	P	0.86
8	P	0.51
9	P	0.26
10	P	0.93
11	N	0.57
12	N	0.61
13	N	0.27
14	N	0.33
15	N	0.84
16	N	0.39
17	N	0.46
18	N	0.77
19	N	0.37
20	N	0.11

ID	Class	Score
10	P	0.93
2	P	0.87
7	P	0.86
15	N	0.84
6	P	0.77
18	N	0.77
5	P	0.75
4	P	0.61
12	N	0.61
11	N	0.57
1	P	0.55
8	P	0.51
17	N	0.46
16	N	0.39
19	N	0.37
14	N	0.33
13	N	0.27
9	P	0.26
3	P	0.23
20	N	0.11

图 9.3 绘制 ROC 曲线的虚拟数据

在图 9.3 中，ID 列表示样本的序号；Class 列表示样本实际的分类，P 表示正例，N 表示负例；Score 列表示模型得分，即通过 Logistic 模型计算正例的概率值。将原始数据按照 Score 列降序后得到右表的结果，对于 Logistic 模型来说，通常会选择 Score 为 0.5 作为判断类别的阈值，若 Score 大于 0.5，则判断样本为正例，否则为负例。但是在对模型作评估时，通常会选择不同的 Score，计算对应的 Sensitivity 和 Specificity，进而得到 ROC 曲线。下面将尝试几个不同的 Score 值作为演练：

如果 Score 大于 0.85，则将样本预测为正例，反之样本归属于负例，根据数据所示，实际的 10 个正例中满足条件的只有 3 个样本（2、7、10 号样本），所以得到的正例覆盖率 Sensitivity 为 0.3；在实际的 10 个负例中，得分均小于 0.85，说明负例的覆盖率为 1，则 1-Specificity 为 0。最终得到的组合点为（0.85,0.3,0）。

如果 Score 大于 0.65，则将样本预测为正例，反之样本归属于负例，根据数据所示，实际的 10 个正例中满足条件的有 5 个样本（5、6、2、7、10 号样本），所以得到的正例覆盖率

Sensitivity 为 0.5；在实际的 10 个负例中，有 8 个样本（除了 15 与 18 号）得分小于 0.85，说明负例的覆盖率为 0.8，则 1-Specificity 为 0.2。最终得到的组合点为（0.65,0.5,0.2）。

如果 Score 大于 0.5，则将样本预测为正例，反之样本归属于负例，根据数据所示，实际的 10 个正例中，满足条件的有 8 个样本（除了 3、9 号样本），所以得到的正例覆盖率 Sensitivity 为 0.8；实际的 10 个负例中，有 6 个样本(13、14、16、17、19、20)得分小于 0.5，说明负例的覆盖率为 0.6，则 1-Specificity 为 0.4。最终得到的组合点为（0.5,0.8,0.4）。

如果 Score 大于 0.35，则将样本预测为正例，反之样本归属于负例，根据数据所示，实际的 10 个正例中满足条件的有 8 个样本(除了 3、9 号样本)，所以得到的正例覆盖率 Sensitivity 为 0.8；实际的 10 个负例中，只有 3 个样本（13、14、20）得分小于 0.35，说明负例的覆盖率为 0.3，则 1-Specificity 为 0.7。最终得到的组合点为（0.35,0.8,0.7）。

虽然上面的内容比较啰嗦，但是相信读者应该明白 ROC 曲线中 x 轴和 y 轴的值是如何得到的了，最终可以利用上面测试的几个 Score 阈值得到如图 9.4 所示的 ROC 曲线。

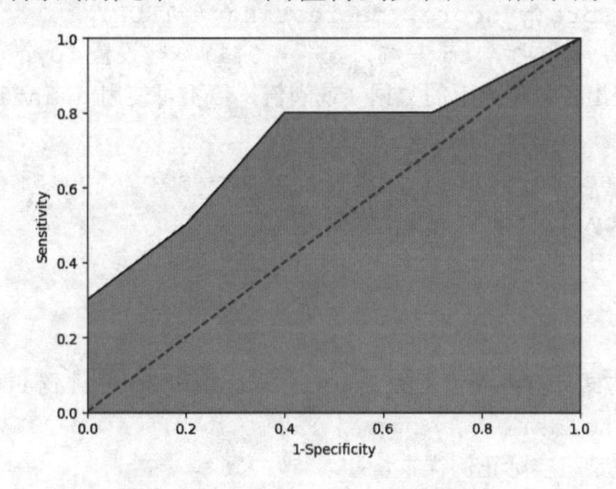

图 9.4　ROC 曲线的示意图

图 9.4 中的红色线（虚线）为参考线，即在不使用模型的情况下，Sensitivity 和 1-Specificity 之比恒等于 1。通常绘制 ROC 曲线，不仅仅是得到上方的图形，更重要的是计算折线下的面积，即图中的阴影部分，这个面积称为 AUC。在做模型评估时，希望 AUC 的值越大越好，通常情况下，当 AUC 在 0.8 以上时模型就基本可以接受了。

对于 R 语言来说，绘制分类模型的 ROC 曲线可以搭配使用 pROC 包中的 roc 函数和 ggplot2 包中的 geom_area 函数。其中，roc 函数可以计算模型的 Sensitivity 和 1-Specificity 的值，geom_area 函数可以绘制 ROC 曲线下的阴影部分。

9.4.3　K-S 曲线

K-S 曲线是另一种评估模型的可视化方法，与 ROC 曲线的画法非常相似，具体步骤如下：

（1）按照模型计算的 Score 值从大到小排序。

（2）按照降序的方式取出 10%、20%……90%所对应的分位数，并以此作为 Score 的阈值，计算 Sensitivity 和 1-Specificity 的值。

（3）将 10%、20%……90%这样的分位点用作绘图的 x 轴，将 Sensitivity 和 1-Specificity

两个指标值用作绘图的y轴，进而得到两条曲线。

（4）计算 Sensitivity 和 1-Specificity 之间差的最大值，作为 K-S 曲线的定量度量值。

目前作者并没有找到现成的第三方包或函数可以直接绘制 K-S 曲线，这里不妨按照上方的逻辑和步骤自定义一个绘制 K-S 曲线的函数，代码如下：

```
# 加载第三方包
library(readxl)
library(plyr)
library(ggplot2)

# 自定义绘制 ks 曲线的函数
ks_curve <- function(y_test, y_score, Positive_flag){
  # 按照 y_score 值降序，为后续的降序分位点的计算做准备
  y_score_sort = sort(y_score, decreasing = TRUE)
  cuts = seq(from  = 0.1, to = 1, by = 0.1)  # 设置 10 个分位点
  # 按照降序的方式取出各分位点下的数据（或阈值），不可使用 quantile 函数，
  # 因为其计算的是升序下的分位点
  thresholds = y_score_sort[length(y_score_sort)*cuts]
  # 定义 Sensitivity 和 Specificity 的初始值
  Sensitivity = NULL
  Specificity = NULL

  # 利用 for 循环的方式计算各阈值下的 Sensitivity 和 Specificity 值
  for (i in thresholds){
    # 正例覆盖样本数量与实际正例样本量
    positive_recall = sum(y_test == Positive_flag & y_score>i)
    positive = sum(y_test == Positive_flag)
    # 负例覆盖样本数量与实际负例样本量
    negative_recall = sum(y_test != Positive_flag & y_score<=i)
    negative = sum(y_test != Positive_flag)
    # 计算正例覆盖率和负例覆盖率
    Sensitivity = c(Sensitivity,positive_recall/positive)
    Specificity = c(Specificity,negative_recall/negative)
  }
  # 构建绘图数据
  plot_data = rbind(data.frame(cuts, values = 1-Specificity, type = 
'1-Specificity'),
                    data.frame(cuts, values = Sensitivity, type = 'Sensitivity'))
  # 计算 ks 值
  ks = Sensitivity - (1-Specificity)
  # 从 ks 向量中找出最大值及所在的位置，为后续添加参考线做准备
  ks_max = ks[which.max(ks)]
  index = which.max(ks)
```

```
  # 利用 ggplot 函数设置绘图数据
  ggplot(data = plot_data, mapping = aes(x = cuts, y = values, color = type))+
    geom_line(size = 1.2) + # 绘制折线图
    scale_x_continuous(breaks = seq(0,1,0.1)) + # 设置 x 轴的刻度标签
    scale_y_continuous(breaks = seq(0,1,0.2)) + # 设置 y 轴的刻度标签
    # 添加 ks 的最大值所对应的参考线
    geom_linerange(mapping = aes(x = cuts[index],
                   ymin = Sensitivity[index], ymax = (1-Specificity)[index]),
                 color = 'black',size = 1,lty = 2) +
    # 在图中添加文本标签
    geom_text(mapping = aes(x = cuts[index] + 0.05,
                       y = (Sensitivity[index]+(1-Specificity)[index])/2,
                       label = paste0('ks=', round(ks_max,2))),
              color = 'black') +
    theme(legend.position = c(0.1,0.8), # 设置图例的位置
          legend.key = element_blank(), # 移除图例中的边框
          legend.background = element_blank(), # 移除图例中的背景色
          axis.title.x = element_blank(), # 移除 x 轴的标题
          axis.title.y = element_blank()) + # 移除 x 轴的标题
    guides(color=guide_legend(title=NULL)) # 移除图例中的标题
}
```

自定义函数中的 y_test 参数表示测试集中实际的分类结果；y_score 表示模型预测样本为正例的概率；Positive_flag 表示类别型的因变量中哪种值为正例样本。为了使读者了解 K-S 曲线的样子，这里不妨以上面虚拟的数据表为例，绘制对应的 K-S 曲线：

```
  # 读取虚拟数据 -- virtual_data.xlsx
  virtual_value <- read_excel(path = file.choose())
  # 应用自定义函数绘制 K-S 曲线
  ks_curve(y_test = virtual_value$Class, y_score = virtual_value$Score,
Positive_flag = 'P')
```

结果如图 9.5 所示。

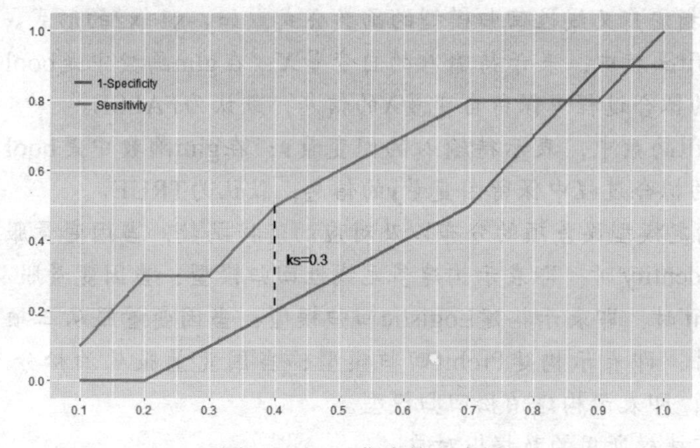

图 9.5　K-S 曲线的示意图

在图 9.5 中，两条折线分别代表各分位点下的正例覆盖率和 1–负例覆盖率，通过两条曲线很难对模型的好坏作评估，一般会选用最大的 ks 值作为衡量指标。ks 的计算公式为：ks= Sensitivity-(1- Specificity)= Sensitivity+ Specificity-1。对于 ks 值而言，也是希望越大越好，通常情况下，当 ks 值大于 0.4 时模型基本可以接受。

9.5 Logistic 回归模型的应用

本节的实战部分将以使用手机设备搜集的用户运动数据为例判断用户所处的运动状态，即步行还是跑步。该数据集一共包含 88588 条记录，6 个与运动相关的自变量，其中 3 个与运动的加速度有关，另 3 个与运动方向有关。接下来将利用该数据集构建 Logistic 回归模型，并预测新样本所属的运动状态。

9.5.1 建模

第一步要做的就是运用 R 语言构建 Logistic 回归模型，读者可以直接调用 R 语言自带的 glm 函数。有关该函数的语法和参数含义如下：

```
# 公式风格的函数应用
glm(formula, family = gaussian, data, weights, subset,
    na.action, start = NULL, etastart, mustart, offset,
    control = list(...), model = TRUE, method = "glm.fit",
    x = FALSE, y = TRUE, singular.ok = TRUE)

# x,y 风格的函数应用
glm.fit(x, y, weights = rep(1, nobs),
        start = NULL, etastart = NULL, mustart = NULL,
        offset = rep(0, nobs), family = gaussian(),
        control = list(), intercept = TRUE, singular.ok = TRUE)
```

- **formula**：指定广义线性回归模型的函数公式，如y~x1+x2的形式。
- **x**：在glm.fit函数中，表示待输入的自变量X；在glm函数中是bool类型的参数，是否在模型的拟合过程中保留自变量X的信息，默认为FALSE。
- **y**：在glm.fit函数中，表示待输入的因变量y；在glm函数中是bool类型的参数，是否在模型的拟合过程中保留因变量y的信息，默认为TRUE。
- **family**：指定模型误差项的分布以及对应的连接函数，当因变量服从高斯分布、连接函数为'identity'时，即表示构建多元线性回归模型；当因变量服从二项分布、连接函数为'logit'时，即表示构建Logistic回归模型；当因变量服从二项分布、连接函数为'probit'时，即表示构建Probit回归模型；当因变量服从泊松分布、连接函数为'identity'时，即表示构建泊松回归模型。
- **data**：指定建模所用的数据框对象。

- **weights**：在模型的拟合过程中，可以通过一个数值型的向量指定各样本的权重，该参数的默认值表示样本权重相等。
- **subset**：通过向量的形式指定哪些观测行的样本子集用于构建广义线性回归建模，默认情况下是利用输入的所有数据建模。
- **method**：指定广义线性回归模型的拟合方法，默认为'glm.fit'，表示加权迭代最小二乘法。
- **na.action**：指定输入数据中缺失值的处理办法，默认将忽略缺失值。
- **start**：由于广义线性回归模型默认使用加权迭代最小二乘法计算模型系数，因此可以通过该参数指定权重的初始值，默认为NULL。
- **etastart**：指定模型系数的初始值，默认为NULL。
- **mustart**：指定权重的均值向量，默认为NULL。
- **offset**：指定自变量X中的常数列，默认为1，用于拟合广义线性回归模型的截距项。
- **control**：用于设置模型的收敛阈值（epsilon = 1e-8）、最大迭代次数（maxit = 25）和日志信息的输出（trace = FALSE）。
- **model**：bool类型的参数，表示是否在模型的拟合过程中保留模型框架，默认为TRUE。
- **intercept**：bool类型的参数，表示是否拟合模型的截距项，默认为TRUE。
- **singular.ok**：bool类型的参数，表示是否需要做奇异值计算，默认为TRUE。

接下来利用上面所介绍的广义线性回归模型对手机设备中记录的数据构建 Logistic 回归模型，代码如下：

```
# 读取手机设备记录的数据 -- Run or Walk.csv
sports = read.csv(file = file.choose())
# 数据预览
View(sports)
```

结果如图 9.6 所示。

date	time	username	activity	acceleration_x	acceleration_y	acceleration_z	gyro_x	gyro_y	gyro_z
2017/6/30	13:51:15:847724020	viktor	0	0.2650	-0.7814	-0.0076	-0.0590	0.0325	-2.9296
2017/6/30	13:51:16:246945023	viktor	0	0.6722	-1.1233	-0.2344	-0.1757	0.0208	0.1269
2017/6/30	13:51:16:446233987	viktor	0	0.4399	-1.4817	0.0722	-0.9105	0.1063	-2.4367
2017/6/30	13:51:16:646117985	viktor	0	0.3031	-0.8125	0.0888	0.1199	-0.4099	-2.9336
2017/6/30	13:51:16:846738994	viktor	0	0.4814	-0.9312	0.0359	0.0527	0.4379	2.4922
2017/6/30	13:51:17:46806991	viktor	0	0.4044	-0.8056	-0.0956	0.6925	-0.2179	2.5750
2017/6/30	13:51:17:246767997	viktor	0	0.6320	-1.1290	-0.2982	0.0548	-0.1896	0.4473
2017/6/30	13:51:17:446569025	viktor	0	0.6670	-1.3503	-0.0880	-0.8094	-0.7938	-1.4348

图 9.6 手机设备数据的预览

其中，变量 activity 为因变量，表示用户所处的运动状态是跑步还是步行；以 acceleration 开头的变量表示运动速度相关的信息；以 gyro 开头的变量表示运动方向相关的信息。考虑到运动时间与用户姓名不是运动状态的影响因素，故建模时将其排除。

```
# 删除数据集中的运动时间和用户姓名字段
```

```
sports_sub <- subset(sports, select = -c(date,time,username))
# 将因变量 activity 强制转换为二元的因子型变量
sports_sub$activity <- factor(sports_sub$activity)
# 基于清洗后的数据，将其拆分为训练集和测试集
set.seed(1234)
index <- sample(x = 1:nrow(sports_sub), size = 0.75*nrow(sports_sub))
train <- sports_sub[index, ]
test <- sports_sub[-index, ]

# 利用训练集建模
logistic <- glm(formula = activity ~ ., # 以公式的形式指定模型的因变量和自变量
          data = train, # 将训练数据集用作建模
          family = binomial(link = 'logit') # 指定模型所需的分布函数和连接函数
          )
# 模型结果的概览信息
summary(logistic)
out:
Call:
glm(formula = activity ~ ., family = binomial(link = "logit"), data = train)

Deviance Residuals:
    Min       1Q      Median       3Q       Max
  -3.8906   -0.5514   0.0005    0.2499    6.1962

Coefficients:
                 Estimate  Std. Error   z value   Pr(>|z|)
(Intercept)      4.360484   0.048384    90.12     <2e-16 ***
acceleration_x  0.489515   0.017878    27.38     <2e-16 ***
acceleration_y  6.853682   0.063983    107.12    <2e-16 ***
acceleration_z  -2.427629  0.035649    -68.10     <2e-16 ***
gyro_x          -0.005735  0.011462    -0.50      0.617
gyro_y          -0.149235  0.011361    -13.14     <2e-16 ***
gyro_z          0.136777   0.007702    17.76     <2e-16 ***
---
Signif. codes:  0 '***' 0.001 '**' 0.01 '*' 0.05 '.' 0.1 ' ' 1

(Dispersion parameter for binomial family taken to be 1)

    Null deviance: 92107  on 66440  degrees of freedom
Residual deviance: 43438  on 66434  degrees of freedom
AIC: 43452

Number of Fisher Scoring iterations: 7
```

如上结果所示，基于训练数据集可以得到模型中各自变量的系数值，从变量系数的显著

性检验来看，gyro_x 变量的 *P* 值大于 0.05，故认为该变量并非是影响运动状态的核心变量。接下来利用逐步回归的方法对如上模型做进一步的修正：

```
# 模型的逐步回归
logistic2 <- step(object = logistic, trace = FALSE)
# 模型结果的概览信息
summary(logistic2)
Coefficients:
                  Estimate    Std. Error   z value    Pr(>|z|)
(Intercept)       4.356545    0.047726     91.28     <2e-16 ***
acceleration_x    0.488583    0.017780     27.48     <2e-16 ***
acceleration_y    6.849009    0.063274     108.24    <2e-16 ***
acceleration_z   -2.426652    0.035581    -68.20     <2e-16 ***
gyro_y           -0.149461    0.011349    -13.17     <2e-16 ***
gyro_z            0.135436    0.007219     18.76     <2e-16 ***
```

从如上的模型系数可知，在去除 gyro_x 变量后，所有的变量系数均通过显著性检验。最终利用如上的返回结果，故可以将 Logistic 回归模型表示为：

$$h_{\boldsymbol{\beta}}(\boldsymbol{X})=\frac{1}{1+\mathrm{e}^{-\boldsymbol{X\beta}}}$$

其中，$\boldsymbol{X\beta}=4.36+0.49\text{acceleration}_x+6.85acceleration_y-2.43\text{acceleration}_z$
$-0.15\text{gyro}_y+0.14\text{gyro}_z$

当模型构建好后，需要对模型的回归系数做相应的解释，故将各变量对应的优势比（发生比率）汇总到表 9.2 中。

表 9.2 各变量系数的优势比

变量名	acceleration_x	acceleration_y	acceleration_z	gyro_y	gyro_z
优势比 $\mathrm{e}^{\boldsymbol{\beta}}$	1.63	942.95	0.088	0.86	1.15

以 acceleration_x 变量为例，在其他因素不变的情况下，*x* 轴方向的加速度每增加一个单位，会使跑步状态的发生比变化 1.63 倍。从系数的大小来看，*x* 轴与 *y* 轴上的加速度是导致跑步状态的重要因素，*z* 轴上的运动方向是判定跑步状态的重要因素。

9.5.2 预测

基于上方的模型，利用测试集上的$\boldsymbol{X}$数据，预测因变量$\boldsymbol{y}$。预测功能的实现需要借助于 predict 函数，代码如下：

```
# 模型在测试集上的预测
prob <- predict(object = logistic2, # 指定已构建好的 Logistic 回归模型
      newdata = test[,-1],  # 指定需要预测的测试集
      type = 'response' # 指定模型的预测类型为'response'，即返回运动状态为跑步的概率
         )
# 以概率 0.5 作为阈值，如果概率大于 0.5 就表示跑步，否则为步行状态
```

```
res_class <- ifelse(prob > 0.5, 1, 0)
# 将 0-1 两种结果转换为有序因子
res_class <- factor(x = res_class, ordered = TRUE)
# 统计 0 和 1 的频次
table(res_class)
out:
0   11955
1   10192
```

如上结果所示，基于模型 logistic2 对测试数据集做预测，得到因变量两种类别的统计结果，其中判断步行状态的样本有 11955 个、跑步状态的样本有 10192 个。需要注意的是，predict 函数无法直接返回测试样本所属的运动状态，需基于返回的概率值做二分支判断，代码中选择 0.5 作为阈值。

如果单看模型预测后的频次统计是无法确定模型预测结果是否准确的，所以需要对模型预测效果做进一步的定量评估。

9.5.3 模型评估

在 9.4 节中介绍了分类模型的常用评估方法，如混淆矩阵、ROC 曲线和 K-S 曲线，下面我们尝试利用这 3 种方法来判断模型的拟合效果，代码如下：

```
# 混淆矩阵法
Freq <- table(test$activity, res_class)
Freq
out:
    0    1
0  9885  1164
1  2070  9028
```

如上结果所示，返回一个 2×2 的矩阵，该矩阵就是简单的混淆矩阵。矩阵中的行表示实际的运动状态，列表示模型预测的运动状态，进而基于该矩阵可以计算模型的预测准确率 Accuracy、正例覆盖率 Sensitivity 和负例覆盖率 Specificity，计算过程如下：

```
# 预测准确率
Accuracy <- sum(diag(Freq))/sum(Freq)
# 正例覆盖率
Sensitivity <- Freq[2,2]/sum(Freq[2,])
# 负例覆盖率
Specificity <- Freq[1,1]/sum(Freq[1,])
print(paste0('模型准确率为',round(Accuracy*100,2),'%'))
print(paste0('正例覆盖率',round(Sensitivity*100,2),'%'))
print(paste0('负例覆盖率',round(Specificity*100,2),'%'))
out:
模型准确率为 85.4%
正例覆盖率 81.35%
```

```
负例覆盖率为 89.47%
```

如上结果所示，模型的整体预测准确率达到 85.4%，而且正确预测正例的样本量在实际正例中的占比超过 80%，正确预测负例的样本量在实际负例中的占比更是接近 90%，相对而言模型更好地拟合了负例的特征。总体来说，模型的预测准确率还是非常高的。

接下来使用可视化的方法对模型进行评估，首先绘制最为常见的 ROC 曲线，然后将对应的 AUC 值体现在图中，具体代码如下：

```
# 加载第三方包
library(pROC)
# 利用 roc 函数生成绘图数据
ROC <- roc(response = test$activity, predictor = prob)
# 返回不同阈值下 fpr 和 tpr 的组合值，其中 fpr 表示 1-Specificity，tpr 表示 Sensitivity
tpr <- ROC$sensitivities
fpr <- 1-ROC$specificities
# 将绘图数据构造为数据框
plot_data <- data.frame(tpr, fpr)

# 绘图
ggplot(data = plot_data, mapping = aes(x = fpr, y = tpr)) +
  # 使用面积图绘制 ROC 曲线下的阴影
  geom_area(position =  'identity', fill = 'steelblue') +
  # 绘制 ROC 曲线
  geom_line(lwd = 0.8) +
  # 添加 45 度参考线
  geom_abline(slope = 1, intercept = 0, lty = 2, lwd = 0.8, color = 'red') +
  # 在图中添加文本信息
  geom_text(mapping = aes(x = 0.5, y = 0.3, label =
paste0('AUC=',round(ROC$auc,2)))) +
  # 设置图形的 x 轴标签和 y 轴标签
  labs(x = '1-Specificity', y = 'Sensitivity')
```

模型在预测集上的 ROC 曲线如图 9.7 所示。

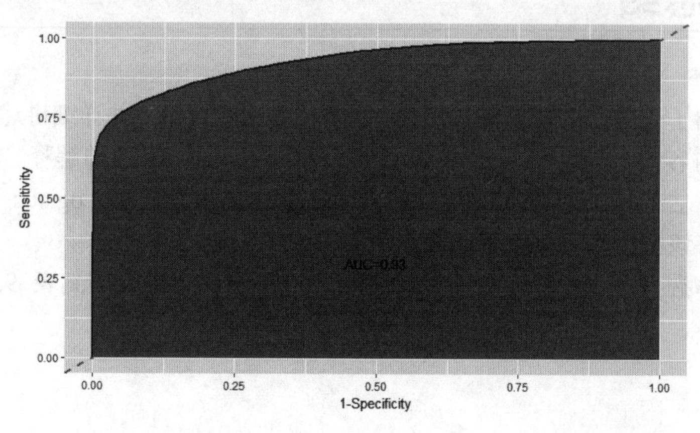

图 9.7 模型的 ROC 曲线

在图 9.7 中，曲线下的面积高达 0.93，远远超过常用的评估标准 0.8。所以，可以认定拟合的 Logistic 回归模型是非常合理的，能够较好地刻画数据特征。需要说明的是，可以借助于 roc 函数计算不同阈值下 Sensitivity、1-Specificity 值以及 ROC 曲线下的面积 AUC，其中函数的第二个参数 predictor 代表正例的预测概率，而非实际的预测值。

接下来，再利用前文介绍的自定义函数绘制 K-S 曲线，进一步论证模型的拟合效果，代码如下：

```
# 调用自定义函数，绘制 K-S 曲线
plot_ks(y_test = y_test, y_score = y_score, positive_flag = 1)
```

模型对应的 K-S 曲线如图 9.8 所示。

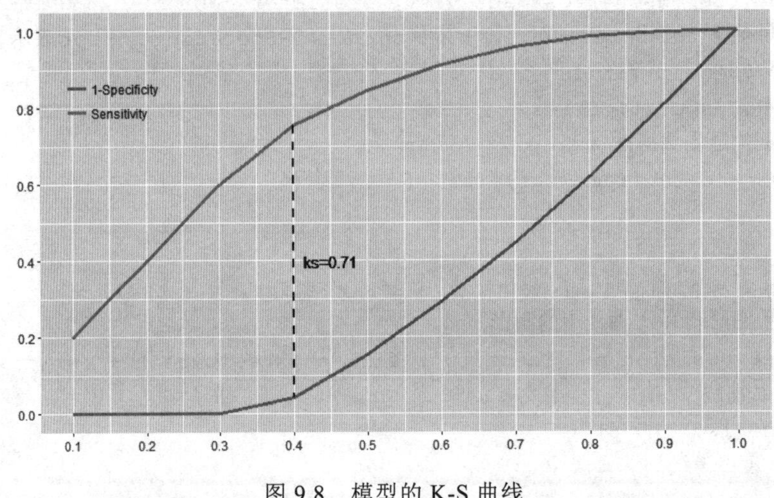

图 9.8　模型的 K-S 曲线

在图 9.8 中，中间的虚线表示在 40%的分位点处，计算得到 Sensitivity 和 1-Specificity 之间的最大差为 0.71，即 ks 值。通常，ks 值大于 0.4 时就可以表明模型的拟合效果是不错的，这里得到的结果为 0.71，进一步验证了前面混淆矩阵和 ROC 曲线得出的结论。

9.6 篇章总结

本章首次介绍了有关分类数据的预测模型——Logistic 回归，并详细讲述了相关的理论知识与应用实战，内容包含模型的构建、参数求解的推导、回归系数的解释、模型的预测以及几种常用的模型评估方法。通过本章内容的学习，读者掌握了有关 Logistic 回归模型的来龙去脉，进而可以将该模型应用到实际的工作中。

为了使读者掌握有关本章内容所涉及的函数，这里将其重新梳理到表 9.3 中，以便读者查阅和记忆。

9.3　本章所涉及的 R 语言函数

R 语言包	R 语言函数	说明
stats	sort	向量元素的排序
	seq	生成指定范围内某步长或长度的序列
	length	返回向量元素的个数
	sum	计算向量元素的和
	rbind	将多个数据框或矩阵按行合并
	exp	指数函数
	which.max	返回向量中最大元素值所在的位置
	subset	数据框子集的获取
	factor	将向量强制转换为因子
	glm	构造广义线性回归模型的函数
	summary	返回函数的概览信息
	step	逐步回归函数
	predict	预测函数
	ifelse	基于向量的二分支判断函数
	table	频次统计函数
	diag	返回矩阵对角线元素
	round	四舍五入函数
	paste0	对象拼接函数
ggplot2	geom_line	绘制折线图
	geom_area	绘制面积图
	geom_abline	绘制参考线
	geom_linerange	绘制某范围内的直线
	scale_x_continuous	连续型 x 轴的设置
	scale_y_continuous	连续型 y 轴的设置
	labs	设置图形标签的函数（如标题、轴标签等）
	geom_text	添加文本信息
	annotate	添加文本信息
	theme	图形主题设置函数
	guides	删除图例的标题
pROC	roc	生成 ROC 曲线数据或 AUC 值等信息的函数

第 10 章

决策树与随机森林的应用

决策树属于经典的十大数据挖掘算法之一，是一种类似于流程图的树结构，其规则就是IF...THEN...的思想，可以用于数值型因变量的预测和离散型因变量的分类。该算法简单直观、通俗易懂，不需要研究者掌握任何领域知识或复杂的数学推理，而且算法的结果输出具有很强的解释性。通常情况下，将决策树用作分类器会有很好的预测准确率，目前越来越多的行业将该算法用于实际问题的解决，如医学上的病情诊断、金融领域的风险评估、销售领域的营销响应、工业产品的合格检验等。

以某产品的销售为例，善于数据观察的销售员发现一个非常有意思的规律：从客户的年龄角度来看，该产品最受中年人青睐，只要他们感兴趣，几乎都会选择购买。对于老年人来说，需要进一步结合其信用状况，奇怪的是，信用优秀的人反倒不会去购买该产品。对于青年人群来说，还需考虑对应的收入状况和所属身份，假如其收入水平比较高，则不会选择购买；相反收入水平较低时，会选择购买产品；同样，对于中等收入的学生来说，他们也会选择购买产品。如果将表 10.1 中的记录数据转换为 IF...THEN...的树结构，就可以很好地表达发现的规律，见图 10.1 所示的决策树。

表 10.1　消费者是否购买信息表

Age	Income	Stu	Credit	Buy
青年	高	否	良好	不购买
青年	高	否	优秀	不购买
中年	高	否	良好	购买
老年	中	否	良好	购买
老年	低	是	良好	购买
老年	低	是	优秀	不购买

（续表）

Age	Income	Stu	Credit	Buy
中年	低	是	优秀	购买
青年	中	否	良好	不购买
青年	低	是	良好	购买
老年	中	是	良好	购买
青年	中	是	优秀	购买
中年	中	否	优秀	购买
中年	高	是	良好	购买
老年	中	否	优秀	不购买

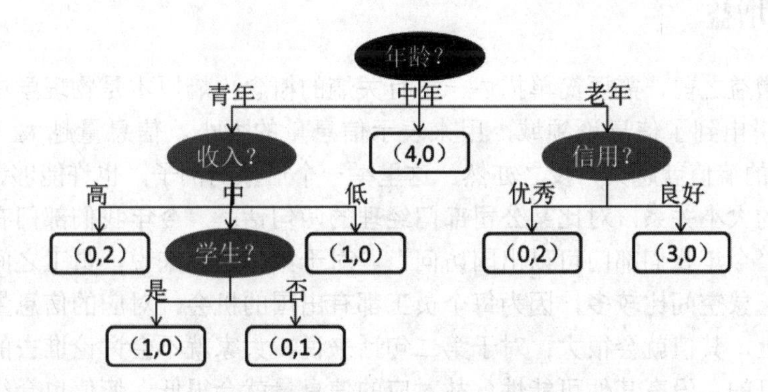

图 10.1 由表 10.1 绘制的决策树图

图 10.1 所示就是一棵典型的决策树，其呈现自顶向下的生长过程，通过树结构可以将数据中隐藏的规律直观地表现出来。图中深色的椭圆表示树的根节点；浅色的椭圆表示树的中间节点；方框表示树的叶节点。对于所有的非叶节点来说都是用来表示条件判断的，而叶节点则存储最终的分类结果，例如中年分支下的叶节点（4,0）表示 4 位客户购买、0 位客户不够买；同理，其他叶节点中的数字分别表示购买客户数和不够买客户数。

接下来，本章将详细介绍有关决策树的知识点，读者在学完本章后将掌握如下几方面的内容：

- 节点字段的选择；
- 决策树的剪枝技术；
- 随机森林的实现思想；
- 决策树与随机森林的应用实战。

10.1 节点字段的选择

对于图 10.1 的决策树来说，读者可能会有疑问，根节点为什么选择年龄字段作为判断条件，而不是选择其他字段呢？同理，其他中间节点的选择是否都是以理论依据作为支撑的？本节的重点就是介绍根节点或中间节点的字段选择，设想一下，如果选择合理的话决策树的分类效果将非常好，即叶节点中的输出会比较“纯净”。

如图 10-1 中的决策树所示，在根节点内有 5 个客户不购买产品、9 个客户购买产品，这两类人群混杂在一起，显得不够“纯净”。通过树的不断生长，每一个叶节点中都仅包含购买或不够买产品的客户数，以信用良好的老年人为例，有 3 个客户选择购买、0 个客户选择不够买，不存在混杂的现象，所以该叶节点就是完全“纯净”的。

按照上面的思想就是在各个非叶节点中找到合理的字段，使得其子孙节点的“纯净”度尽可能高。那么问题来了，“纯净”度该如何度量？接下来就介绍有关“纯净”度的衡量指标，即信息增益、信息增益率和基尼指数。

10.1.1 信息增益

介绍信息增益之前，需要简单描述一下有关熵的概念，熵原本是物理学中的一个定义，后来香农将其引申到了信息论领域，用来表示信息量的大小。信息量越大（分类越不“纯净”），则对应的熵值就越大，反之亦然。这里举一个形象的例子，也许能够帮助读者理解信息量大小与熵的大小关系，对比某公司部门经理的两句话：“今年我们部门有一个名额可以出国访问”和“今年我们部门可以出国访问”。对于第一句话来说，员工之间就开始推测谁可能会出国，想象空间比较多，因为每个员工都有出国的机会，对应的信息量也会显得非常大，引申到熵上，其值就会很大；对于第二句话来说，大家就不会讨论谁去的问题，因为这件事是板上钉钉的，没有其他可能性，故对应的信息量就会很低，熵值也会很低。那熵值如何计算呢？有关信息熵的计算公式如下：

$$H(p_1,p_2,\cdots,p_k)=-\sum_{k=1}^{K}p_k\log_2 p_k$$

对于某个事件而言，它有k个可能值，p_k表示第k个可能值的发生概率，所以信息熵反映的是某个事件所有可能值的熵和。在实际应用中，会将概率p_k的值用经验概率替换，所以经验信息熵可以表示为：

$$H(D)=-\sum_{k=1}^{K}\frac{|C_k|}{|D|}\log_2\frac{|C_k|}{|D|}$$

其中，$|D|$表示事件中的所有样本点，$|C_k|$表示事件的第k个可能值出现的次数，所以商值$\frac{|C_k|}{|D|}$表示第k个可能值出现的频率。

以产品是否被购买为例，该数据集一共包含 14 个样本，其中购买的用户有 9 个、没有购买的用户有 5 个，所以对于是否购买这个事件来说它的经验信息熵为：

$$H(\text{Buy})=-\frac{9}{14}\log_2\frac{9}{14}-\frac{5}{14}\log_2\frac{5}{14}=0.940$$

如上计算的是单个事件在不同取值下的熵，如果需要基于其他事件计算某个事件的熵就称为条件熵。需要注意的是，条件熵并不等同于条件概率，它是已知事件各取值下条件熵的期望，其数学表达式可以表示为：

$$
\begin{aligned}
\text{条件熵：} H(D|A) &= \sum_{i,k} P(A_i)\, H(D_k|A_i) \\
&= -\sum_{i,k} P(A_i) P(D_k|A_i) \log_2 P(D_k|A_i) \\
&= -\sum_{i=1}^{n}\sum_{k=1}^{K} P(A_i) P(D_k|A_i) \log_2 P(D_k|A_i) \\
&= -\sum_{i=1}^{n} P(A_i) \sum_{k=1}^{K} P(D_k|A_i) \log_2 P(D_k|A_i) \\
&= -\sum_{i=1}^{n} \frac{|D_i|}{|D|} \sum_{k=1}^{K} \frac{|D_{ik}|}{|D_i|} \log_2 \frac{|D_{ik}|}{|D_i|}
\end{aligned}
$$

其中，$P(A_i)$表示A事件的第i种值对应的概率；$H(D_k|A_i)$为已知A_i的情况下，D事件为k值的条件熵，其对应的计算公式为$P(D_k|A_i)\log_2 P(D_k|A_i)$；$|D_i|$表示$A_i$的频数，$\frac{|D_i|}{|D|}$表示$A_i$在所有样本中的频率；$|D_{ik}|$表示$A_i$下$D$事件为$k$值的频数，$\frac{|D_{ik}|}{|D_i|}$表示所有$A_i$中$D$事件为$k$值的频率。公式中的符号比较多，读者理解起来可能比较困难，下面以销售数据为例计算各种年龄值下是否购买的条件熵：

$$
\begin{aligned}
H(\text{Buy}|\text{Age}) = &-\frac{5}{14}\left(\frac{2}{5}\log\left(\frac{2}{5}\right)+\frac{3}{5}\log\left(\frac{3}{5}\right)\right)-\frac{4}{14}\left(\frac{4}{4}\log\left(\frac{4}{4}\right)+\frac{0}{4}\log\left(\frac{0}{4}\right)\right) \\
&-\frac{5}{14}\left(\frac{3}{5}\log\left(\frac{3}{5}\right)+\frac{2}{5}\log\left(\frac{2}{5}\right)\right)=0.694
\end{aligned}
$$

从计算过程就会发现，3 个括号内的和就是公式$H(\text{Buy}_k|\text{Age}_i)$，分别表示年龄Age取各种值下购买行为的条件熵，括号外的乘积即为条件熵的权重，即年龄Age取各种值的频率。同理，可以计算其他几个自变量对因变量的条件熵：$H(\text{Buy}|\text{Income}) = 0.911$，$H(\text{Buy}|\text{Stu}) = 0.789$，$H(\text{Buy}|\text{Credit}) = 0.892$。

从图 10.1 可知，对于离散的因变量Buy而言，决策树在生长过程中（从根节点到最后的叶节点），信息熵是下降的过程，由根节点的 0.94 减小到各叶节点的 0，每一步下降的量就称为信息增益，它的计算公式可以表示为：

$$
\text{Gain}_A(D) = H(D) - H(D|\text{A})
$$

对于已知的事件A来说，事件D的信息增益就是D的信息熵与A事件下D的条件熵之差，事件A对事件D的影响越大，条件熵$H(D|\text{A})$会越小（在事件A的影响下，事件D被划分得越“纯净”），体现在信息增益上就是差值越大，进而说明事件D的信息熵下降得越多。所以，在根节点或中间节点的变量选择过程中就是挑选出各自变量下因变量的信息增益最大的。

根据上面所计算的各条件熵的结果，可以按照信息增益的公式得到各自变量下因变量的信息增益值：

$$
\text{Gain}_{\text{Age}}(\text{Buy}) = H(\text{Buy}) - H(\text{Buy}|\text{Age}) = 0.940 - 0.694 = 0.246
$$

$$
\text{Gain}_{\text{Income}}(\text{Buy}) = \text{H}(\text{Buy}) - H(\text{Buy}|\text{Income}) = 0.940 - 0.911 = 0.029
$$

$$\text{Gain}_{\text{Stu}}(\text{Buy}) = H(\text{Buy}) - H(\text{Buy}|\text{Stu}) = 0.940 - 0.789 = 0.151$$
$$\text{Gain}_{\text{Credit}}(\text{Buy}) = H(\text{Buy}) - H(\text{Buy}|\text{Credit}) = 0.940 - 0.892 = 0.048$$

这样就可以回答为什么图 10.1 中的决策树会选择年龄（Age）变量作为根节点的判断了，因为在不同的年龄值下购买行为的信息增益最大，为 0.246。

如上都是以离散的自变量为例的，如果自变量为连续的数值型，那么该如何计算对应的信息增益呢？同时，也包含分割点的选择问题，即将某个数值型变量作为根节点或中间节点的判断条件，对应的判断值应该是多少。对于数值型自变量，信息增益的计算过程如下：

（1）假设数值型变量x含有n个观测，首先对其做升序或降序操作，然后计算相邻两个数值之间的均值$\overline{x_i} = (x_i + x_{i+1})/2$，从而可以得到$n-1$个均值。

（2）以均值$\overline{x_i}$作为判断值，可以将数据集拆分为两部分，一部分的样本量为n_1，均满足$x \geqslant \overline{x_i}$的条件，另一部分的样本量为$n_2$，均满足$x < \overline{x_i}$的条件。在各数据子集中，都包含因变量不同值下的观测数，不妨在第一部分数据子集中设两个分类对应的样本量为c_{11}和c_{12}，在第二部分数据子集中设两个分类对应的样本量为c_{21}和c_{22}，进而可以计算出该判断值下对应的信息增益：$\text{Gain}_{\overline{x_i}}(D) = H(D) - H\left(D_k|A_{\overline{x_i}}\right)$。

（3）重复步骤（2），可以得到$n-1$个均值下的信息增益，并从中挑选出最大的作为变量x对因变量的信息增益。

当所有自变量（不管是离散型还是数值型）的信息增益都计算出来后，选出最大信息增益所对应的自变量用作根节点或中间节点的特征。如果自变量为离散型，则生长出不同值下的分支（如销售数据中的年龄字段会生长出 3 个分支）；如果自变量为数值型，则生长出两条分支，分支的分割点就是对应的最大$\text{Gain}_{\overline{x_i}}(D)$。

10.1.2 信息增益率

决策树中的 ID3 算法使用信息增益指标实现根节点或中间节点的字段选择，但是该指标存在一个非常明显的缺点，即信息增益会偏向于取值较多的字段。为了帮助读者理解信息增益指标的缺点，这里举个极端的例子，数据见表 10.2。

表 10.2 计算信息增益的特殊案例

City	GDP（亿元）	Population（万人）	Province	Audit_Result
南宁	4180	752	广西	未通过
呼和浩特	3179	300	内蒙古	未通过
包头	3448	286	内蒙古	未通过
南通	7750	730	江苏	未通过
太原	3200	432	山西	未通过
沈阳	5870	829	辽宁	未通过
南京	11715	827	江苏	通过
合肥	7191	787	安徽	通过

（续表）

City	GDP（亿元）	Population（万人）	Province	Audit_Result
大连	7363	700	辽宁	通过
苏州	17000	1065	江苏	通过
芜湖	3100	367	安徽	通过
杭州	12556	919	浙江	通过
济南	7285	706	山东	通过

综合 2017 年各城市 GDP、2016 年底常住人口和 2017 年 10 月份国家发改委公布的城市轨道交通审核结果，构成如上所示的数据集，其中 Audit_Result 为因变量，表示审核是否通过。如果决策树的根节点字段从表中的 4 个自变量选择，City 变量一定会被选中，因为该变量有 13 种不同的取值，每一种取值下对应的审核结果都是“纯净”的，所以计算得到的加权条件熵为 0，进而 City 变量下审核结果 Audit_Result 的信息增益就是最大的，而且就是 Audit_Result 信息熵本身。但是，将 City 变量作为根节点是没有意义的，因为该变量不具有普适性。

为了克服信息增益指标的缺点，有人提出了信息增益率的概念，它的思想很简单，就是在信息增益的基础上做了相应的惩罚，信息增益率的公式可以表示为：

$$\text{Gain\_Ratio}_A(D)=\frac{\text{Gain}_A(D)}{H_A}$$

其中，H_A为事件A的信息熵。事件A的取值越多，$\text{Gain}_A(D)$可能越大，但同时H_A也会越大，这样以商的形式就实现了$\text{Gain}_A(D)$的惩罚。以表 10-2 的数据为例，虽然 City 变量的信息增益最大，但对应的$H_A=-13\times(1/13)\log_2(1/13)=\log_2 13$也是最大的，所以两者相除就会降低原来的信息增益。

如果以信息增益率作为根节点或中间节点的字段选择标准，对于产品购买的数据集而言，4 个自变量对应的信息熵和信息增益率分别为：

$$H_{\text{Age}}=-\frac{5}{14}\log_2\left(\frac{5}{14}\right)-\frac{4}{14}\log_2\left(\frac{4}{14}\right)-\frac{5}{14}\log_2\left(\frac{5}{14}\right)=1.577$$

$$H_{\text{Income}}=-\frac{4}{14}\log_2\left(\frac{4}{14}\right)-\frac{6}{14}\log_2\left(\frac{6}{14}\right)-\frac{4}{14}\log_2\left(\frac{4}{14}\right)=1.557$$

$$H_{\text{Stu}}=-\frac{7}{14}\log_2\left(\frac{7}{14}\right)-\frac{7}{14}\log_2\left(\frac{7}{14}\right)=1$$

$$H_{\text{Credit}}=-\frac{6}{14}\log_2\left(\frac{6}{14}\right)-\frac{8}{14}\log_2\left(\frac{8}{14}\right)=0.985$$

$$\text{Gain\_Ratio}_{\text{Age}}(\text{Buy})=\frac{0.246}{1.577}=0.156$$

$$\text{Gain\_Ratio}_{\text{Income}}(\text{Buy})=\frac{0.029}{1.557}=0.019$$

$$\text{Gain\_Ratio}_{\text{Stu}}(\text{Buy})=\frac{0.151}{1}=0.151$$

$$\text{Gain\_Ratio}_{\text{Credit}}(\text{Buy})=\frac{0.048}{0.985}=0.049$$

从上面的计算结果可知，Age变量的信息增益率仍然是最大的，所以在根节点处仍然选择Age变量进行判断和分支。

如果用于分类的数据集中，各离散型自变量的取值个数没有太大差异，那么信息增益指标与信息增益率指标在选择变量过程中并没有太大的差异，所以它们之间并没有好坏之分，只是适用的数据集不一致。

10.1.3 基尼指数

决策树中的C4.5 算法使用信息增益率指标实现根节点或中间节点的字段选择，但该算法与 ID3 算法一致，都只能针对离散型因变量进行分类，对于连续型的因变量就显得束手无策了。为了能够让决策树预测连续型的因变量，Breiman 等人在 1984 年提出了 CART 算法，该算法也称为分类回归树，它所使用的字段选择指标是基尼指数。

基尼指数的计算公式可以表示为：

$$\text{Gini}(p_1, p_2, \cdots, p_k) = \sum_{k=1}^{K} p_k(1-p_k) = \sum_{k=1}^{K} (p_k - {p_k}^2) = 1 - \sum_{k=1}^{K} {p_k}^2$$

其中，p_k表示某事件第k个可能值的发生概率，该概率可以使用经验概率表示，所以基尼指数可以重写为：

$$\text{Gini}(D) = 1 - \sum_{k=1}^{K} \left(\frac{|C_k|}{|D|}\right)^2$$

其中，$|D|$表示事件中的所有样本点，$|C_k|$表示事件的第k个可能值出现的次数，所以概率值p_k就是$\frac{|C_k|}{|D|}$所表示的频率。下面以手工构造的虚拟数据为例解释C4.5算法是如何借助于基尼指数实现节点字段选择的，数据如表 10.3 所示。

表 10.3 计算基尼指数的案例

Edu	Credit	Loan
本科	良好	是
本科	不合格	否
硕士	良好	是
本科	良好	是
硕士	不合格	是
大专	良好	否

假设表 10.3 中的 Edu 表示客户的受教育水平，Credit 为客户在第三方的信用记录，Loan 为因变量，表示银行是否对其发放贷款。根据基尼指数的公式，可以计算 Loan 变量的基尼指数值：

$$\text{Gini(Loan)} = 1 - \left(\frac{4}{6}\right)^2 - \left(\frac{2}{6}\right)^2 = 0.444$$

在选择根节点或中间节点的变量时，需要计算条件基尼指数，条件基尼指数仍然是某变量各取值下条件基尼指数的期望，所不同的是，条件基尼指数采用的是二分法原理。对于 Credit 变量来说，其包含两种值，可以一分为二；对于 Edu 变量来说，它有 3 种不同的值，就无法一分为二了，但可以打包处理，如本科与非本科（硕士和大专为一组）、硕士与非硕士（本科和大专为一组）、大专与非大专（本科和硕士一组）。

对于 3 个及以上不同值的离散变量来说，在计算条件基尼指数时会稍微复杂一些，因为该变量在做二元划分时，会产生多对不同的组合。以表中的 Edu 变量为例，一共产生 3 对不同的组合，所以在计算条件基尼指数时就需要考虑 3 种组合的值，最终从 3 种值中挑选出最小的作为该变量的二元划分。条件基尼指数的计算公式可以表示为：

$$\begin{aligned}\text{Gini}_A(D) &= \sum_{i,k} P(A_i)\,\text{Gini}(D_k|A_i) \\ &= \sum_{i=1}^{2} P(A_i)\left(1-\sum_{k=1}^{K}(p_{ik})^2\right) \\ &= \sum_{i=1}^{2} P\left(\frac{|D_i|}{|D|}\right)\left(1-\sum_{k=1}^{K}\left(\frac{|D_{ik}|}{|D_i|}\right)^2\right)\end{aligned}$$

其中，$P(A_i)$表示A变量在某个二元划分下第i组的概率，其对应的经验概率为$\frac{|D_i|}{|D|}$，即A变量中第i组的样本量与总样本量的商；$\text{Gini}(D_k|A_i)$表示在已知分组A_i的情况下，变量D取第k种值的条件基尼指数，其中$\frac{|D_{ik}|}{|D_i|}$表示分组A_i内变量D取第k种值的频率。为了使读者理解条件基尼指数的计算过程，下面分别计算自变量 Edu 和 Credit 对因变量 Loan 的条件基尼指数：

$$\text{Gini}_{\text{Edu-本科}}(D) = \frac{3}{6}\left(1-\left(\frac{2}{3}\right)^2-\left(\frac{1}{3}\right)^2\right)+\frac{3}{6}\left(1-\left(\frac{2}{3}\right)^2-\left(\frac{1}{3}\right)^2\right)=0.444$$

$$\text{Gini}_{\text{Edu-硕士}}(D) = \frac{2}{6}\left(1-\left(\frac{2}{2}\right)^2-\left(\frac{0}{2}\right)^2\right)+\frac{4}{6}\left(1-\left(\frac{2}{4}\right)^2-\left(\frac{2}{4}\right)^2\right)=0.333$$

$$\text{Gini}_{\text{Edu-大专}}(D) = \frac{1}{6}\left(1-\left(\frac{0}{1}\right)^2-\left(\frac{1}{1}\right)^2\right)+\frac{5}{6}\left(1-\left(\frac{4}{5}\right)^2-\left(\frac{1}{5}\right)^2\right)=0.267$$

$$\text{Gini}_{\text{Credit-良好}}(D) = \frac{4}{6}\left(1-\left(\frac{3}{4}\right)^2-\left(\frac{1}{4}\right)^2\right)+\frac{2}{6}\left(1-\left(\frac{2}{2}\right)^2-\left(\frac{1}{2}\right)^2\right)=0.167$$

如上结果所示，由于变量 Edu 含有 3 种不同的值，故需要计算 3 对不同的条件基尼指数值，其中本科与非本科的二元划分对应的条件基尼指数为 0.444，硕士与非硕士的条件基尼指数为 0.333，大专与非大专的条件基尼指数为 0.267，由于最小值为 0.267，故将大专与非大专作为变量 Edu 的二元划分；而变量 Credit 只有两种值，故只需计算一次条件基尼指数即可，并且值为 0.167。

与信息增益类似，还需要考虑自变量对因变量的影响程度，即因变量的基尼指数下降速度的快慢，下降的越快，自变量对因变量的影响就越强。下降速度的快慢可用下方的式子衡量：

$$\triangle\,\text{Gini}(D) = \text{Gini}(D) - \text{Gini}_A(D)$$

所以，Edu 变量中大专与非大专组的基尼指数下降速度为$0.444-0.267=0.177$；Credit

变量的基尼指数下降速度为$0.444 - 0.167 = 0.277$。根据节点变量的选择原理，会优先考虑Credit变量用于根节点的条件判断，因为相比于Edu变量来说，它的基尼指数下降速度最大。

假如数据集中包含数值型的自变量，计算该变量的条件基尼指数与第 10.1.1 节中所介绍的数值型自变量信息增益的计算步骤完全一致，所不同的只是度量方法换成了基尼指数。同样，在选择变量的分割点时，需要从$n-1$个均值中挑选出使$\mathrm{Gini}(D)$下降速度最大的$\bar{x_i}$作为连续型变量的分割点。

前面介绍了 3 种决策树节点变量的选择方法，其中 ID3 和 C4.5 都属于多分支的决策树，而 CART 则是二分支的决策树，在树生长完成后，最终根据叶节点中的样本数据决定预测结果。对于离散型的分类问题而言，叶节点中哪一类样本量最多，该叶节点就代表了哪一类；对于数值型的预测问题，则将叶节点中的样本均值作为该节点的预测值。

不管是 ID3、C4.5 还是 CART 决策树，在建模过程中都可能存在过拟合的情况，即模型在训练集上有很高的预测精度，但是在测试集上效果却不够理想。为了解决过拟合问题，通常会对决策树做剪枝处理，下一节将介绍有关决策树的几种剪枝方法。

10.2 决策树的剪枝

决策树的剪枝通常有两类方法，一类是预剪枝，另一类是后剪枝。预剪枝很好理解，就是在树的生长过程中就对其进行必要的剪枝，例如限制树生长的最大深度，即决策树的层数、限制决策树中间节点或叶节点中所包含的最小样本量以及限制决策树生成的最多叶节点数量等；后剪枝相对来说要复杂很多，它是指决策树在得到充分生长的前提下再对其返工修剪。常用的剪枝方法有误差降低剪枝法、悲观剪枝法和代价复杂度剪枝法等，下面将详细介绍这 3 种后剪枝方法的理论知识。

10.2.1 误差降低剪枝法

该方法属于一种自底向上的后剪枝方法，剪枝过程中需要结合测试数据集对决策树进行验证，如果某个节点的子孙节点都被剪去后，新的决策树在测试数据集上的误差反而降低了，则表明这个剪枝过程是正确的，否则就不能对其剪枝了。为了使读者明白该方法的剪枝过程，以图 10.2 中的决策树为例，介绍该剪枝法的具体操作步骤。

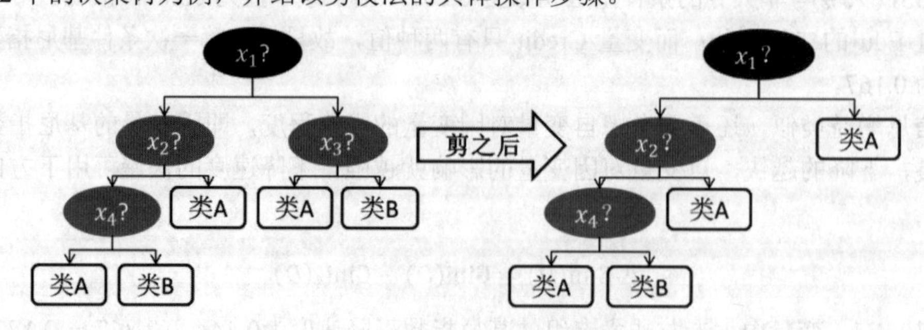

图 10.2 误差降低剪枝法示意图

（1）将决策树的某个非叶节点作为剪枝的候选对象（如图 10.2 中的x_3处节点），如果将其子孙节点（对应的两个叶节点）删除，则x_3处的节点就变成了叶节点。

（2）利用投票原则，将此处叶节点中频数最高的类别用作分类标准（如图 10.2 中剪枝后该叶节点属于类 A）。

（3）利用剪枝后的新树，在测试数据集上进行预测，然后对比新树与老树在测试集上的误判样本量，如果新树的误判样本量低于老树的误判样本量，则将x_3处的中间节点替换为叶节点，否则不进行剪枝。

（4）重复（1）、（2）、（3），直到新的决策树能够最大限度地提高测试数据集上的预测准确率。

虽然该方法是最简单的后剪枝方法之一，但是由于它需要结合测试数据集才能够实现剪枝，因此这就可能导致剪枝过度的情况。为了避免剪枝过程中使用测试数据集，便产生了悲观剪枝法，下面介绍该方法的实现原理和过程。

10.2.2　悲观剪枝法

该方法的剪枝过程恰好与误差降低剪枝法相反，它是自顶向下的剪枝过程。虽然不再使用独立的测试数据集，但是简单地将中间节点换成叶节点肯定会导致误判率的提升，为了能够对比剪枝前后的叶节点误判率，必须给叶节点的误判个数加上经验性的惩罚系数 0.5。所以，剪枝前后叶节点的误判率可以表示成：

$$\begin{cases} e'(T) = (E(T) + 0.5)/N \\ e'(T_t) = \left(\sum_{i=1}^{L}(E(t_i) + 0.5)\right) \Big/ \left(\sum_{i=1}^{L} N_i\right) \end{cases}$$

其中，$e'(T)$表示剪枝后中间节点T被换成叶节点的误判率；$e'(T_t)$表示中间节点T剪枝前其对应的所有叶节点的误判率；$E(T)$为中间节点T处的误判个数；$E(t_i)$为节点T下的所有叶节点误判个数；L表示中间节点T对应的所有叶节点个数；N表示中间节点T的样本个数；N_i表示各叶节点中的样本个数，其实$\sum_i^L N_{i=1} = N$。

对比剪枝前后叶节点误判率的标准就是，如果剪枝后叶节点的误判率期望在剪枝前叶节点误判率期望的一个标准差内，则认为剪枝是合理的，否则不能剪枝。可能读者在理解这种剪枝方法时比较困惑，这里举一个例子（见图 10.3）加以说明。

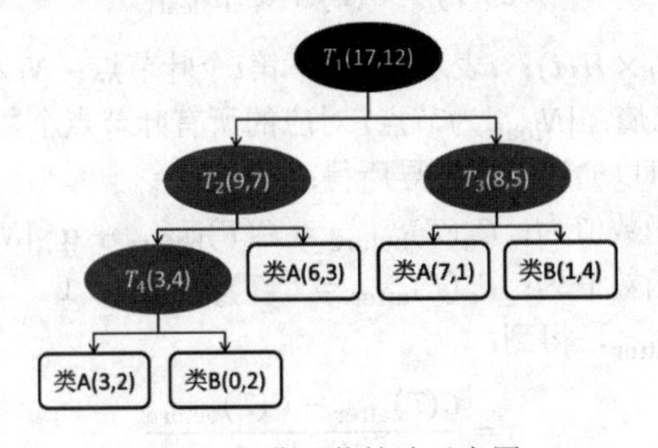

图 10.3　悲观剪枝法示意图

假设以T_2节点为例，剪枝前对应了 3 个叶节点，误判个数分别为 3、2、0；如果将其所有叶节点都剪掉，T_2便成为T_1的叶节点，误判样本数为 7。按照上方的计算公式可以得到：

$$\begin{cases} e'(T) = \dfrac{(7+0.5)}{16} = 0.469 \\ e'(T_t) = \dfrac{(3+0.5+2+0.5+0+0.5)}{(9+5+2)} = 0.406 \end{cases}$$

现在的问题是，误判率$e'(T_t)$的标准差该如何计算，由于误判率属于 0-1 分布，即每个节点中只有正确分类和错误分类两种情况。所以，根据 0-1 分布的期望（np）和方差（$np(1-p)$）公式，可以得到的$e'(T)$与$e'(T_t)$的期望及$e'(T_t)$的方差：

$$\begin{aligned} E\big(e'(T)\big) &= N \times e'(T) = 16 \times \frac{(7+0.5)}{16} = 7.5 \\ E\big(e'(T_t)\big) &= N \times e'(T_t) = 6.5 \\ \mathrm{Var}\big(e'(T_t)\big) &= N \times e'(T_t) \times \big(1 - e'(T_t)\big) \\ &= 16 \times 0.406 \times (1 - 0.406) \\ &= 3.859 \end{aligned}$$

最后，根据剪枝的判断标准$E\big(e'(T)\big) < E\big(e'(T_t)\big) + \mathrm{Std}\big(e'(T_t)\big)$，可以判断$T_2$节点是否可以被剪枝：

$$7.5 < 6.5 + \sqrt{3.859}$$

很明显，上面所计算的不等式是满足条件的，所以可以认定T_2节点是需要进行剪枝，将其转换成叶节点的。通过上面的举例，相信读者应该理解悲观剪枝法的思路了，接下来介绍一种基于目标函数的剪枝方法，即代价复杂度剪枝法。

10.2.3 代价复杂度剪枝法

从字面理解，代价复杂度剪枝法涉及两条信息：一条是代价，是指将中间节点替换为叶节点后误判率会上升；另一条是复杂度，是指剪枝后叶节点的个数减少，进而使模型的复杂度下降。为了平衡上升的误判率与下降的复杂度，需要加入一个系数α，故可以将代价复杂度剪枝法的目标函数写成：

$$C_\alpha(T) = C(T) + \alpha \cdot |N_{\text{leaf}}|$$

其中，$C(T) = \sum_{i=1}^{L} N_i \times H(i)$；$i$表示节点$T$下第$i$个叶节点；$N_i$为第$i$个叶节点的样本量；$H(i)$为第$i$个叶节点的信息熵；$|N_{\text{leaf}}|$为节点$T$对应的所有叶节点个数；α就是调节参数。问题是参数α该如何计算呢？可以通过下式推导所得：

节点T剪枝前的目标函数值为：$C_\alpha(T)_{\text{before}} = C(T)_{\text{before}} + \alpha \cdot |N_{\text{leaf}}|$

节点T剪枝后的目标函数值为：$C_\alpha(T)_{\text{after}} = C(T)_{\text{after}} + \alpha \cdot 1$

令$C_\alpha(T)_{\text{before}}$=$C_\alpha(T)_{\text{after}}$，得到：

$$\alpha = \frac{C(T)_{\text{after}} - C(T)_{\text{before}}}{|N_{\text{leaf}}| - 1}$$

通过上面的公式可以计算出所有非叶节点的α值，然后循环剪去最小α值所对应的节点树。下面结合图形（见图 10.4）来说明代价复杂度剪枝的详细过程。

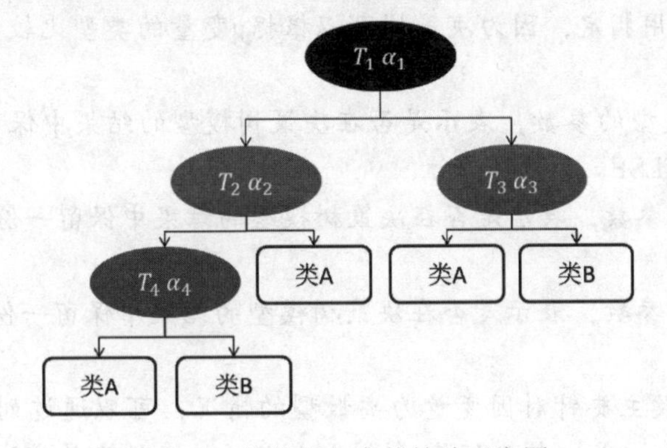

图 10.4　代价复杂度剪枝法示意图

（1）对于一棵充分生长的树，不妨含有 4 个非叶节点和 5 个叶节点，根据计算α值的公式可以得到所有非叶节点对应的α值。

（2）挑选出最小的α值，不妨为α_3，然后对T_3进行剪枝，使其成为叶节点，便得到一棵新树。

（3）接下来重新计算剩余非叶节点所对应的α值。

（4）不断重复（2）和（3），直到决策树被剪枝成根节点，最终得到N棵新树。

（5）将测试数据集运用到N棵新树中，再从中挑选出误判率最低的树作为最佳的决策树。

如上介绍的 3 种决策树后剪枝方法都是比较常见的，其思路也通俗易懂，在构造树时利用剪枝技术可以降低树模型过拟合的现象。本书将以 CART 决策树为例，讲解树的构造和剪枝过程，以及如何利用决策树完成数据的分类或预测问题。更为重要的是，CART 决策树既可以处理离散型的分类问题（分类决策树），也可以解决连续型的预测问题（回归决策树）。

在 R 语言中可以借助于 rpart 包完成 CART 决策树的构造，该函数在建树过程中既提供了预剪枝技术也提供了代价复杂度剪枝技术。关于该函数的语法以及重要参数的含义如下：

```
rpart(formula, data, weights, subset, na.action = na.rpart, method,
    model = FALSE, x = FALSE, y = TRUE, parms, control, cost, ...)
```

- **formula**：以公式的形式指定CART决策树模型，如$y \sim x_1+x_2$，其中y表示因变量，x_1、x_2表示自变量。
- **data**：指定建模所需的数据框对象。
- **weights**：在树模型的构建过程中，通过数值向量指定各样本的权重，该参数的默认值表示样本权重相等。
- **subset**：通过向量的形式指定哪些观测行的样本用于构建CART决策树，默认情况下是利用输入的所有数据建模。
- **na.action**：指定缺失值的处理办法，如果因变量y中存在缺失值，则将其对应的观测删除；如果自变量X中存在缺失值，则将其保留当作自变量中的一种值。
- **method**：根据因变量y的类型选择不同的树类型，如果y为连续的数值型变量，则应选择'anova'；如果*y*为离散的类别型变量，则应选择'class'；如果*y*表示计数型的变量，则应选择'poisson'；如果*y*表示一种生存型的对象，则应选择'exp'；默认情况下，该参数可以不用指定，因为决策树可以根据*y*变量的类型比较智能地选择一种合适的方法。

- **model**：bool类型的参数，表示是否在决策树模型的结果中保留一份模型框架的副本，默认为FALSE。
- **x**：bool类型的参数，表示是否在决策树模型的结果中保留一份自变量***X***的副本，默认为FALSE。
- **y**：bool类型的参数，表示是否在决策树模型的结果中保留一份因变量*y*的副本，默认为TRUE。
- **parms**：该参数主要针对因变量为离散型的情况，可以通过列表的形式设置3种值，即先验概率（prior）、损失矩阵（loss）和分类纯度的度量方法（split）。先验概率是指因变量*y*中各类别值的概率值，要求概率值设定在0~1之间，并且所有先验概率的和为1；损失矩阵是指设定模型的误判损失值，要求矩阵对角线元素为0，非对角线元素为正，损失值越大，惩罚力度越强，对应的错判率可能会降低。纯度的度量方法是指选择信息熵还是基尼指数，默认使用基尼指数度量分类纯度。
- **control**：该参数主要设定决策树的预剪枝和后剪枝技术，具体可以看rpart.control函数对应的参数设置。
- **cost**：通过非负值的向量，设定每一个自变量的权重，默认情况下每个自变量的权重都为1。

```
rpart.control(minsplit = 20, minbucket = round(minsplit/3), cp = 0.01,
              maxcompete = 4, xval = 10,surrogatestyle = 0, maxdepth = 30, ...)
```

- **minsplit**：指定节点分割的最小样本量，默认为20，如果节点中的样本量低于20，则该节点将无法继续分割。
- **minbucket**：指定叶节点中的最小样本量，默认为minsplit参数的三分之一。
- **cp**：复杂度参数，通过该参数可以实现决策树的后剪枝。默认值为0.01，即决策树的每一步分割，其拟合优度必须提高0.01，否则决策树不进行分割。
- **maxcompete**：指定分割变量的最大候选数目，默认为4个，通过该参数的设置不仅可以返回最佳分割变量是什么，还可以返回第二佳、第三佳和第四佳的分割变量。
- **xval**：指定交叉验证的重数，默认为10重。
- **maxdepth**：指定决策树的最大深度，默认为30层。

10.3 随机森林

如果基于单棵决策树和剪枝技术仍然得不到比较理想的预测效果，读者还可以使用集成的随机森林算法，该算法综合了多棵 CART 决策树。它不仅采用投票原则实现预测或分类任务的完成，而且无须使用剪枝技术就可以很好地避开过拟合的问题。

随机森林属于集成算法，“森林”从字面理解就是由多棵决策树构成的集合，而且这些子树都是经过充分生长的 CART 树；“随机”则表示构成多棵决策树的数据是随机生成的，生成过程采用的是 Bootstrap 抽样法。该算法有两大优点（一是运行速度快，二是预测准确率高）被称为最好用的算法之一。

10.3.1　随机森林的思想

该算法的核心思想就是采用多棵决策树的投票机制，完成分类或预测问题的解决。对于分类问题，将多棵树的判断结果用作投票，根据少数服从多数的原则，最终确定样本所属的类型；对于预测性问题，将多棵树的回归结果进行平均，最终用于样本的预测值。

假设用于建模的训练数据集中含有N个观测、P个自变量和 1 个因变量，那么首先利用 Bootstrap 抽样法从原始训练集中有放回地抽取出N个观测用于构建单棵决策树；然后从P个自变量中随机选择p个字段用于 CART 决策树节点的字段选择；最后根据基尼指数生长出一棵未经剪枝的 CART 树。最终通过多轮的抽样生成k个数据集，进而组装成含有k棵树的随机森林。

按照如上的思想，将随机森林的建模过程形象地绘制在图 10.5 中，希望能够帮助读者理解其背后的实现原理。

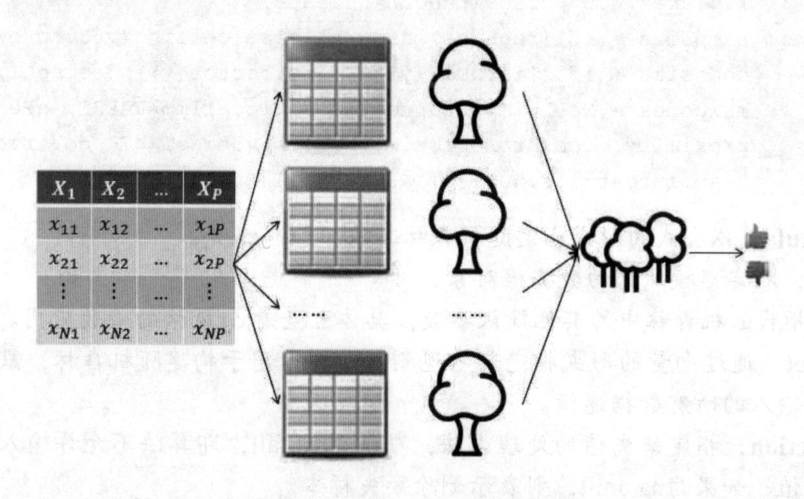

图 10.5　随机森林示意图

在图 10-5 中，最左边为原始的训练数据集，包含N个观测和P个自变量；最右边为随机森林的输出结果。可以将图 10-5 中随机森林的建模过程详细描述为：

（1）利用 Bootstrap 抽样法从原始数据集中生成k个数据集，并且每个数据集都含有N个观测和P个自变量。

（2）针对每一个数据集，构造一棵 CART 决策树，在构建子树的过程中并没有将所有自变量用作节点字段的选择，而是随机选择p个字段。

（3）让每一棵决策树尽可能地充分生长，使得树中的每个节点尽可能“纯净”，即随机森林中的每一棵子树都不需要剪枝。

（4）针对k棵 CART 树的随机森林，对分类问题利用投票法将最高得票的类别用于最终的判断结果；对回归问题利用均值法，将其用作预测样本的最终结果。

从上面的描述可知，随机森林的随机性体现在两个方面：一是每棵树的训练样本是随机的；二是树中每个节点的分裂字段也是随机选择的。两个随机性的引入使得随机森林不容易陷入过拟合。随机森林所生成的树的数量趋近无穷大时，根据大数定律原理可以认为训练误差与测试误差是相逼近的，也同样能够得到随机森林是不容易产生过拟合的结论。

10.3.2 随机森林的函数说明

读者可以利用 randomForest 包中的 randomForest 函数构建随机森林算法。关于该函数的语法和重要参数的含义如下：

```
# 公式风格的函数应用
randomForest(formula, data=NULL, ..., subset, na.action=na.fail)

# x,y 风格的函数应用
randomForest(x, y=NULL,  xtest=NULL, ytest=NULL, ntree=500,
             mtry=if (!is.null(y) && !is.factor(y))
               max(floor(ncol(x)/3), 1) else floor(sqrt(ncol(x))),
             replace=TRUE, classwt=NULL, strata,
             sampsize = if (replace) nrow(x) else ceiling(.632*nrow(x)),
             nodesize = if (!is.null(y) && !is.factor(y)) 5 else 1,
             maxnodes = NULL,importance=FALSE, localImp=FALSE, nPerm=1,
             proximity, oob.prox=proximity,norm.votes=TRUE, do.trace=FALSE,
             keep.forest=!is.null(y) && is.null(xtest))
```

- **formula**：以公式的形式指定随机森林算法，如$y\sim x_1+x_2$。
- **data**：指定建模所需的数据框对象。
- **...**：指代随机森林中的其他默认参数，具体可查看x,y风格的函数应用。
- **subset**：通过向量的形式指定哪些观测行的样本用于构建随机森林，默认情况下是利用输入的所有数据建模。
- **na.action**：指定缺失值的处理办法，默认为na.fail，即算法不允许输入数据中存在缺失值；如果为na.omit，则表示删除缺失样本。
- **x**：指定建模所需的自变量x，可以是矩阵，也可以是数据框。
- **y**：指定建模所需的因变量y，可以是离散的因子型变量，也可以是连续的数值型变量。
- **xtest**：指定测试集中自变量x的数据，结构与参数x一致。
- **ytest**：指定测试集中因变量y的数据。
- **ntree**：指定随机森林中所包含子树的数量，默认为500棵树。
- **mtry**：指定随机抽取的变量个数，并利用这些变量作为单棵决策树的候选分割变量，如果因变量为连续的数值型变量，则该参数的默认值为所有自变量个数的三分之一；如果因变量为离散的因子型变量，则该参数的默认值为所有自变量个数的二次方根；该参数的不同值会影响决策树的预测效果，故可以考虑迭代的方式选择出最佳的分割变量个数。

- **replace**：bool类型的参数，表示是否在Boostrap抽样过程中采用有放回的抽样，默认为TRUE。
- **classwt**：对于离散型的因变量来说，可以指定各类别值先验概率，默认情况下以数据集中实际的类别比例作为先验概率。
- **strata**：通过指定一个因子型变量实现分层抽样。
- **sampsize**：指定分层抽样中各层的样本量。
- **nodesize**：指定决策树中叶节点的最小样本量，如果因变量为离散值，则该参数的默认值为1；如果因变量为连续值，则默认值为5。
- **maxnodes**：指定决策树中叶节点的最大数量，如果不指定任何值，则决策树将充分生长。
- **importance**：bool类型的参数，表示是否计算各个变量在随机森林算法中的重要性，默认为FALSE。
- **localImp**：bool类型的参数，表示是否计算观测*i*与变量*j*在随机森林算法中的重要性，默认为FALSE。
- **nPerm**：指定每棵树“袋外”数据的排列次数，主要用于评估各自变量的重要性，默认为1次。
- **proximity**：bool类型的参数，表示是否计算模型的临近矩阵，默认为FALSE。
- **oob.prox**：bool类型的参数，表示是否基于“袋外”数据计算模型的临近矩阵，默认为FALSE。
- **norm.votes**：bool类型的参数，表示是否以比例的形式展现投票结果，默认为TRUE。
- **do.trace**：bool类型的参数，表示是否在模型运算过程中输出详细的日志信息，默认为FALSE。
- **keep.forest**：bool类型的参数，表示是否在算法的结果集中保留随机森林的模型内容。

为了将前文所介绍的决策树和随机森林知识点应用到实战中，这里使用两种数据集：一种是用于分类问题的判断，该数据集反映的是 Titanic 乘客在灾难中是否存活；另一种是用于连续数值的预测，该数据集反映的是肾功能患者在肾方面的健康指数。

10.4 决策树与随机森林的应用

本节将利用上面介绍的两种数据集对比决策树和随机森林在分类问题和预测问题上的拟合效果，进而说明随机森林算法既可以提高预测准确率，又可以在一定程度上避免决策树过拟合的现象。

10.4.1 分类问题的应用

本节利用分类决策树和分类随机森林对 Titanic 数据集进行拟合，该数据集一共包含 891 个观测和 12 个变量，其中变量 Survived 为因变量，1 表示存活，0 表示不存活。首先预览一下该数据集的前几行：

```
# 读取外部数据 - Titanic.csv
titanic <- read.csv(file = file.choose())
# 数据预览
View(titanic)
```

结果如表 10.4。

表 10.4 Titanic 数据集预览

PassengerId	Survived	Pclass	Name	Sex	Age	SibSp	Parch	Ticket	Fare	Cabin	Embarked
1	0	3	Braund, M...	male	22.00	1	0	A/5 21...	7.2500		S
2	1	1	Cumings, ...	female	38.00	1	0	PC 175...	71.2833	C85	C
3	1	3	Heikkinen,...	female	26.00	0	0	STON/...	7.9250		S
4	1	1	Futrelle, M...	female	35.00	1	0	113803	53.1000	C123	S
5	0	3	Allen, Mr. ...	male	35.00	0	0	373450	8.0500		S
6	0	3	Moran, Mr....	male	NA	0	0	330877	8.4583		Q
7	0	1	McCarthy ...	male	54.00	0	0	17463	51.8625	E46	S

其中，PassengerId 为乘客编号、Name 为乘客姓名、Ticket 为船票信息、Cabin 为客舱信息，将这 4 个变量用于建模并没有实际意义，故需要将它们从表中删除；Pclass 为船舱等级，虽然为数字，但是仍然需要做因子化处理，因为它属于类别型变量。接下来对该数据集进行清洗，代码如下：

```
# 删除无意义的变量
titanic_sub <- subset(x = titanic, # 指定待处理的数据集
        select = -c(PassengerId,Name,Ticket,Cabin) # 通过负向量删除指定的变量
                    )
# 对离散变量做因子化处理
titanic_sub$Survived <- factor(titanic_sub$Survived)
titanic_sub$Pclass <- factor(titanic_sub$Pclass)
titanic_sub$Sex <- factor(titanic_sub$Sex)
titanic_sub$Embarked <- factor(titanic_sub$Embarked)
# 检查剩余变量是否存在缺失值
# 通过自定义函数统计每一变量的缺失值个数
sapply(X = titanic_sub, FUN = function(x) sum(is.na(x)))
out:
```

结果如表 10.5 所示。

表 10.5　各变量的缺失情况

变量	缺失值个数	变量	缺失值个数
Survived	0	SibSp	0
Pclass	0	Parch	0
Sex	0	Fare	0
Age	177	Embarked	2

数据集中 Age 变量和 Embarked 变量分别含有 177 个、2 个缺失值，接下来分别对其使用插值法和众数填充法弥补缺失值。首先处理 Embarked 变量，代码如下：

```
# 统计 Embarked 变量中各水平值的频数
freq <- table(titanic_sub$Embarked)
# 取出频数最多的水平值
level <- names(freq[which.max(freq)])
# 使用众数值填充缺失值
titanic_sub$Embarked[is.na(titanic_sub$Embarked)] = level
```

Age 变量的缺失值个数比较多，如果直接使用该字段的均值填充缺失值，那么在一定程度上会导致预估结果的有偏性，故不妨使用第 7 章介绍的多元线性回归模型对 Age 变量中的缺失值做插补操作（当然读者还可以选择其他算法进行插补），代码如下：

```
# 将数据集按照 Age 变量是否缺失分成两部分
no_missing <- titanic_sub[!is.na(titanic_sub$Age),]
missing <- titanic_sub[is.na(titanic_sub$Age),]
# 基于 no_missing 数据集构造多元线性回归模型，并进行逐步回归
fit <- step(lm(formula = Age ~ ., data = no_missing))
summary(fit)
# 基于构造好的模型，对 missing 数据集中的 Age 变量做预测
missing$Age <- predict(object = fit, newdata = missing[,-4])
# 重新合并 no_missiong 和 missing 两个数据集
titanic_clear <- rbind(no_missing, missing)
# 预览清洗后的数据
View(titanic_clear)
```

清洗后的数据集如表 10.6 所示，此时不存在任何缺失值问题。

表 10.6　清洗后数据的预览

	Survived	Pclass	Sex	Age	SibSp	Parch	Fare	Embarked
1	0	3	male	22.00	1	0	7.2500	S
2	1	1	female	38.00	1	0	71.2833	C
3	1	3	female	26.00	0	0	7.9250	S
4	1	1	female	35.00	1	0	53.1000	S
5	0	3	male	35.00	0	0	8.0500	S
6	0	1	male	54.00	0	0	51.8625	S
7	0	3	male	2.00	3	1	21.0750	S

1. 构建决策树模型

接下来利用决策树和随机森林对清洗好的数据集进行建模和预测，代码如下：

```
# 加载第三方包
library(rpart)

# 将 titanic_clear 数据集拆分为训练集和测试集
set.seed(1234)
index <- sample(x = 1:nrow(titanic_clear), size = 0.75*nrow(titanic_clear))
train <- titanic_clear[index,]
test <- titanic_clear[-index,]

# 基于 train 数据集构建 CART 决策树
cart <- rpart(formula = Survived ~ ., # 指定构造决策树的数学公式
        data = train,  # 指定建模的数据集
        )
# 查看模型的复杂度 cp 表
printcp(cart)
out:
   CP          nsplit   rel error   xerror      xstd
1  0.458333      0       1.00000   1.00000   0.047863
2  0.030303      1       0.54167   0.54167   0.040156
3  0.015152      4       0.44697   0.48864   0.038645
4  0.010000      8       0.38636   0.51515   0.039421
```

如上结果所示，根据返回的模型cp表来看，合理的cp值应该为0.015152，因为其对应的模型误差xerror值最小。接下来基于该cp值对决策树进行后剪枝，并利用剪枝后的树模型对测试集进行预测，代码如下：

```
# 对决策树模型 cart 做后剪枝操作
cart2<- prune(cart,cp=0.015152)
# 对测试数据集做预测
cart_pred <- predict(object = cart2, newdata = test[,-1], type = 'class')
# 计算模型的预测准确率
cart_Freq <- table(test$Survived, cart_pred)
cart_accuracy <- sum(diag(cart_Freq))/sum(cart_Freq)
cart_accuracy
out:
0.8295964
```

如上结果所示，决策树在测试数据集上的预测准确率为 83.0%，总体来说预测精度还是比较高的。该准确率指标无法体现正例和负例的覆盖率，为了进一步验证模型在测试集上的预测效果，需要绘制ROC曲线，代码如下：

```
# 加载第三方包
library(pROC)
```

```
library(ggplot2)

# 计算模型预测正例（Survived 为 1）的概率
prob <- predict(object = cart2, newdata = test[,-1])[,1]
# 利用 roc 函数生成绘图数据
ROC <- roc(response = test$Survived, predictor = prob)
# 根据 ROC 的结果返回 fpr 和 tpr 的组合值
tpr <- ROC$sensitivities
fpr <- 1-ROC$specificities
# 将绘图数据构造为数据框
plot_data <- data.frame(tpr, fpr)

# 绘图
ggplot(data = plot_data, mapping = aes(x = fpr, y = tpr)) +
  # 使用面积图绘制 ROC 曲线下的阴影
  geom_area(position =  'identity', fill = 'steelblue') +
  # 绘制 ROC 曲线
  geom_line(lwd = 0.8) +
  # 添加 45 度参考线
  geom_abline(slope = 1, intercept = 0, lty = 2, lwd = 0.8, color = 'red') +
  # 在图中添加文本信息
  geom_text(mapping = aes(x = 0.5, y = 0.3, label =
paste0('AUC=',round(ROC$auc,2)))) +
  # 设置图形的 x 轴标签和 y 轴标签
  labs(x = '1-Specificity', y = 'Sensitivity')
```

决策树的 ROC 曲线如图 10.6 所示。

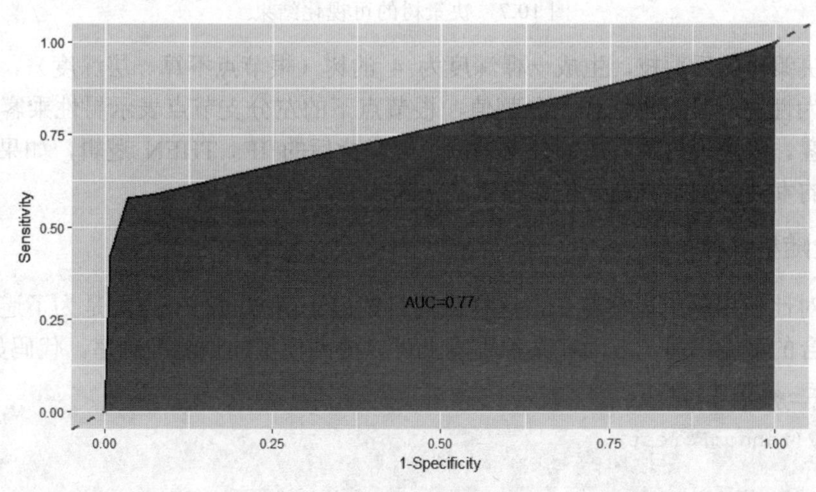

图 10.6　决策树的 ROC 曲线

ROC 曲线下的面积 AUC 为 0.77，不足 0.8，可以认为模型拟合效果并不是很理想。前文已经提过，决策树实际上就是一个含有 IF...THEN...逻辑的判断条件，为了展现决策树背后的逻辑，可以借助于 rpart.plot 包中的 rpart.plot 函数对决策树模型做可视化展现，代码如下：

```
# 加载第三方包
library(rpart.plot)
# 绘制决策树图
rpart.plot(cart2, # 指定需要绘图的决策树模型
         branch=1,  # 指定树分支的风格，该值落在 0~1 之间，这里设置为垂直分支风格
         extra=102, # 指定节点中呈现的信息，设置为 102 表示呈现节点中高频的类别值、
                    # 总样本量、所属类别值的样本量以及对应的占比
         shadow.col='gray',  # 指定节点的阴影颜色为灰色
         box.col='green',    # 指定节点填充色为绿色
         border.col='black', # 指定节点边框色为黑色
         split.col='red',    # 指定分割变量的颜色为红色
         split.cex=1         # 指定分割变量的字体大小为 1
         )
```

决策树的可视化结果如图 10.7 所示。

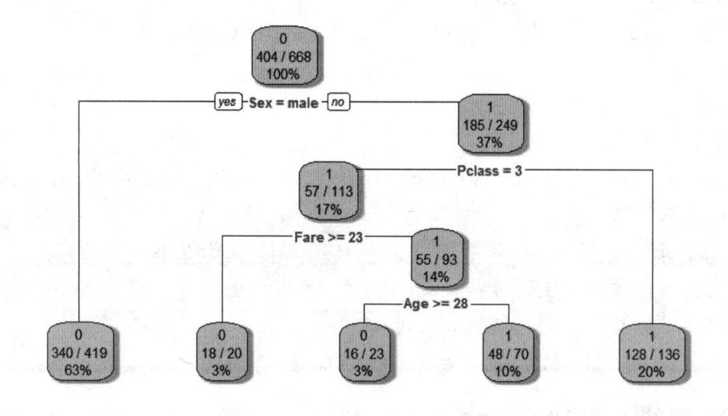

图 10.7　决策树的可视化结果

通过对决策树的后剪枝，生成一棵深度为 4 的树（根节点不算一层深度），根节点所选的分割变量为性别，且以男性作为分割值，根节点下的左分支节点表示男性乘客，右分支节点为女性乘客。以决策树最右边的分支为例，解释背后的 IF...THEN 逻辑，如果该乘客为乘坐非三等舱的女性，则她将是一位幸存者。

2. 构建随机森林模型

接下来对比使用随机森林算法，这样做的目的出于两方面：一方面是为了避免单棵决策树出现过拟合的可能，另一方面在某种程度上可以提高模型的预测准确率。代码如下：

```
# 导入第三方包
library(randomForest)

# 通过循环迭代的方式，选取随机森林算法中合理的 mtry 值
n <- ncol(train)
set.seed(1234)
err <- NULL
for (i in 1:(n-1)){
```

```
  rf <- randomForest(Survived ~ ., data = train, mtry = i)
  err <- c(err, mean(rf$err.rate)) # 每轮循环都保留 500 棵树的平均误差率
}
# 取出 err 最小值所对应的 mtry 值
m = which.min(err)

# 根据 m 的值，构建随机森林
set.seed(1)
rf <- randomForest(formula = Survived ~ .,
                   data = train,
                   mtry = m # 指定随机挑选的变量个数
                   )
# 通过可视化的方式选择最佳的 ntree
plot(rf, main = NULL)
```

结果如图 10.8 所示。

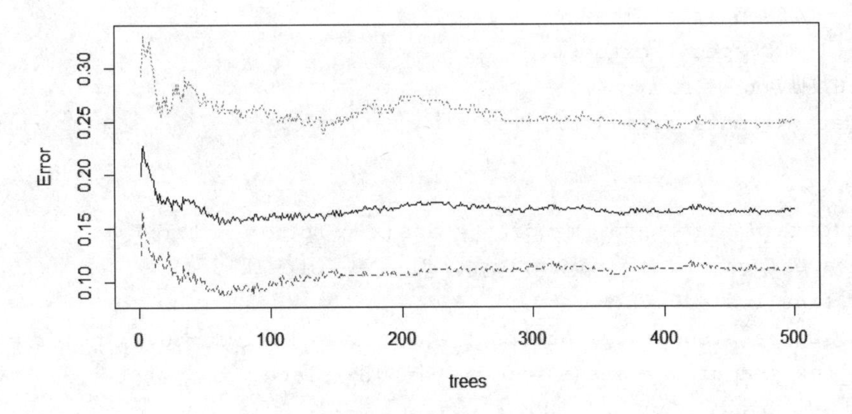

图 10.8　最佳 ntree 的选择

正如前文所说，构造随机森林时，对自变量的随机选择量会影响模型的预测结果，故需要通过迭代的方式选出使模型错误率最低的 mtry（具体可见代码所示）。最佳 mtry 的确定只是第一步，还需要确定合理的子树数量，因为过高的 ntree 会增加模型的复杂度，而过低的 ntree 又会增加模型的错误率。根据图 10.8 所示的结果，当 ntree 在 300 附近时，模型内的误差基本趋于稳定（图内中间的黑线），故选择 ntree 为 300 比较合理。

```
# 基于最佳的 ntree 和 mtry 重新构建随机森林模型
set.seed(1)
rf2 <- randomForest(formula = Survived ~ .,
                    ntree = 300,
                    data = train,
                    mtry = m,
                 )
# 基于随机森林模型 rf2 对测试数据集进行预测
rf_pred <- predict(object = rf2, newdata = test[,-1], type = 'class')
# 计算模型的预测准确率
```

```
rf_Freq <- table(test$Survived, rf_pred)
rf_accuracy <- sum(diag(rf_Freq))/sum(rf_Freq)
rf_accuracy
out:
0.8340807
```

如上结果所示，相比于单棵决策树，利用随机森林算法在一定程度上提高了测试数据集上的预测准确率，准确率为83.4%（尽管准确率的提升并不是很理想，这可能是由于线性回归插补法的不合理导致的）。接下来，同样对该模型结果绘制 ROC 曲线，进一步比较随机森林和单棵决策树在覆盖率上的差异，代码如下：

```
# 计算模型预测正例（Survived为1）的概率
prob <- predict(object = rf2, newdata = test[,-1], type = 'prob')[,1]
# 利用 roc 函数生成绘图数据
ROC <- roc(response = test$Survived, predictor = prob)
# 根据 ROC 的结果返回 fpr 和 tpr 的组合值
tpr <- ROC$sensitivities
fpr <- 1-ROC$specificities
# 将绘图数据构造为数据框
plot_data <- data.frame(tpr, fpr)

# 绘图
ggplot(data = plot_data, mapping = aes(x = fpr, y = tpr)) +
  geom_area(position =  'identity', fill = 'steelblue') +
  geom_line(lwd = 0.8) +
  geom_abline(slope = 1, intercept = 0, lty = 2, lwd = 0.8, color = 'red') +
  geom_text(mapping = aes(x = 0.5, y = 0.3, label =
paste0('AUC=',round(ROC$auc,2)))) +
  labs(x = '1-Specificity', y = 'Sensitivity')
```

结果如图 10.9 所示。

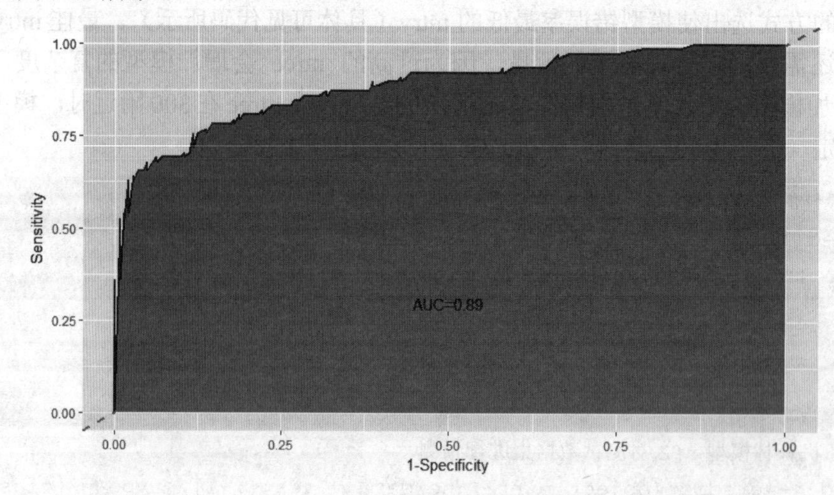

图 10.9　随机森林的 ROC 曲线

AUC 的值高达 0.89，相比于单棵决策树，随机森林在正例覆盖率和负例覆盖率上表现得更优。最后，利用随机森林算法挑选出影响乘客是否幸存的重要因素，代码如下：

```
# 绘制各变量重要性的点图
varImpPlot(x = rf2, # 指定随机森林对象
        sort = TRUE, # 按照变量的重要性升序排列
        main = NULL, # 剔除图形的标题
        pch = 20 # 设置图中的点为实心圆点
        )
```

变量的重要性排序结果如图 10.10 所示。

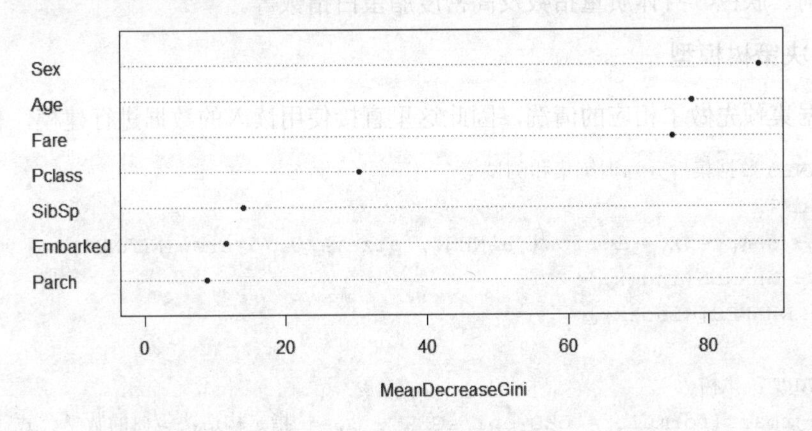

图 10.10　变量的重要性排序

在图 10.10 中，各自变量的重要性按照升序排列，其中最重要的前 3 个变量分别是乘客的性别、年龄和船票的票价。

10.4.2　预测问题的应用

本节继续使用决策树和随机森林算法进行项目实战，所不同的是因变量不再是离散的类别值，而是连续的数值。使用的数据集是关于患者的肾小球滤过率，该指标可以反映患者肾功能的健康状况，该数据集一共包含 28009 条记录和 10 个变量。首先预览一下该数据集的前几行信息：

```
# 读入外部数据 - NHANES.xlsx
NHANES <- read_excel(path = file.choose())
# 预览数据
View(NHANES)
```

结果如表 10.7 所示。

表 10.7 肾功能数据的预览

	age_months	sex	black	BMI	HDL	CKD_stage	S_Creat	cal_creat	meals_not_home	CKD_epi_eGFR
1	472	1	0	30.22	35	0	1.0	1.0	2	94.388481
2	283	1	1	29.98	43	0	1.1	1.1	1	109.086423
3	1011	2	0	24.62	51	0	0.8	0.8	1	67.700441
4	176	2	0	27.28	48	1	0.6	0.6	3	136.861679
5	534	1	0	33.84	37	0	0.9	0.9	2	103.510891
6	762	2	0	26.60	53	0	0.7	0.7	0	92.208200
7	156	1	1	25.18	57	0	0.9	0.9	1	149.156704

数据集中的 CKD_epi_eGFR 变量即为因变量，是连续的数值型变量，其余变量包含患者的年龄、性别、肤色、身体质量指数及高密度脂蛋白指数等。

1. 构建决策树模型

由于数据集预先做了相应的清洗，因此这里直接使用读入的数据进行建模，代码如下：

```
# 将 NHANES 数据集拆分为训练集和测试集
set.seed(123)
index <- sample(x = 1:nrow(NHANES), size = 0.75*nrow(NHANES))
train <- NHANES[index,]
test <- NHANES[-index,]

# 构建 CART 决策树
cart <- rpart(formula = CKD_epi_eGFR ~ ., # 指定构造决策树的数学公式
        data = train  # 指定建模的数据集
)
# 查看模型的复杂度 cp 表
printcp(cart)
out:
      CP        nsplit     rel error     xerror        xstd
1  0.466934      0        1.00000      1.00015      0.0097502
2  0.115138      1        0.53307      0.53372      0.0059463
3  0.089579      2        0.41793      0.41840      0.0046843
4  0.044866      3        0.32835      0.32884      0.0035164
5  0.024351      4        0.28348      0.28533      0.0033249
6  0.022498      5        0.25913      0.26102      0.0028322
7  0.018762      6        0.23663      0.23907      0.0026000
8  0.018516      7        0.21787      0.22031      0.0024474
9  0.011781      8        0.19936      0.20245      0.0022850
10 0.011152      9        0.18758      0.18676      0.0021600
11 0.010000     10        0.17642      0.17877      0.0021234
```

如上结果所示，根据返回的模型 cp 表来看，模型误差 xerror 的最小值所对应的 cp 值为 0.01，故无须基于该值重新对决策树做后剪枝处理，因为 rpart 函数中默认的 cp 值即为 0.01。接下来直接基于得到的决策树模型对测试集进行预测，代码如下：

```
# 对测试数据集做预测
```

```
cart_pred <- predict(object = cart, newdata = test[,-10])
# 计算衡量模型好坏的 RMSE 值
RMSE = sqrt(mean((test$CKD_epi_eGFR - cart_pred) ** 2))
RMSE
out:
11.78886
```

由于因变量为连续型的数值，因此不能再使用分类模型中的准确率指标进行评估，而是使用均方误差 MSE 或均方根误差 RMSE 该指标越小，说明模型的拟合效果越好。通过模型在测试集上的预测，计算得到 RMSE 的值为 11.79。

2. 构建随机森林模型

接下来使用随机森林算法重新对该数据集进行建模，进而比较与单棵回归决策树之间的差异，代码如下：

```
# 使用随机森林的默认参数构建模型
rf <- randomForest(formula = CKD_epi_eGFR ~ ., data = train)
# 基于随机森林模型 rf 对测试数据集进行预测
rf_pred <- predict(object = rf, newdata = test[,-10], type = 'class')
# 计算衡量模型好坏的 RMSE 值
RMSE = sqrt(mean((test$CKD_epi_eGFR - rf_pred) ** 2))
RMSE
out:
1.118429
```

考虑到随机森林算法在大数据集上的执行效率，这里直接使用随机森林的默认参数（如 ntree 的默认值为 500，mtry 的默认值为 3）对训练数据集进行建模。如上结果所示，随机森林算法在测试集上的RMSE为1.12，明显比单棵决策树的RMSE小了很多，进而可以说明随机森林的拟合效果要比单棵回归树理想。最后，基于随机森林模型计算各变量的重要性，代码如下：

```
# 绘制各变量重要性的点图
varImpPlot(x = rf, sort = TRUE, main = NULL, pch = 20)
```

结果如图 10.11 所示。

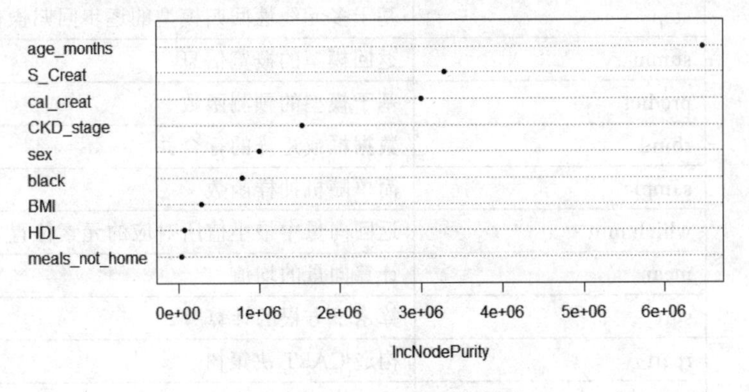

图 10.11 变量的重要性排序

影响患者肾小球滤过率的前5个重要因素是患者的年龄、S指标、尿液中某细胞指标、慢性肾脏病所属阶段以及患者的性别。

通过两个实战案例的介绍，相信读者已经掌握了决策树和随机森林的应用，通过比较可以得知两点：一方面说明 CART 决策树既可以解决分类问题，又可以解决预测问题；另一方面说明随机森林在解决单棵决策树的过拟合时是一个非常不错的选择。

10.5 篇章总结

本章介绍了另一种有监督的学习模型，即决策树与随机森林，这两类模型都可以实现分类数据与连续数据的预测，更重要的是随机森林在计算量较低的情况下提高了预测准确率和防止了单棵决策树的过拟合。通过对比信息增益、信息增益率和基尼指数的运算，说明了 ID3、C4.5 和 CART 决策树在节点变量上的选择原理；为了避免决策树的过拟合，也讲解了几种常用的后剪枝方法；最后通过两个实战案例对比了决策树和随机森林算法之间的拟合效果，得到了随机森林算法具有更高的预测精度和更强的稳健性特点。通过本章内容的学习，读者可以将这两种常用的监督算法应用到实际的工作中，解决分类或预测性问题。

为了使读者掌握有关本章内容所涉及的函数，这里将其重新梳理到表 10.8 中，以便读者查阅和记忆。

表 10.8 本章所涉及的 R 语言函数

R 语言包	R 语言函数	说明
readxl	read_excel	读取 Excel 格式的数据文件
stats	subset	数据子集的获取
	factor	将向量强制转换为因子类型
	sapply	基于数据框的字段处理技术
	table	频数统计函数
	names	返回向量或数据框的字段名称
	lm	构建多元线性回归模型
	step	基于多元线性回归模型的逐步回归操作
	summary	返回模型的概览信息
	predict	基于模型的预测函数
	rbind	数据框或矩阵的行合并
	sample	简单随机抽样函数
	which.min	返回向量中最小值所对应的元素位置
	mean	计算向量的均值
	sqrt	算术平方根的计算
rpart	rpart	构造 CART 决策树
	prune	基于决策树的剪枝函数

（续表）

R 语言包	R 语言函数	说明
ggplot2	geom_area	绘制面积图
	geom_line	绘制折线图
	geom_abline	绘制参考线
	geom_text	在图形上添加文本信息
rpart.plot	rpart.plot	实现决策树的可视化展现
pROC	roc	用于生成 ROC 曲线的数据和计算 AUC 值的函数
randomForest	randomForest	构造随机森林模型
	varImpPlot	基于随机森林模型绘制各自变量的重要性点图

第 11 章 KNN 模型

本章介绍的KNN模型仍然为有监督的学习算法，它的中文名称为K最近邻算法，同样是十大挖掘算法之一。与前 4 章所不同的是它属于“惰性”学习算法，即不会预先生成一个分类或预测模型，用于新样本的预测，而是将模型的构建与未知数据的预测同时进行。该算法和第 10 章介绍的决策树功能类似，既可以针对离散因变量做分类，又可以对连续因变量做预测，其核心思想就是比较已知y值的样本与未知y值样本的相似度，然后寻找最相似的k个样本用作未知样本的预测。该算法在实际的应用中还是非常普遍的，解决问题的思路通俗易懂，同样不需要高深的数据基础作为铺垫。

接下来，本章将详细介绍有关KNN模型的知识点，希望读者在学完本章内容后可以掌握如下几方面的要点：

- KNN算法的理论思想；
- 最佳k值的选择；
- 样本间相似度的度量方法；
- 几种常见的近邻样本搜寻方法；
- KNN算法的应用实战。

11.1 KNN 算法的思想

K最近邻算法就是搜寻最近的k个已知类别样本用于未知类别样本的预测。“最近”的度量就是应用点之间的距离或相似性，距离越小或相似度越高，说明它们之间越近，关于样本间的远近度量将在下一节中介绍。“预测”，对于离散型的因变量来说，从k个最近的已知类别样本中挑选出频率最高的类别用于未知样本的判断；对于连续型的因变量来说，则是将

k个最近的已知样本均值用作未知样本的预测。为了能够使读者理解 KNN 算法的思想，简单绘制了如图 11.1 所示的示意图。

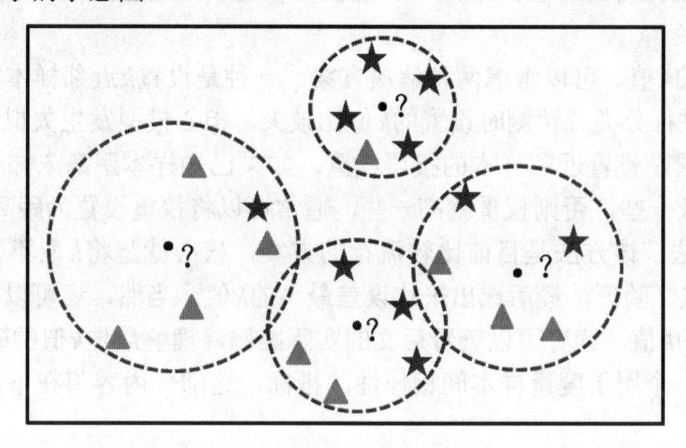

图 11.1　KNN 算法示意图

假设数据集中一共含有两种类别，分别用五角星和三角形表示，待预测样本为各圆的圆心。如果以近邻个数k=5 为例，就可以通过投票方式快速得到未知样本所属的类别。该算法的背后是如何实现上面分类的呢？具体步骤可以描述为：

（1）确定未知样本近邻的个数k值。

（2）根据某种度量样本间相似度的指标（如欧氏距离）将每一个未知类别样本的最近k个已知样本搜寻出来，形成一个个簇。

（3）对搜寻出来的已知样本进行投票，将各簇下类别最多的分类用作未知样本点的预测。

通过上面的步骤，也能够解释为什么该算法被称为“惰性”学习算法，如果该算法仅仅接受已知类别的样本点，它是不会进行模型运算的，只有将未知类别样本加入到已知类别样本中，它才会执行搜寻工作，并将最终的分类结果返回。

所以，执行 KNN 算法的第一个任务就是指定最近邻的个数k值，接下来需要探讨 KNN 算法中该如何选择合理的k值。

11.2　最佳k值的选择

根据经验发现，不同的k值对模型的预测准确性会有比较大的影响，如果k值过于偏小，可能会导致模型的过拟合；反之，又可能会使模型进入欠拟合状态。为了使读者理解上述含义，这里举两个极端的例子加以说明。

假设k值为 1 时，意味着未知样本点的类别将由最近的 1 个已知样本点所决定，投票功能将不再起效。对于训练数据集本身来说，其训练误差几乎为 0；但是对于未知的测试数据集来说，训练误差可能会很大，因为距离最近的 1 个已知样本点可以是异常观测也可以是正常观测。所以，k值过于偏小可能会导致模型的过拟合。

k值为N时，意味着未知样本点的类别将由所有已知样本点中频数最高的类别所决定。所以，不管是训练数据集，还是测试数据集，都会被判为一种类别，进而导致模型无法在训练数据集和测试数据集上得到理想的准确率。进而可以说明k值越大，模型偏向于欠拟合的可能性越大。

为了获得最佳的k值，可以考虑两种解决方案。一种是设置k近邻样本的投票权重。假设在使用 KNN 算法进行分类或预测时设置的k值比较大，担心模型发生欠拟合的现象，一个简单有效的处理办法就是设置近邻样本的投票权重，如果已知样本距离未知样本比较远，则对应的权重就设置得低一些，否则权重就高一些，通常可以将权重设置为距离的倒数。另一种是采用多重交叉验证法，该方法是目前比较流行的方案，核心就是将k取不同的值，然后在每种值下执行m重的交叉验证，最后选出平均误差最小的k值。当然，还可以将两种方法的优点相结合，选出理想的k值。读者可以查看后文的实际案例，理解最佳k值的确定方法。

接下来，选择一个用于度量样本间相似性的指标，这部分内容将在下一节中进行详细的介绍。

11.3 相似度的度量方法

如前文所说，KNN 分类算法的思想是计算未知分类的样本点与已知分类的样本点之间的距离，然后将未知分类最近的k个已知分类样本用作投票。所以该算法的一个重要步骤就是计算它们之间的相似性，那么都有哪些距离方法可以用来度量点之间的相似度呢？这里简单介绍两种常用的距离公式，分别是欧式距离和曼哈顿距离；然后拓展另外两种相似度的度量指标，一个是余弦相似度，另一个是杰卡德相似系数。

11.3.1 欧氏距离

欧氏距离度量的是两点之间的直线距离，如果二维平面中存在两点$A(x_1,y_1)$、$B(x_2,y_2)$，则它们之间的直线距离为：

$$d_{A,B}=\sqrt{(x_1-x_2)^2+(y_1-y_2)^2}$$

可以将如上的欧氏距离公式反映到图 11.2 中，实际上就是直角三角形斜边的长度，即勾股定理的计算公式。

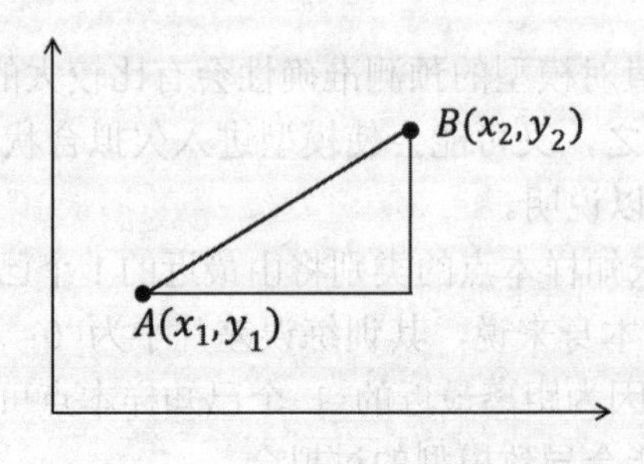

图 11.2 欧氏距离的几何概念

如果将点扩展到n维空间，则点$A(x_1,x_2,\cdots,x_n)$和$B(y_1,y_2,\cdots,y_n)$之间的欧氏距离可以表示成：

$$d_{A,B}=\sqrt{(y_1-x_1)^2+(y_2-x_2)^2+\cdots+(y_n-x_n)^2}$$

11.3.2 曼哈顿距离

曼哈顿距离也称为“曼哈顿街区距离”，度量的是两点在轴上的相对距离总和。所以，二维平面中两点$A(x_1,y_1)$、$B(x_2,y_2)$之间的曼哈顿距离可以表示成：

$$d_{A,B}=|x_1-x_2|+|y_1-y_2|$$

将曼哈顿距离表示在图 11.3 中，读者就能够理解上面公式所表达的含义了：

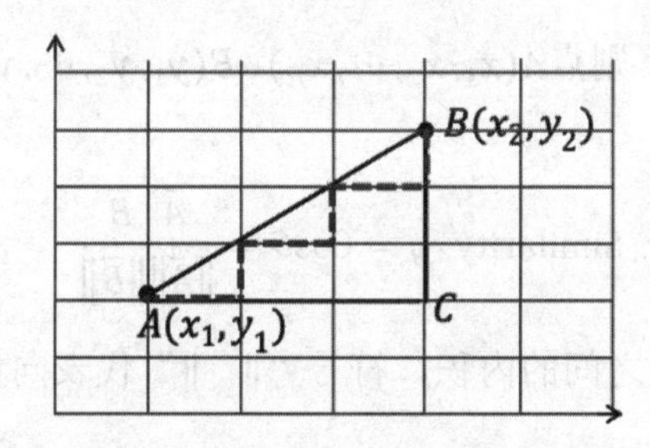

图 11.3 曼哈顿距离的几何概念

假设各网格线代表每一条街道，并从A点出发，前往B点，则两点之间的距离可以是沿着红色虚线行走的路程之和。换句话说，虚线的长度之和其实就是AC与CB的路程和，即曼哈顿距离就是在轴上的相对距离总和。

同样，如果将点扩展到n维空间，则点$A(x_1,x_2,\cdots,x_n)$，$B(y_1,y_2,\cdots,y_n)$之间的曼哈顿距离可以表示成：

$$d_{A,B}=|y_1-x_1|+|y_2-x_2|+\cdots+|y_n-x_n|$$

11.3.3 余弦相似度

余弦相似度其实就是计算两点所构成向量夹角的余弦值，夹角越小，余弦值越接近于 1，进而能够说明两点之间越相似。对于二维平面中的两点$A(x_1,y_1)$、$B(x_2,y_2)$来说，它们之间的余弦相似度可以表示成：

$$\text{Similarity}_{A,B}=\text{Cos}\theta=\frac{x_1x_2+y_1y_2}{\sqrt{x_1^2+y_1^2}\sqrt{x_2^2+y_2^2}}$$

将$A(x_1,y_1)$、$B(x_2,y_2)$两点所构成向量的夹角绘制在图 11.4 中，就能够理解夹角越小两点越相似的结论。

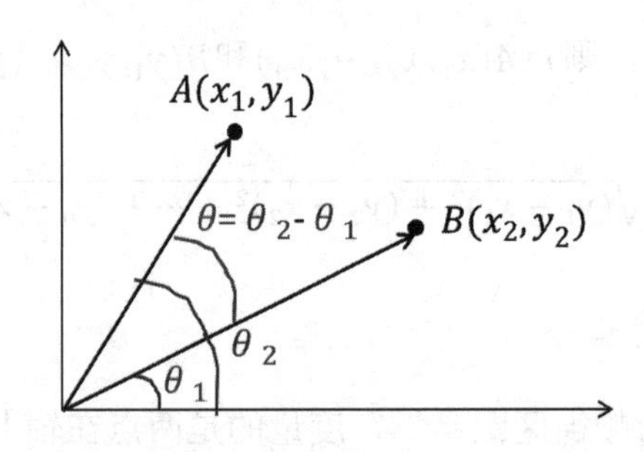

图 11-4　余弦相似度的几何概念

假设A、B代表两个用户从事某件事的意愿，意愿程度的大小用各自的夹角θ_1和θ_2表示，两个夹角之差θ越小，说明两者的意愿方向越一致，进而它们的相似度越高（不管是相同的高意愿还是低意愿）。

如果将点扩展到n维空间，则点$A(x_1,x_2,\cdots,x_n)$、$B(y_1,y_2,\cdots,y_n)$之间的余弦相似度可以用向量表示为：

$$\text{Similarity}_{A,B} = \text{Cos}\theta = \frac{\vec{A}\cdot\vec{B}}{\|\vec{A}\|\|\vec{B}\|}$$

其中，“·”代表两个向量之间的内积，符号“‖　‖”代表向量的模，即l2正则。

11.3.4　杰卡德相似系数

杰卡德相似系数与余弦相似度经常被用于推荐算法，计算用户之间的相似性。例如，A用户购买了 10 件不同的商品，B用户购买了 15 件不同的商品，则两者之间的相似系数可以表示为：

$$J(A,B) = \frac{|A \cap B|}{|A \cup B|}$$

其中，$|A \cap B|$表示两个用户所购买相同商品的数量，$|A \cup B|$代表两个用户购买所有产品的数量。例如，A用户购买的 10 件商品中有 8 件与B用户一致，且两用户一共购买了 17 件不同的商品，则它们的杰卡德相似系数为 8/17。按照上面的公式，杰卡德相似系数越大，说明样本之间越接近。

使用距离方法来度量样本间的相似性时必须注意两点：一个是所有变量的数值化，如果某些变量为离散型的字符串，那么它们是无法计算距离的，需要对其做数值化处理，如构造哑变量或强制数值编码(例如将受教育水平中的高中、大学、硕士及以上 3 种离散值重编码为 0,1,2)；另一个是防止数值变量的量纲影响，在实际项目的数据中不同变量的数值范围可能是不一样的，这样就会使计算的距离值受到影响，所以必须采用数据的标准化方法对其归一化，使得所有变量的数值具有可比性。

在确定好某种距离的计算公式后，KNN 算法就开始搜寻最近的k个已知类别样本点。实际上该算法在搜寻过程中是非常耗内存的，因为它需要不停地比较每一个未知样本与已知样本之间的距离。在接下来的一节中将介绍几种常用的近邻搜寻方法，包括暴力搜寻法、KD 树搜寻法和球树搜寻法，使用不同的搜寻方法往往会提升模型的执行效率。

11.4　近邻样本的搜寻方法

搜寻的实质就是计算并比较未知样本和已知样本之间的距离，最简单粗暴的方法就是全表扫描，该方法被称为暴力搜寻法。例如，针对某个未知类别的测试样本，需要计算它与所有已知类别的样本点之间的距离，然后从中挑选出最近的k个样本，再基于这k个样本进行投票，将票数最多的类别用作未知样本的预测。该方法简单而直接，可以将算法的扫描过程呈现在图 11.5 中。

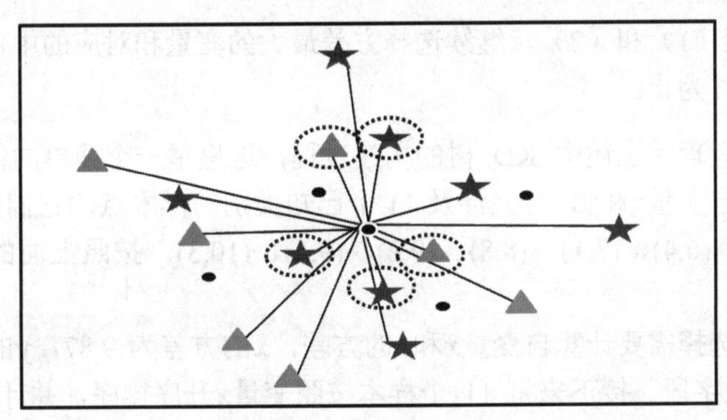

图 11.5　5 个近邻样本的选择

图 11.5 中的五角星和三角形代表两种已知类别的训练样本，黑点代表未知类别的测试样本。以某个未知类别样本点为例，计算它与所有已知样本点的距离，最终得到 5 个最近的样本（如图 11.5 中的虚框所示），进而根据投票原则将该未知样本预测为五角星代表的类别。以此类推，还需要计算其余未知类别样本与所有已知类别样本之间的距离，最终得到对应的预测结果。

虽然该搜寻方法简单粗暴、通俗易懂，但是只能适合小样本的数据集，一旦数据集的变量个数和观测个数扩大，KNN 算法的执行效率就会非常低下。其运算过程相当于使用了两层 for 循环，不仅要迭代每一个未知类别的样本，还需要迭代所有已知类别的样本。为了避免全表扫描，科学家发明了 KD 树搜寻法和球树搜寻法，接下来将重点介绍这两种提高 KNN 执行效率的搜寻方法。

11.4.1　KD 树搜寻法

KD 树的英文名称为 K-Dimension Tree，它与第 10 章介绍的决策树类似，是一种二分支的树结构，这里的 K 表示训练集中包含的变量个数，而非 KNN 模型中的 K 个近邻样本。其最大的搜寻特点是先利用所有已知类别的样本点构造一棵树模型，然后将未知类别的测试集应用在树模型上，实现最终的预测功能。先建树后预测的模式能够避免全表扫描，提高 KNN 模型的运行速度。KD 树搜寻法包含两个重要的步骤，第一个步骤是如何构造一棵二叉树，第二个步骤是如何实现最近邻的搜索。

1. KD树的构造

由第 10 章的决策树内容可知，构造一棵树至少需要知道三方面的信息，首先是选用哪一个变量用作根节点或中间节点的分割字段；其次是分割字段的分割点该如何选择；最后是树生长的停止条件是什么。这些问题的回答就能够描述 KD 树的构造过程：

（1）计算训练数据集中每个变量的方差，将最大方差的变量x用作根节点的字段选择。

（2）按照变量x对训练数据集做升序排序，并计算该变量对应的中位数x^*（这里的中位数选择为$x[\text{len}(x)//2]$），然后以x^*作为分割字段的分割点。此时，根节点可以被划分为两个子节点，左边的子节点存储所有$x \leqslant x^*$的样本，右边的子节点存储所有$x > x^*$的样本，分割点x^*则保留在根节点中。

（3）重复步骤（1）和（2），继续选择方差最大的变量和对应的中位数构造子树，直到满足停止生长的条件为止。

为了能够使读者理解上述中 KD 树的构建过程，这里举一个简单的例子加以说明。假设该例子仅包含两个自变量x和y，一共涉及 11 个已知类别的样本点，它们分别是(1,1)、(1,5)、(2,3)、(4,7)、(5,2)、(6,4)、(7,1)、(8,8)、(9,2)、(9,5)、(10,3)。按照上面的操作步骤构造一棵 KD 树：

根节点字段的选择需要计算自变量x和y的方差，x的方差为 9.87，y的方差为 4.93，故选择变量x作为根节点字段。接下来将 11 个样本按照变量x升序排序，并计算得到变量x的中位数所对应的样本为(6,4)，故将该点保留在根节点内，然后选出所有$x \leqslant 6$的样本放在根节点的左分支内，剩余样本放在根节点的右分支内。

分别计算左、右节点内样本方差最大的变量和中位数，实现第二层中间节点的继续分支，这里就不详细计算了，读者可以查看图 11.6 中最终构造好的 KD 树。

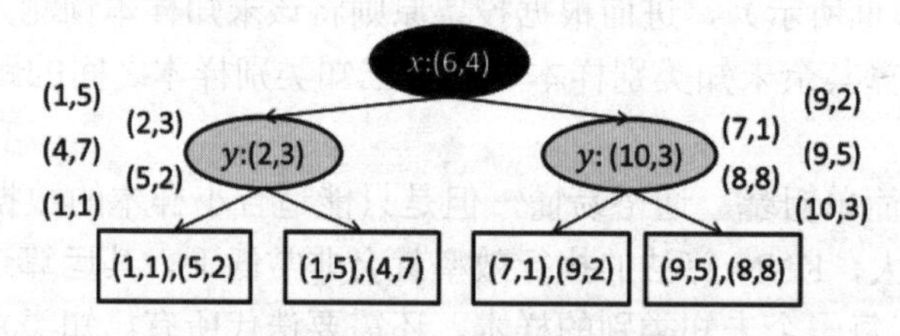

图 11.6　KD 树的构造过程

在图 11.6 中，黑色椭圆为根节点，以x变量作为划分，并且以点(6,4)为分割点；浅色椭圆为中间节点，左节点以y变量作为划分，分割点为(2,3)，右节点以y变量作为划分，分割点为(10,3)；矩形为叶节点，保留所有无法继续划分的样本点。

KD 树实际上是按照 K 维的数轴对数据进行划分，最终将 K 维空间切割为一个个超矩形体。仍然以上面的数据为例，将二维空间按照各分割点把数据切分开，如图 11.7 所示。

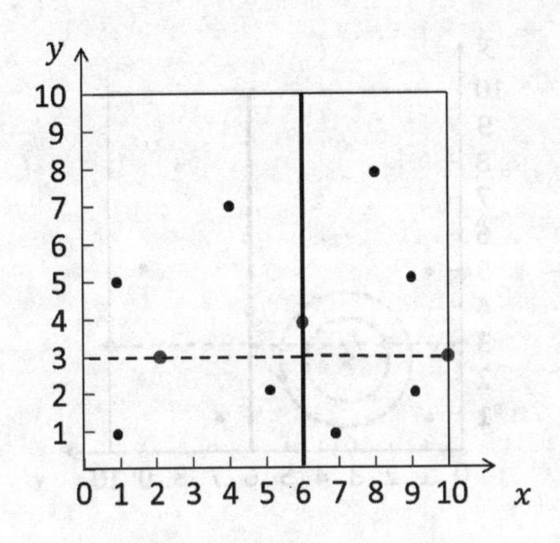

图 11.7 KD 树的空间分割

对于一个二维空间而言，如果按照 (6,4)、(2,3)和(10,3)三个点进行分割，可以得到如图 11.7 所示的四个矩形区域，每一个区域所包含的样本点对应了 KD 树中叶节点的样本。

2. KD树的搜寻

当一个未知类别的样本进入到 KD 树后，就会自顶向下地流淌到对应的叶节点中，并开始反向计算最近邻的样本。有关 KD 树的搜寻步骤可以描述为：

（1）将测试集中的某个数据点与当前节点（例如根节点或某个中间节点）所在轴的数据进行比较，如果未知类别的样本点所对应的轴数据小于等于当前节点的轴数据，则将该测试点流入到当前节点的左侧子节点中，否则流入到当前节点的右侧子节点中。

（2）重复步骤（1），直到未知类别的样本点落入对应的叶节点中，此时从叶节点中搜寻到“临时”的最近邻点，然后以未知类别的测试点为中心，以叶节点中的最近距离为半径，构成球体。

（3）按照起初流淌的顺序原路返回，从叶节点返回到上一层的父节点，检查步骤（2）中的球体是否与父节点构成的分割线相交，如果相交，就需要从父节点和对应的另一侧叶节点中重新搜寻最近邻点。

（4）如果在步骤（3）中搜寻到比步骤（2）中的半径还小的新样本，则将其更新为当前最近邻点，并重新构造球体；否则，就返回到父节点的父节点，重新检查球体是否与分割线相交。

（5）不断重复迭代步骤（3）和（4），最终从所有已知类别的样本中搜寻出最新的近邻样本。

上述的步骤理解起来可能比较困难，为了使读者掌握 KD 树的搜寻步骤，这里不妨以测试集中的(3.2,2.8)点为例，解释最近邻样本的搜寻过程，如图 11.8 所示。

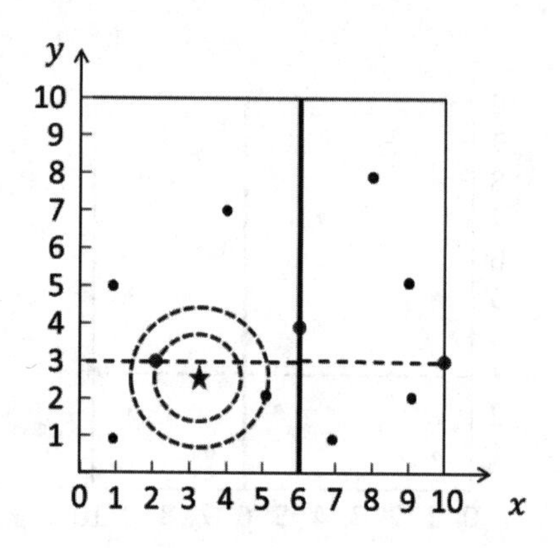

图 11.8　KD 树的搜索过程

在图 11.8 中，五角星就是测试点(3.2,2.8)。首先，根据图 11.6 中的 KD 树比较测试点(3.2,2.8)与根节点(6,4)在x轴上的大小，由于3.2≤6，因此该测试点会流入到根节点的左分支中；继续对比点(3.2,2.8)与中间节点(2,3)在y轴上的大小，由于2.8≤3，因此测试点最终落入到中间节点的左侧叶节点中，从而得到一条完整的搜索路径<(6,4)，(2,3)，[(1,1),(5,2)]>；然后计算测试点(3.2,2.8)与叶节点中的(1,1)和 (5,2)之间的距离，得到“临时”最近邻点为(5,2)，距离为 1.97，并绘制以测试点(3.2,2.8)为中心、1.97 为半径的圆（如图 11.8 中所示的外圈虚线圆）；接着从叶节点返回到父节点(2,3)，检查外圈虚线圆是否与分割线y=3 相交，从图中可以很明显地发现两者出现了，所以需要进入到父节点(2,3)和对应的右侧叶节点[(1,5),(4,7)]中重新搜寻最近邻的样本点，构成新的搜索路径<(6,4)，(2,3)，[(1,5),(4,7)]>；计算测试点(3.2,2.8)与父节点(2,3)、右侧叶节点[(1,5),(4,7)]之间的距离，得到最小距离为 1.22，对应的最新近邻点为父节点(2,3)，由于最小距离 1.22 小于外圈圆的半径 1.97，所以需要重新绘制球体，以测试点(3.2,2.8)为中心、1.22 为半径（如图 11.8 中所示的内圈虚线圆）；最后，继续原路返回到根节点(6,4)，检查内圈虚线圆是否与分割线x=6 相交，从图中可知两者并没有相交，故无须对根节点(6,4)和对应的右侧子孙节点进行搜索，最终结束回流，得到最终的近邻点为(2,3)。从上面的搜寻过程来看，KD 树可以大大降低搜寻的范围，进而实现 KNN 算法速度的提升。

尽管KD树搜寻法相比于暴力搜寻法要快很多，但是该方法在搜寻分布不均匀的数据集时效率会下降很多，因为根据节点切分的超矩形体都含有“角”。如果构成的球体与“角”相交，必然会使搜寻路径扩展到“角”相关的超矩形体内，从而增加了搜寻的时间。为了使读者理解“角”对搜寻速度的影响，可以对应查看图 11.9 的说明。

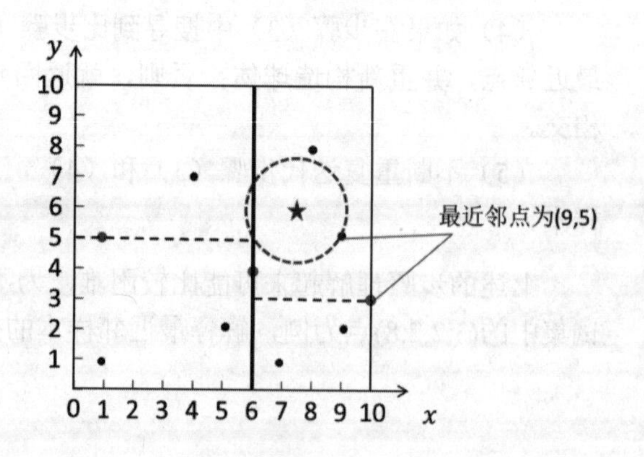

图 11.9　KD 树搜索过程中“角”的影响

图 11.9 中的五角星为另一个测试点(x_i, y_i)，根据KD树自顶向下的搜寻过程得到搜寻路径为<(6,4)，(10,3)，[(9,5),(8,8)]>，计算测试点与叶节点中(9,5)和(8,8)之间的距离，

得到最近邻为(9,5)、半径为r，形成图中的虚线圆。原路返回到中间节点(10,3)，虚线圆并没有与y=3 的分割线相交，而是与根节点(6,4)对应的分割线x=6 发生了相交，恰好也与左下方矩形的右上角相交，按照 KD 树搜寻步骤就需要从对应的矩形中搜寻最近邻样本点，但是从肉眼来看，这个搜寻过程其实是没有意义的，因为在搜寻路径中已经获得了当前最近邻点(9,5)，而“角”对应的矩形区域样本与测试点(x_i, y_i)的距离均超过r，不可能成为更近的近邻。

所以，为了避免这种情况的发生，提高 KNN 模型搜寻最近邻样本的速度，科学家提出了 Ball-Tree 搜寻法。而且，根据经验所得，当数据集中的变量个数超过 20 时，KD 树的运行效率也同样会被拉低。

11.4.2 球树搜寻法

球树搜寻法之所以能够解决 KD 树的缺陷，是因为球树将 KD 树中的超矩形体换成了超球体，没有了“角”，就不容易产生模棱两可的区域。对比球树的构造和搜寻过程，会发现与 KD 树的思想非常相似，所不同的是，球树的最优搜寻路径复杂度提高了，但是可以避免很多无谓样本点的搜寻。

1. 球树的构造

不同的超球体囊括了对应的样本点，超球体就相当于树中的节点，所以构造球体的过程就是构造树的过程，关键点就是球心的寻找和半径的计算。有关球树的构造步骤如下：

（1）构建一个超球体，这个超球体的球心是某线段的中点，而该线段就是球内所有训练样本点中两两距离最远的线段，半径就是最远距离的一半，从而得到的超球体就是囊括所有样本点的最小球体。

（2）从超球体内寻找离球心最远的点p_1，接着寻找离点p_1最远的点p_2，以这两个点为簇心，通过距离的计算，将剩余的样本点划分到对应的簇中心，从而得到两个数据块。

（3）重复步骤（1），将步骤（2）中的两个数据块构造成对应的最小球体，直到球体无法继续划分为止。

从上面的步骤可知，球树的根节点就是囊括所有训练数据集的最小超球体，根节点的两个子节点就是由步骤（2）中两个数据块构成的最小超球体。以此类推，可以不停地将数据划分到对应的最小超球体中，最终形成一棵球树。

为了使读者理解球树的构造，这里手动绘制一个球体分割图，如图 11.10 所示。

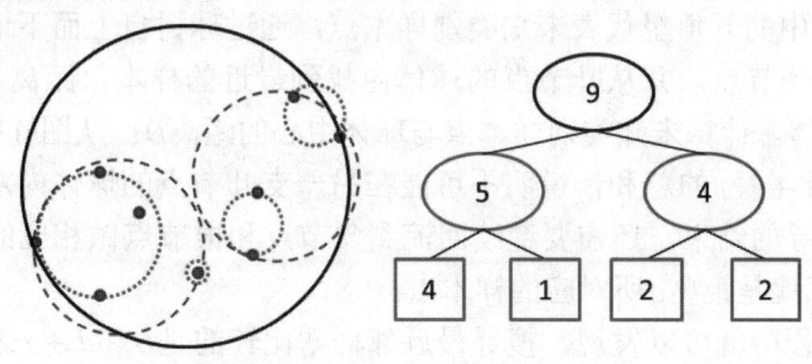

图 11.10 球树的构造过程

以二维数据为例，将已知类别的 9 个样本点按照球树的构造步骤得到如图 11.10 左图所示的分割。黑色实线圈为囊括 9 个样本点的最小圆，代表球树的根节点；两个稀疏虚线圈代表了根节点的两个子节点，对应的最小圆囊括了各自的数据块；继续划分，得到 4 个叶节点，用图中的密集虚线圈表示。球体分割结束后得到对应的球树，如图 11.10 右图所示，球树节点中的数字代表了囊括的样本量。

2. 球树的搜寻

球树在搜寻最近邻样本时与 KD 树非常相似，下面详细介绍球树在搜寻过程中的具体步骤：

（1）从球树的顶端到底端，寻找能够包含未知类别样本点所属的叶节点，并从叶节点的球体中寻找到离未知类别样本点最近的点，得到相应的最近距离d。

（2）回流到另一支的叶节点中，此时不再比较未知类别样本点与叶节点中的其他样本点之间的距离，而是计算未知类别样本点与叶节点对应的球心距离D。

（3）比较距离d、D和步骤（2）中叶节点球体的半径r，如果$D > d + r$，则说明无法从叶节点中找到离未知类别样本点更近的点；如果$D < d + r$，则需要回流到上一层父节点所对应的球体，并从球体中搜寻更近的样本点。

（4）重复步骤（2）和（3），直到回流至根节点，最终搜寻到离未知类别样本点最近的样本。

为了使读者理解上述的搜寻过程，可以对应查看图 11.11 的说明。

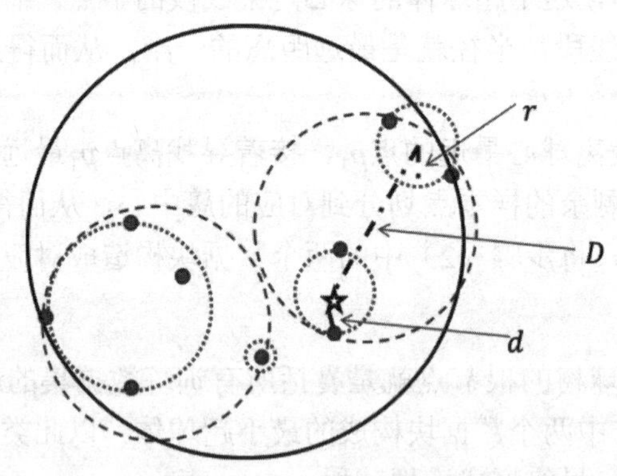

图 11.11 球树的搜索过程

假设图 11.11 中的五角星代表未知类别样本点，通过球树自上而下地流淌，最终流入密集虚线圈所代表的叶节点，并从叶节点的球体内找到最近的样本，距离为d；回流到另一支叶节点所代表的球体，计算未知类别样本点与球体中心的距离D；从图 11.11 可知，距离D明显超过距离d与球体半径r的总和，说明不可能在另一支叶节点的球体内发现更近邻的样本。到此并不意味着搜寻的结束，还需要继续回流到父节点和根节点做相应的检查和搜寻。从图 11.11 来看，最近邻就是距离d所对应的样本点。

从球树搜寻过程中就可以发现，搜寻最近邻样本比较的是D和$d + r$之间的关系，所以在兄弟节点中并不是迭代每一个样本点的距离而是直接计算距离D，进而可以减少搜寻的次数，提高 KNN 算法的速度。

11.5 KNN 模型的应用

KNN 算法是一个非常优秀的数据挖掘模型，既可以解决离散型因变量的分类问题，也可以处理连续型因变量的预测问题，而且该算法对数据的分布特征没有任何的要求。在本节的实战项目中，将利用该算法对学生知识的掌握程度做分类判别，以及对高炉发电量做预测分析。

在 R 语言中，尽管可以使用 class 包中的 knn 函数实现算法的落地，但是该函数仅适合于解决离散型因变量的分类问题，对于连续数值的因变量来说，虽然模型不报错，但是返回的结果为因子型的数值，故不建议使用该函数解决预测类问题。这里推荐使用 kknn 包中的 kknn 函数，它在 knn 函数的基础上做了一些改进，不仅可以解决分类问题，还可以解决预测以及有序的分类问题；而且 kknn 函数在运算过程中使用了样本间的距离信息作为投票权重的设置。关于前面提到的两个函数，它们的语法和参数含义如下：

```
knn(train, test, cl, k = 1, l = 0, prob = FALSE, use.all = TRUE)
```

- **train**：指定用于建模的训练数据集，可以是矩阵也可以是数据框，但不包含因变量。
- **test**：指定需要预测的测试数据集。
- **cl**：指定训练数据集中的因子型因变量。
- **k**：指定具体的近邻个数，默认为1个。
- **l**：判定预测结果所使用的最少投票数，默认为0。
- **prob**：bool类型的参数，表示是否返回各类别值的预测概率，默认为FALSE。
- **use.all**：bool类型的参数，在k近邻下，如果存在其他近邻的距离等于k近邻中最大距离时是否将其纳入到模型中，默认为TRUE。

```
kknn(formula = formula(train), train, test, na.action = na.omit(),
     k = 7, distance = 2, kernel = "optimal", scale=TRUE)
```

- **formula**：以公式的形式书写knn模型（要求公式中的变量均来自于train参数中的数据集）。
- **train**：指定矩阵或数据框格式的训练数据集。
- **test**：指定矩阵或数据框格式的测试数据集。
- **na.action**：指定缺失值的处理办法，默认将删除数据集中存在的缺失观测。
- **k**：指定具体的近邻个数，默认为7个。
- **distance**：指定闵可夫斯基距离公式中的p值，默认为2，表示使用欧氏距离衡量样本点之间的远近。
- **kernel**：用于设定近邻权重的核函数，默认值为'optimal'，其核函数为(2(d+4)/(d+2))^(d/(d+4))。
- **scale**：bool类型的参数，表示是否需要对自变量做标准化处理，默认为TRUE。

为了将 KNN 算法的理论知识应用到实战中，接下来将利用上面介绍的 kknn 函数对分类和预测问题做解答。

11.5.1 分类问题的判别

对于分类问题的解决，将使用 Knowledge 数据集作为演示，该数据集来自于 UCI 主页（http://archive.ics.uci.edu/ml/datasets.html）。数据集一共包含 403 个观测和 6 个变量，首先预览一下该数据集的前几行信息：

```
# 加载第三方包
library(readxl)

# 读取数据 -- Knowledge.xlsx
Knowledge <- read_excel(path = file.choose())
# 数据预览
View(Knowledge)
```

如表 11.1 所示。

表 11.1 数据的预览结果

	STG	SCG	STR	LPR	PEG	UNS
1	0.000	0.000	0.000	0.00	0.000	Very Low
2	0.080	0.080	0.100	0.24	0.900	High
3	0.060	0.060	0.050	0.25	0.330	Low
4	0.100	0.100	0.150	0.65	0.300	Middle
5	0.080	0.080	0.080	0.98	0.240	Low
6	0.090	0.150	0.400	0.10	0.660	Middle

其中，行代表每一个被观察的学生；前 5 列分别为学生在目标学科上的学习时长（STG）、重复次数（SCG）、相关科目的学习时长（STR）、相关科目的考试成绩（LPR）和目标科目的考试成绩（PEG），这 5 个指标都已做了归一化的处理；最后一列是学生对知识掌握程度的高低分类（UNS），一共含有 4 种不同的值，分别为 Very Low、Low、Middle 和 High。接下来，利用该数据集构建 KNN 算法的分类模型。

为了验证模型的拟合效果，需要预先将数据集拆分为训练集和测试集，训练集用来构造 KNN 模型，测试集用来评估模型的拟合效果：

```
# 将数据拆分为训练集和测试集
set.seed(12)
index <- sample(x = 1:nrow(Knowledge), size = 0.75*nrow(Knowledge))
train_set <- Knowledge[index,]
test_set <- Knowledge[-index,]
```

当数据一切就绪以后，按理应该构造 KNN 的分类模型，但是前提得指定一个合理的近邻个数k，因为模型非常容易受到该值的影响。尽管 kknn 函数提供了默认的近邻个数为 7，但并不代表该值就是合理的，所以需要利用多重交叉验证的方法获取符合数据的理想*k*值。在R语言中，可以结合 caret 包中的 train 函数和 trainControl 函数实现交叉验证，这两个函数的重要参数含义如下：

```
# 公式风格的函数应用
train(form, data, ..., weights, subset, na.action = na.fail)
```

- **form**：以公式的形式指定模型中的因变量和自变量。
- **data**：指定建模所需的数据集。
- **...**：指定train函数中的其他参数，具体可参考下方中"x,y风格的函数应用"。
- **weights**：用于指定各样本的权重，默认情况下，所有样本的权重均相等。
- **subset**：通过向量的形式指定哪些观测行的样本子集用于模型的训练，默认情况下是利用所有的输入数据进行建模。
- **na.action**：指定缺失值的处理办法，默认模型将删除缺失值。

```
# x,y 风格的函数应用
train(x, y, method = "rf", preProcess = NULL, ...,
   weights = NULL, metric = ifelse(is.factor(y), "Accuracy", "RMSE"),
   maximize = ifelse(metric %in% c("RMSE", "logLoss", "MAE"), FALSE, TRUE),
   trControl = trainControl(), tuneGrid = NULL,
   tuneLength = ifelse(trControl$method == "none", 1, 3))
```

- **x**：指定建模所需的自变量数据，可以是数据框，也可以是矩阵。
- **y**：指定建模所需的因变量数据，可以是连续的数值型，也可以是离散的因子型。
- **method**：指定建模所需的算法，默认为随机森林。
- **preProcess**：指定自变量数据的预处理办法，如BoxCox变换、标准化处理、k近邻算法的缺失值填充等。
- **...**：用于指定method算法中的其他参数值。
- **weights**：用于指定各样本权重。
- **metric**：指定衡量模型性能的指标值。对于离散型的因变量，默认使用准确率指标；对于数值型的因变量，使用RMSE指标。
- **maximize**：bool类型的参数，表示是否计算性能指标的最大值或最小值，如果metric参数使用的是RMSE、对数损失logLoss或MAE，则不计算最大值或最小值，否则将计算。
- **trControl**：指定train函数的其他控制参数，具体可参考下方的trainControl。
- **tuneGrid**：指定需要进行网格搜索的参数值。
- **tuneLength**：指定网格搜索的参数个数。

```
trainControl(method = "boot", number = ifelse(grepl("cv", method), 10, 25),
        repeats = ifelse(grepl("[d_]cv$", method), 1, NA), p = 0.75,
        search = "grid", verboseIter = FALSE, returnData = TRUE,
        returnResamp = "final", classProbs = FALSE,
        summaryFunction = defaultSummary, selectionFunction = "best",
```

```
            seeds = NA, allowParallel = TRUE)
```

- **method**：指定重抽样的方法，例如BootStrap抽样法'boot'、交叉验证法'cv'、重复性的交叉验证法'repeatedcv'和留组交叉验证法'LGOCV'等，默认为Bootstrap抽样法。
- **number**：指定交叉验证方法的重数或重抽样的迭代次数，如果是交叉验证类方法，则默认做10重交叉验证，否则重抽样25次。
- **repeats**：指定'repeatedcv'法中的重复抽样次数。
- **p**：用于指定'LGOCV'法中的训练比例，默认为0.75。
- **search**：指定参数调试过程中所使用的方法，默认为'grid'，即网格搜索法。
- **verboseIter**：bool类型的参数，表示是否返回模型训练的日志信息，默认为FALSE。
- **returnData**：bool类型的参数，表示是否将数据保存到trainingData的节点中，默认为TRUE。
- **returnResamp**：指定模型在重抽样后保留多少性能相关的指标值，默认为'final'，表示仅保留最佳的性能指标值。
- **classProbs**：bool类型的参数，对于分类模型来说，表示是否在每次的重抽样过程中计算各类别的概率值，默认为FALSE。
- **summaryFunction**：指定计算模型性能的函数，对于分类问题，默认使用准确率指标衡量模型的性能；对于预测问题，默认使用RMSE衡量模型的性能。
- **selectionFunction**：选择参数最优化的函数，对于分类问题，默认使用准确率和Kappa两种方法；对于预测问题，默认使用RMSE和R平方两种方法。
- **seeds**：用于设定重抽样或交叉验证的随机种子，默认不设置随机种子。
- **allowParallel**：bool类型的参数，表示是否需要并行处理重抽样或交叉验证的过程，默认为TRUE。

对于 Knowledge 数据集来说，不妨使用前面介绍的 kknn 函数，对其做 10 重交叉验证，并根据结果返回最佳的 k 值，代码如下：

```
# 加载第三方包
library(caret)
library(kknn)
library(ggplot2)

# 设置 knn 算法的其他控制项
kknn_control <- trainControl(method = 'cv', # 指定交叉验证法
                    number = 10 # 指定交叉验证的重数为 10
                    )
# 构建 knn 算法中待调优的参数范围
kknnGrid <- expand.grid(kmax = seq(from = 1, to = 10),
                distance = 2,
                kernel = 'optimal')
# 使用 train 函数进行模型的训练
kknn_model <- train(UNS ~ ., # 以公式的形式指定模型训练所需的因变量和自变量
            data = train_set, # 指定训练数据集
```

```
                method = 'kknn', # 指定模型的算法
                tuneGrid = kknnGrid, # 指定网格搜索所需的参数值
                preProcess = c('center','scale'), # 对数据做标准化处理
                trControl = kknn_control # 设定 train 函数的控制参数
                )

# 基于交叉验证的方法，返回模型的结果、最佳的 k 值和对应的准确率
plot_data <- kknn_model$results
best_k <- kknn_model$bestTune$kmax
best_accuracy <- kknn_model$results$Accuracy[best_k]

# 利用可视化的方法呈现交叉验证后的结果
ggplot(data = plot_data, mapping = aes(x = kmax, y = Accuracy)) +
  geom_line(color = 'steelblue', lwd = 1) + # 绘制折线图
  geom_point(color = 'red', size = 3) + # 绘制点图
  scale_x_continuous(breaks = seq(from = 1, to = 10)) + # 控制 x 轴的刻度标签
  # 在图中添加文本标签
  geom_text(mapping = aes(x = best_k+1, y = best_accuracy,
                          label = paste0('Accuracy:',round(best_accuracy,2))))
```

结果如图 11.12 所示。

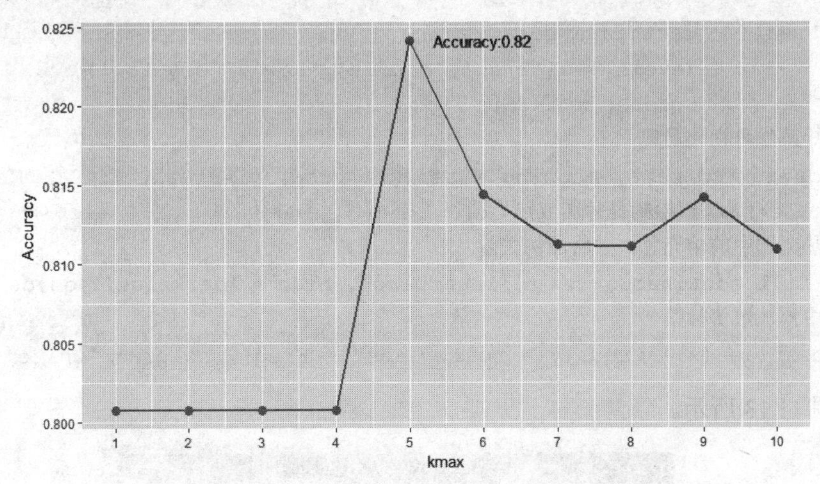

图 11.12　KNN 算法中最佳 k 值的选择

经过 10 重交叉验证的运算后，确定最佳的近邻个数为 5 个，因为其对应的准确率 Accuracy 最高，达到 0.82。接下来，利用这个最佳的 k 值对训练数据集进行建模，并将建好的模型应用在测试数据集上：

```
# 基于最佳的参数 k，对测试集做预测
pred <- predict(object = kknn_model, newdata = test_set[,-6])
# 预测值与实际值之间的频数统计
freq = table(pred, test_set$UNS)
# 构造混淆矩阵
```

```
cm <- confusionMatrix(freq, mode = 'prec_recall')
cm
```

模型在测试集上的混淆矩阵如表 11.2 所示。

表 11.2　预测结果的混淆矩阵

	High	Low	Middle	Very Low
High	25	0	0	0
Low	0	27	4	3
Middle	1	0	26	0
Very Low	0	1	0	13

单从主对角线来看，绝大多数的样本都被正确分类。由于人们对表格数据的敏感度没有图形高，因此这里将混淆矩阵绘制到热力图中，便于查看其中的规律：

```
# 将频数统计强制转换为数据框，便于 ggplot 绘图
cm_data <- as.data.frame(freq)
# 调整预测值和实际值的因子顺序
cm_data$pred <- factor(cm_data$pred,
                      levels = c('Very Low','Low','Middle','High'),
                      ordered = TRUE)
cm_data$real <- factor(cm_data$real,
                     levels = c('High','Middle','Low','Very Low'),
                     ordered = TRUE)
# 对混淆矩阵做可视化展现
ggplot(data = cm_data, mapping = aes(x = pred, y = real, fill = Freq)) +
  geom_tile() + # 绘制瓦片图或热力图
  # 修正热力图中的填充色，并将图例去除
  scale_fill_continuous(low = 'lightblue', high = 'darkblue', guide = FALSE)+
  # 在图中添加数值标签
  geom_text(aes(x = pred, y = real, label = Freq), color = 'white')
```

结果如图 11.13 所示。

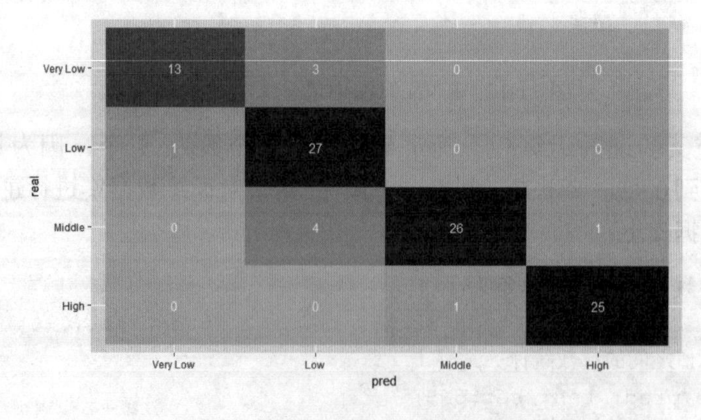

图 11.13　混淆矩阵的可视化展现

热力图中的每一行代表真实的样本类别、每一列代表预测的样本类别，区块颜色越深，对应的数值越高。很明显，主对角线上的颜色都是比较深的，说明绝大多数样本是被正确分类的。以图中的最后第一列（High）为例，实际为 High 的学生有 26 个，正确预测为 High 的学生为 25 个，说明 High 类别的覆盖率为 25/26，同理也可查看其他列的预测覆盖率。如果读者想根据如上的混淆矩阵得到模型在测试集上的预测准确率，则可以输入下方代码：

```
# 返回模型在测试集上的预测准确率
accracy <- cm$overall[1]
accracy
out:
0. 9009901
```

如上结果所示，模型的预测准确率为 90.10%。准确率的计算公式为：混淆矩阵中主对角线数字之和与所有数字之和的商。遗憾的是，该指标只能衡量模型的整体预测效果，却无法对比每个类别的预测精度、覆盖率等信息。如需计算各类别的预测效果，可以使用下方代码：

```
# 返回模型预测效果的其他指标
t(cm$byClass)  # t 函数表示将结果做转置处理
out:
                Class: High   Class: Low   Class: Middle  Class: Very Low
Sensitivity      0.9615385    0.9642857    0.8387097       0.8125000
Precision        0.9615385    0.7941176    0.9629630       0.9285714
Recall           0.9615385    0.9642857    0.8387097       0.8125000
F1               0.9615385    0.8709677    0.8965517       0.8666667
```

如上结果所示，4 列代表因变量y中的各个类别值；第一行 Sensitivity 表示模型正确预测各类别的覆盖率；第二行 Precision 表示模型的预测精度，计算公式为预测正确的类别个数/该类别预测的所有个数；第三行 Recall 表示模型的预测覆盖率（同 Sensitivity），计算公式为预测正确的类别个数/该类别实际的所有个数；第四行 F1 是对 Precision 和 Recall 的加权结果。

11.5.2　预测性问题的解决

对于预测问题的实战，将使用 CCPP 数据集作为演示，该数据集涉及了高炉煤气联合循环发电的几个重要指标，其同样来自于 UCI 网站。首先通过如下代码获知各变量的含义以及数据集的规模：

```
# 读取外部数据 CCPP.xlsx
ccpp <- read_excel(path = file.choose())
# 数据预览
View(ccpp)
# 返回数据的行、列数
dim(ccpp)
out:
9568  5
```

结果如表 11.3 所示。

表 11.3 数据的预览结果

	AT	V	AP	RH	PE
1	14.96	41.76	1024.07	73.17	463.26
2	25.18	62.96	1020.04	59.08	444.37
3	5.11	39.40	1012.16	92.14	488.56
4	20.86	57.32	1010.24	76.64	446.48
5	10.82	37.50	1009.23	96.62	473.90
6	26.27	59.44	1012.23	58.77	443.67

前 4 个变量为自变量，AT 表示高炉的温度、V 表示炉内的压力、AP 表示高炉的相对湿度、RH 表示高炉的排气量；最后一列为连续型的因变量，表示高炉的发电量。该数据集一共包含 9568 条观测，首先将该数据集拆分为两部分，分别用于模型的构建和模型的测试。

```
# 将数据集拆分为训练集和测试集
set.seed(123)
index <- sample(x = 1:nrow(ccpp), size = 0.75*nrow(ccpp))
train_set <- ccpp[index,]
test_set <- ccpp[-index,]
```

同样，在使用训练集构建 KNN 模型之前，必须指定一个合理的近邻个数*k*值。这里仍然使用 10 重交叉验证的方法，所不同的是，在验证过程中，模型好坏的衡量指标不再是准确率，而是 RMSE（均方误差根）：

```
# 设置 KNN 算法的其他控制项
kknn_control <- trainControl(method = 'cv',number = 10)
# 构建 KNN 算法中待调优的参数范围
kknnGrid <- expand.grid(kmax = seq(from = 1, to = 10), distance = 2, kernel
= 'optimal')
# 使用 train 函数进行模型的训练
kknn_model <- train(PE ~ ., data = train_set, method = 'kknn',
                tuneGrid = kknnGrid,
              preProcess = c('center','scale'), # 对自变量 X 做标准化处理
                trControl = kknn_control)

# 基于交叉验证的方法，返回模型的结果、最佳的 k 值和对应的 RMSE
plot_data <- kknn_model$results
best_k <- kknn_model$bestTune$kmax
best_RMSE <- kknn_model$results$RMSE[best_k]

# 利用可视化的方法呈现交叉验证后的结果
ggplot(data = plot_data, mapping = aes(x = kmax, y = RMSE)) +
  geom_line(color = 'steelblue', lwd = 1) + # 绘制折线图
  geom_point(color = 'red', size = 3) + # 绘制点图
```

```
    scale_x_continuous(breaks = seq(from = 1, to = 10)) + # 控制 x 轴的刻度标签
    # 在图中添加文本标签
    geom_text(mapping = aes(x = best_k, y = best_RMSE+0.03,
                           label = paste0('RMSE:',round(best_RMSE,2))))
```

结果如图 11.14 所示。

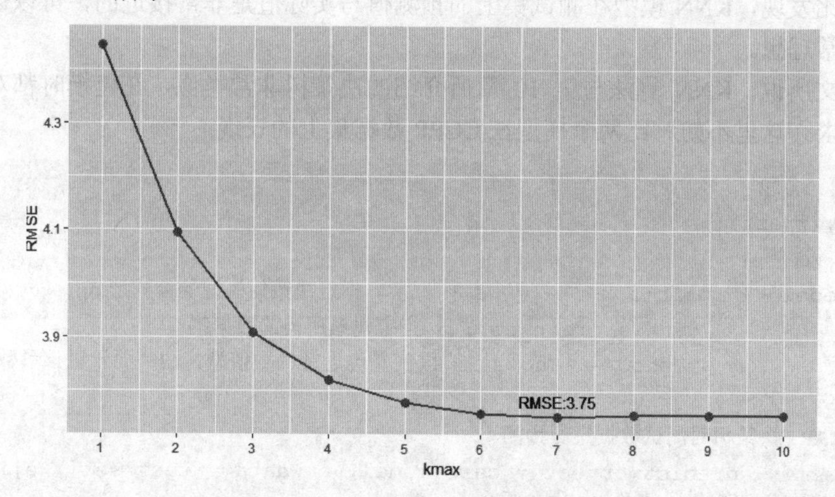

图 11.14　KNN 算法中最佳 k 值的选择

经过 10 重交叉验证，得到最佳的近邻个数为 7，因为其对应的 RMSE 值最低，为 3.75。接下来，利用这个最佳的 k 值对训练数据集进行建模，并将建好的模型应用在测试数据集上：

```
# 基于最佳的 k 值对测试数据集做预测
pred <- predict(object = kknn_model, newdata = test_set[,-5])
# 根据模型的预测结果，计算其在测试集上的 RMSE
RMSE <- sqrt(mean((pred - test_set$PE) ** 2))
RMSE
out:
3.687413
```

对于连续的数值型因变量来说，最为常用的模型性能指标为 MSE（均方误差）或 RMSE（均方误差根），它们的值越小，说明预测值与真实值越接近。如上结果所示，单看上面计算所得的 3.69 可能没有什么感知，这里不妨将测试集中的真实数据和预测数据做对比，进而查看两者之间的差异，下面以前 10 行数据为例：

```
# 对比实际值和预测值的差异
df <- data.frame(real = test_set$PE, prediction = pred)
head(df, n = 10)
out:
```

结果如表 11.4 所示。

表 11.4 实际值与预测值的对比

实际值	444.37	446.48	453.99	440.29	451.28	467.54	477.20	436.06	484.41	438.86
预测值	444.06	446.33	457.00	435.35	444.47	467.21	478.15	437.99	484.00	442.31

通过对比发现，KNN 模型在测试集上的预测值与实际值是非常接近的，可以认为模型的拟合效果非常理想。

正如前文所说，KNN 算法与第 10 章所介绍的决策树非常类似，在建模时都对数据没有什么特殊要求，这里不妨对比两个模型在 CCPP 数据集上的表现：

```
# 加载第三方包
library(rpart)
# 构建决策树模型
cart_model <- rpart(formula = PE ~ ., # 指定决策树模型的公式形式
                    data = train_set, # 指定建模所需的数据集
                    method = 'anova' # 因变量为连续的数值型，故需要设置该参数为'anova'
                   )
# 基于 CART 决策树对测试数据集做预测
pred_cart <- predict(object = cart_model, newdata = test_set[,-5])
# 根据模型的预测结果计算其在测试集上的 RMSE
RMSE_cart <- sqrt(mean((pred_cart - test_set$PE) ** 2))
RMSE_cart
out:
5.817031
```

如上结果所示，利用 CART 树模型对 CCPP 数据集进行建模，在测试集上计算得到的 RMSE 值为 5.82。该值要大于 KNN 模型的 RMSE 值，说明决策树模型在 CCPP 数据集上的拟合效果并没有 KNN 模型理想。

11.6 篇章总结

本章首次介绍了“惰性”学习算法——K 近邻算法（KNN），该算法在仅有的训练数据集下并不会计算得到一个分类器，只有将测试数据集运用到分类器中，才会同时进入模型的训练和测试环节。该模型与决策树模型类似，都是使用投票原则，对于分类问题，近邻样本中票数最高的类别作为未知样本的判断；对于预测问题，则将近邻样本的均值用作未知样本的预测。本章的主要内容包含了 KNN 算法的理论思想、最近邻k值的选择、几种常见的相似度衡量指标、常用的近邻样本搜寻方法以及 KNN 算法在两类数据中的应用。通过本章内容的学习，读者可将前几章内容结合起来，对比不同算法之间的差异，从而在实际的工作中选择最合理的模型解决分类或预测问题。

为了使读者掌握有关本章内容所涉及的函数，这里将其重新梳理到表 11.5 中，以便读者查阅和记忆。

表 11.5　本章涉及的 R 语言函数

R 语言包	R 语言函数	说明
readxl	read_excel	读取 Excel 文件中的数据
stats	set.seed	设置随机种子
	sample	简单随机抽样
	expand.grid	用于生成不同参数值之间的组合
	as.data.frame	强制转换为数据框对象
	data.frame	生成数据框对象
	factor	将向量转换为因子型向量
	sqrt	计算算术平方根
	mean	计算平均值
	table	频数统计函数
	predict	基于模型的预测函数
rpart	rpart	构造 CART 决策树的函数
class	knn	构造分类问题的 k 近邻算法
kknn	kknn	构造分类或预测问题的 k 近邻算法
caret	trainControl	用于设置 train 函数的其他控制项
	train	模型训练的函数
	confusionMatrix	生成混淆矩阵以及其他度量模型性能的指标
ggplot2	geom_point	绘制散点图
	geom_line	绘制折线图
	geom_text	在图形中添加文本信息
	geom_tile	绘制瓦片图（也称为热力图）
	scale_fill_continuous	用于设置图例中的填充色信息等
	scale_x_continuous	用于设置连续型 x 轴的刻度信息等

第12章 朴素贝叶斯模型

朴素贝叶斯模型同样是流行的十大挖掘算法之一，属于有监督的学习算法，是专门用于解决分类问题的模型，而且该模型的数学理论并不是很复杂，只需要具备概率论与数理统计的部分知识点即可。该分类器的实现思想非常简单，即通过已知类别的训练数据集计算样本的先验概率，然后利用贝叶斯概率公式测算未知类别样本属于某个类别的后验概率，最终以最大后验概率所对应的类别作为样本的预测值。

朴素贝叶斯模型在对未知类别的样本进行预测时具有几大优点：首先，算法在运算过程中简单而高效；其次，算法拥有古典概率的理论支撑，分类效率稳定；最后，算法对缺失数据和异常数据不太敏感。同时缺点也是存在的，例如模型的判断结果依赖于先验概率，所以分类结果存在一定的错误率；对输入的自变量X要求具有相同的特征（如变量均为数值型或离散型或 0-1 型）；模型的前提假设在实际应用中很难满足等。

相信读者在学习数据挖掘相关知识的过程中一定听过垃圾邮箱识别的经典案例，它就是通过朴素贝叶斯分类器实现的。除此之外，朴素贝叶斯分类器还有其他的应用，常见的有电子设备中的手体字识别、广告技术中的推荐系统、医疗健康中的病情诊断、互联网金融中的欺诈识别等。

接下来，本章将详细介绍朴素贝叶斯分类模型相关的知识点，希望读者在学完本章内容后可以掌握如下几方面的要点：

- 朴素贝叶斯分类器的理论知识；
- 几种数据类型下的贝叶斯模型；
- 贝叶斯分类器的应用实战。

12.1 朴素贝叶斯理论基础

在介绍如何使用贝叶斯概率公式计算后验概率之前，先回顾一下概率论与数理统计中的条件概率和全概率公式：

$$P(B|A) = \frac{P(AB)}{P(A)}$$

如上等式为条件概率的计算公式，表示在已知事件A的情况下事件B发生的概率，其中$P(AB)$表示事件A与事件B同时发生的概率。所以，根据条件概率公式得到概率的乘法公式：$P(AB) = P(A)P(B|A) = P(B)P(A|B)$。

$$P(A) = \sum_{i=1}^{n} P(AB_i) = \sum_{i=1}^{n} P(B_i)P(A|B_i)$$

如上等式为全概率公式，其中事件$B_1, B_2, \ldots, B_n$构成了一个完备的事件组，并且每一个$P(B_i)$ 均大于 0。该公式表示，对于任意的一个事件A来说，都可以表示成n个完备事件组与其乘积的和。

在具备上述的基础知识之后，再来看看贝叶斯公式。如前文所说，贝叶斯分类器的核心就是在已知X的情况下，计算样本属于某个类别的概率，故这个条件概率的计算可以表示为：

$$P(C_i|X) = \frac{P(C_iX)}{P(X)} = \frac{P(C_i)P(X|C_i)}{\sum_{i=1}^{k} P(C_i)\, P(X|C_i)}$$

其中，C_i表示样本所属的某个类别。假设数据集的因变量y一共包含k个不同的类别，故根据全概率公式，可以将上式中的分母表示成$\sum_{i=1}^{k} P(C_i)\, P(X|C_i)$；再根据概率的乘法公式，可以将上式中的分子重新改写为$P(C_i)P(X|C_i)$。对于上面的条件概率公式而言，样本最终属于哪个类别C_i，就应该将计算所得的最大概率值$P(C_i|X)$对应的类别作为样本的最终分类，所以上式可以表示为：

$$y = f(X) = P(C_i|X) = \text{argmax} \frac{P(C_i)P(X|C_i)}{\sum_{i=1}^{k} P(C_i)\, P(X|C_i)}$$

对于已知的X，朴素贝叶斯分类器就是计算样本在各分类中的最大概率值。接下来详细拆解公式中的每一个部分，为获得条件概率的最大值，寻找最终的影响因素。分母$P(X) = \sum_{i=1}^{k} P(C_i)\, P(X|C_i)$是一个常量，它与样本属于哪个类别没有直接关系，所以计算$P(C_i|X)$的最大值就转换成了计算分子的最大值，即$\text{argmax}\, P(C_i)P(X|C_i)$；如果分子中的$P(C_i)$项未知，一般会假设每个类别出现的概率相等，只需计算$P(X|C_i)$的最大值，然而在绝大多数情况下$P(C_i)$是已知的，它以训练数据集中类别C_i的频率作为先验概率，可以表示为N_{C_i}/N。

所以，现在的主要任务就是计算$P(X|C_i)$的值，即已知某个类别的情况下自变量X为某种值的概率。假设数据集一共包含p个自变量，则X可以表示成$(x_1, x_2, \cdots, x_p)$，进而条件概率

$P(X|C_i)$可以表示为：

$$P(X|C_i) = P(x_1, x_2, \cdots, x_p|C_i)$$

很显然，条件联合概率值的计算还是比较复杂的，尤其是当数据集的自变量个数非常多的时候。为了使分类器在计算过程中提高速度，提出了一个假设前提，即自变量是条件独立的（自变量之间不存在相关性），所以上面的计算公式可以重新改写为：

$$P(X|C_i) = P(x_1, x_2, \dots, x_p|C_i) = P(x_1|C_i)P(x_2|C_i)\cdots P(x_p|C_i)$$

如上式所示，将条件联合概率转换成各条件概率的乘积，进而可以大大降低概率值$P(X|C_i)$的运算时长。问题是，在很多实际项目的数据集中很难保证自变量之间满足独立的假设条件。根据这条假设，可以得到一般性的结论，即自变量之间的独立性越强，贝叶斯分类器的效果越好；如果自变量之间存在相关性，则会在一定程度提高贝叶斯分类器的错误率。通常情况下，贝叶斯分类器的效果一般不会低于决策树。

接下来，介绍如何计算$P(C_i)P(x_1|C_i)P(x_2|C_i)\cdots P(x_p|C_i)$的最大概率值，从而可以实现一个未知类别样本的预测。

12.2 几种贝叶斯模型

自变量X的数据类型可以是连续的数值型，也可以是离散的字符型，或者是仅含有0-1两种值的二元类型。通常会根据不同的数据类型选择不同的贝叶斯分类器，例如高斯贝叶斯分类器、多项式贝叶斯分类器和伯努利贝叶斯分类器，下面将结合案例详细介绍这几种分类器的使用方法。

12.2.1 高斯贝叶斯分类器

如果数据集中的自变量X均为连续的数值型，则在计算$P(X|C_i)$时会假设自变量X服从高斯正态分布，所以自变量X的条件概率可以表示成：

$$P(x_j|C_i) = \frac{1}{\sqrt{2\pi}\sigma_{ji}}\exp\left(-\frac{(x_j-\mu_{ji})^2}{2{\sigma_{ji}}^2}\right)$$

其中，x_j表示第j个自变量的取值，μ_{ji}为训练数据集中自变量x_j属于类别C_i的均值，σ_{ji}为训练数据集中自变量x_j属于类别C_i的标准差。所以，在已知均值μ_{ji}和标准差σ_{ji}时，就可以利用如上的公式计算自变量x_j取某种值的概率。

为了使读者理解$P(x_j|C_i)$的计算过程，这里虚拟一个数据集，并通过手工的方式计算某个新样本属于各类别的概率值，如表12.1所示。

表 12.1 适合高斯贝叶斯的数据类型

Age	Income	Loan
23	8000	1
27	12000	1
25	6000	0
21	6500	0
32	15000	1
45	10000	1
18	4500	0
22	7500	1
23	6000	0
20	6500	0

假设某金融公司是否愿意给客户放贷会优先考虑两个因素，分别是年龄和收入。现在根据已知的数据信息考察一位新客户，他的年龄为24岁，并且收入为8500元，请问该公司是否愿意给客户放贷？手动计算$P(C_i|X)$的步骤如下：

（1）因变量各类别频率

$$P(\text{loan}=0)=5/10=0.5$$
$$P(\text{loan}=1)=5/10=0.5$$

（2）均值

$$\mu_{\text{Age}_0}=21.40 \qquad \mu_{\text{Age}_1}=29.8$$
$$\mu_{\text{Income}_0}=5900 \qquad \mu_{\text{Income}_1}=10500$$

（3）标准差

$$\sigma_{\text{Age}_0}=2.42 \qquad \sigma_{\text{Age}_1}=8.38$$
$$\sigma_{\text{Income}_0}=734.85 \qquad \sigma_{\text{Income}_1}2576.81$$

（4）单变量条件概率

$$P(\text{Age}=24|\text{loan}=0)=\frac{1}{\sqrt{2\pi}\times 2.42}\exp\left(-\frac{(24-21.4)^2}{2\times 2.42^2}\right)=0.0926$$
$$P(\text{Age}=24|\text{loan}=1)=\frac{1}{\sqrt{2\pi}\times 8.38}\exp\left(-\frac{(24-29.8)^2}{2\times 8.38^2}\right)=0.0375$$
$$P(\text{Income}=8500|\text{loan}=0)=\frac{1}{\sqrt{2\pi}\times 734.85}\exp\left(-\frac{(8500-5900)^2}{2\times 734.85^2}\right)$$
$$=1.0384\times 10^{-6}$$
$$P(\text{Income}=8500|\text{loan}=1)=\frac{1}{\sqrt{2\pi}\times 2576.81}\exp\left(-\frac{(8500-10500)^2}{2\times 2576.81^2}\right)$$
$$=1.1456\times 10^{-4}$$

（5）贝叶斯后验概率

$$
\begin{aligned}
&P(\text{loan}=0|\text{Age}=24,\text{Income}=8500)\\
&=P(\text{loan}=0)\times P(\text{Age}=24|\text{loan}=0)\times P(\text{Income}=8500|\text{loan}=0)\\
&=0.5\times 0.0926\times 1.0384\times 10^{-6}=4.8079\times 10^{-8}\\
&P(\text{loan}=1|\text{Age}=24,\text{Income}=8500)\\
&=P(\text{loan}=1)\times P(\text{Age}=24|\text{loan}=1)\times P(\text{Income}=8500|\text{loan}=1)\\
&=0.5\times 0.0375\times 1.1456\times 10^{-4}=2.1479\times 10^{-6}
\end{aligned}
$$

经过上面的计算可知，当客户的年龄为 24 岁并且收入为 8500 元时，被预测为不放贷的概率是4.8079×10^{-8}，放贷的概率为2.1479×10^{-6}，所以根据$\text{argmax}\,P(C_i)P(X|C_i)$的原则，最终该金融公司决定给客户放贷。

高斯贝叶斯分类器的计算过程还是比较简单的，其关键的核心是假设数值型变量服从正态分布，如果实际数据近似服从正态分布，分类结果会更加准确。在 R 语言中，读者可以借助于 klaR 包中的 NaiveBayes 函数实现高斯贝叶斯分类器的落地。首先介绍一下该函数的语法和参数含义：

```
# 公式形式的函数
NaiveBayes(formula, data, ..., subset, na.action = na.pass)

# x,y 形式的函数
NaiveBayes(x, grouping, prior, usekernel = FALSE, fL = 0, ...)
```

- **formula**：以公式的形式表达朴素贝叶斯算法中的因变量和自变量。
- **data**：指定建模所需的数据集。
- **...**：用于函数中其他参数的设置，如先验概率、核函数的选择、带宽等。
- **subset**：以向量的形式指定哪些观测行的数据子集用于建模，默认使用所有数据建模。
- **na.action**：指定缺失值的处理办法，默认直接忽略存在缺失值的观测行。
- **x**：指定建模所需的自变量数据，可以是矩阵也可以是数据框。如果是矩阵，其元素必须是数值型的；如果是数据框，则变量既可以是数值型的也可以是离散型的。
- **grouping**：指定建模所需的因变量，要求为因子型变量。
- **prior**：以向量的形式指定因变量中各离散值的先验概率，默认以各离散值的比例作为先验概率。
- **usekernel**：bool类型的参数，是指算法在计算后验概率时是否使用核密度估计方法，默认为FALSE，即表示使用正态分布的密度函数计算后验概率。
- **fL**：指定拉普拉斯修正的平滑系数值，默认为0，表示计算后验概率时不使用拉普拉斯修正技术。

12.2.2 高斯贝叶斯分类器的应用

面部皮肤区分数据集来自于 UCI 网站，该数据集含有两个部分：一部分为人类面部皮肤数据，该部分数据是由不同种族、年龄和性别人群的图片转换而成的；另一部分为非人类面部皮肤数据。两个部分的数据集一共包含245057条样本和4个变量，其中用于识别样本是否为人类面部皮肤的因素是图片中的三原色 R、G、B，它们的值均落在 0~255；因变量为二分类变量，表示样本在对应的 R、G、B 值下是否为人类面部皮肤，其中 1 表示人类面部皮肤、2 表示非人类面部皮肤。

通常情况下，我们会对面部皮肤为人类皮肤更加感兴趣，所以需要将原始数据集中因变量为1的值设置为正例、因变量为2的值设置为负例，代码如下：

```
# 导入第三方包
library(readxl)

# 读取外部数据 -- Skin_Segment.xlsx
skin <- read_excel(path = file.choose())
# 设置正例和负例
skin$y <- ifelse(skin$y == 1, 0, 1)
# 将 y 变量强制转换为因子型变量
skin$y <- factor(skin$y)
# 统计 y 变量中各离散值的个数
table(skin$y)
out:
0   194198
1    50859
```

如上结果所示，因变量0表示负例，代表样本为非人类面部皮肤，一共包含194198个观测；因变量1表示正例，代表样本为人类面部皮肤，一共包含50859个观测；因变量的两种值之间的比例约为5:1。接下来将该数据集拆分为训练集和测试集，分别用于模型的构建和模型的评估，代码如下：

```
# 将数据拆分为训练集和测试集
set.seed(1234)
index <- sample(x = 1:nrow(skin), size = 0.75*nrow(skin))
train <- skin[index,]
test <- skin[-index,]

# 导入第三方包
library(klaR)

# 基于训练数据集构建朴素贝叶斯分类器
nb_gauss <- NaiveBayes(formula = y ~ ., data = train)
# 基于分类器对测试数据集做预测
pred_nb <- predict(object = nb_gauss, newdata = test[,-4])
# 统计各预测类别值的频数
table(pred_nb$class)
out:
0   10612
```

```
1   50653
```

如上结果所示，通过构建高斯朴素贝叶斯分类器，实现测试数据集上的预测，经统计预测为正例的一共有10612条样本，预测为负例的一共有50653条样本。为检验模型在测试数据集上的预测效果，需要构建混淆矩阵和绘制ROC曲线，其中混淆矩阵用于模型准确率、覆盖率、精准率指标的计算；ROC曲线用于计算AUC值，并将AUC值与0.8的相比，判断模型的拟合效果，代码如下：

```
# 带入第三方包
library(caret)
library(ggplot2)

# 预测值与实际值之间的频数统计
freq = table(pred = pred_nb$class, real = test$y)
# 构造混淆矩阵
cm <- confusionMatrix(freq,  mode = 'prec_recall')

# 将频数统计强制转换为数据框，便于ggplot绘图
cm_data <- as.data.frame(freq)
# 调整预测值和实际值的因子顺序
cm_data$pred <- factor(cm_data$pred, levels = c(0,1), ordered = TRUE)
cm_data$real <- factor(cm_data$real, levels = c(1,0), ordered = TRUE)
# 对混淆矩阵做可视化展现
ggplot(data = cm_data, mapping = aes(x = real, y = pred, fill = Freq)) +
  geom_tile() + # 绘制瓦片图或热力图
  # 修正热力图中的填充色，并将图例去除
  scale_fill_continuous(low = 'lightblue', high = 'darkblue', guide = FALSE)+
  # 在图中添加数值标签
  geom_text(aes(x = real, y = pred, label = Freq), color = 'white')
```

结果如图12.1所示。

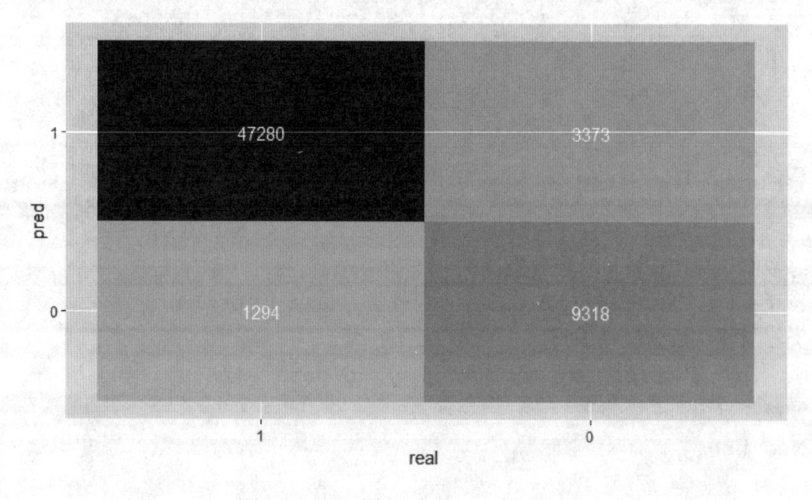

图12.1 混淆矩阵的可视化展现

其中，主对角线的数值表示正确预测的样本量，即正确预测为人类皮肤的样本量为 9318；正确预测非人类皮肤的样本量为 47280；剩余的 4667 条样本为错误预测的样本。基于混淆矩阵可以进一步得到模型的预测准确率、覆盖率和精准率等指标，代码如下：

```
# 返回模型在测试集上的预测准确率
accracy <- cm$overall[1]
accuracy
out:
0.9238227

# 返回模型在正负样本中的其他度量指标
t(cm$byClass)
out:
                Class: 0        Class: 1
Sensitivity       0.7342211     0.9733602
Precision        0.8780626     0.9334097
Recall          0.7342211     0.9733602
F1             0.7997254     0.9529664
```

经过对混淆矩阵的计算，可以得到模型的整体预测准确率为 92.38%；进一步可以得到每个类别的预测精准率（Precision=正确预测某类别的样本量/该类别的预测样本个数）和覆盖率（Recall=正确预测某类别的样本量/该类别的实际样本个数），通过准确率、精准率和覆盖率的对比，模型的预测效果还是非常理想的。接下来绘制 ROC 曲线，用于进一步验证得到的结论，代码如下：

```
# 加载第三方包
library(pROC)

# 计算模型预测正例（Survived 为 1）的概率
prob <- pred_nb$posterior[,1]
# 利用 roc 函数生成绘图数据
ROC <- roc(response = test$y, predictor = prob)
# 根据 ROC 的结果返回 fpr 和 tpr 的组合值
tpr <- ROC$sensitivities
fpr <- 1-ROC$specificities
# 将绘图数据构造为数据框
plot_data <- data.frame(tpr, fpr)

# 绘制 ROC 曲线
ggplot(data = plot_data, mapping = aes(x = fpr, y = tpr)) +
  geom_area(position = 'identity', fill = 'steelblue') +
  geom_line(lwd = 0.8) +
  geom_abline(slope = 1, intercept = 0, lty = 2, lwd = 0.8, color = 'red') +
  geom_text(mapping = aes(x = 0.5, y = 0.3, label =
paste0('AUC=',round(ROC$auc,2)))) +
```

```
    labs(x = '1-Specificity', y = 'Sensitivity')
```

结果如图 12.2 所示。

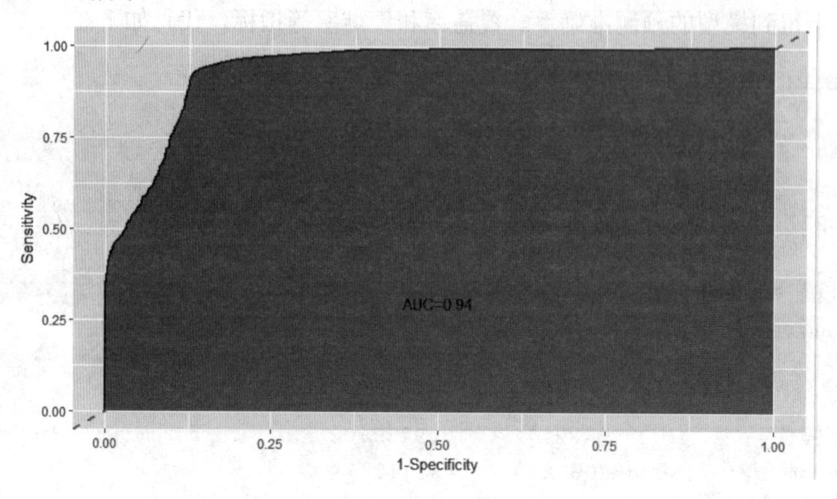

图 12.2 高斯贝叶斯分类器的 ROC 曲线

计算得到的 AUC 值为 0.94，超过用于评判模型好坏的阈值 0.8，故可以认为构建的贝叶斯分类器是非常理想的，进而验证了前文所得的结论。最后需要说明的是，如果用于建模的数据均为数值型数据，则 NaiveBayes 函数将构造高斯贝叶斯分类器；如果建模的数据中既包含数值型数据，又包含离散型数据，则函数构造的是条件高斯贝叶斯分类器。

12.2.3 多项式贝叶斯分类器

如果数据集中的自变量X均为离散型变量，就无法使用高斯贝叶斯分类器，而应该选择多项式贝叶斯分类器。在计算概率值$P(X|C_i)$时，会假设自变量X的条件概率满足多项式分布，故概率值$P(X|C_i)$的计算公式可以表示为：

$$P\left(x_j = x_{jk}|C_i\right) = \frac{N_{ik} + \alpha}{N_i + n\alpha}$$

其中，x_{jk}表示自变量x_j的取值；N_{ik}表示因变量为类别C_i时，自变量x_j取x_{jk}的样本个数；N_i表示数据集中类别C_i的样本个数；α为平滑系数，用于防止概率值取 0 的可能，通常将该值取为 1，表示对概率值做拉普拉斯平滑；n表示因变量的类别个数。

同样，为了使读者理解$P\left(x_j = x_{jk}|C_i\right)$的计算过程，这里虚拟一个离散型自变量的数据集，并通过手工方式计算某个新样本属于各类别的概率值，如表 12.2 所示。

表 12.2 适合多项式贝叶斯的数据类型

Ocuupation	Edu	Income	Meet
公务员	本科	中	1
公务员	本科	低	1
非公务员	本科	中	0

（续表）

Ocuupation	Edu	Income	Meet
非公务员	本科	高	1
公务员	硕士	中	1
非公务员	本科	低	0
公务员	本科	高	1
非公务员	硕士	低	0
非公务员	硕士	中	0
非公务员	硕士	高	1

假设影响女孩是否参加相亲活动的重要因素有 3 个，分别是男孩的职业、受教育水平和收入状况；如果女孩参加相亲活动，则对应的 Meet 变量为 1，否则为 0。请问在给定的信息下，对于高收入的公务员并且其学历为硕士的男生来说，女孩是否愿意参与他的相亲？接下来通过手动的方式计算女生是否与该男生见面的概率，步骤如下：

（1）因变量各类别频率

$$P(\text{Meet}=0)=4/10=0.4$$
$$P(\text{Meet}=1)=6/10=0.6$$

（2）单变量条件概率

$$P(\text{Occupation}=\text{公务员}|\text{Meet}=0)=\frac{0+1}{4+2\times1}=\frac{1}{6}$$
$$P(\text{Occupation}=\text{公务员}|\text{Meet}=1)=\frac{4+1}{6+2\times1}=\frac{5}{8}$$
$$P(\text{Edu}=\text{硕士}|\text{Meet}=0)=\frac{2+1}{4+2\times1}=\frac{3}{6}$$
$$P(\text{Edu}=\text{硕士}|\text{Meet}=1)=\frac{2+1}{6+2\times1}=\frac{3}{8}$$
$$P(\text{Income}=\text{高}|\text{Meet}=0)=\frac{0+1}{4+2\times1}=\frac{1}{6}$$
$$P(\text{Income}=\text{高}|\text{Meet}=1)=\frac{3+1}{6+2\times1}=\frac{4}{8}$$

（3）贝叶斯后验概率

$$P(\text{Meet}=0|\text{Occupation}=\text{公务员},\text{Edu}=\text{硕士},\text{Income}=\text{高})$$
$$=\frac{4}{10}\times\frac{1}{6}\times\frac{3}{6}\times\frac{1}{6}=\frac{1}{180}$$
$$P(\text{Meet}=1|\text{Occupation}=\text{公务员},\text{Edu}=\text{硕士},\text{Income}=\text{高})$$
$$=\frac{6}{10}\times\frac{5}{8}\times\frac{3}{8}\times\frac{4}{8}=\frac{18}{256}$$

经计算发现，当男生为高收入的公务员并且受教育程度也很高时，女生愿意见面的概率约为 0.0703，不愿意见面的概率约为 0.0056。所以，根据$\text{argmax}\,P(C_i)P(X|C_i)$的原则，最终女生会选择参加这位男生的相亲。

需要注意的是，如果在某个类别样本中没有出现自变量x_j取某种值的观测时，条件概率$P(x_j = x_{jk}|C_i)$就会为0。例如，当因变量Meet为0时，自变量Ocuupation中没有取值为公务员的样本，所以就会导致单变量条件概率为0，进而使得$P(C_i)P(X|C_i)$的概率为0。为了避免贝叶斯后验概率为0的情况，会选择使用平滑系数α，这就是为什么自变量X的条件概率写成$P(x_j = x_{jk}|C_i) = \frac{N_{ik}+\alpha}{N_i+n\alpha}$的原因。

尽管R语言中并没有提供有关多项式贝叶斯分类器的特定函数，但我们还是可以继续使用NaiveBayes函数的，因为该函数中包含bool类型的usekernel。只需指定该参数为TRUE，贝叶斯分类器将使用核密度估计方法测算出数据的实际分布。

为了使读者理解多项式贝叶斯分类器的功效，接下来将使用NaiveBayes函数进行项目实战，实战的内容就是根据蘑菇的各项特征，判断其是否有毒。

12.2.4 多项式贝叶斯分类器的应用

蘑菇数据集来自于UCI网站，一共包含8124条观测和22个变量，其中因变量为type，表示蘑菇是否有毒，剩余的自变量是关于蘑菇的形状、表面光滑度、颜色、生长环境等的。首先，将该数据集读入到R语言环境中，并预览前几行数据，代码如下：

```
# 读取数据 -- mushrooms.csv
mushrooms <- read.csv(file = file.choose())
# 数据预览
View(mushrooms)
```

结果如表12.3所示。

表12.3 数据的预览结果

	type	cap_shape	cap_surface	cap_color	bruises	odor	gill_attachment	gill_spacing	gill_size	gill_co
1	poisonous	convex	smooth	brown	yes	pungent	free	close	narrow	bla
2	edible	convex	smooth	yellow	yes	almond	free	close	broad	bla
3	edible	bell	smooth	white	yes	anise	free	close	broad	bro
4	poisonous	convex	scaly	white	yes	pungent	free	close	narrow	bro
5	edible	convex	smooth	gray	no	none	free	crowded	broad	bla
6	edible	convex	scaly	yellow	yes	almond	free	close	broad	bro
7	edible	bell	smooth	white	yes	almond	free	close	broad	gra

其中的所有变量均为字符型的离散值，在使用R语言读入后，这些离散型的字符变量自动转换为因子型变量。接下来利用核密度估计方法对如上数据构造贝叶斯分类器，实现数据的预测功能。首先要做的就是将该数据集拆分为训练集和测试集，分别用于模型的构造和验证，具体代码如下：

```
# 将数据集拆分为训练集合测试集
set.seed(1234) # 固定随机抽样的种子
index <- sample(x = 1:nrow(mushrooms), size = 0.75*nrow(mushrooms))
train_set <- mushrooms[index,]
test_set <- mushrooms[-index,]
```

```
# 基于 train_set 构建贝叶斯分类器
mnb <- NaiveBayes(formula = type ~ ., data = mushrooms,
                  usekernel = TRUE, # 使用核密度估计方法
                  fL = 1 # 设置拉普拉斯平滑系数为 1
                  )
# 基于构造好的模型 mnb 对测试数据集 test_set 进行预测
mnb_pred <- predict(object = mnb, newdata = test_set[,-1])
# 返回预测类别值
pred_class <- mnb_pred$class
# 预测值与实际值之间的频数统计
freq = table(pred = pred_class, real = test_set$type)
# 构造混淆矩阵
cm <- confusionMatrix(freq,  mode = 'prec_recall')

# 将频数统计强制转换为数据框
cm_data <- as.data.frame(freq)
# 调整预测值和实际值的因子顺序
cm_data$pred <- factor(cm_data$pred, levels = c('poisonous','edible'), ordered
= TRUE)
cm_data$real <- factor(cm_data$real, levels = c('edible','poisonous'), ordered
= TRUE)
# 对混淆矩阵做可视化展现
ggplot(data = cm_data, mapping = aes(x = real, y = pred, fill = Freq)) +
  geom_tile() + # 绘制瓦片图
  # 修正热力图中的填充色，并将图例去除
  scale_fill_continuous(low = 'lightblue', high = 'darkblue', guide = FALSE) +
  # 在图中添加数值标签
  geom_text(aes(x = real, y = pred, label = Freq), color = 'white')
```

结果如图 12.3 所示。

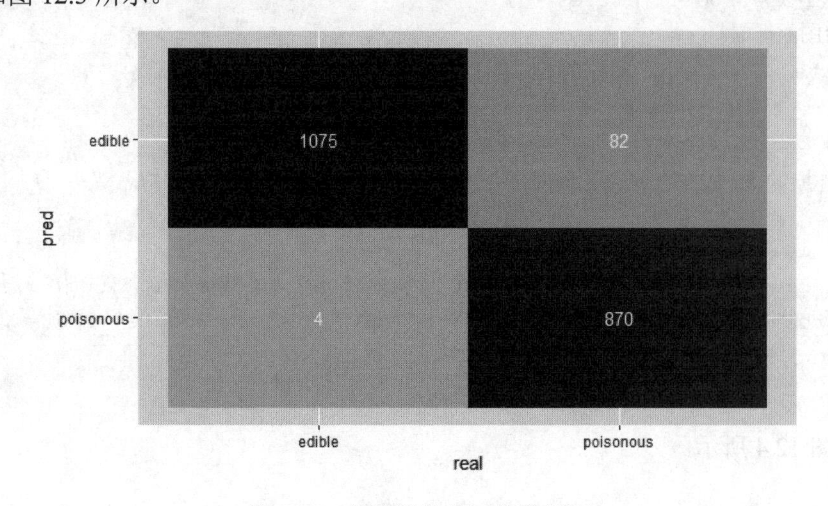

图 12.3　混淆矩阵的可视化展现

在图 12.3 中，横坐标代表测试数据集中的实际类别值，纵坐标为预测类别值，正确预测无毒的有 1075 个样本，正确预测有毒的有 870 个样本，在所有测试样本中，一共有 86 条样本被预测错误。接下来基于混淆矩阵做进一步运算，计算模型的预测准确率以及正负例样本的覆盖率等指标，代码如下：

```
# 返回模型在测试集上的预测准确率
accracy <- cm$overall[1]
accracy
out: 0.9576563

# 返回模型在正负样本中的其他度量指标
t(cm$byClass)
out:
             Class: poisonous     Class: edible
Sensitivity    0.9138655           0.9962929
Precision      0.9954233           0.9291271
Recall         0.9138655           0.9962929
F1             0.9529025           0.9615385
```

如上结果所示，模型在测试数据集上的整体预测准确率为 95.8%，而且从各类别值来看，有毒蘑菇的预测覆盖率为 91.4%，无毒蘑菇的预测覆盖率则接近于 100%。总的来说，模型的预测效果还是非常理想的，接下来绘制 ROC 曲线，查看对应的 AUC 值，并进一步验证模型的结论，代码如下：

```
# 计算模型预测正例（poisonous）的概率
prob <- mnb_pred$posterior[,1]
# 利用 roc 函数生成绘图数据
ROC <- roc(response = test_set$type, predictor = prob)
# 根据 ROC 的结果返回 fpr 和 tpr 的组合值
tpr <- ROC$sensitivities
fpr <- 1-ROC$specificities
# 构造绘图数据框
plot_data <- data.frame(tpr, fpr)

# 绘制 ROC 曲线
ggplot(data = plot_data, mapping = aes(x = fpr, y = tpr)) +
  geom_area(position =  'identity', fill = 'steelblue') +
  geom_line(lwd = 0.8) +
  geom_abline(slope = 1, intercept = 0, lty = 2, lwd = 0.8, color = 'red') +
  geom_text(mapping = aes(x = 0.5, y = 0.3, label = paste0('AUC=',
round(ROC$auc,3)))) +
  labs(x = '1-Specificity', y = 'Sensitivity')
```

结果如图 12.4 所示。

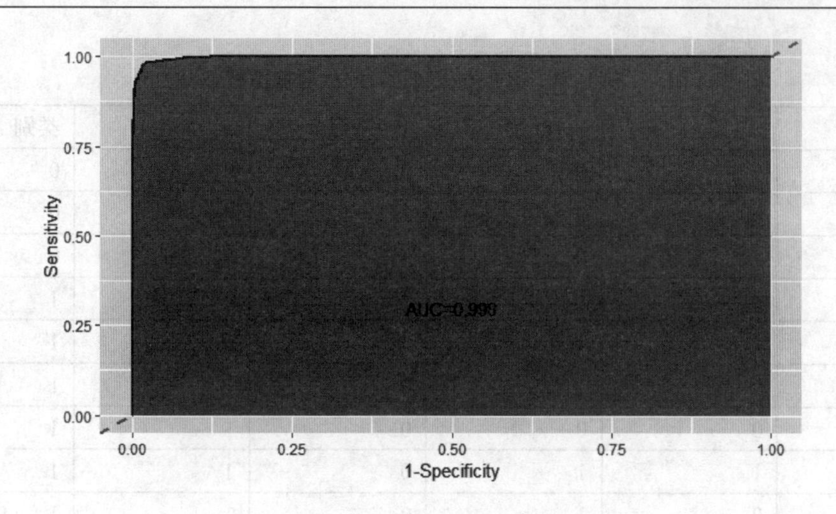

图 12.4 多项式贝叶斯分类器的 ROC 曲线

ROC 曲线下的面积几乎为 1，远超过阈值 0.8，达到完美状态，进一步说明模型是可以接受的，而且效果非常理想。

通过利用核密度估计的方法对离散型自变量的数据构造贝叶斯分类器，得到非常理想的结果，读者也可以对比在不使用核密度估计的情况下模型的表现效果。通常情况下，利用核密度估计的贝叶斯分类器做文本分类效果都非常理想，如一份邮件是否为垃圾邮件、用户评论是否为正面等。

12.2.5 伯努利贝叶斯分类器

当数据集中的自变量X均为 0-1 二元值时（例如，在文本挖掘中，判断某个词语是否出现在句子中，出现用 1 表示，不出现用 0 表示），通常会优先选择伯努利贝叶斯分类器。利用该分类器计算概率值$P(X|C_i)$时，会假设自变量X的条件概率满足伯努利分布，故概率值$P(X|C_i)$的计算公式可以表示为：

$$P\left(x_j|C_i\right) = px_j + (1-p)\left(1-x_j\right)$$

其中，x_j为第j个自变量，取值为 0 或 1；p表示类别为C_i时自变量取 1 的概率，该概率值可以使用经验频率代替，即：

$$p = P\left(x_j = 1|C_i\right) = \frac{N_{x_j} + \alpha}{N_i + n\alpha}$$

其中，N_i表示类别C_i的样本个数；N_{x_j}表示在类别为C_i时，x_j变量取 1 的样本量；α为平滑系数，同样是为了避免概率为 0 而设置的；n为因变量中的类别个数。

下面举一个通俗易懂的例子，并通过手工计算的方式来说明伯努利贝叶斯分类器在文本分类中的应用，如表 12.4 所示。

表 12.4 适合伯努利贝叶斯的数据类型

x_1=推荐	x_2=给力	x_3=吐槽	x_4=还行	x_5=太烂	类别
1	1	0	0	0	0
1	0	0	1	0	0
1	1	0	1	0	0
1	0	1	1	0	1
1	1	1	0	1	1
0	0	1	0	1	1
0	0	0	0	1	1
0	1	1	0	1	1
0	0	1	0	1	1
0	1	0	0	0	0

假设对 10 条评论数据做分词处理后得到如上所示的文档词条矩阵，矩阵中含有 5 个词语和 1 个表示情感的结果，其中类别为 0 表示正面情绪、为 1 表示负面情绪。如果一个用户的评论中仅包含“还行”一词，请问该用户的评论属于哪种情绪？接下来通过手动的方式计算该用户的评论属于正面和负面的概率，步骤如下：

（1）因变量各类别频率

$$P(\text{类别}=0)=4/10=2/5$$
$$P(\text{类别}=1)=6/10=3/5$$

（2）单变量条件概率

$$P(x_1=0|\text{类别}=0)=(1+1)/(4+2)=1/3$$
$$P(x_1=0|\text{类别}=1)=(4+1)/(6+2)=5/8$$
$$P(x_2=0|\text{类别}=0)=(1+1)/(4+2)=1/3$$
$$P(x_2=0|\text{类别}=1)=(4+1)/(6+2)=5/8$$
$$P(x_3=0|\text{类别}=0)=(4+1)/(4+2)=5/6$$
$$P(x_3=0|\text{类别}=1)=(1+1)/(6+2)=1/4$$
$$P(x_4=1|\text{类别}=0)=(2+1)/(4+2)=1/2$$
$$P(x_4=1|\text{类别}=1)=(0+1)/(6+2)=1/8$$
$$P(x_5=0|\text{类别}=0)=(4+1)/(4+2)=5/6$$
$$P(x_5=0|\text{类别}=1)=(1+1)/(6+2)=1/4$$

（3）贝叶斯后验概率

$$P(\text{类别}=0|x_1=0,x_2=0,x_3=0,x_4=1,x_5=0)$$
$$=\frac{2}{5}\times\frac{1}{3}\times\frac{1}{3}\times\frac{5}{6}\times\frac{1}{2}\times\frac{5}{6}=\frac{5}{324}$$
$$P(\text{类别}=1|x_1=0,x_2=0,x_3=0,x_4=1,x_5=0)$$

$$=\frac{3}{5}\times\frac{5}{8}\times\frac{5}{8}\times\frac{1}{4}\times\frac{1}{8}\times\frac{1}{4}=\frac{3}{4096}$$

如上结果所示，当用户的评论中只含有“还行”一词时，计算该评论为正面情绪的概率约为0.015、评论为负面情绪的概率约为0.00073，故根据贝叶斯后验概率最大原则将该评论预判为正面情绪。

伯努利贝叶斯分类器的计算与多项式贝叶斯分类器的计算非常相似，在文本分类问题中，如果构造的数据集是关于词语出现次数的，那么通常会选择多项式贝叶斯分类器进行预测；如果构造的数据集是关于词语是否会出现的 0-1 值，则会选择伯努利贝叶斯分类器进行预测。当读者需要构造伯努利贝叶斯分类器时，也可以直接调用klaR包中的NaiveBayes函数，只需设置 usekernel 参数为 TRUE，它会根据数据的特征选择最真实的分布计算后验概率（如近似伯努利分布）。

接下来将利用 NaiveBayes 函数对用户的评价数据进行分类，分类的目的是预测用户的评价内容所表达的情绪（正面或负面情绪）。

12.2.6　伯努利贝叶斯分类器的应用

本次实战所使用的数据是通过爬虫的方式获得的，关于用户购买蚊帐后的评论内容，该数据集一共包含 10639 条评论，数据集中的 Type 变量为评论所对应的情绪。首先将爬虫获得的数据集读入到 R 语言中，并预览前几行数据，代码如下：

```
# 读取外部的评论数据 -- Contents.xlsx
evaluation <- read_excel(path = file.choose())
# 预览数据
View(evaluation)
```

结果如图 12.5 所示。

NickName	Date	Content	Type
噢***奥	2017-06-09	，物流很快，方便简单快捷	Positive
j***s	2015-08-09	....	Positive
7***伟	2017-09-21	..不错很好。有需要下次再来买	Positive
6***价	2015-10-07	？！！！～～…………～！？？！～～	Positive
麦***5	2017-09-11	⊙∀⊙！⊙∀⊙！⊙∀⊙！	Positive
x***q	2016-05-21	1.8的床装上扢架子偏小	Negative
老衲戒女衤	2016-07-10	1111111111111111111111	Negative
鲁***3	2017-06-23	15斤左右的宝宝能兜住，不会掉下去	Positive
y***r	2016-08-22	19673221065	Negative
啊威瑞安	2015-05-26	1分钱1分货，产品真差劲。无语	Negative

图 12.5　数据的预览结果

数据集包含 4 个字段，分别是用户昵称、评价时间、评价内容和对应的评价情绪。从评价内容来看，会有一些“脏”文本在内，如数字、英文、标点符号等，所以需要将这些“脏”文本删除。

接下来要做的就是清洗这些“脏”文本，首先结合 lapply 函数和 str_replace_all 函数将每条评论中包含的数字和英文字母剔除，然后基于清洗后的评论进行分词。评论内容的清洗过程如下：

```
# 加载第三方包
library(stringr)

# 结合 lapply 函数和 str_replace_all 函数对每一条评论进行清洗
evalu_clear <- lapply(evaluation$Content,str_replace_all,'[0-9a-zA-Z]','')
# 查看清洗结果
head(evalu_clear)
out:
"，物流很快，方便简单快捷"
"..........................."
"..不错很好。有需要下次再来买"
"？！！！～～&;&;&;&;～！？？！～～"
"⊙&;⊙！⊙&;⊙！⊙&;⊙！"
".的床装上扯架子偏小"
```

如上结果显示，原本的评论内容中不再包含英文或数字，实现剔除的方法是利用正则表达式将评论中的英文或数字替换为空字符，接下来就可以基于清洗后的评论进行分词操作了。

在 R 语言中，可以非常方便而快捷地实现中文分词，所使用到的包为 jiebaR。该包在做中文分词时准确率非常高，而且可以灵活地添加自定义词库（指无法正确切割的词，如“沙瑞金书记”会被切割为“沙”“瑞金”“书记”。为避免这种情况，就需要将类似“沙瑞金”这样的词组合为自定义词库）和停止词库（指没有实际意义的虚词、介词、语气词等，如“的”“啊”“我们”“里面”等）。

通常在中文分词之前都需要引入用户自定义的词库，所使用的函数为 jiebaR 包中的 worker 函数，代码如下：

```
# 加载第三方包
library(jiebaR)
# 通过 worker 函数导入自定义词库
engine <- worker(user = 'C:\\Users\\Administrator\\Desktop\\all_words.txt')
# 基于清洗后的评论对其进行分词操作
cuts <- lapply(evalu_clear, segment, engine)
# 查看前 6 条评论的分词结果
head(cuts)
out:
"物流" "很快" "方便" "简单" "快捷"
character(0)
"不错" "很好" "有" "需要" "下次" "再来" "买"
character(0)
character(0)
"的" "床装" "上" "扯" "架子" "偏小"
```

如上结果所示，每一条评论内容被切割为一个个小的词语，而且切割效果还是非常不错的。需要说明的是，第 2、4 和 5 条评论的分词结果为 character(0)，表示这些评论中不包含中文（读者可以对应地看原评论内容，它们包含的都是标点符号）。

细心的读者一定会发现，评论内容在做分词之后产生了无意义的词，如“有”“需要”“的”“上”等，故需要将其删除，操作如下：

```
# 读入停止词库 -- mystopwords.txt（来源于互联网）
stops <- readLines(con = file.choose())
# 将切词结果与停止词比对，排除停止词
cuts_clear <- lapply(cuts, function(x,y) x[!(x %in% y)], stops)
# 查看去除停止词之后的前 6 条评论
head(cuts_clear)
out:
"物流"  "很快"  "简单"  "快捷"
character(0)
"不错"  "很好"  "下次"  "再来"  "买"
character(0)
character(0)
"床装"  "扒"   "架子"  "偏小"
```

如上结果所示，此时的分词结果中不再包含停止词，得到的全都是相对比较重要的核心词。有些评论的分词结果为 character(0)，这样的评论是没有具体文字内容的，故需要将这些评论从样本中剔除，否则会影响到后期建模的效果。操作代码如下：

```
# 判断每一条分词结果中是否不为 character(0)
index <- unlist(lapply(cuts_clear, function(x) ! length(x) == 0))
# 根据 index 实现数据子集的筛选
evalu_sub <- evaluation[index,]
cuts_clear_sub <- cuts_clear[index]
```

如上代码中，判断分词结果是否为 character(0)的方法就是验证每一条评论的词数量是否为 0，如果为 0 就对应了分词结果中的 character(0)。

接下来利用如上的筛选结果构造文档词条矩阵，其中矩阵的每一行代表一个评论内容，矩阵的每一列代表分词后的具体词语，矩阵中的元素为词语在文档中出现的频次。文档词条矩阵的构建可以使用 tm 包中的 DocumentTermMatrix 函数，具体代码如下：

```
# 基于筛选后的 cuts_clear_sub，将其转换为语料
content_corpus <- Corpus(VectorSource(cuts_clear_sub))
# 创建文档-词条矩阵
dtm <- DocumentTermMatrix(x = content_corpus,
                          control = list(weighting = weightTf, # 统计词频
                                    # 保留 2 个字及以上的词
                                    bounds = list(global=c(2, Inf))
                          ))
Dtm
```

结果如图 12.6 所示。

```
> dtm
<<DocumentTermMatrix (documents: 10547, terms: 2955)>>
Non-/sparse entries: 58856/31107529
Sparsity           : 100%
Maximal term length: 8
Weighting          : term frequency (tf)
```

图 12.6 文档词条矩阵的基本信息

如上结果所示，文档词条矩阵中一共包含 10547 条评论，2955 个词；该矩阵的稀疏率接近于 100%，它的计算公式为矩阵中 0 值单元格的个数与所有单元格个数的商（31107529/(31107529+58856)≈99.81%）；在 10547 条评论中，某条评论最多只包含 8 个词语。由于得到的文档词条矩阵稀疏度过高，对建模并没有太多的好处，因此需要对稀疏度做筛选，不妨删除那些稀疏度超过 99%的词，代码如下：

```
# 控制稀疏度
dtm_remove <- removeSparseTerms(x = dtm, sparse = 0.99)
dtm_remove
```

结果如图 12.7 所示。

```
> dtm_remove
<<DocumentTermMatrix (documents: 10547, terms: 106)>>
Non-/sparse entries: 31329/1086653
Sparsity           : 97%
Maximal term length: 3
Weighting          : term frequency (tf)
```

图 12.7 文档词条矩阵的调整结果

经过稀疏度的调整后得到的矩阵仅包含 106 列，数据维度大大降低。接下来基于如上矩阵构建贝叶斯分类器，代码如下：

```
# 将文档词条矩阵 dtm_remove 转换为数据框
df_dtm <- as.data.frame(as.matrix(dtm_remove))
# 将数据框中的频次值转换为 0-1 二元值
df_dtm_01 = as.data.frame(ifelse(df_dtm>0,1,0))
# 将所有变量转换为因子型
df_dtm_01 <- as.data.frame(sapply(df_dtm_01, factor))
# 将 df_dtm_01 数据集与原始数据集 evalu_sub 中的 Type 变量做合并
final_data <- cbind(df_dtm_01, Type = evalu_sub$Type)

# 基于 final_data 数据将其拆分为训练集和测试集
set.seed(1234)
index <- sample(1:nrow(final_data), size = 0.75*nrow(final_data))
train_set <- final_data[index,]
test_set <- final_data[-index,]

# 构建伯努利贝叶斯分类器
bnb <- NaiveBayes(formula = Type ~ ., data = train_set,
```

```
                  usekernel = TRUE, fL = 1)
# 在测试集上做预测
bnb_pred <- predict(bnb, newdata = test_set[,-107])
# 返回预测类别值
pred_class <- bnb_pred$class
# 预测值与实际值之间的频数统计
freq = table(pred = pred_class, real = test_set$Type)
# 构造混淆矩阵
cm <- confusionMatrix(freq,  mode = 'prec_recall')
# 将频数统计强制转换为数据框
cm_data <- as.data.frame(freq)
# 调整预测值和实际值的因子顺序
cm_data$pred <- factor(cm_data$pred, ordered = TRUE,
                       levels = c('Negative','Positive'))
cm_data$real <- factor(cm_data$real, ordered = TRUE,
                       levels = c('Positive','Negative'))
# 对混淆矩阵做可视化展现
ggplot(data = cm_data, mapping = aes(x = real, y = pred, fill = Freq)) +
  geom_tile() + # 绘制瓦片图
  # 修正热力图中的填充色，并将图例去除
  scale_fill_continuous(low = 'lightblue', high = 'darkblue', guide = FALSE)+
  # 在图中添加数值标签
  geom_text(aes(x = real, y = pred, label = Freq), color = 'white')
```

结果如图 12.8 所示。

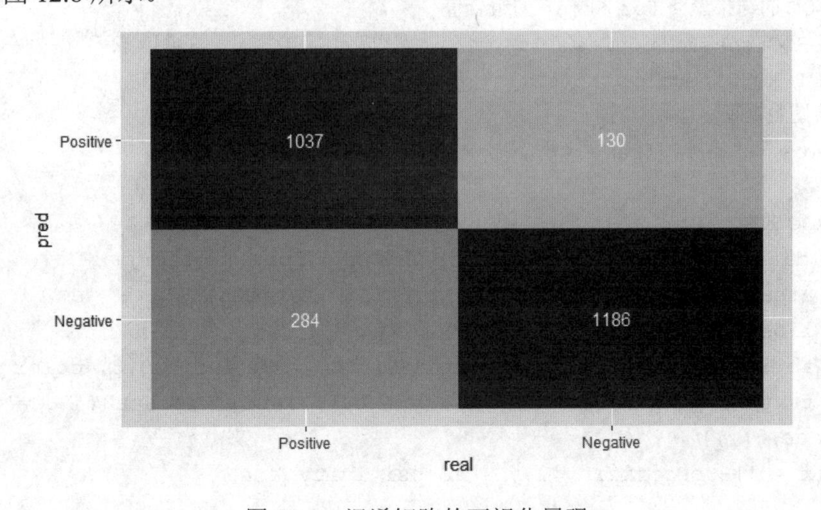

图 12.8　混淆矩阵的可视化展现

从混淆矩阵图形来看，伯努利贝叶斯分类器在预测数据集上的效果还是非常理想的，绝大多数的样本都被预测正确（因为主对角线上的样本占绝大多数）。需要说明的是，在文档-词条矩阵中每个元素反映的是词在文档中的频次，如需构造伯努利贝叶斯分类器，则要将频次转换为 0-1 值，而且需要将 0-1 值变量转换为因子型变量。接下来，还可以进一步通过混淆矩阵计算模型的预测准确率和正负例覆盖率，代码如下：

```
# 返回模型在测试集上的预测准确率
accracy <- cm$overall[1]
accuracy
out:
0.8430034

# 返回模型在正负样本中的其他度量指标
t(cm$byClass)
out:
               Class: Negative      Class: Positive
Sensitivity    0.9012158             0.7850114
Precision      0.8068027             0.8886033
Recall         0.9012158             0.7850114
F1             0.8513999             0.8336013
```

如上结果所示，模型在测试数据集上的预测准确率接近 85%；从模型的评估结果来看，预测为消极情绪的覆盖率0.9相比于积极情绪的覆盖率0.79要更高一些，但总体来说模型的预测效果还是不错的。同理，再绘制一下关于模型在测试数据集上的 ROC 曲线，代码如下：

```
# 计算模型预测正例（Negative）的概率
prob <- bnb_pred$posterior[,1]
# 利用 roc 函数生成绘图数据
ROC <- roc(response = test_set$Type, predictor = prob)
# 根据 ROC 的结果返回 fpr 和 tpr 的组合值
tpr <- ROC$sensitivities
fpr <- 1-ROC$specificities
# 构造绘图数据框
plot_data <- data.frame(tpr, fpr)

# 绘制 ROC 曲线
ggplot(data = plot_data, mapping = aes(x = fpr, y = tpr)) +
  geom_area(position =  'identity', fill = 'steelblue') +
  geom_line(lwd = 0.8) +
  geom_abline(slope = 1, intercept = 0, lty = 2, lwd = 0.8, color = 'red') +
  geom_text(mapping = aes(x = 0.5, y = 0.3, label = paste0('AUC=',
round(ROC$auc,3)))) +
  labs(x = '1-Specificity', y = 'Sensitivity')
```

结果如图 12.9 所示。

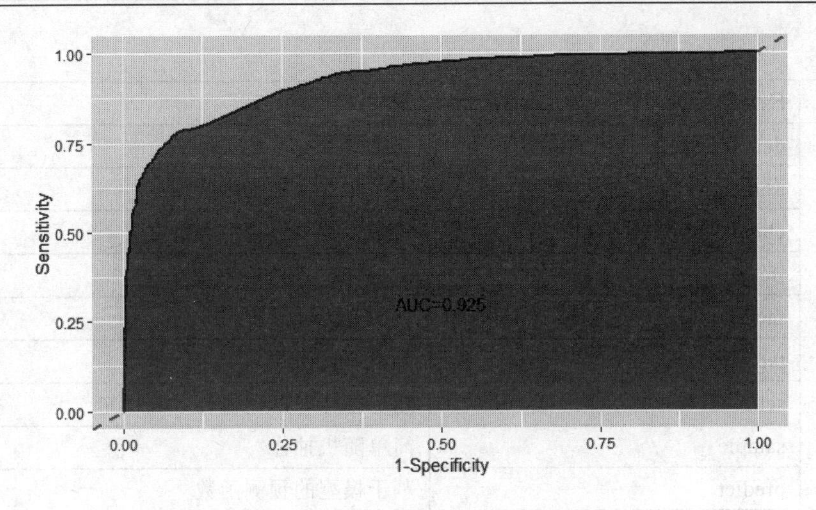

图 12.9　伯努利贝叶斯分类器的 ROC 曲线

ROC 曲线所对应的 AUC 值为 0.925，同样是一个非常高的数值，再结合模型准确率、覆盖率等指标，就可以认为该模型在测试数据集上的预测效果是非常理想的。

12.3　篇章总结

本章介绍了有关 3 种朴素贝叶斯分类器，这 3 种分类器的选择主要依赖于自变量X数据的类型。如果自变量X均为连续的数值型，则需要选择高斯贝叶斯分类器；如果自变量X均表示为离散的数据类型，则需要选择多项式贝叶斯分类器；如果自变量X为 0-1 二元值，则需要选择伯努利贝叶斯分类器。朴素贝叶斯分类器的核心假设为自变量之间是条件独立的，该假设的主要目的是为了提高算法的运算效率，如果实际数据集中的自变量不满足独立性假设，那么分类器的预测结果往往会产生错误。

本章的主要内容包含了 3 种朴素贝叶斯分类器的理论思想、运算过程和应用实战。通过本章内容的学习，读者可以对比三者的差异和应用场景，并从中选择合理的算法完成工作中的实际需求。

为了使读者掌握有关本章内容所涉及的函数，这里将其重新整理到表 12.5 中，以便读者查阅和记忆。

表 12.5　本章所涉及的 R 语言函数

R 语言包	R 语言函数	说明
readxl	read_excel	读取 Excel 文件中的数据
stats	read.csv	读取文本文件数据
	readLines	读取文本文件数据（返回向量的形式）
	t	转置函数

（续表）

R 语言包	R 语言函数	说明
stats	data.frame	构造数据框
	as.data.frame	将某个对象强制为数据框
	cbind	将多个数据进行按列合并
	ifelse	if…else…的逻辑判断
	factor	转换为因子型变量
	table	频次统计函数
	set.seed	随机抽样时，随机种子的设定
	sample	简单随机抽样
	predict	基于模型的预测函数
	lapply	基于向量或列表的元素级映射函数
	unlist	将列表转换为向量
klaR	NaiveBayes	构建朴素贝叶斯分类器的函数
caret	confusionMatrix	构造混淆矩阵
ggplot2	geom_tile	绘制瓦片图
	scale_fill_continuous	连续型颜色图例的设置
	geom_text	添加文本标签
	geom_area	绘制面积图
	geom_line	绘制折线图
	geom_abline	绘制带斜率的参考线
pROC	roc	生成绘制 ROC 曲线的数据和计算 AUC 的值
jiebaR	worker	用于分词函数的算法选择、自定义词库的添加等
	segment	分词函数
tm	Corpus	构造语料库
	DocumentTermMatrix	构造文档词条矩阵
	removeSparseTerms	根据稀疏度筛选数据

第 13 章 SVM 模型

SVM（Support Vector Machine，支持向量机）属于一种有监督的机器学习算法，可用于离散因变量的分类和连续因变量的预测。通常情况下，该算法相对于其他单一的分类算法（如 Logistic 回归、决策树、朴素贝叶斯、KNN 等）会有更好的预测准确率，主要是因为它可以将低维线性不可分的空间转换为高维的线性可分空间。由于该算法具有较高的预测准确率，因此其备受企业界的欢迎，如利用该算法实现医疗诊断、图像识别、文本分类、市场营销等。

该算法的思想就是利用某些支持向量所构成的“超平面”，将不同类别的样本点进行划分。不管样本点是线性可分的、近似线性可分的还是非线性可分的，都可以利用“超平面”将样本点以较高的准确度切割开来。需要注意的是，如果样本点为非线性可分，就要借助于核函数技术实现样本在核空间下完成线性可分的操作。关键是“超平面”该如何构造，这在本章的内容中会有所介绍。

运用 SVM 模型对因变量进行分类或预测时具有几个显著的优点：例如，SVM 模型最终所形成的分类器仅依赖于一些支持向量，这就导致模型具有很好的鲁棒性（增加或删除非支持向量的样本点，并不会改变分类器的效果）以及避免“维度灾难”的发生（模型并不会随数据维度的提升而提高计算的复杂度）；模型具有很好的泛化能力，在一定程度上可以避免模型的过拟合；也可以避免模型在运算过程中出现的局部最优。当然，该算法的缺点也是明显的，例如模型不适合大样本的分类或预测，因为它会消耗大量的计算资源和时间；模型对缺失样本非常敏感，这就需要建模前清洗好每一个观测样本；虽然可以通过核函数解决非线性可分问题，但是模型对核函数的选择也同样很敏感；SVM 为黑盒模型（相比于回归或决策树等算法），对计算得到的结果无法解释。

SVM 的学习难点可能在于算法的理解和理论推导，本章将通过图形和示例的方式详细地介绍 SVM 算法的相关知识点。通过本章内容的学习，希望读者可以掌握如下几方面的要点：

- SVM的简介；
- 线性可分的SVM；
- 线性SVM；
- 非线性可分的SVM；
- SVM的回归预测；
- SVM的应用与实战。

13.1 SVM的简介

正如前文所说，SVM 分类器实质上就是由某些支持向量构成的最大间隔的“超平面”，即分割平面。读者可能觉得“超平面”这个词比较抽象，其说穿了就是不同维度空间下的分割，例如在一维空间中如需将数据切分为两段，只需要一个点即可；在二维空间中，对于线性可分的样本点，将其切分为两类，只需一条直线即可；在三维空间中，将样本点切分开来，就需要一个平面；以此类推，在更高维度的空间内可能就需要构造一个“超平面”将数据进行划分。

为了能够使读者比较清晰地理解“超平面”的含义，可以对比查看如图 13.1 所示的 3 幅图，它们分别表示一维数据、二维数据和三维数据的分割。

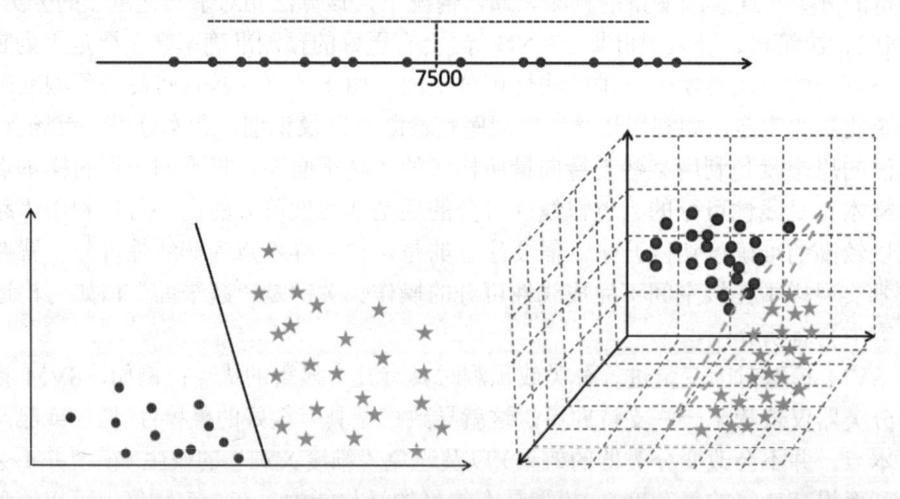

图 13.1　3 种维度下的数据分割

如第一幅图所示，假设某贷款机构在对客户放贷时只考虑其收入一个维度，只需要设定点x=7500 就可以将是否放贷的用户判断出来；在左下图中，如果影响某位女性参加相亲的因素有两个，分别为收入和年龄，只需一条$Ax+By+C=0$的直线就可以将样本点画分开来；在右下图中，假设判断肿瘤是否为良性的因素包含 3 种，即肿瘤的颜色、形状大小以及肿瘤的核分裂状况，如需识别肿瘤是否为良性，可以构造一个$Ax+By+Cz+D=0$的切割面进行判断。

13.1.1 距离公式的介绍

在正式介绍SVM模型之前，需要讲解一些点与直线以及平行线之间的距离公式，因为在SVM 模型的思想中会涉及距离的计算。假设二维空间中存在一个点(x_0, y_0)，对于直线$Ax + By + C = 0$而言，点到直线的距离可以表示为：

$$d = \frac{|Ax_0 + By_0 + C|}{\sqrt{A^2 + B^2}}$$

假设二维空间中存在两条平行线$Ax + By + C_1 = 0$和$Ax + By + C_2 = 0$，则它们之间的距离可以表示为：

$$d = \frac{|C_1 - C_2|}{\sqrt{A^2 + B^2}}$$

两种距离的图形表示如图 13.2 所示。

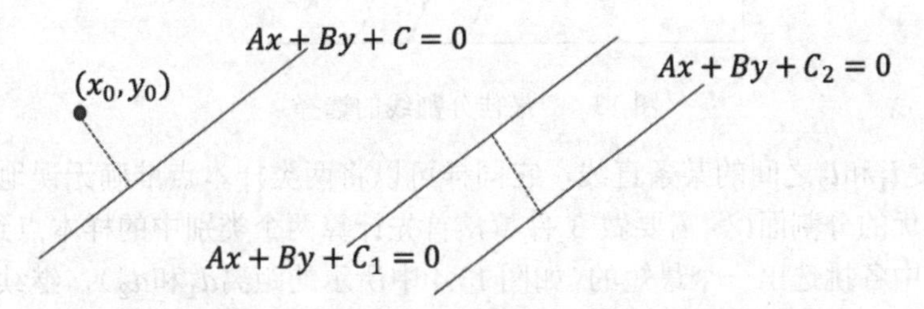

图 13.2 点与直线以及平行线之间距离的示意图

13.1.2 SVM 的实现思想

正如前文所介绍，SVM 模型的核心是构造一个“超平面”，并利用“超平面”将不同类别的数据做划分。问题是这种具有分割功能的“超平面”该如何构造，并且如何从无数多个分割面中挑选出最佳的“超平面”？只有当这些问题解决了，SVM 模型才能够起到理想的分类效果。

为了图形的直观展现，接下来将以二维数据为例讨论一个线性可分的例子（见图 13.3），进而使读者理解 SVM 模型背后的理论思想。

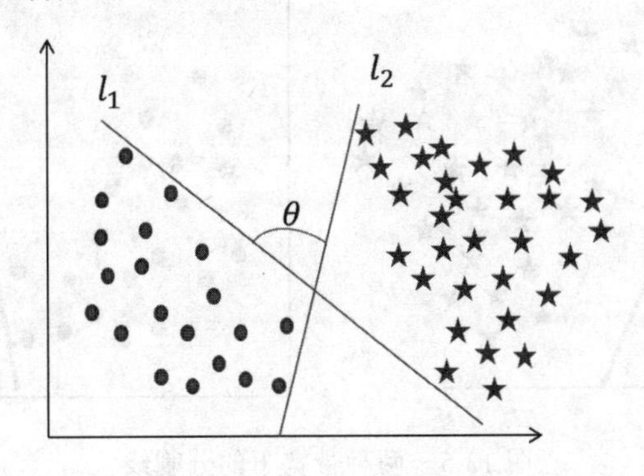

图 13.3 可选择的分割线

两个类别的样本点之间存在很明显的区分度，完全可以通过直线将其分割开来。例如，图中绘制了两条分割直线，利用这两条直线可以方便地将样本点所属的类别判断出来。虽然从直观上来看这两条分割线都没有问题，但是哪一条直线的分类效果更佳呢(训练样本点的分类效果一致，并不代表测试样本点的分类效果也一样)？甚至于在直线l_1和l_2之间还存在无数多个分割直线，那么在这么多的分割线中是否存在一条最优的“超平面”呢？读者可以继续查看图 13.4。

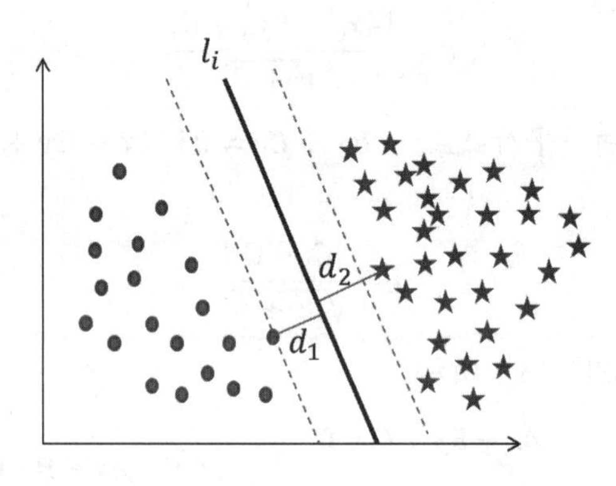

图 13.4　最佳分割线的选择

假设直线l_i是l_1和l_2之间的某条直线，它同样可以将两类样本点准确无误地划分出来。为了能够寻找到最优的分割面l_i，需要做 3 件事，首先计算两个类别中的样本点到直线l_i的距离；然后从两组距离中各挑选出一个最短的(如图 13.4 中所示的距离d_1和d_2)，继续比较d_1和d_2，再选出最短的距离（如图 13.4 中的d_1），并以该距离构造“分割带”（如图 13.4 中经平移后的两条虚线）；最后利用无穷多个分割直线l_i构造无穷多个“分割带”，并从这些“分割带”中挑选出带宽最大的l_i。

这里需要解释的是，为什么要构造每一个分割线所对应的“分割带”。可以想象的是，“分割带”代表了模型划分样本点的能力或可信度，“分割带”越宽，说明模型能够将样本点划分得越清晰，进而保证模型泛化能力越强，分类的可信度越高；反之，“分割带”越窄，说明模型的准确率越容易受到异常点的影响，进而理解为模型的预测能力越弱，分类的可信度越低。对于“分割带”的理解，可以对比下面两张图形（见图 13.5）。

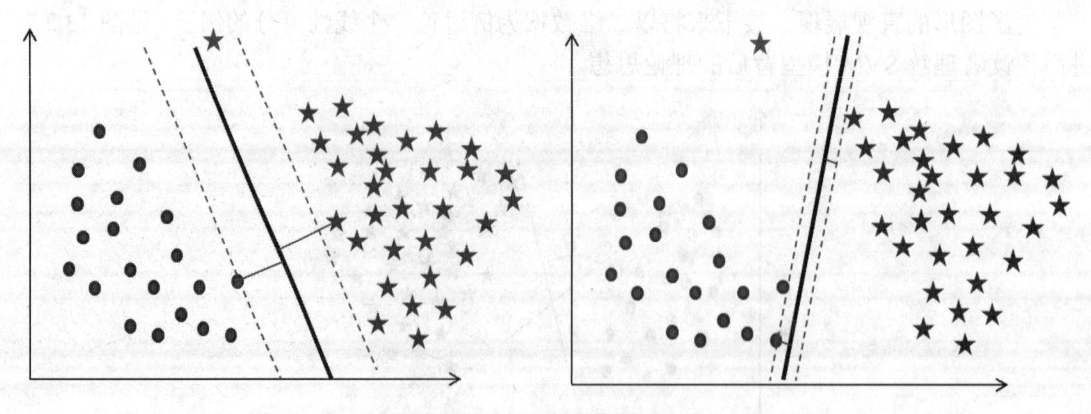

图 13.5　两种带宽下的分割线

左图的带宽明显要比右图宽很多，对于图中的异常五角星而言，左图可以准确地识别出它所属的类别，但是右图就会识别错误。所以验证了关于“分割带”的说明，即分割线对应的“分割带”越宽越好，SVM 模型就是在努力寻找这个最宽的“带”。

根据如上的解释过程可以将 SVM 模型的思想表达为一个数学公式，即 SVM 模型的目标函数为：

$$J(\boldsymbol{w},b,i)=\arg_{\boldsymbol{w},b}\max\min(d_i)$$

其中，d_i表示样本点i到某条固定分割面的距离；$\min(d_i)$表示所有样本点与某个分割面之间距离的最小值；$\arg_{\boldsymbol{w},b}\max\min(d_i)$表示从所有的分割面中寻找“分割带”最宽的“超平面”；其中$\boldsymbol{w}$和b代表线性分割面的参数。假设线性分割面表示为$\boldsymbol{w}'x+b=0$，则点到分割面的距离d_i可以表示为：

$$d_i=\frac{|\boldsymbol{w}'x_i+b|}{\|\boldsymbol{w}\|}$$

其中，$\|\boldsymbol{w}\|$表示$\boldsymbol{w}$向量的二范式，即$\|\boldsymbol{w}\|=\sqrt{w_1^2+w_2^2+\cdots+w_p^2}$。很显然，上面的目标函数$J(\boldsymbol{w},b,i)$其实是无法求解的，因为对于上述的线性可分问题而言，可以得到无穷多个$\boldsymbol{w}$和b，进而无法通过穷举的方式得到最优的$\boldsymbol{w}$和b值。为了能够解决这个问题，需要换个角度求解目标函数$J(\boldsymbol{w},b,i)$，在接下来的几节内容中将会介绍有关线性可分的 SVM、近似线性可分的 SVM 以及非线性可分 SVM 的目标函数。

13.2 几种常见的 SVM 模型

13.2.1 线性可分的 SVM

以二分类问题为例，假设某条分割面可以将正负样本点区分开来，并且该分割面用$\boldsymbol{w}'x+b=0$表示。如果样本点落在分割面的左半边，则表示负例，反之表示正例，呈现的图形如图 13.6 所示。

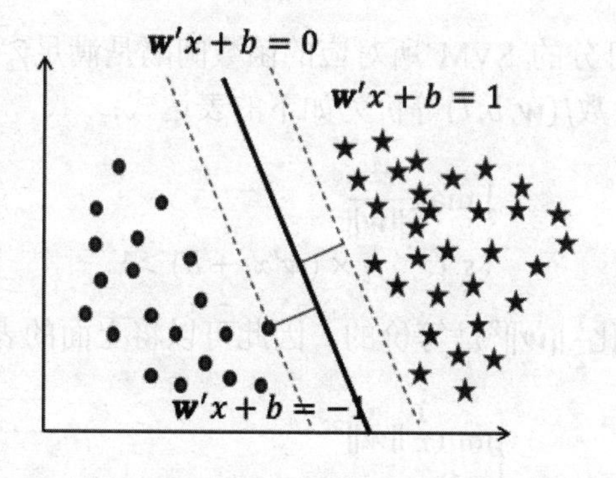

图 13.6 线性可分的 SVM 示意图

不妨将五角星所代表的正例样本用 1 表示，将实心圆所代表的负例样本用-1 表示；图中的实体加粗直线表示某条分割面；两条虚线分别表示因变量$\boldsymbol{y}$取值为+1 和-1 时的情况，它们与分割面平行。从图中可知，不管是五角星代表的样本点还是实心圆代表的样本点，这些点均落在两条虚线以及虚线之外，说明这些点带入到方程$\boldsymbol{w}'x+b$所得的绝对值一定大于等于 1。进而可以说明，点对应的取值越小于-1，该样本为负例的可能性越高；点对应的取值越大于+1，样本为正例的可能性越高。所以，根据如上的图形就可以引申出函数间隔的概念，即数学表达式为：

$$\widehat{\gamma_i}=y_i\times(\boldsymbol{w}'x_i+b)$$

其中，y_i表示样本点所属的类别，用+1 和-1 表示。当$\boldsymbol{w}'x_i+b$计算的值小于等于-1 时，根据分割面可以将样本点x_i对应的y_i预测为-1；当$\boldsymbol{w}'x_i+b$计算的值大于等于+1 时，分割面会将样本点x_i对应的y_i预测为+1。故利用如上的乘积公式，可以得到线性可分的 SVM 所对应的函数间隔满足$\widehat{\gamma_i}\geqslant 1$的条件。

直接将函数间隔利用到目标函数$J(\boldsymbol{w},b,i)$中会存在一个弊端，就是当分割面中的参数$\boldsymbol{w}$和b同比例增加时，所对应的$\widehat{\gamma_i}$值也会同比例增加，但这样的增加对分割面$\boldsymbol{w}'x+b=0$来说丝毫没有影响。例如，将$\boldsymbol{w}$和b同比例增加 1.5 倍，得到的$\widehat{\gamma_i}$值也会被扩大 1.5 倍，而分割面$\boldsymbol{w}'x+b=0$是没有变化的。所以，为了避免这样的问题，需要对函数间隔做约束，例如单位化处理，进而函数间隔可以重新表示为：

$$\gamma_i=\frac{\widehat{\gamma_i}}{\|\boldsymbol{w}\|}=\frac{y_i\times(\boldsymbol{w}'x_i+b)}{\|\boldsymbol{w}\|}=\frac{|\boldsymbol{w}'x_i+b|}{\|\boldsymbol{w}\|}=d_i$$

巧妙的是，将函数间隔做单位化处理后，得到的γ_i值其实就是点x_i到分割面$\boldsymbol{w}'x+b=0$的距离，所以γ_i被称为几何间隔。有了几何间隔这个概念，再来看目标函数$J(\boldsymbol{w},b,i)$：

$$\begin{aligned}J(\boldsymbol{w},b,i)&=\arg_{\boldsymbol{w},b}\max\min(d_i)\\&=\arg_{\boldsymbol{w},b}\max\min\frac{y_i\times(\boldsymbol{w}'x_i+b)}{\|\boldsymbol{w}\|}\\&=\arg_{\boldsymbol{w},b}\max\frac{1}{\|\boldsymbol{w}\|}\min\big(y_i\times(\boldsymbol{w}'x_i+b)\big)\\&=\arg_{\boldsymbol{w},b}\max\frac{1}{\|\boldsymbol{w}\|}\min(\widehat{\gamma_i})\end{aligned}$$

正如前文所提，线性可分的 SVM 所对应的函数间隔是满足$\widehat{\gamma_i}\geqslant 1$的条件，故$\min(\widehat{\gamma_i})$就等于 1。所以，可以将目标函数$J(\boldsymbol{w},b,i)$等价为如下的表达式：

$$\begin{cases}\max\dfrac{1}{\|\boldsymbol{w}\|}\\ s.t.\quad y_i\times(\boldsymbol{w}'x_i+b)\geqslant 1\end{cases}$$

由于最大化$\frac{1}{\|\boldsymbol{w}\|}$与最小化$\frac{1}{2}\|\boldsymbol{w}\|^2$是等价的，因此可以将上面的表达式重新表示为：

$$\begin{cases}\min\dfrac{1}{2}\|\boldsymbol{w}\|^2\\ s.t.\quad y_i\times(\boldsymbol{w}'x_i+b)\geqslant 1\end{cases}$$

现在的问题是如何根据不等式的约束求解目标函数$\frac{1}{2}\|\boldsymbol{w}\|^2$的最小值，关于这类凸二次规划问题的求解需要使用到拉格朗日乘子法。

首先介绍一下拉格朗日乘子法的相关知识点，假设存在一个需要最小化的目标函数$f(x)$，并且该目标函数同时受到$g(x)\leqslant 0$的约束。如需得到最优化的解，则需要利用拉格朗日对偶性将原始的最优化问题转换为对偶问题，即：

$$\begin{aligned}\min(f(x)) &= \min_x\max_\lambda\big(L(x,\lambda)\big)\\ &= \min_x\max_\lambda\left(f(x)+\sum_{i=1}^{k}\lambda_i g_i(x)\right)\end{aligned}$$

其中，$f(x)+\sum_{i=1}^{k}\lambda_i g_i(x)$为拉格朗日函数；$\lambda_i$为拉格朗日乘子，且$\lambda_i>0$；上式就称为广义拉格朗日函数的极小极大问题。在求解极小值问题时，还需要利用对偶性将极小极大问题转换为极大极小问题，即：

$$\begin{aligned}\min(f(x)) &= \max_\lambda\min_x\big(L(x,\lambda)\big)\\ &= \max_\lambda\min_x\left(f(x)+\sum_{i=1}^{k}\lambda_i g_i(x)\right)\end{aligned}$$

利用对偶性将最优化问题做等价转换是有好处的，一方面在极小值求解中无须对拉格朗日函数中的乘子λ_i求偏导，另一方面使计算过程变得易于理解。所以，在计算目标函数的极值时，分两步求偏导即可，先对极小值部分做x的偏导，再对极大值部分做λ_i偏导，通过两步运算，最终计算出目标函数所对应的参数值。

根据如上介绍的拉格朗日乘子法的数学知识就可以将线性可分SVM模型的目标函数重新表示为：

$$\begin{aligned}\min\frac{1}{2}\|\boldsymbol{w}\|^2 &= \max_\alpha\min_{w,b}\big(L(\boldsymbol{w},b,\alpha_i)\big)\\ &= \max_\alpha\min_{w,b}\left(\frac{1}{2}\|\boldsymbol{w}\|^2+\sum_{i=1}^{n}\alpha_i\big(1-y_i\times(\boldsymbol{w}'x_i+b)\big)\right)\\ &= \max_\alpha\min_{w,b}\left(\frac{1}{2}\|\boldsymbol{w}\|^2-\sum_{i=1}^{n}\alpha_i y_i\times(\boldsymbol{w}'x_i+b)+\sum_{i=1}^{n}\alpha_i\right)\end{aligned}$$

所以，第一步要做的就是求解拉格朗日函数的极小值，即$\min_{w,b}\big(L(w,b,\alpha_i)\big)$。关于这部分的求解就需要对函数$L(\boldsymbol{w},b,\alpha_i)$中的参数$\boldsymbol{w}$和$b$分别求偏导，并令导函数为0：

$$\begin{cases}\dfrac{\partial L(\boldsymbol{w},b,\alpha)}{\partial \boldsymbol{w}}=\boldsymbol{w}-\displaystyle\sum_{i=1}^{n}\alpha_i y_i x_i=0\\ \dfrac{\partial L(\boldsymbol{w},b,\alpha)}{\partial b}=\displaystyle\sum_{i=1}^{n}\alpha_i y_i=0\end{cases}$$

将如上两个导函数为0的等式重新带入到目标函数$\min\frac{1}{2}\|\boldsymbol{w}\|^2$中，具体的推导过程如下：

$$\begin{aligned}
\min\frac{1}{2}\|\boldsymbol{w}\|^2 &= \max_\alpha\left(\frac{1}{2}\|\boldsymbol{w}\|^2+\sum_{i=1}^{n}\alpha_i\big(1-y_i\times(\boldsymbol{w}'x_i+b)\big)\right)\\
&= \max_\alpha\left(\frac{1}{2}\boldsymbol{w}'\boldsymbol{w}+\sum_{i=1}^{n}\alpha_i-\sum_{i=1}^{n}\alpha_i y_i\boldsymbol{w}'x_i-\sum_{i=1}^{n}\alpha_i y_i b\right)\\
&= \max_\alpha\left(\frac{1}{2}\boldsymbol{w}'\sum_{i=1}^{n}\alpha_i y_i x_i+\sum_{i=1}^{n}\alpha_i-\boldsymbol{w}'\sum_{i=1}^{n}\alpha_i y_i x_i-b\sum_{i=1}^{n}\alpha_i y_i\right)\\
&= \max_\alpha\left(-\frac{1}{2}\boldsymbol{w}'\sum_{i=1}^{n}\alpha_i y_i x_i+\sum_{i=1}^{n}\alpha_i-0\right)\\
&= \max_\alpha\left(-\frac{1}{2}\sum_{i=1}^{n}\sum_{j=1}^{n}\alpha_i\alpha_j y_i y_j\big(x_i\cdot x_j\big)+\sum_{i=1}^{n}\alpha_i-0\right)
\end{aligned}$$

所以，最终可以将最原始的目标函数重新改写为下方的等价目标问题：

$$\begin{cases}
\min_\alpha\left(\dfrac{1}{2}\displaystyle\sum_{i=1}^{n}\sum_{j=1}^{n}\alpha_i\alpha_j y_i y_j\big(x_i\cdot x_j\big)-\sum_{i=1}^{n}\alpha_i\right)\\
s.t.\ \ \displaystyle\sum_{i=1}^{n}\alpha_i y_i=0\\
\qquad\alpha_i\geqslant 0
\end{cases}$$

其中，$(x_i\cdot x_j)$表示两个样本点的内积。如上就是关于线性可分 SVM 目标函数的构建、演变与推导的全过程了，最终根据已知样本点(x_i,y_i)计算$\frac{1}{2}\sum_{i=1}^{n}\sum_{j=1}^{n}\alpha_i\alpha_j y_i y_j\big(x_i\cdot x_j\big)-\sum_{i=1}^{n}\alpha_i$的极小值，并利用拉格朗日乘子$\alpha_i$的值计算分割面$\boldsymbol{w}'x+b=0$的参数$\boldsymbol{w}$和$b$：

$$\begin{cases}
\hat{\boldsymbol{w}}=\displaystyle\sum_{i=1}^{n}\hat{\alpha}_i y_i x_i\\
\hat{b}=y_j-\displaystyle\sum_{i=1}^{n}\hat{\alpha}_i y_i\big(x_i\cdot x_j\big)
\end{cases}$$

其中，在计算$\hat{b}$时，需要固定某个y_j，即从多个拉格朗日乘子α_i中任意挑选一个大于 0 的j样本与后面的和式相减。

13.2.2 一个手工计算的案例

为了方便读者理解线性可分 SVM 模型是如何运作和计算的，接下来举一个简单的例子（见图 13.7，案例来源于李航老师的《统计学习方法》一书），并通过手工方式对其计算。

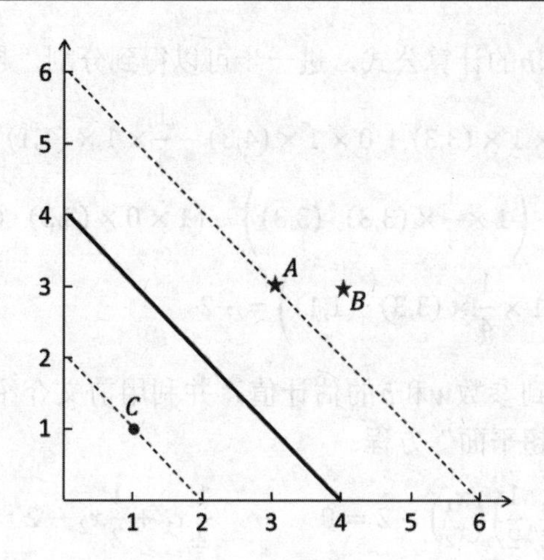

图 13.7　线性可分 SVM 的计算案例

假设样本空间中的 3 个点可以通过线性可分的 SVM 进行分类，不妨用实心圆点代表负例、五角星代表正例。如何利用前面介绍的理论知识找到最佳的“超平面”？计算过程如下：

第一步：将样本点代入到目标函数

$$\begin{aligned}\min\frac{1}{2}\|\boldsymbol{w}\|^2 &= f(\alpha)\\ &= \min_\alpha(\frac{1}{2}(18\alpha_1^2+25\alpha_2^2+2\alpha_3^2+42\alpha_1\alpha_2\\ &\quad -12\alpha_1\alpha_3-14\alpha_2\alpha_3)-\alpha_1-\alpha_2-\alpha_3)\end{aligned}$$

第二步：将$\alpha_1+\alpha_2-\alpha_3=0$代入上式

$$\begin{aligned}&\min\frac{1}{2}\|\boldsymbol{w}\|^2 = f(\alpha)\\ &=\min_\alpha(\frac{1}{2}(18\alpha_1^2+25\alpha_2^2+2(\alpha_1+\alpha_2)^2\\ &+42\alpha_1\alpha_2-12\alpha_1(\alpha_1+\alpha_2)-14\alpha_2(\alpha_1+\alpha_2))-\alpha_1-\alpha_2-(\alpha_1+\alpha_2))\\ &=\min_\alpha\left(4\alpha_1^2+\frac{13}{2}\alpha_2^2+10\alpha_1\alpha_2-2\alpha_1-2\alpha_2\right)\end{aligned}$$

第三步：对α_i求偏导，并令导函数为 0

$$\begin{cases}\dfrac{\partial f}{\partial\alpha_1}=8\alpha_1+10\alpha_2-2=0\\ \dfrac{\partial f}{\partial\alpha_2}=13\alpha_2+10\alpha_1-2=0\end{cases}$$

经计算可知，$\alpha_1=\frac{3}{2}$，$\alpha_2=-1$，很显然α_2并不满足$\alpha_i\geqslant0$的条件，目标函数的最小值就需要在边界处获得，即令其中的$\alpha_1=0$或$\alpha_2=0$，重新计算使$f(\alpha)$达到最小的α_i。当$\alpha_1=0$时，$f(\alpha)=\frac{13}{2}\alpha_2^2-2\alpha_2$，对$\alpha_2$求偏导，得到$\alpha_1=0$、$\alpha_2=\frac{2}{13}$、$f(\alpha)=-\frac{2}{13}$；当$\alpha_2=0$时，$f(\alpha)=4\alpha_1^2-2\alpha_1$，对$\alpha_1$求偏导，得到$\alpha_1=\frac{1}{4}$、$\alpha_2=0$、$f(\alpha)=-\frac{1}{4}$。经过对比发现，$f(\alpha)=-\frac{1}{4}$时目标函数最小，故最终确定$\alpha_1=\alpha_3=\frac{1}{4}$，$\alpha_2=0$。

最后利用求解参数$\boldsymbol{w}$和b的计算公式，进一步可以得到分割“超平面”的表达式：

$$\begin{cases} \hat{\boldsymbol{w}} = \frac{1}{4} \times 1 \times (3,3) + 0 \times 1 \times (4,3) - \frac{1}{4} \times 1 \times (1,1) = \left(\frac{1}{2}, \frac{1}{2}\right) \\ \hat{b} = 1 - \left(1 \times \frac{1}{4} \times (3,3) \cdot (3,3)\right) - (1 \times 0 \times (3,3) \cdot (4,3)) \\ \qquad + \left(1 \times \frac{1}{4} \times (3,3) \cdot (1,1)\right) = -2 \end{cases}$$

根据如上计算过程得到参数$\boldsymbol{w}$和b的估计值，并利用前文介绍的分割“超平面”表达式$\boldsymbol{w}'x + b = 0$进一步得到“超平面”方程：

$$\left(\frac{1}{2}, \frac{1}{2}\right)\binom{x_1}{x_2} - 2 = 0 \quad \rightarrow \quad \frac{1}{2}x_1 + \frac{1}{2}x_2 - 2 = 0$$

值得注意的是，对比A、B、C三点和拉格朗日乘子α_1、α_2和α_3，当$\alpha_i \neq 0$时，对应的样本点会落在两条虚线之上，否则样本点在“分割带”之外。对于虚线之上的样本点，称为支持向量，即它们是构成 SVM 模型的核心点，而其他点对“超平面”$\boldsymbol{w}$和b的计算没有任何贡献。所以，这就验证了前文中提到的模型具有很好的鲁棒性以及可以避免“维度灾难”的发生这些优点。

如上的简单案例就是关于线性可分SVM模型在寻找分割“超平面”的过程，但该模型成立的一个大前提就是函数间隔满足$\widehat{\gamma_i} \geqslant 1$的条件。在实际情况中，样本点很难通过线性可分 SVM 模型对其划分，即很难保证间隔一定满足$\widehat{\gamma_i} \geqslant 1$的前提。如果该条件不满足，那么该如何利用 SVM 模型对数据做分类判断呢？

13.2.3 近似线性可分 SVM

近似线性可分 SVM 通常也被称为线性 SVM，它主要是为了解决样本点不满足函数间隔大于等于 1 的分类问题。该算法解决问题的思路是非常简单的，就是对每一个样本点的函数间隔加上一个松弛因子ξ_i，并且$\xi_i \geqslant 0$。为帮助读者理解松弛因子，可以查看图 13.8 所呈现的效果。

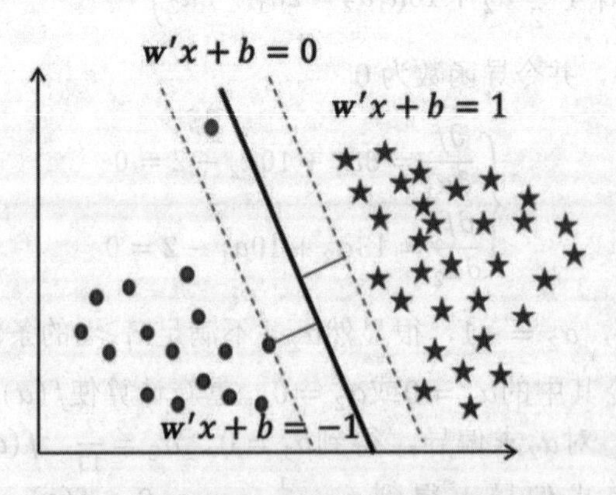

图 13.8 近似线性可分 SVM 的示意图

由于绝大多数样本点都是线性可分的，仅有一个异常点会落在“分割带”内，很明显该

点与“超平面”之间的函数间隔是小于 1 的。如果基于图 13.8 中的点，硬要构造一个线性可分的 SVM 模型（确保所有样本点都落在“分割带”之外，且“分割带”之间的距离为$\frac{2}{\|\boldsymbol{w}\|}$），可能这样的“超平面”无法搜寻得到，故只能牺牲少部分异常点的利益，确保大部分的样本点都能够被线性可分。

所以，在近似线性可分的 SVM 模型中，为了使部分异常点的函数间隔满足$y_i \times (\boldsymbol{w}'x_i + b) \geqslant 1$的条件，就需要给函数间隔加入松弛因子$\xi_i$，确保新的函数间隔大于等于 1，即：

$$y_i \times (\boldsymbol{w}'x_i + b) + \xi_i \geqslant 1$$

从函数间隔的公式可知，当大部分的样本点与分割面的函数间隔均大于等于 1 时，对应的松弛因子ξ_i应该为 0；当部分异常点的函数间隔不满足大于等于 1 的条件时，松弛因子ξ_i就会起效。

当函数间隔的约束条件发生变化时，对应的目标函数也需要有所调整，即在原始的目标函数基础之上加上松弛因子ξ_i所产生的代价。新的目标函数可以表示为：

$$\begin{cases} \min \frac{1}{2}\|\boldsymbol{w}\|^2 + C\sum_{i=1}^{n}\xi_i \\ s.t. \quad y_i \times (w'x_i + b) \geqslant 1 - \xi_i \\ \qquad \xi_i \geqslant 0 \end{cases}$$

其中，C为大于 0 的惩罚系数，是用来平衡“分割带”带宽和误分类样本点个数的系数。惩罚系数越大，模型对误判样本点的惩罚力度就越大，为避免惩罚，提高正确分类样本点的个数，不得不牺牲“分割带”的带宽，进而使模型在训练集上的犯错率降低，但这样做通常会导致模型的过拟合；惩罚系数越小，模型对误判样本点的惩罚力度就越小，分类正确与否不再是模型关心的重点，其关心的只是“分割带”的带宽越大越好，但这样做通常会导致模型无意义，因为它已经欠拟合了。

根据拉格朗日对偶性的数学知识，可以将如上的目标函数重新表示为：

$$\min \frac{1}{2}\|\boldsymbol{w}\|^2 + C\sum_{i=1}^{n}\xi_i = \max_{\alpha,\lambda}\min_{\boldsymbol{w},b,\xi_i}\left(L(\boldsymbol{w},b,\xi_i,\alpha_i,\lambda_i)\right)$$

$$= \max_{\alpha,\lambda}\min_{\boldsymbol{w},b,\xi_i}(\frac{1}{2}\|\boldsymbol{w}\|^2 + C\sum_{i=1}^{n}\xi_i$$

$$-\sum_{i=1}^{n}\alpha_i\left(y_i \times (\boldsymbol{w}'x_i + b) + \xi_i - 1\right) - \sum_{i=1}^{n}\lambda_i\xi_i)$$

接下来，对上面目标函数函数中的$\min_{\boldsymbol{w},b,\xi_i}\left(L(\boldsymbol{w},b,\xi_i,\alpha_i,\lambda_i)\right)$部分求解极小值，即对拉格朗日函数$L(\boldsymbol{w},b,\xi_i,\alpha_i,\lambda_i)$中的参数$\boldsymbol{w}$、$b$和$\xi_i$求偏导，并令导函数为 0：

$$\begin{cases}\dfrac{\partial L(\boldsymbol{w},b,\xi_i,\alpha_i,\lambda_i)}{\partial \boldsymbol{w}}=\boldsymbol{w}-\sum_{i=1}^{n}\alpha_i y_i x_i=0\\ \dfrac{\partial L(\boldsymbol{w},b,\xi_i,\alpha_i,\lambda_i)}{\partial b}=\sum_{i=1}^{n}\alpha_i y_i=0\\ \dfrac{\partial L(\boldsymbol{w},b,\xi_i,\alpha_i,\lambda_i)}{\partial \xi_i}=C-\alpha_i-\lambda_i=0\end{cases}$$

再将如上得到的等式重新带回到拉格朗日函数$L(\boldsymbol{w},b,\xi_i,\alpha_i,\lambda_i)$中，进一步可以得到目标函数$\frac{1}{2}\|\boldsymbol{w}\|^2+C\sum_{i=1}^{n}\xi_i$的极大值部分$\max_{\alpha,\lambda}$，从而便于求解参数$\alpha$和$\lambda$的值。中间的推导过程与线性可分 SVM 模型类似，这里直接给出结果：

$$\begin{cases}\min_{\alpha}\left(\dfrac{1}{2}\sum_{i=1}^{n}\sum_{j=1}^{n}\alpha_i\alpha_j y_i y_j(x_i\cdot x_j)-\sum_{i=1}^{n}\alpha_i\right)\\ s.t.\quad \sum_{i=1}^{n}\alpha_i y_i=0\\ 0\leqslant\alpha_i\leqslant C\end{cases}$$

需要注意的是，在推导过程中，有关松弛因子ξ_i一项没有在如上的目标函数中出现，是因为受到$C-\alpha_i-\lambda_i=0$的条件而被抵消。读者可能已经发现，如上的结果形式与线性可分的 SVM 非常相似，所不同的是拉格朗日因子α_i的范围受到了惩罚项C的影响，即上式中的约束$0\leqslant\alpha_i\leqslant C$。它是通过其他几个约束条件获得的：由于$C-\alpha_i-\lambda_i=0$，且$\alpha_i\geqslant 0$、$\lambda_i\geqslant 0$，所以$C-\alpha_i=\lambda_i\geqslant 0$，进而得到$C\geqslant\alpha_i\geqslant 0$。

如上的结果就是关于近似线性可分SVM目标函数的构建和推导过程，可以根据已知样本点(x_i,y_i)计算$\frac{1}{2}\sum_{i=1}^{n}\sum_{j=1}^{n}\alpha_i\alpha_j y_i y_j(x_i\cdot x_j)-\sum_{i=1}^{n}\alpha_i$的极小值，并利用拉格朗日乘子$\alpha_i$的值计算分割面$\boldsymbol{w}'x+b=0$的参数$\boldsymbol{w}$和$b$：

$$\begin{cases}\widehat{\boldsymbol{w}}=\sum_{i=1}^{n}\widehat{\alpha}_i y_i x_i\\ \widehat{b}=y_j-\sum_{i=1}^{n}\widehat{\alpha}_i y_i(x_i\cdot x_j)\end{cases}$$

同样需要注意的是，在计算$\widehat{b}$时，首先需要固定某个y_j，其必须是满足$0<\alpha_i<C$条件的某个y_j；然后从所有α_i中寻找满足$0<\alpha_i<C$约束的支持向量x_i和类别值y_i，用来计算第二项中的和。

13.2.4 线性 SVM 的损失函数

在图 13.9 中，右图中的 x 轴表示 SVM 模型的函数间隔，y 轴表示 SVM 模型的损失值。

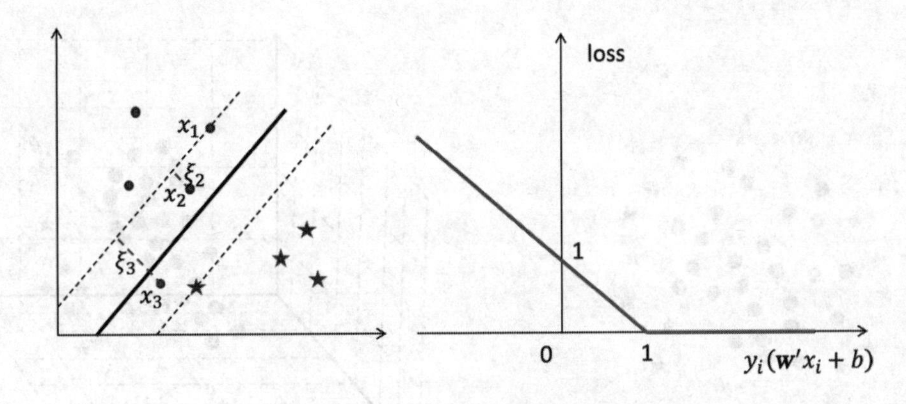

图 13.9 合页损失函数示意图

由前文介绍的知识可知，如果所有样本点的函数间隔均大于等于 1，则它们可以通过线性可分的 SVM 模型进行分类，并且分类的准确率为 100%，故每一个样本点的损失值均为 0；如果样本点的函数间隔不满足大于等于 1 时，就需要借助于松弛因子ξ_i，函数间隔越小于 1，对应的ξ_i越大，模型损失也会越大。故合页损失函数可以用图 13.9 表示，它的数学表达式可以写成：

$$\text{loss}=\sum_{i=1}^{n}[1-y_i(\boldsymbol{w}'x+b)]_+=\sum_{i=1}^{n}\xi_i$$

其中，$[z]_+$表示取正值的意思，当$z>0$时，返回z本身，否则返回 0。如果觉得该公式比较抽象，可以对比左图，以图中的x_1、x_2和x_3为例，如果样本点x_1刚好落在“分割带”上，其函数间隔为 1，对应的ξ_1为 0；如果样本点x_2落在“分割带”之内，且属于正确分类的一边时，则对应的ξ_2为大于 0 且小于 1 的值，即 1-$y_i(\boldsymbol{w}'x+b)$；如果样本点x_3同样落在“分割带”之内，但属于错误分类的一边时，$y_i(\boldsymbol{w}'x+b)$为负数，所以 1-$y_i(\boldsymbol{w}'x+b)$就是大于 1 的值，即对应的ξ_3大于 1。

13.2.5 非线性可分 SVM

前面两节所介绍的都是基于线性可分或近似线性可分的 SVM，如果样本点无法通过某个线性的“超平面”对其分割时，使用这两种 SVM 将对样本的分类产生很差的效果。这时就需要构建非线性可分的 SVM，该模型的核心思想就是把原始数据扩展到更高维的空间，然后基于高维空间实现样本的线性可分。关于该思想的实现，读者可以对比图 13.10 所示的两幅图形。

假设在左图的二维空间中存在两种类别的样本点，那么不管以何种线性的“超平面”都无法对其进行正确分类；如果将其映射到右图的三维空间中，就可以恰到好处地将其区分开来，而图中的切割平面就是三维空间下的线性可分“超平面”。

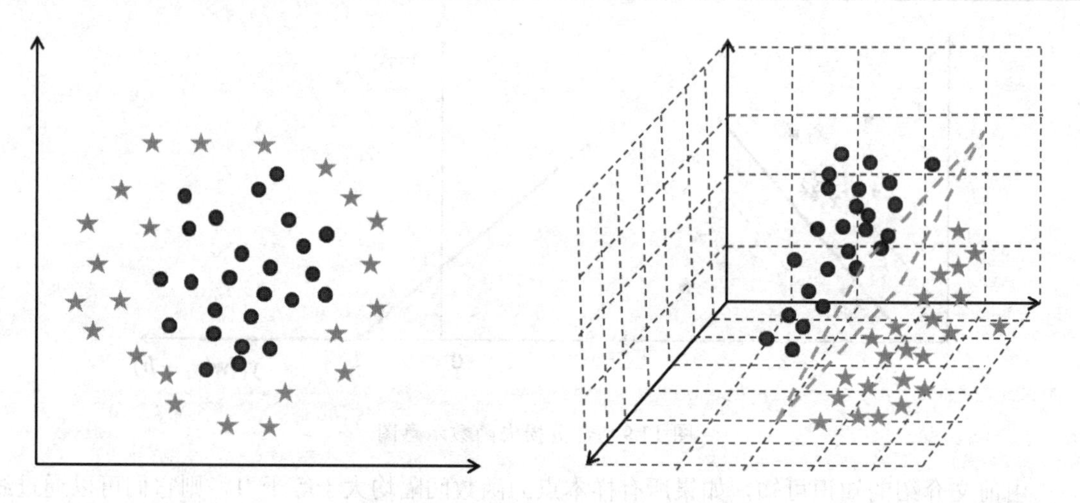

图 13.10　非线性可分 SVM 的示意图

按照图 13.10 的过程，非线性 SVM 模型的构建需要经过两个步骤，一个是将原始空间中的样本点映射到高维的新空间中，另一个是在新空间中寻找一个用于识别各类别样本点线性"超平面"。假设原始空间中的样本点为x，将样本通过某种转换$\phi(x)$映射到高维空间中，则非线性 SVM 模型的目标函数可以表示为：

$$
\begin{cases}
\min_{\alpha}\left(\dfrac{1}{2}\sum_{i=1}^{n}\sum_{j=1}^{n}\alpha_i\alpha_j y_i y_j\left(\phi(x_i)\cdot\phi(x_j)\right)-\sum_{i=1}^{n}\alpha_i\right) \\
s.t.\quad \sum_{i=1}^{n}\alpha_i y_i = 0 \\
\qquad 0\leqslant\alpha_i\leqslant C
\end{cases}
$$

其中，内积$\phi(x_i)\cdot\phi(x_j)$可以利用核函数替换，即$K(x_i, x_j)=\phi(x_i)\cdot\phi(x_j)$。对于上式而言，同样需要计算最优的拉格朗日乘子$\alpha_i$，进而可以得到线性"超平面"$\boldsymbol{w}$与$b$的值：

$$
\begin{cases}
\hat{\boldsymbol{w}}=\sum_{i=1}^{n}\hat{\alpha}_i y_i\phi(x_i) \\
\hat{b}=y_j-\sum_{i=1}^{n}\hat{\alpha}_i y_i K(x_i, x_j)
\end{cases}
$$

现在的问题是什么是核函数、常用的核函数都有哪些。对于核函数的定义，作者是这样理解的：假设原始空间中的两个样本点(x_i, x_j)，在其扩展到高维空间后，它们的内积$\phi(x_i)\cdot\phi(x_j)$等于样本点(x_i, x_j)在原始空间中某个函数的输出，那么该函数就称为核函数。

可能读者在理解这句关于核函数的定义时比较困惑，这里不妨举个简单的例子加以说明：

假设二维空间中存在两点$x_1=\left(x_1^{(1)},x_1^{(2)}\right)$和$x_2=\left(x_2^{(1)},x_2^{(2)}\right)$，可以利用某个映射$\phi(x_i)$将其对应到三维空间中$\left(\left(x_i^{(1)}\right)^2,\sqrt{2}x_i^{(1)}x_i^{(2)},\left(x_i^{(2)}\right)^2\right)$，所以三维空间中的内积可以表示为：

$$\begin{aligned}\phi(x_1)\cdot\phi(x_2) &= \left(\left(x_1^{(1)}\right)^2,\sqrt{2}x_1^{(1)}x_1^{(2)},\left(x_1^{(2)}\right)^2\right)\cdot\left(\left(x_2^{(1)}\right)^2,\sqrt{2}x_2^{(1)}x_2^{(2)},\left(x_2^{(2)}\right)^2\right) \\ &= \left(x_1^{(1)}x_2^{(1)}\right)^2 + 2x_1^{(1)}x_1^{(2)}x_2^{(1)}x_2^{(2)} + \left(x_1^{(1)}x_2^{(1)}\right)^2\end{aligned}$$

细心的读者一定会发现，$\phi(x_1)\cdot\phi(x_2)$的结果实际上是一个和的平方项，故一定存在一个核函数，使得样本点x_1和x_2可以在二维空间中得到上方的结果。即核函数为$K(x_i, x_j) = (x_i\cdot x_j)^2$，所以

$$\begin{aligned}K(x_1, x_2) &= \left(\left(x_1^{(1)},x_1^{(2)}\right)\cdot\left(x_2^{(1)},x_2^{(2)}\right)\right)^2 \\ &= \left(x_1^{(1)}x_2^{(1)} + x_1^{(2)}x_2^{(2)}\right)^2 \\ &= \left(x_1^{(1)}x_2^{(1)}\right)^2 + 2x_1^{(1)}x_1^{(2)}x_2^{(1)}x_2^{(2)} + \left(x_1^{(1)}x_2^{(1)}\right)^2 \\ &= \phi(x_1)\cdot\phi(x_2)\end{aligned}$$

很显然，同样的结果，运用核函数的方法要比高维空间中的内积更加简单和高效。

12.2.6 几种常用的 SVM 核函数

在实际应用中，都有哪些常用的核函数可供选择和使用呢？

1. 线性核函数

核函数的表达式为$K(x_i, x_j) = x_i\cdot x_j$，故对应的分割“超平面”为：

$$f(x) = \sum_{i=1}^{n}\hat{\alpha}_i y_i\, x_i x + \left(y_j - \sum_{i=1}^{n}\hat{\alpha}_i y_i\, x_i\cdot x_j\right)$$

线性核函数实际上就是线性可分的 SVM 模型。

2. 多项式核函数

核函数的表达式为$K(x_i, x_j) = (\gamma(x_i\cdot x_j) + r)^p$，故对应的分割“超平面”为：

$$f(x) = \sum_{i=1}^{n}\hat{\alpha}_i y_i(\gamma(x_i\cdot x) + r)^p + \left(y_j - \sum_{i=1}^{n}\hat{\alpha}_i y_i(\gamma(x_i\cdot x_j) + r)^p\right)$$

其中，γ和p均为多项式核函数的参数。在上面的例子中，核函数$K(x_1, x_2)$实际上就是多项式核函数，其对应的γ为 1、r为 0。

3. 高斯核函数

核函数的表达式为$K(x_i, x_j) = \exp\left(-\gamma\|x_i - x_j\|^2\right)$，故对应的分割“超平面”为：

$$f(x) = \sum_{i=1}^{n}\hat{\alpha}_i y_i \exp(-\gamma\|x_i - x\|^2) + \left(y_j - \sum_{i=1}^{n}\hat{\alpha}_i y_i \exp\left(-\gamma\|x_i - x_j\|^2\right)\right)$$

其中，γ为高斯核函数的参数，该核函数通常也被称为径向基核函数。

4. Sigmoid核函数

核函数的表达式为$K(x_i, x_j) = \tanh(\gamma(x_i \cdot x_j) + r)$，故对应的分割“超平面”为：

$$f(x) = \sum_{i=1}^{n} \hat{\alpha}_i y_i \tanh(\gamma(x_i \cdot x) + r) + \left(y_j - \sum_{i=1}^{n} \hat{\alpha}_i y_i \tanh(\gamma(x_i \cdot x_j) + r)\right)$$

如上提供了 4 种常用的核函数，在实际应用中，SVM 模型对核函数的选择是非常敏感的，所以需要通过先验的领域知识或者交叉验证的方法选出合理的核函数。大多数情况下，选择高斯核函数是一种相对偷懒而有效的方法，因为高斯核是一种指数函数，它的泰勒展开式可以是无穷维的，即相当于把原始样本点映射到高维空间中。

12.2.7 SVM 的回归预测

SVM 模型不仅可以解决分类问题，还可以用来解决连续数据的预测问题。相比于传统的线性回归，它具有几项优点，例如模型对数据的分布没有任何约束、模型不受多重共线性的影响、模型受异常点的影响力度远小于线性回归。所以，它的这些优点更值得我们去学习和使用，接下来将介绍有关 SVM 回归模型的理论知识。

在第 7 章的线性回归模型中，定义模型的损失函数实际上是在对比预测值与实际值之间的差异，当两者相等时，损失为 0，当两者不相等时，才开始计算损失。在 SVM 回归模型中，对损失函数的定义基本相同，所不同的是该算法允许预测值与实际值之间存在一个合理的误差，即$|y_i - f(x_i)| \leqslant \varepsilon$时，损失为 0，否则开始计算模型的损失。

类似于近似线性可分 SVM，为了使 SVM 回归模型具有更强的泛化能力，需要加入松弛因子$\xi^{(*)}$，确保不等式$|y_i - f(x_i)| - \xi^{(*)} \leqslant \varepsilon$成立。注意，这里与 SVM 分类模型不同，它是在$|y_i - f(x_i)|$的基础上减去$\xi^{(*)}$，相当于将“分割带”之外的样本点拉回到带内。所以，根据上面的背景知识可以构造一个 SVM 回归模型的目标函数：

$$\begin{cases} \min_{w,b,\xi_i,\hat{\xi}_i} \frac{1}{2}\|\boldsymbol{w}\|^2 + C\sum_{i=1}^{n}(\xi_i + \hat{\xi}_i) \\ s.t. \quad y_i - f(x_i) \leqslant \varepsilon + \xi_i \\ \quad f(x_i) - y_i \leqslant \varepsilon + \hat{\xi}_i \\ \quad \xi_i \geqslant 0, \hat{\xi}_i \geqslant 0 \end{cases}$$

其中，$f(x_i) = \boldsymbol{w}'x_i + b$，将$|y_i - f(x_i)| - \xi^{(*)} \leqslant \varepsilon$写成了目标函数中的两个不等式约束；$\xi_i$和$\hat{\xi}_i$表示将“分割带”以外的样本点$x_i$拉回到两条带内所需要的成本。根据拉格朗日函数的对偶性，可以将上面的目标函数转换为下方的形式：

$$\frac{1}{2}\|\boldsymbol{w}\|^2 + C\sum_{i=1}^{n}(\xi_i + \hat{\xi}_i) = \max_{\alpha,\alpha^*,\mu,\mu^*} \min_{w,b,\xi_i\hat{\xi}_i} \left(L(\boldsymbol{w}, b, \xi_i, \hat{\xi}_i, \alpha, \alpha^*, \mu, \mu^*)\right)$$

$$= \max_{\alpha,\alpha^*,\mu,\mu^*} \min_{w,b,\xi_i\hat{\xi}_i} (\frac{1}{2}\|\boldsymbol{w}\|^2 + C\sum_{i=1}^{n}(\xi_i + \hat{\xi}_i) + \sum_{i=1}^{n}\alpha_i(y_i - f(x_i) - \varepsilon - \xi_i)$$

$$+\sum_{i=1}^{n}\alpha_i^*\left(f(x_i)-y_i-\varepsilon-\xi_i\right)-\sum_{i=1}^{n}u_i\xi_i-\sum_{i=1}^{n}\mu_i^*\hat{\xi}_i)$$

有了拉格朗日对偶形式的目标函数，下一步就是求解极小值问题。关于极小值的计算与前文介绍的方法一样，就是对拉格朗日函数计算偏导数，并令导函数为 0：

$$\begin{cases}\dfrac{\partial L\left(\boldsymbol{w},b,\xi_i,\hat{\xi}_i,\alpha,\alpha^*,\mu,\mu^*\right)}{\partial w}=\boldsymbol{w}-\sum_{i=1}^{n}(\alpha_i-\alpha_i^*)\,x_i=0\\ \dfrac{\partial L\left(\boldsymbol{w},b,\xi_i,\hat{\xi}_i,\alpha,\alpha^*,\mu,\mu^*\right)}{\partial b}=\sum_{i=1}^{n}(\alpha_i-\alpha_i^*)=0\\ \dfrac{\partial L\left(\boldsymbol{w},b,\xi_i,\hat{\xi}_i,\alpha,\alpha^*,\mu,\mu^*\right)}{\partial \xi_i}=C-\alpha_i-u_i=0\\ \dfrac{\partial L\left(\boldsymbol{w},b,\xi_i,\hat{\xi}_i,\alpha,\alpha^*,\mu,\mu^*\right)}{\partial \hat{\xi}_i}=C-\alpha_i^*-\mu_i^*=0\end{cases}$$

再将如上偏导数为 0 的结果带入到拉格朗日函数$L\left(\boldsymbol{w},b,\xi_i,\hat{\xi}_i,\alpha,\alpha^*,\mu,\mu^*\right)$中，进一步得到目标函数的极大值问题（或者通过乘以-1 转换为极小值问题）：

$$\begin{cases}\min_{\alpha,\alpha^*}\sum_{i=1}^{n}[y_i({\alpha^*}_i-\alpha_i)-\varepsilon({\alpha^*}_i+\alpha_i)]-\dfrac{1}{2}\sum_{i=1}^{n}\sum_{j=1}^{n}({\alpha^*}_i-\alpha_i)({\alpha^*}_j-\alpha_j)x_ix_j\\ \qquad s.t.\quad \sum_{i=1}^{n}(\alpha_i-\alpha_i^*)=0\\ \qquad\qquad 0\leqslant\alpha_i,\alpha_i^*\leqslant C\end{cases}$$

继续对如上的极小值问题求偏导，最终可以得到函数$f(x_i)=\boldsymbol{w}'x_i+b$中的参数$\boldsymbol{w}$与$b$的值，即

$$\begin{cases}\boldsymbol{w}=\sum_{i=1}^{n}(\alpha_i-\alpha_i^*)\,x_i\\ b=y_j+\varepsilon-\sum_{i=1}^{n}(\alpha_i-\alpha_i^*)x_ix_j\end{cases}$$

同理，可以将如上的线性 SVM 回归扩展到非线性的 SVM 回归，只需要使用核函数$K(x_i,x_j)$技术替换更高维空间的内积，即函数$f(x_i)$可以表示为：

$$f(x_i)=\sum_{i=1}^{n}(\alpha_i-\alpha_i^*)\,K(x_i,x)+y_j+\varepsilon-\sum_{i=1}^{n}(\alpha_i-\alpha_i^*)K(x_i,x_j)$$

12.2.8 R 语言函数介绍

前文使用大量的篇幅介绍了有关线性可分 SVM、近似线性可分 SVM、非线性可分 SVM、线性 SVM 回归以及非线性 SVM 回归的理论知识，只有读者掌握了这些数学方面的功底，才能够理解 R 语言函数中各参数的含义。

不论是分类问题还是预测问题，或者不论是线性可分问题还是线性不可分问题，都可以借助于e1071包中的svm函数实现问题的解决，有关该函数的语法和参数含义如下：

```
# 公式形式的函数
svm(formula, data = NULL, ..., subset, na.action =na.omit, scale = TRUE)
```

- **formula**：以公式的形式展现模型中的因变量和自变量，其中因变量可以是离散的因子型变量，也可以是连续的数值型变量。
- **data**：指定建模所需的数据集。
- **...**：指定函数中的其他参数，如核函数的选择、核函数参数值的设置、惩罚项系数等，具体可参考下方“x，y形式的函数”。
- **subset**：以向量的形式指定哪些数据行的子集用于建模，默认使用data中的所有数据建模。
- **na.action**：指定缺失值的处理办法，默认将删除缺失值。
- **scale**：bool类型的参数，表示是否需要对自变量做标准化处理，默认为TRUE。

```
# x，y形式的函数
svm(x, y = NULL, scale = TRUE, type = NULL,
    kernel ="radial", degree = 3,
    gamma = if (is.vector(x)) 1 else 1 / ncol(x),
    coef0 = 0, cost = 1, nu = 0.5,
    class.weights = NULL, cachesize = 40,
    tolerance = 0.001, epsilon = 0.1,shrinking = TRUE,
    cross = 0, probability = FALSE, fitted = TRUE,
    ..., subset, na.action = na.omit)
```

- **x**：指定建模所需的自变量，可以是数据框，也可以是矩阵。
- **y**：指定建模所需的自变量，可以是离散的因子型变量，也可以是连续的数值型变量。
- **scale**：bool类型的参数，表示是否需要对自变量做标准化处理，默认为TRUE。
- **type**：指定SVM模型的类型，有5种备选方案，分别是'C-classification'、'nu-classification'、'one-classification'、'eps-regression'和'nu-regression'。当因变量为因子型变量时该参数默认选择'C-classification'，否则选择'eps-regression'。
- **kernel**：指定SVM模型的核函数，有4种备选方案，分别是线性核（'linear'）、多项式核（'polynomial'）、径向基核（'radial'）以及Sigmoid核（'sigmoid'），其中该参数的默认值为径向基核。
- **degree**：指定多项式核中的p参数，默认值为3。
- **gamma**：指定多项式核或径向基核或sigmoid核中的γ参数，默认值为自变量个数的倒数。
- **coef0**：用于指定多项式核函数或Sigmoid核函数中的r参数值，默认值为0。
- **cost**：指定目标函数中正则项前面的系数，默认值为1。
- **nu**：当SVM模型的类型选择'nu-classification'、'one-classification'或'nu-regression'时，

指定其对应目标函数中的nu参数值，默认为0.5。

- **class.weights**：以向量的形式指定因变量中各类别值的权重，默认各变量权重均为1。
- **cachesize**：指定SVM模型运算时的内存空间，默认为20MB。
- **tolerance**：指定SVM模型收敛的阈值，默认为0.001。
- **epsilon**：指定损失函数中的ε值，默认值为0.1。
- **shrinking**：bool类型的参数，是否采用启发式收缩方式，默认为TRUE。
- **cross**：指定交叉验证的重数，默认建模是不做交叉验证。
- **probability**：bool类型的参数，表示是否计算类别的概率值，默认为FALSE。
- **fitted**：bool类型的参数，表示是否返回模型的拟合值，默认为TRUE。
- **subset**：以向量的形式指定哪些数据行的子集用于建模，默认使用指定的所有数据建模。
- **na.action**：指定缺失值的处理办法，默认将删除缺失值。

为了使读者掌握上面所描述的 svm 函数及各个参数的含义，接下来将通过两个数据案例介绍 SVM 模型的实战部分。

13.3　分类性 SVM 模型的应用——手写字母的识别

本节所使用的数据集是关于手体字母的识别，当一个用户在设备中写入某个字母后，该设备就需要准确地识别并返回写入字母的实际值。很显然，这是一个分类问题，即根据写入字母的特征信息（如字母的宽度、高度、边际等）去判断其属于哪一种字母。该数据集一共包含 20000 个观测和 17 个变量，其中变量 letter 为因变量，具体的值就是 20 个英文字母。接下来利用 SVM 模型对该数据集的因变量做分类判断。

首先使用线性可分 SVM 对手体字母数据集建模，由于该模型会受到惩罚系数C的影响，因此应用交叉验证的方法从给定的几种C值中筛选出一个相对合理的，代码如下：

```
# 加载第三方包
library(e1071)

# 读取外部数据 -- letterdata.csv
letters <- read.csv(file = file.choose())
# 数据的预览
View(letters)
```

结果如表 13.1 所示。

表 13.1 数据的预览结果

	letter	xbox	ybox	width	height	onpix	xbar	ybar	x2bar	y2bar	xybar	x2ybar	xy2bar
1	T	2	8	3	5	1	8	13	0	6	6	10	8
2	I	5	12	3	7	2	10	5	5	4	13	3	9
3	D	4	11	6	8	6	10	6	2	6	10	3	7
4	N	7	11	6	6	3	5	9	4	6	4	4	10
5	G	2	1	3	1	1	8	6	6	6	6	5	9
6	S	4	11	5	8	3	8	8	6	9	5	6	6
7	B	4	2	5	4	4	8	7	6	6	7	6	6

表 13.1 反映了手体字母数据集的前 7 行观测，都是关于手写体的长、宽及坐标信息特征的。通常在建模前都需要将原始数据集拆分为两个部分，分别用于模型的构建和测试，具体代码如下：

```
# 将数据集拆分为训练集和测试集
set.seed(1234)
index <- sample(x = 1:nrow(letters), size = 0.75*nrow(letters))
train_set <- letters[index,]
test_set <- letters[-index,]

# 采用交叉验证的方法选择线性可分 SVM 模型中最佳的惩罚系数 cost
accuracy_mean <- NULL
costs <- c(0.05,0.1,0.5,1,2,5)
for (cost in costs){
  model = svm(formula = letter ~ ., # 利用公式的形式指定 svm 模型的因变量和自变量
              data = train_set, # 指定建模所需的数据集
              type = 'C-classification', # 指定 svm 模型的类型为'C-classification'
              kernel = 'linear', # 指定线性核，即使用线性可分的 svm 模型
              cachesize = 200, # 指定模型运行的存储空间为 200MB
              cost = cost, # 指定目标函数中的正则项系数
              cross = 10 # 指定使用 10 重交叉验证技术
              )
  # 将每一轮循环下的 10 个模型准确率做平均计算
  accuracy_mean = c(accuracy_mean, mean(model$accuracies))
}
# 返回最佳的 cost 值
costs[which.max(accuracy_mean)]
out:
1

# 利用最佳的 cost 值重新构建线性 SVM 模型
linear_svm <- svm(formula = letter ~ ., data = train_set,
                  type = 'C-classification',
                  kernel = 'linear', cost = 1)
# 基于构建的模型对训练数据集做预测
```

```
linear_svm_pred <- predict(object = linear_svm, newdata = test_set[,-1])
# 统计测试集中的实际类别值和预测值之间的频数
freq <- table(test_set$letter, linear_svm_pred)
# 计算模型的预测准确率
accuracy <- sum(diag(freq))/sum(freq)
accuracy
out:
0.8504
```

如上结果所示，经过 10 重交叉验证后，得到模型的最佳惩罚系数C为 1，并基于该系数值重新构造SVM模型，发现其在测试数据集的预测准确率为85%。为对比线性可分模型和非线性可分模型的差异性，接下来使用非线性SVM模型对该数据集进行重新建模，代码如下：

```
# 采用交叉验证的方法选择非线性可分 SVM 模型中最佳的惩罚系数 cost
accuracy_mean <- NULL
for (cost in costs){
    model = svm(formula = letter ~ .,data = train_set,
                type = 'C-classification',
                kernel = 'radial', # 指定径向基核
                cachesize = 200, cost = cost, cross = 10
    )
    # 将每一轮循环下的 10 个模型准确率做平均计算
    accuracy_mean = c(accuracy_mean, mean(model$accuracies))
}
# 返回最佳的 cost 值
costs[which.max(accuracy_mean)]
out:
5

# 利用最佳的 cost 值重新构建非线性可分的 SVM 模型
nonlinear_svm <- svm(formula = letter ~ ., data = train_set,
                type = 'C-classification',
                kernel = 'radial', cost = 5)
# 基于构建的模型对训练数据集做预测
nonlinear_svm_pred <- predict(object = nonlinear_svm, newdata = test_set[,-1])
# 统计测试集中的实际类别值和预测值之间的频数
freq <- table(test_set$letter, nonlinear_svm_pred)
# 计算模型的预测准确率
accuracy <- sum(diag(freq))/sum(freq)
accuracy
out:
0.9644
```

如上结果所示，经过 5 重交叉验证后，发现非线性可分 SVM 模型中的最佳惩罚系数C为 5。相比于线性可分 SVM 模型来说，基于径向基核技术的 SVM 表现出极佳的效果，模型在测试数据集的预测准确率高达 96%，进而说明非线性可分 SVM 模型预测手体字母数据集是非常理想的。

13.4 预测性SVM回归模型的应用——受灾面积的预测

本节实战部分所使用的数据集来源于UCI网站，是一个关于森林火灾方面的预测，该数据集一共包含517条火灾记录和13个变量，其中变量area为因变量，表示火灾产生的森林毁坏面积，其余变量主要包含火灾发生的坐标位置、时间、各项火险天气指标、气温、湿度、风力等信息。接下来利用SVM模型对该数据集的因变量做预测分析：

```
# 读取外部数据 -- forestfires.csv
forestfires <- read.csv(file = file.choose())
# 数据的预览
View(forestfires)
```

结果如表13.2所示。

表13.2 数据的预览

	X	Y	month	day	FFMC	DMC	DC	ISI	temp	RH	wind	rain	area
1	7	5	mar	fri	86.2	26.2	94.3	5.1	8.2	51	6.7	0.0	0.00
2	7	4	oct	tue	90.6	35.4	669.1	6.7	18.0	33	0.9	0.0	0.00
3	7	4	oct	sat	90.6	43.7	686.9	6.7	14.6	33	1.3	0.0	0.00
4	8	6	mar	fri	91.7	33.3	77.5	9.0	8.3	97	4.0	0.2	0.00
5	8	6	mar	sun	89.3	51.3	102.2	9.6	11.4	99	1.8	0.0	0.00
6	8	6	aug	sun	92.3	85.3	488.0	14.7	22.2	29	5.4	0.0	0.00
7	8	6	aug	mon	92.3	88.9	495.6	8.5	24.1	27	3.1	0.0	0.00

考虑到month可能是火灾发生的重要因素，故需要将其保留，而将day变量（星期几）做删除处理。数据清洗如下：

```
# 删除数据集中的day变量
forestfires <- subset(forestfires, select = -day)
# 预览数据
View(forestfires)
```

结果如表13.3所示。

表13.3 数据的前6行预览

	X	Y	month	FFMC	DMC	DC	ISI	temp	RH	wind	rain	area
1	7	5	mar	86.2	26.2	94.3	5.1	8.2	51	6.7	0.0	0.00
2	7	4	oct	90.6	35.4	669.1	6.7	18.0	33	0.9	0.0	0.00
3	7	4	oct	90.6	43.7	686.9	6.7	14.6	33	1.3	0.0	0.00
4	8	6	mar	91.7	33.3	77.5	9.0	8.3	97	4.0	0.2	0.00
5	8	6	mar	89.3	51.3	102.2	9.6	11.4	99	1.8	0.0	0.00
6	8	6	aug	92.3	85.3	488.0	14.7	22.2	29	5.4	0.0	0.00

day 变量已被删除，表中的应变量为 area，是一个数值型变量，通常都需要对连续型的因变量做分布的探索性分析，如果数据呈现严重的偏态，而不做任何修正时，直接带入到模型将会产生很差的效果。不妨这里使用直方图绘制 area 变量的分布形态，操作代码如下：

```
# 加载第三方包
library(ggplot2)

# 计算 area 变量的核密度值
Density <- density(x = forestfires$area)
# 根据 area 变量特征计算理论的正态分布密度值
x <- seq(from = min(forestfires$area), to = max(forestfires$area), length =
500)
y <- dnorm(x = x, mean = mean(forestfires$area), sd = sd(forestfires$area))
# 将核密度值和理论正态分布的概率值合并为数据框，用于下面的绘图
plot_data = rbind(data.frame(x = Density$x, y = Density$y, type = 'Kernel
Density'), data.frame(x = x, y = y, type = 'Normal'))

# 绘制直方图、核密度曲线和理论的正态密度曲线
ggplot(data = forestfires, mapping = aes(x = area, y = ..density..)) +
  # 绘制直方图
  geom_histogram(bins = 50, fill = 'steelblue', color = 'black') +
  # 绘制线图
  geom_line(mapping = aes(x = x, y = y, color = type, lty = type), data =
plot_data, lwd = 1) +
  guides(color=guide_legend(title=NULL)) + # 移除颜色表示的图例
  guides(lty = guide_legend(title=NULL)) + # 移除线类型表示的图例
theme(legend.position = 'bottom')
```

结果如图 13.11 所示。

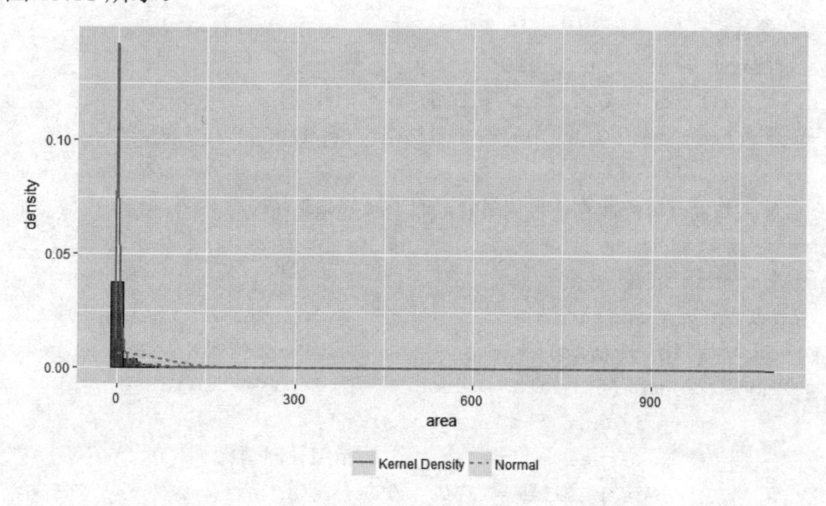

图 13.11　受灾面积的直方图

从分布来看，数据呈现严重的右偏。建模时不能够直接使用该变量，一般都会将数据做

对数处理，代码如下：

```
# 对 area 变量做对数变换（考虑到 area 的最小值为 0，故求对数时需要做 area+1 处理）
forestfires$area <- log(forestfires$area + 1)
```

接下来基于上面清洗后的数据将其拆分为训练集和测试集，分别用于模型的构建和测试。首先基于训练数据集利用 svm 函数的默认参数构建支持向量机模型，代码如下：

```
# 将数据集拆分为训练集和测试集
set.seed(1234)
index <- sample(x = 1:nrow(forestfires), size = 0.75*nrow(forestfires))
train_set <- forestfires[index,]
test_set <- forestfires[-index,]

# 利用 svm 函数的默认参数构建模型
svm_model <- svm(area ~ ., data = train_set,
                 type = 'eps-regression')
# 基于默认参数的模型对训练数据集做预测
svm_pred <- predict(object= svm_model, newdata = test_set[,-12])
# 计算训练数据集中的实际值与预测值之间的 RMSE
RMSE <- sqrt(mean((svm_pred-test_set$area) ** 2))
RMSE
out:
1.455149
```

如上结果所示，如果直接使用 svm 函数的默认参数对训练数据集进行建模，其在测试数据集上的RMSE值为1.455。为了探索模型是否还有一定的提升空间，通常情况下都需要进行模型参数的调试，例如对于径向基核函数的SVM模型来说，可以利用交叉验证的方法对模型中的C、ε和γ参数进行调优。为进一步说明参数调优过程，读者可参考下方的代码：

```
# 指定各参数的待调试值
costs= seq(from = 100, to = 1000, by = 200)
epsilons = seq(from = 0.1, to = 1.5, by = 0.2)
gammas = seq(from = 0.001, to = 0.01, by = 0.002)

# 采用 10 重交叉验证方法，计算各参数组合下的平均 RMSE
parameters = data.frame()
for (cost in costs) {
    for (epsilon in epsilons) {
        for(gamma in gammas) {
            model = svm(formula = area ~ ., data = train_set,
                        type = 'eps-regression',
                        kernel = 'radial', # 指定径向基核
                        cachesize = 200, cross = 10,
                        epsilon = epsilon, cost = cost, gamma = gamma)
            RMSE_mean = mean(model$MSE)
            parameters = rbind(parameters, data.frame(cost,epsilon,gamma,
```

```
RMSE_mean))
      }
    }
  }

  # 返回最佳的参数组合
  parameters[which.min(parameters$RMSE_mean),]
  out:
  cost    epsilon    gamma    RMSE_mean
  300     0.7        0.001    1.978775
```

如上结果所示，经过 10 重交叉验证后，非线性 SVM 模型的最佳惩罚系数 C 为 300、最佳的ε值为 0.7、最佳的γ值为 0.001，而且该参数组合下模型的平均 RMSE 值为 1.979。接下来基于最佳的参数组合重新构建 SVM 模型，代码如下：

```
  # 基于最佳组合的参数重新构建模型
  svm_model <- svm(area ~ ., data = train_set,
                   type = 'eps-regression',
                   epsilon = 0.7, cost = 300, gamma = 0.001)
  # 模型在测试集上的预测
  svm_pred <- predict(object= svm_model, newdata = test_set[,-12])
  # 计算 RMSE
  RMSE <- sqrt(mean((svm_pred-test_set$area) ** 2))
  RMSE
  out:
  1.340536
```

如上结果所示，基于最佳组合参数所得到的模型，其在训练数据集上的 RMSE 为 1.341，相比于不做任何参数调整的 SVM 模型来说拟合效果得到了提升，因为 RMSE 值下降了 0.12。进而可以说明，在利用 SVM 模型解决分类或预测问题时，有必要对模型的参数值做适当调优处理。

13.5　篇章总结

本章介绍了 4 类常见的 SVM 模型，分别是线性可分 SVM、非线性可分 SVM、线性 SVM 回归以及非线性 SVM 回归，内容中包含 SVM 模型的理论思想、目标函数的构建、最优值求解的推导过程以及相应的应用实战。通常在实际应用中所面临的绝大多数都为非线性数据，所以相对而言基于核技术的非线性 SVM 模型将会应用得更为广泛。不管是哪种类型的 SVM 模型，在建模时都需要进行参数优化，因为不同的参数值（如惩罚系数C、核函数、γ值、ε值等）对模型的结果有比较大的影响。根据经验，核函数选择为高斯核函数时模型拟合效果往往会更好；惩罚系数C可以选择在 0.0001~10000，系数越大，惩罚力度会越大，模型越有可能产生过拟合；高斯核函数中的γ参数越大，对应的支持向量越少，反之支持向量则越多，模型越复杂，也越可能导致模型的过拟合。

相对于前面几个章节所介绍的分类或预测模型来说，SVM 模型的表现通常是非常优异的，但其最大的缺点是运算成本非常高，尤其是当数据规模很大时，明显感觉速度跟不上。所以，读者在实际应用中需要将时间成本和准确率做一个平衡，并从中选择合理的模型解决工作中的需求。

为了使读者掌握有关本章内容所涉及的函数，这里将其重新整理到表 13.4 中，以便读者查阅和记忆。

表 13.4　本章所涉及的 R 语言函数

R 语言包	R 语言函数	说明
stats	read.csv	读取本地的文本文件，如 csv 和 txt
	set.seed	为随机抽样设定随机种子
	sample	简单随机抽样函数
	mean	平均值函数
	sum	求和函数
	log	对数函数
	sqrt	算术平方根函数
	which.max	返回向量中最大值所在的位置
	which.min	返回向量中最小值所在的位置
	predict	基于模型的预测函数
	table	频数统计函数
	subset	获取数据子集的函数
	diag	返回矩阵中主对角线的元素
	density	计算数值型向量的核密度值
	seq	根据起始值和终止值生成指定步长或长度的向量
	dnorm	计算正态分布的概率密度值
	rbind	实现数据的行合并
e1071	svm	构建 SVM 模型的函数
ggplot2	geom_histogram	绘制直方图
	geom_line	绘制线图
	guides	关于图例的设置
	theme	关于图形主题的设置

第 14 章

GBDT 模型

GBDT（Gradient Boosting Decision Tree，梯度提升树）属于一种有监督的集成学习算法，与前面几章介绍的监督算法类似，同样可用于分类问题的识别和预测问题的解决。该集成算法体现了三方面的优势，分别是提升 Boosting、梯度 Gradient 和决策树 Decision Tree。“提升”是指将多个弱分类器通过线下组合实现强分类器的过程；“梯度”是指算法在 Boosting 过程中求解损失函数时增强了灵活性和便捷性，“决策树”是指算法所使用的弱分类器为 CART 决策树，该决策树具有简单直观、通俗易懂的特性。

第 10 章曾介绍过单棵决策树和随机森林相关的知识点以及两者的差异。在可信度和稳定性上，通常随机森林要比单棵决策树更强。随机森林实质上是利用 Bootstrap 抽样技术生成了多个数据集，然后通过这些数据集构造多棵决策树，进而运用投票或平均的思想实现分类和预测问题的解决。这样的随机性会导致树与树之间并没有太多的相关性，往往会导致随机森林算法在拟合效果上遇到瓶颈，为了解决这个问题，Friedman 等人提出了“提升”的概念，即通过改变样本点的权值和各个弱分类器的权重将这些弱分类器完成组合，实现预测准确性的突破。更进一步，为了使提升算法在求解损失函数时更加容易和方便，Friedman 又提出了梯度提升算法，即 GBDT。

GBDT 模型对数据类型不做任何限制，可以是连续的数值型，也可以是离散的字符型（在 Python 的落地过程中，需要将字符型变量做数值化处理或哑变量处理）；相对于 SVM 模型来说，较少参数的 GBDT 具有更高的准确率和更少的运算时间；GBDT 模型在面对异常数据时具有更强的稳定性。凭借上面的种种优点，越来越多的企业或用户在数据挖掘或机器学习过程中选择使用，同时该算法也经常出没于各种大数据竞赛中，并且获得较好的成绩。

接下来，本章将详细介绍有关 GBDT 模型的相关知识点，希望读者在学完本章内容后可以掌握如下几方面的要点：

- 提升树的Adaboost算法的理论知识；
- 梯度提升树的DBDT算法的理论知识；
- 非平衡数据的处理；
- DBDT算法的改进的XGBoost理论知识；
- 各集成算法的应用实战。

14.1 提升树算法

本书的第 7 章介绍了有关多元线性回归模型的相关知识点，该模型的构造实质上是将输入特征$\boldsymbol{X}$进行加权运算，即$y=\beta_0+\beta_1x_1+\cdots+\beta_px_p=\beta_0+\sum_{i=1}^{p}\beta_ix_i$。本节所介绍的提升树算法与线性回归模型的思想类似，所不同的是该算法实现了多棵基础决策树$f(x)$的加权运算，最具代表的提升树为 AdaBoost 算法，即：

$$F(x)=\sum_{m=1}^{M}\alpha_mf_m(x)=F_{m-1}(x)+\alpha_mf_m(x)$$

其中，$F(x)$是由M棵基础决策树构成的最终提升树，$F_{m-1}(x)$表示经过$m-1$轮迭代后的提升树，α_m为第m棵基础决策树所对应的权重，$f_m(x)$为第m棵基础决策树。除此之外，每一棵基础决策树的生成并不像随机森林那样，而是基于前一棵基础决策树的分类结果对样本点设置不同的权重，如果在前一棵基础决策树中将某样本点预测错误，则增大该样本点的权重，否则会相应降低样本点的权重，进而在构建下一棵基础决策树时更加关注权重大的样本点。

按照这个思想，AdaBoost 算法需要解决三大难题，即样本点的权重w_{mi}如何确定、基础决策树$f(x)$如何选择以及每一棵基础决策树所对应的权重α_m如何计算。为了解决这三个问题，还需要从提升树 AdaBoost 算法的损失函数着手。

14.1.1 AdaBoost 算法的损失函数

对于分类问题，通常提升树的损失函数会选择使用指数损失函数；对于预测性问题，通常会选择平方损失函数。这里不妨以二分类问题为例（正负例分别用+1 和-1 表示）详细解说关于提升树损失函数的推导和延伸。

$$\begin{aligned}L\big(y,F(x)\big)&=\exp\big(-yF(x)\big)\\&=\exp\left(-y\sum_{m=1}^{M}\alpha_mf_m(x)\right)\\&=\exp\Big(-y\big(F_{m-1}(x)+\alpha_mf_m(x)\big)\Big)\end{aligned}$$

如上损失函数所示，未知信息为系数α_m和基础树$f_m(x)$，即假设已经得知$m-1$轮迭代后的提升树$F_{m-1}(x)$之后如何基于该提升树进一步求解第m棵基础决策树和相应的系数。如果提升树$F_{m-1}(x)$还能够继续提升，则说明损失函数还能够继续降低；换句话说，如果将所有训练样本点带入到损失函数中，就一定存在一个最佳的α_m和$f_m(x)$，使得损失函数尽量最大化地降低，即：

$$\left(\alpha_m, f_m(x)\right) = \mathrm{argmin}_{\alpha, f(x)} \sum_{i=1}^{N} \exp\left(-y_i\left(F_{m-1}(x_i) + \alpha_m f_m(x_i)\right)\right)$$

上面的式子还可以改写为：

$$\left(\alpha_m, f_m(x)\right) = \mathrm{argmin}_{\alpha, f(x)} \sum_{i=1}^{N} p_{mi} \exp\left(-y_i \alpha_m f_m(x_i)\right)$$

其中，$p_{mi} = \exp[-y_i F_{m-1}(x_i)]$，由于$p_{mi}$与损失函数中的$\alpha_m$和$f_m(x)$无关，因此在求解最小化的问题时只需重点关注$\sum_{i=1}^{N} \exp\left(-y_i \alpha_m f_m(x_i)\right)$部分。

对于$\sum_{i=1}^{N} \exp\left(-y_i \alpha_m f_m(x_i)\right)$而言，当第$m$棵基础决策树能够准确预测时，$y_i$与$f_m(x_i)$的乘积为 1，否则为-1，所以$\exp\left(-y_i \alpha_m f_m(x_i)\right)$的结果为$\exp(-\alpha_m)$或$\exp(\alpha_m)$。对于某个固定的$\alpha_m$而言，损失函数中的和式仅仅是关于$\alpha_m$的式子。所以，要想求得损失函数的最小值，首先得找到最佳的$f_m(x)$，使得所有训练样本点x_i带入到$f_m(x)$后误判结果越少越好，即最佳的$f_m(x)$可以表示为：

$$f_m(x)^* = \mathrm{argmin}_f \sum_{i=1}^{N} p_{mi} I\left(y_i \neq f_m(x)\right)$$

其中，f表示所有可用的基础决策树空间，$f_m(x)^*$就是从f空间中寻找到的第m轮基础决策树，它能够使加权训练样本点的分类错误率最小，$I\left(y_i \neq f_m(x)\right)$表示当第$m$棵基础决策树预测结果与实际值不相等时返回 1。下一步需要求解损失函数中的参数α_m，为了求解的方便，首先将损失函数改写为下面的式子：

$$\begin{aligned} L\left(y, F(x)\right) &= \exp\left(-y\left(F_{m-1}(x) + \alpha_m f_m(x)\right)\right) \\ &= \sum_{i=1}^{N} p_{mi} \exp\left(-y_i \alpha_m f_m(x_i)\right) \\ &= \sum_{y_i = f_m(x_i)} p_{mi} \exp(-\alpha_m) + \sum_{y_i \neq f_m(x_i)} p_{mi} \exp(\alpha_m) \\ &= \left(\exp(\alpha_m) - \exp(-\alpha_m)\right) \sum_{i=1}^{N} p_{mi} I\left(y_i \neq f_m(x)\right) \\ &\quad + \exp(-\alpha_m) \sum_{i=1}^{N} p_{mi} \end{aligned}$$

其中，$\sum_{i=1}^{N} p_{mi}$可以被拆分为两部分，一部分是预测正确的样本点，另一部分是预测错误的样本点，即：

$$\sum_{i=1}^{N} p_{mi} = \sum_{i=1}^{N} p_{mi} I\left(y_i \neq f_m(x)\right) + \sum_{i=1}^{N} p_{mi} I\left(y_i = f_m(x)\right)$$

$$= \sum_{y_i \neq f_m(x_i)} p_{mi} + \sum_{y_i = f_m(x_i)} p_{mi}$$

然后基于上文中改写后的损失函数求解最佳的参数α_m，能够使得损失函数取得最小值。对损失函数中的α_m求导，并令导函数为 0：

$$\frac{\partial L(y,F(x))}{\partial \alpha_m} = (\alpha_m e^{\alpha_m} + \alpha_m e^{-\alpha_m}) \sum_{i=1}^{N} p_{mi} I(y_i \neq f_m(x)) - \alpha_m e^{-\alpha_m} \sum_{i=1}^{N} p_{mi}$$

最终令

$$\frac{\partial L(y,F(x))}{\partial \alpha_m} = 0$$

$$\therefore\ \alpha_m{}^* = \frac{1}{2} log \frac{1-e_m}{e_m}$$

如上$\alpha_m{}^*$即为基础决策树的权重，其中，$e_m = \frac{\sum_{i=1}^{N} p_{mi} I(y_i \neq f_m(x))}{\sum_{i=1}^{N} p_{mi}} = \sum_{i=1}^{N} w_{mi} I(y_i \neq f_m(x))$，表示基础决策树$m$的错误率。

在求得第m轮基础决策树$f_m(x)$以及对应的权重α_m后，便可得到经m次迭代后的提升树$F_m(x) = F_{m-1}(x) + \alpha_m{}^* f_m(x_i)^*$，再根据$p_{mi} = \exp[-y_i F_{m-1}(x_i)]$，进而可以计算第$m+1$轮基础决策树中样本点的权重$w_{mi}$：

$$w_{m+1,i} = w_{mi} \exp[-y_i \alpha_m{}^* f_m(x_i)^*]$$

为了使样本权重单位化，需要将每一个$w_{m+1,i}$与所有样本点的权重和做商处理，即：

$$w_{m+1,i}{}^* = \frac{w_{mi} \exp(-y_i \alpha_m{}^* f_m(x_i)^*)}{\sum_{i=1}^{N} w_{mi} \exp(-y_i \alpha_m{}^* f_m(x_i)^*)}$$

实际上，$\sum_{i=1}^{N} w_{mi} \exp(-y_i \alpha_m{}^* f_m(x_i)^*)$就是第$m$轮基础决策树的总损失值，然后将每一个样本点对应的损失与总损失的比值用作样本点的权重。

14.1.2 AdaBoost 算法的操作步骤

在解决分类问题时，AdaBoost 算法的核心就是不停地改变样本点的权重，并将每一轮的基础决策树通过权重的方式进行线性组合。该算法在迭代过程中需要进行如下 4 个步骤：

（1）在第一轮基础决策树$f_1(x)$的构建中，会设置每一个样本点的权重w_{1i}均为$1/N$。

（2）计算基础决策树$f_m(x)$在训练数据集上的误判率$e_m = \sum_{i=1}^{N} w_{mi}{}^* I(y_i \neq f_m(x_i))$。

（3）计算基础决策树$f_m(x)$所对应的权重 $\alpha_m{}^* = \frac{1}{2} \log \frac{1-e_m}{e_m}$。

（4）根据基础决策树$f_m(x)$的预测结果计算下一轮用于构建基础决策树的样本点权重$w_{m+1,i}{}^*$，该权重可以写成：

$$w_{m+1,i}{}^* = \begin{cases} \frac{w_{mi} \exp(-\alpha_m{}^*)}{\sum_{i=1}^{N} w_{mi} \exp(-\alpha_m{}^*)}, & f_m(x_i)^* = y_i \\ \frac{w_{mi} \exp(\alpha_m{}^*)}{\sum_{i=1}^{N} w_{mi} \exp(\alpha_m{}^*)}, & f_m(x_i)^* \neq y_i \end{cases}$$

在如上的几个步骤中，需要说明三点：第一是关于基础决策树误判率e_m与样本点权重之间关系的，通过公式可知，实际上误判率e_m就是错分样本点权重之和；第二是关于权重 $\alpha_m{}^*$ 与基础决策树误判率e_m之间的关系，只有当第m轮决策树的误判率小于等于 0.5 时该基础决策树才有意义，即当误判率e_m越小于 0.5 时，对应的权重 $\alpha_m{}^*$越大，进而说明误判率小的基础树越重要；第三是关于样本点权重的计算，很显然，根据公式可知，在第m轮决策树中样本点预测错误时对应的权重是预测正确样本点权重的$\exp(2\alpha_m{}^*)$倍，进而可以使下一轮的基础决策树更加关注错分类的样本点。

14.1.3 AdaBoost 算法的简单例子

为了使读者能够理解 AdaBoost 算法在运算过程中的几个步骤，这里不妨以一个分类问题为例（来源于李航老师的《统计学习方法》），并通过手工方式求得最佳提升树。对于一个一维的自变量和对应的因变量数据（见表 14.1）来说，如何构造 AdaBoost 强分类器的具体步骤如下：

表 14.1 手动计算的数据案例

x	0	1	2	3	4	5	6	7	8	9
y	+1	+1	+1	-1	-1	-1	+1	+1	+1	-1

步骤一：构建基础树$f_1(x)$。

初始情况下，将每个样本点的权重w_{1i}设置为 1/10，并构造一个误分类率最低的$f_1(x)$：

$$f_1(x)=\begin{cases}1, & x<2.5\\ -1, & x>2.5\end{cases}$$

步骤二：计算基础树$f_1(x)$的错误率e_1。

$$e_1=\sum_{i=1}^{N}\frac{3}{10}I\left(y_i\neq f_1(x_i)\right)=0.3$$

步骤三：计算基础树$f_1(x)$的权重 α_1。

$$\alpha_1=\frac{1}{2}\log\frac{1-e_1}{e_1}=0.4236$$

步骤四：更新样本点的权重w_{1i}。

$$W_1=(0.07143,0.07143,0.07143,0.07143,0.07143,\\ 0.07143,0.16667,0.16667,0.16667,0.07143)$$

得到第一轮加权后的提升树$F(x)=0.4236f_1(x)$，故可以根据分类器的判断标准$\text{sign}\left(0.4236f_1(x)\right)$得到相应的预测结果，如表 14.2 所示。

表 14.2 提升树的第一轮迭代结果

x	0	1	2	3	4	5	**6**	**7**	**8**	9
y实际	+1	+1	+1	-1	-1	-1	+1	+1	+1	-1
预测得分	0.424	0.424	0.424	-0.424	-0.424	-0.424	-0.424	-0.424	-0.424	-0.424
y预测	+1	+1	+1	-1	-1	-1	**-1**	**-1**	**-1**	-1

其中，函数$\text{sign}(z)$表示当$z > 0$时返回+1，否则返回-1。根据表 14.2 中的结果可知，当x取值为 6,7,8 时，对应的预测结果是错误的，样本点的权重相对也是最大的。所以在进入第二轮基础树的构建时，模型会更加关注这 3 个样本点。

步骤一：构建基础树$f_2(x)$。

由于此时样本点的权重已经不完全相同，故该轮基础树会更加关注于第一轮错分的样本点，根据数据可知，可以构造一个误分类率最低的$f_2(x)$：

$$f_2(x) = \begin{cases} 1, & x < 8.5 \\ -1, & x > 8.5 \end{cases}$$

步骤二：计算基础树$f_2(x)$的错误率e_2。

$$e_2 = \sum_{i=1}^{N} w_{1i} I\big(y_i \neq f_m(x_i)\big) = 0.07143 \times 3 = 0.2143$$

步骤三：计算基础树$f_2(x)$的权重 α_2。

$$\alpha_2 = \frac{1}{2}\log\frac{1-e_2}{e_2} = 0.6496$$

步骤四：更新样本点的权重w_{2i}。

$$W_2 = (0.0455,0.0455,0.0455,0.1667,0.1667,\\ 0.1667,0.1060,0.1060,0.1060,0.0455)$$

需要注意的是，这里样本点权重的计算是基于W_1和 α_2的结果得到的，所以看见的权重有 3 种不同的结果。根据两棵基础树可以组合为一个新的提升树，即$F(x) = 0.4236 f_1(x) + 0.6496 f_2(x)$，进而依赖判断标准得到相应的预测结果，如表 14.3 所示。

表 14.3 提升树的第二轮迭代结果

x	0	1	2	**3**	**4**	**5**	6	7	8	9
y实际	+1	+1	+1	-1	-1	-1	+1	+1	+1	-1
预测得分	1.073	1.073	1.073	0.226	0.226	0.226	0.226	0.226	0.226	-1.073
y预测	+1	+1	+1	**-1**	**-1**	**-1**	+1	+1	+1	+1

对于两棵基础树的$F(x)$来说，当x取值为 3,4,5 时，提升树的预测结果是错误的。同理，经计算后的样本权重W_2中也是这 3 个样本点对应的值最大。接下来，继续进入第三轮基础树的构建，此时模型会根据样本点权重的大小给予不同的关注度。

步骤一：构建基础树$f_3(x)$。

$$f_3(x)=\begin{cases}-1, & x<5.5\\ 1, & x>5.5\end{cases}$$

步骤二：计算基础树$f_3(x)$的错误率e_3。

$$e_3=\sum_{i=1}^{N} w_{1i}I\big(y_i\neq f_m(x_i)\big)=0.0455*4=0.1820$$

步骤三：计算基础树$f_3(x)$的权重α_3。

$$\alpha_3=\frac{1}{2}\log\frac{1-e_3}{e_3}=0.7514$$

步骤四：更新样本点的权重w_{3i}。

$$W_3=(0.125,0.125,0.125,0.102,0.102,\\0.102,0.065,0.065,0.065,0.125)$$

其中，样本权重W_3的值依赖于W_2和α_3，进一步得到包含 3 棵基础树的提升树，它们与各种权重的线性组合可以表示为$F(x)=0.4236f_1(x)+0.6496f_2(x)+0.7514f_3(x)$，进而根据判断标准得到如表 14.4 所示的预测结果。

表 14.4　提升树的第三轮迭代结果

x	0	1	2	3	4	5	6	7	8	9
y实际	+1	+1	+1	-1	-1	-1	+1	+1	+1	-1
预测得分	0.322	0.322	0.322	-0.525	-0.525	-0.525	0.977	0.977	0.977	-0.322
y预测	+1	+1	+1	-1	-1	-1	+1	+1	+1	-1

如表 14.4 的预测结果所示，经过三轮之后的提升过程，AdaBoost 模型可以百分之百准确预测样本点所属的类别。所以，基于该样本运用提升树算法求得最佳的提升树模型为$F(x)=0.4236f_1(x)+0.6496f_2(x)+0.7514f_3(x)$。

14.1.4　AdaBoost 算法的应用

上一节通过简单的案例讲解了有关 AdaBoost 算法在求解分类问题中所涉及的几个步骤，在 R 语言中可以非常方便地将该算法实现落地，读者只需调用 adabag 包中的 boosting 函数。关于该函数的语法和参数含义如下：

```
# 实现 AdaBoost 算法的函数
boosting(formula, data, boos = TRUE, mfinal = 100,
      coeflearn = 'Breiman', control,...)

# 可用于交叉验证的 AdaBoost 算法函数
boosting.cv(formula, data, v = 10, boos = TRUE, mfinal = 100,
        coeflearn = "Breiman", control, par=FALSE)
```

- **formula**：以公式的形式指定算法所需的因变量和自变量，其中因变量只可以是离散的因子型变量。
- **data**：指定建模所需的数据框。
- **boos**：bool类型的参数，表示是否使用Bootstrap抽样技术生成基础分类器所需的训练数据集，默认为TRUE。
- **mfinal**：指定AdaBoost算法的迭代次数或基础分类器的数量，默认值为100。
- **coeflearn**：指定基础分类器的权重计算方法，默认为'Breiman'，即 $\alpha_m = 1/2\log((1-e_m)/e_m)$；如果指定为'Freund'，即 $\alpha_m = \log((1-e_m)/e_m)$；如果指定为'Zhu'，即 $\alpha_m = \log((1-e_m)/e_m) + \log(\text{nclass}-1)$。
- **control**：指定基础分类器的参数设置，具体可参考第10章中rpart包中的rpart.control函数。
- **v**：指定交叉验证的重数，默认为10重。
- **par**：bool类型的参数，表示是否需要并行处理交叉验证过程，默认为FALSE。

需要说明的是，不管是用于分类的提升分类器还是用于预测的提升回归器，如果基础分类器使用默认的CART决策树，就都可以通过control参数调整基础决策树的最大特征数、树的深度、内部节点的最少样本量和叶节点的最少样本量等。

对于boosting函数来说，其最大的缺陷就是运行效率非常低下，尤其是当数据量比较大的时候。为了避开函数的缺陷，推荐使用fastAdaboost包中的adaboost函数，它专门用来解决二分类的问题。有关该函数的语法和参数含义如下：

```
adaboost(formula, data, nIter)
```

- **formula**：以公式的形式指定算法所需的因变量和自变量。
- **data**：指定建模所需的数据框。
- **nIter**：指定基础分类器的个数。

尽管adaboost函数可以提高执行的速度，但是其参数过于简单，并不方便调试基础决策树的参数特征，而且adaboost函数只能针对二元问题做分类，如果待分类的问题是多元的，那么该函数无法使用。

本节中关于提升树的应用实战将以信用卡违约数据为例，该数据集来源于UCI网站，一共包含30000条记录和24个变量，其中自变量包含客户的性别、受教育程度、年龄、婚姻状况、信用额度、6个月的历史还款状态、账单金额以及还款金额，因变量y表示用户在下个月的信用卡还款中是否存在违约的情况（1表示违约，0表示不违约）。首先绘制饼图，查看因变量中各类别的比例差异，代码如下：

```
# 加载第三方包
library(readxl)
library(ggplot2)

# 读取数据 -- default of credit card clients.xls
default <- read_excel(path = file.choose())
# 将因变量中的 1 映射为违约，0 映射为不违约
```

```
default$y <- factor(default$y, levels = c(1,0), labels = c('违约','不违约'))

# 统计因变量各水平值的频数
freq <- as.data.frame(table(y = default$y))
# 计算各水平值的频率
freq$fraction = freq$Freq / sum(freq$Freq)
# 计算累加频率值——用于设置饼图中扇形的上限
freq$cumsum = cumsum(freq$fraction)
# 错开一个累加频率值——用于设置饼图中扇形的下限
freq$lag = c(0, head(freq$cumsum, n = -1))
# 设置绘图标签
labels <- paste(c('违约','不违约'),paste0(round(freq$fraction*100,2),'%'), sep
= ': ')

# 绘制饼图（或者环形图）
ggplot(data = freq, aes(fill = y, ymax = cumsum, ymin = lag, xmax = 4, xmin
= 3)) +
  # 绘制矩形图
  geom_rect(colour = 'black', show.legend = FALSE) +
  # 按照 y 轴做极坐标变换
  coord_polar(theta = 'y') +
  # xlim(c(1, 4)) + # 如需绘制环形图，可以使用 xlim 函数
  # 往图中添加文本标签
  geom_text(aes(x = 3.5, y = ((freq$lag+freq$cumsum)/2)), label = labels, size
= 3) +
  # 去除两个轴标签
  labs(x = '', y = '') +
  theme_bw() + # 去除灰色的图框背景
  theme(panel.grid=element_blank(), # 去除圆形的白色外框
        axis.text=element_blank(), #  去除坐标轴上的刻度标签
        axis.ticks=element_blank(), # 去除坐标轴上的刻度线
        panel.border=element_blank() # 去除图框
        )
```

结果如图 14.1 所示。

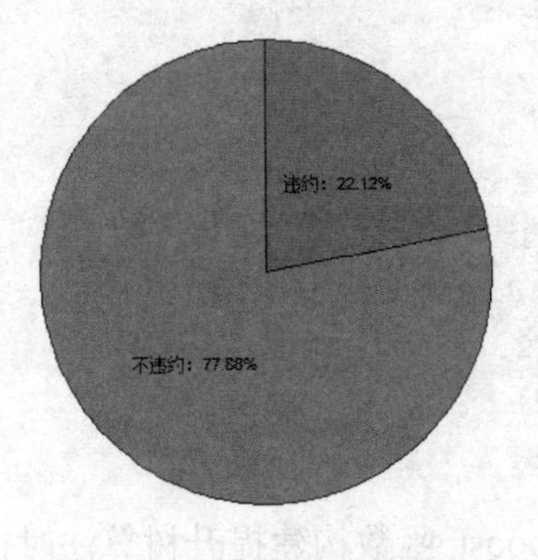

图 14.1　客户是否违约的比例

数据集中违约客户占比为22.12%，不违约客户占比为77.88%，总的来说，两个类别的比例不算失衡（一般而言，如果两个类别比例为9:1，则认为失衡；如果比例为99:1，则认为严重失衡）。考虑到样本量比较大，且属于二分类问题，接下来利用 fastAdaboost 包中的 adaboost 构建 AdaBoost 分类器，代码如下：

```
# 加载第三方包
library(fastAdaboost)
library(caret)

# 将原始数据集拆分为训练集和测试集
set.seed(12)
index <- sample(x = 1:nrow(default), size = 0.75*nrow(default))
train_set <- default[index,]
test_set <- default[-index,]

# 取出所有的自变量名称
x_variables <- names(default)[-length(names(default))]
# 将自变量和因变量构成公式的形式
gongshi = formula(paste('y',paste(x_variables, collapse = '+'),sep = '~'))

# 基于训练数据集构造 AdaBoost 分类器
AdaBoost <- adaboost(formula = gongshi, data = as.data.frame(train_set), nIter
= 15)
# 模型在测试数据集上的预测
prediction <- predict(object = AdaBoost, newdata =
test_set[,-length(names(test_set))])
class <- factor(prediction$class, levels = c('违约','不违约'))
# 统计测试数据集中实际的类别值和预测类别值之间的频数
freq <- table(prediction = class, real = test_set$y)
# 基于频数统计结果，计算模型的混淆矩阵
cm <- confusionMatrix(freq, mode = 'prec_recall')
# 返回模型的准确率
cm$overall[1]
out: 0.7917333

# 模型的评估报告
cm$byClass
out:
                Class: 违约   Class: 不违约
Sensitivity     0.36143187    0.92094313
Precision       0.57855823    0.8276722
Recall          0.36143187    0.92094313
F1              0.44491827    0.8718201
```

如上结果所示，在调用 adaboost 函数构建提升树算法时，返回模型在测试数据集上的准

确率为 79.17%，并且预测客户违约（因变量 y 取 1）的精准率为 57.86%，覆盖率为 36.14%；预测客户不违约（因变量 y 取 0）的精准率为 82.77%，覆盖率为 92.09%。可以基于如上的预测结果绘制算法在测试数据集上的 ROC 曲线，代码如下：

```
# 加载第三方包
library(pROC)

# 利用 roc 函数生成绘图数据
ROC <- roc(response = test_set$y, predictor = prediction$prob[,1])
# 返回不同阈值下 fpr 和 tpr 的组合值，其中 fpr 表示 1-Specificity，tpr 表示 Sensitivity
tpr <- ROC$sensitivities
fpr <- 1-ROC$specificities
# 将绘图数据构造为数据框
plot_data <- data.frame(tpr, fpr)

# 绘制 ROC 曲线
ggplot(data = plot_data, mapping = aes(x = fpr, y = tpr)) +
  # 使用面积图绘制 ROC 曲线下的阴影
  geom_area(position =  'identity', fill = 'steelblue') +
  # 绘制 ROC 曲线
  geom_line(lwd = 0.8) +
  # 添加 45 度参考线
  geom_abline(slope = 1, intercept = 0, lty = 2, lwd = 0.8, color = 'red') +
  # 在图中添加文本信息
  geom_text(mapping = aes(x = 0.5, y = 0.3, label =
paste0('AUC=',round(ROC$auc,2)))) +
  # 设置图形的 x 轴标签和 y 轴标签
  labs(x = '1-Specificity', y = 'Sensitivity')
```

结果如图 14.2 所示。

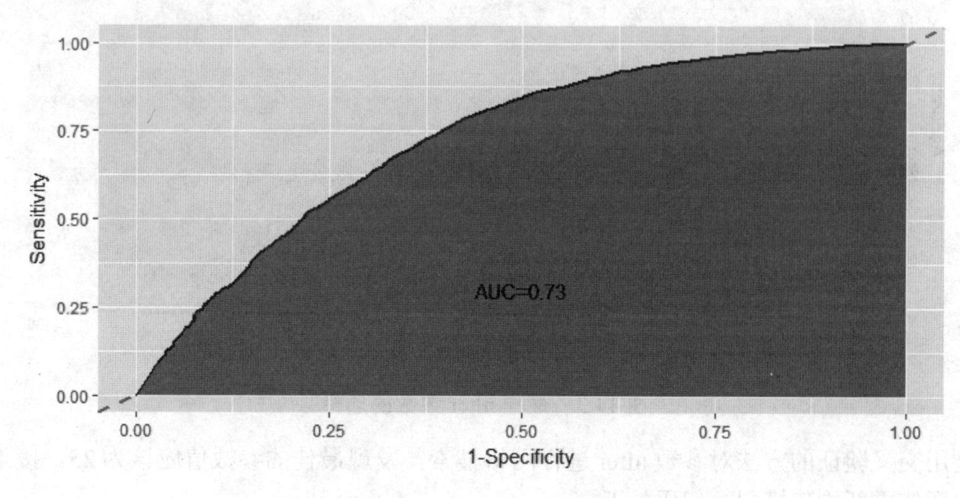

图 14.2　AdaBoost 算法的 ROC 曲线

ROC 曲线下的面积为 0.73，并未达到理想状态下的 0.8，进而可知 AdaBoost 算法在该数据集上的表现并不是很理想。试问是否可以通过模型参数的调整改善模型的预测准确率呢？接下来通过交叉验证方法选择相对合理的参数值，代码如下：

```
    # 设置参数组合
    grid <- expand.grid(nIter = seq(from = 1, to = 30, by = 2), method = 'Adaboost.M1')
    # 设置 3 重交叉验证
    ctr <- trainControl(method = 'cv', number = 3)
    # 通过交叉验证的方式搜索出合理的参数组合
    adaboost_cv <- train(x = train_set[,x_variables], y =  train_set$y,
                         method = 'adaboost',
                         trControl = ctr,tuneGrid = grid)

    # 基于交叉验证结果取出最佳的 nIter 值和对应的准确率 accuracy
    best_nIter <- adaboost_cv$bestTune$nIter
    best_accuracy <- adaboost_cv$results$Accuracy[adaboost_cv$results$nIter ==
best_nIter]
    # 取出绘图数据
    plot_data <- adaboost_cv$results[,c('nIter','Accuracy')]
    # 通过可视化的形式返回最佳的参数值 nIter
    ggplot(data = plot_data, mapping = aes(x = nIter, y = Accuracy)) +
      geom_point(size = 2, color = 'red') +
      geom_line(group = 1, color = 'steelblue') +
      geom_text(aes(x = best_nIter, y = best_accuracy,
                    label = paste0('nIter=',best_nIter)), vjust = 2)
```

结果如图 14.3 所示。

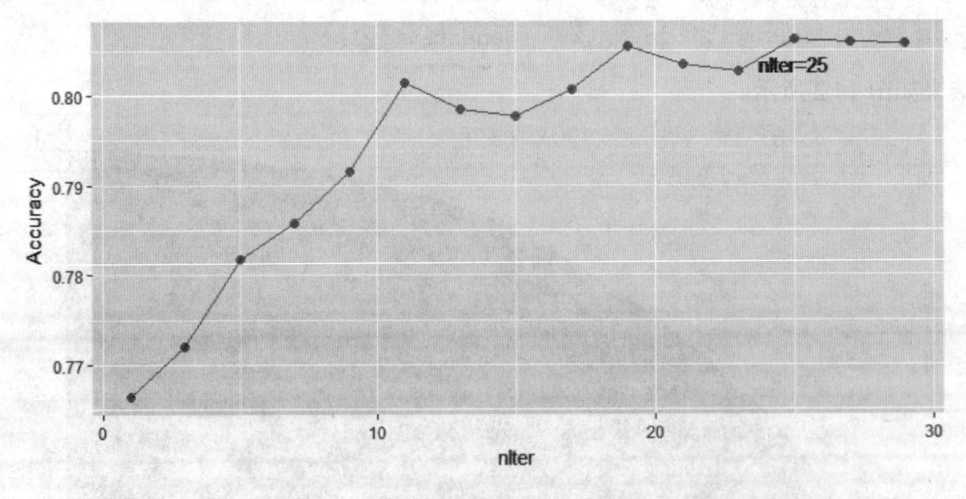

图 14.3　最佳 nIter 参数的选择

利用交叉验证的方法对参数 nIter 进行网格搜索，发现最佳的参数值应该为 25。接下来基于该参数值重新构建模型，代码如下：

```
    # 基于如上的参数组合重新构建 AdaBoost 分类器
```

```
adaboost2 <- adaboost(formula = gongshi, data = as.data.frame(train_set), nIter
= 25)
# 模型在测试数据集上的预测
prediction2 <- predict(object = adaboost2, newdata =
test_set[,-length(names(default))])
class2 <- factor(prediction2$class, levels = c('违约','不违约'))
# 统计测试数据集中实际的类别值和预测类别值之间的频数
freq2 <- table(prediction = class2, real = test_set$y)
# 基于频数统计结果，计算模型的混淆矩阵
cm2 <- confusionMatrix(freq2, mode = 'prec_recall')
# 返回模型的准确率
cm2$overall[1]
out: 0.7968

# 模型的评估报告
cm2$byClass
out:
              Class: 违约    Class: 不违约
Sensitivity   0.32852194    0.93741331
Precision     0.60602799    0.8229833
Recall        0.32852194    0.93741331
F1            0.42749812    0.8764792
```

如上结果所示，经过调优后，模型在测试数据集上的预测准确率为 79.68%，相比于默认参数的 AdaBoost 模型，准确率仅提高 0.5%。说明：算法在处理该数据集时，模型的准确率遇到了瓶颈，读者不妨对比测试其他模型，如随机森林、SVM 等。

14.2 GBDT 算法的介绍

梯度提升算法实际上是提升算法的扩展版。在原始的提升算法中，如果损失函数为平方损失或指数损失，那么求解损失函数的最小值问题会非常简单；如果损失函数为更一般的函数（如绝对值损失函数或 Huber 损失函数等），目标值的求解就会相对复杂很多。为了解决这个问题，Freidman 提出了梯度提升算法，即在第m轮基础模型中，利用损失函数的负梯度值作为该轮基础模型损失值的近似，并利用这个近似值构建下一轮基础模型。利用损失函数的负梯度值近似残差的计算就是梯度提升算法在提升算法上的扩展，这样的扩展使得目标函数的求解更为方便。GBDT 算法属于梯度提升算法中的经典算法，接下来介绍有关该算法的具体步骤以及算法在预测和分类问题中的解决方案。

14.2.1 GBDT 算法的操作步骤

GBDT 算法同样可以解决分类问题和预测问题，算法在运行过程中都会执行如下几个步

骤：

（1）初始化一棵仅包含根节点的树，并寻找到一个常数Const，能够使损失函数达到极小值。

（2）计算损失函数的负梯度值，用作残差的估计值，即：

$$r_{mi} = -\left[\frac{\partial L(y_i, f(x_i))}{\partial f(x_i)}\right]_{f(x)=f_{m-1}(x)}$$

（3）利用数据集(x_i, r_{mi})拟合下一轮基础模型，得到对应的J个叶节点R_{mj}，$j = 1,2,\cdots,J$。

（4）计算每个叶节点R_{mj}的最佳拟合值，用以估计残差r_{mi}：

$$c_{mj} = \text{argmin}_c \sum_{x_i \in R_{mj}} L(y_i, f_{m-1}(x_i) + c)$$

（5）进而得到第m轮的基础模型$f_m(x)$，再结合前$m-1$轮的基础模型，得到最终的梯度提升模型：

$$\begin{aligned} F_M(x) &= F_{M-1}(x) + f_m(x) \\ &= F_{M-1}(x) + \sum_{j=1}^{J} c_{mj} I(x_i \in R_{mj}) \\ &= \sum_{m=1}^{M}\sum_{j=1}^{J} c_{mj} I(x_i \in R_{mj}) \end{aligned}$$

如上5个步骤中，c_{mj}表示第m个基础模型$f_m(x)$在叶节点j上的预测值；$F_M(x)$表示由M个基础模型构成的梯度提升树，它是每一个基础模型在样本点x_i处的输出值c_{mj}之和。

与AdaBoost算法一样，GBDT算法也能够非常好地解决离散型因变量的分类和连续型因变量的预测。接下来按照上面介绍的5个步骤分别讲解分类和预测问题在GBDT算法的实现过程。

14.2.2 GBDT分类算法

当因变量为离散的类别变量时，无法直接利用各个类别值拟合残差r_{mi}（因为残差是连续的数值型）。为了解决这个问题，通常将GBDT算法的损失函数设置为指数损失函数或对数似然损失函数，进而可以实现残差的数值化。损失函数选择为指数损失函数时，GBDT算法实际上退化为AdaBoost算法；损失函数选择为对数似然损失函数时，GBDT算法的残差类似于Logistic回归的对数似然损失。这里以二分类问题为例，并选择对数似然损失函数来介绍GBDT分类算法的计算过程：

（1）初始化一个弱分类器：

$$f_0(x) = \text{argmin}_c \sum_{i=1}^{n} L(y_i, c)$$

（2）计算损失函数的负梯度值：

$$
\begin{aligned}
r_{mi} &= -\left[\frac{\partial L\big(y_i, f(x_i)\big)}{\partial f(x_i)}\right]_{f(x)=f_{m-1}(x)} \\
&= -\left[\frac{\partial \log\Big(1+\exp\big(-y_i f(x_i)\big)\Big)}{\partial f(x_i)}\right]_{f(x)=f_{m-1}(x)} \\
&= \frac{y_i}{1+\exp\big(-y_i f(x_i)\big)}
\end{aligned}
$$

（3）利用数据集(x_i, r_{mi})拟合下一轮基础模型：

$$
f_m(x) = \sum_{j=1}^{J} c_{mj} I\big(x_i \in R_{mj}\big)
$$

其中，

$$
c_{mj} = \text{argmin}_c \sum_{x_i \in R_{mj}} \log\Big(1+\exp\big(-y_i(f_{m-1}(x_i)+c)\big)\Big)
$$

（4）重复（2）和（3），并利用m个基础模型构建梯度提升模型。

$$
\begin{aligned}
F_M(x) &= F_{M-1}(x) + f_m(x) \\
&= \sum_{m=1}^{M}\sum_{j=1}^{J} c_{mj} I\big(x_i \in R_{mj}\big)
\end{aligned}
$$

14.2.3 GBDT回归算法

因变量为连续的数值型变量时，问题就会相对简单很多，因为输出的残差值本身就是数值型的。GBDT 回归算法的损失函数有比较多的选择，例如平方损失函数、绝对值损失函数、Huber 损失函数和分位数回归损失函数，这些损失函数都可以非常方便地进行一阶导函数的计算。这里不妨以平方损失函数为例介绍 GBDT 回归算法的计算过程：

（1）初始化一个弱回归器：

$$
f_0(x) = \text{argmin}_c \sum_{i=1}^{n} L(y_i, c)
$$

（2）计算损失函数的负梯度值：

$$
\begin{aligned}
r_{mi} &= -\left[\frac{\partial L\big(y_i, f(x_i)\big)}{\partial f(x_i)}\right]_{f(x)=f_{m-1}(x)} \\
&= -\left[\frac{\partial \frac{1}{2}\big(y_i - f(x_i)\big)^2}{\partial f(x_i)}\right]_{f(x)=f_{m-1}(x)} \\
&= y_i - f(x_i)
\end{aligned}
$$

（3）利用数据集(x_i, r_{mi})拟合下一轮基础模型：

$$f_m(x) = \sum_{j=1}^{J} c_{mj} I(x_i \in R_{mj})$$

其中，

$$c_{mj} = \text{argmin}_c \sum_{x_i \in R_{mj}} \frac{1}{2}\left(y_i - (f_{m-1}(x_i) + c)\right)^2$$

（4）重复（2）和（3），并利用m个基础模型构建梯度提升模型：

$$F_M(x) = F_{M-1}(x) + f_m(x)$$
$$= \sum_{m=1}^{M} \sum_{j=1}^{J} c_{mj} I(x_i \in R_{mj})$$

14.2.4 GBDT算法的应用

在 R 语言中同样可以非常方便地实现 GBDT 算法，只需调用 gbm 包中的 gbm 函数或 gbm.fit 函数即可，它们相比于上一节介绍的 boosting 函数或 adaboost 函数增加了连续数值变量的预测功能。有关 gbm 包中两个函数的语法和参数含义如下：

```
# 公式形式的函数
gbm(formula = formula(data), distribution = "bernoulli",
    data = list(), weights, var.monotone = NULL,
    n.trees = 100, interaction.depth = 1,
    n.minobsinnode = 10, shrinkage = 0.001,n.cores = NULL,
    bag.fraction = 0.5, train.fraction = 1.0, cv.folds=0,
    keep.data = TRUE, verbose = "CV", class.stratify.cv=NULL)

# x,y 形式的函数
gbm.fit(x, y,distribution = "bernoulli", w = NULL,
        var.monotone = NULL, n.trees = 100, interaction.depth = 1,
        n.minobsinnode = 10, shrinkage = 0.001, bag.fraction = 0.5,
        nTrain = NULL, train.fraction = NULL, keep.data = TRUE,
        verbose = TRUE, var.names = NULL, response.name = "y",
        group = NULL)
```

- **formula**：以公式的形式指定算法所需的因变量和自变量，其中因变量可以是连续的数值型，也可以是离散的因子型或字符型变量。
- **distribution**：指定损失函数的分布形式，如果因变量为0-1这样的二元值(必须是字符型的0和1），则该参数可以指定为'bernoulli'（默认值）、'huberized'或'adaboost'；如果因变量为多元离散值，则该参数需要选择为'multinomial'；如果因变量为连续的数值型，则该参数可以指定为'gaussian'。
- **data**：指定建模所需的数据框。
- **weights**：通过向量的形式指定样本的初始权重，默认的初始权重全部相等。
- **var.monotone**：通过向量的形式（向量元素个数必须与自变量个数一致）指定各自

变量与因变量之间的关系，有3种取值，分别是1、-1和0。其中，1表示自变量与因变量之间存在单调递增关系；-1表示自变量与因变量之间存在单调递减关系；0表示自变量与因变量之间存在任意的关系。

- **n.trees**：指定基础决策树的个数，默认为100个。
- **interaction.depth**：指定每棵基础决策树所包含的最大深度，默认为1层。
- **n.minobsinnode**：指定每棵基础树中叶节点所包含的最小样本量，默认为10。
- **shrinkage**：指定模型的学习速率，即每一步迭代中向梯度下降方向前进的速率，默认为0.001。
- **n.cores**：指定计算机中CPU核的使用个数，即在交叉验证过程中是否需要使用多个CPU进行并行运算。
- **bag.fraction**：指定训练数据集中需要随机抽取的样本比例，用于提升下一轮决策树，默认为0.5。
- **train.fraction**：从训练数据集中抽取多少比例的样本用于拟合GBDT模型，对于剩余的样本将用于估算损失函数的值。该参数的默认值为1，即利用所有的训练数据集建模。
- **cv.folds**：指定多重交叉验证的重数，可便于寻找最佳基础决策树的个数。
- **keep.data**：bool类型的参数，是否需要保留原始数据以及对应的数据索引，默认为TRUE，此时可以提高模型的运算速度。
- **verbose**：bool类型的参数，表示是否需要打印模型在交叉验证过程中的日志信息，默认为TRUE。
- **class.stratify.cv**：是否在交叉验证过程中需要按因变量的类别值做分层处理，当distribution参数为'multinomial'时该参数的默认值为TRUE。分层交叉验证的目的是避免交叉验证中训练数据集未包含所有的类别值。
- **x**：指定建模所需的自变量数据，可以是数据框，也可以是矩阵。
- **y**：指定建模所需的因变量数据，可以是数值型数据，也可以是离散型数据。需要注意的是，如果因变量是0-1离散值，不能对其做因子化转换，否则后期的模型无法用于预测，但需要将其转换为字符型。
- **w**：该参数同gbm函数中的weights参数。
- **nTrain**：该参数类似于train.fraction，所不同的是通过一个整数指定建模所需的训练样本个数。该参数与train.fraction参数不能同时使用。
- **var.names**：指定自变量的名称，要求与参数x中的列数相同。该参数主要用于原始自变量数据中没有列名称的情况。
- **response.name**：指定因变量的名称。
- **group**：当distribution参数为'pairwise'时，可以通过该参数指定分组变量。

本节的项目实战部分仍然使用上一节中所介绍的客户信用卡违约数据，并对比 GBDT 算法和 AdaBoost 算法在该数据集上的效果差异。首先，利用交叉验证方法测试GBDT 算法各参数值的效果，并从中挑选出最佳的参数组合，代码如下：

```
# 设置参数组合
```

```
grid <- expand.grid(n.trees = seq(from = 100, to = 500, by = 100), # 基础树的个数
                    interaction.depth = c(3,5,7), # 树的最大深度
                    shrinkage = c(0.01,0.01,0.05), # 学习率
                    n.minobsinnode = 10 # 每棵基础树中叶节点所包含的最小样本量
                    )
# 设置 5 重交叉验证
ctr <- trainControl(method = 'cv', number = 5)
# 通过交叉验证的方式搜索出合理的参数组合
gbdt_cv <- train(x = train_set[,x_variables], y =  train_set$y,
                 method = 'gbm', verbose = FALSE,
                 trControl = ctr,tuneGrid = grid)
# 返回最佳的参数组合
gbdt_cv$bestTune
out:
n.trees    interaction.depth    shrinkage    n.minobsinnode
300        5                    0.01         10

# 返回最佳参数组合下的平均预测准确率
subset(gbdt_cv$results , n.trees == 300 & interaction.depth == 5 &
shrinkage==0.01) ['Accuracy']
out:0.8246667
```

如上结果所示，运用 5 重交叉验证方法对基础决策树的最大深度、个数以及提升树模型的学习率 3 个参数进行调优，得到的最佳组合值为 5、300 和 0.01，而且在该组合下模型交叉验证过程中的平均准确率为 82.47%。接下来利用这样的参数组合对测试数据集进行预测，代码如下：

```
# 将因变量转换为 0-1 因子型的值
train_set$y <- ifelse(train_set$y == '违约', '1', '0')
# 基于最佳的参数组合重新构建 GBDT 模型
GBDT <- gbm.fit(x = as.data.frame(train_set[,1:23]), # 自变量数据
            y = train_set$y,  # 因变量数据，不要将字符型的 0、1 值转换为因子
            n.trees = 300, # 指定基础树的个数
            interaction.depth = 5, # 指定基础树的最大深度
            shrinkage = 0.01, # 指定算法的学习率
            distribution = 'bernoulli', # 指定因变量的类型
            verbose = FALSE # 不需要打印算法的日志信息
            )
# 基于构建的模型，对测试数据集做预测，将返回用户的“违约”概率
Prob <- predict(object = GBDT,newdata = test_set[,-length(names(default))],
            n.trees = 300, type = 'response')
# 以概率值 0.5 作为阈值，判断用户是否违约
Class = factor(ifelse(P>0.5, '违约', '不违约'), levels = c('违约', '不违约'))
# 根据预测结果构建频数矩阵
freq <- table(prediction = Class, real = test_set$y)
```

```
# 构建混淆矩阵
cm <- confusionMatrix(freq)
# 返回模型的预测准确率
cm$overall[1]
out: 0.8105333

# 返回模型的评估报告
cm$byClass
out:
            Class: 违约    Class: 不违约
Sensitivity       0.35103926      0.94850902
Precision        0.67182320      0.8295679
Recall          0.35103926      0.94850902
F1             0.46113007      0.8850603
```

如上结果所示，GBDT 模型在测试数据集上的预测效果与 AdaBoost 算法相差不大，其在测试数据集上的准确率为 81.05%，并没有产生比较高的提升空间，但是提高了算法的运行效率。正如前文所说，GBDT 算法利用一阶导函数的值作为残差的近似，进而提升了算法求解目标函数的便捷性，导致模型的运行效率得到提升。

下面基于 GBDT 算法的预测结果绘制对应的 ROC 曲线图，代码如下：

```
# 利用 roc 函数生成绘图数据
ROC <- roc(response = test_set$y, predictor = P)
# 返回不同阈值下，fpr 和 tpr 的组合值
tpr <- ROC$sensitivities
fpr <- 1-ROC$specificities
# 将绘图数据构造为数据框
plot_data <- data.frame(tpr, fpr)

# 绘制 ROC 曲线
ggplot(data = plot_data, mapping = aes(x = fpr, y = tpr)) +
  geom_area(position = 'identity', fill = 'steelblue') +
  geom_line(lwd = 0.8) +
  geom_abline(slope = 1, intercept = 0, lty = 2, lwd = 0.8, color = 'red') +
  geom_text(mapping = aes(x = 0.5, y = 0.3, label =
paste0('AUC=',round(ROC$auc,2)))) +
  labs(x = '1-Specificity', y = 'Sensitivity')
```

结果如图 14.4 所示。

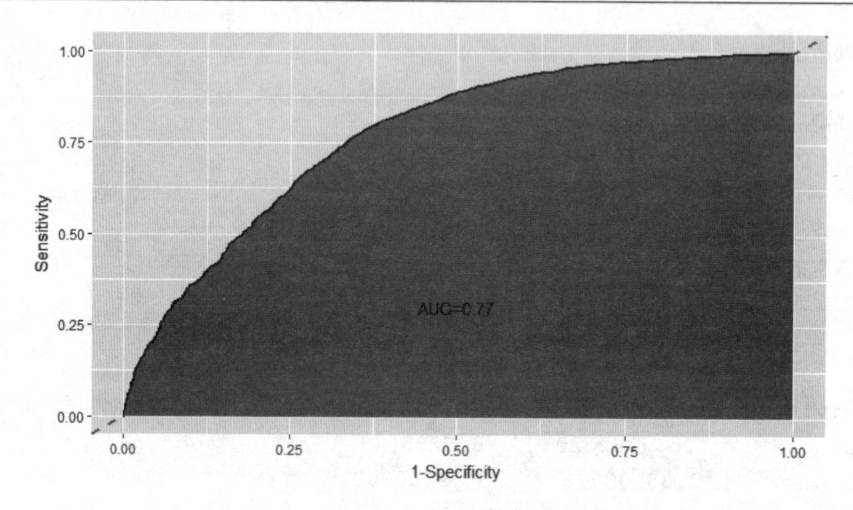

图 14.4　GBDT 算法的 ROC 曲线

14.3　非平衡数据的处理

在实际应用中，读者可能会碰到一种比较头疼的问题，那就是分类问题中类别型的因变量可能存在严重的偏倚，即类别之间的比例严重失调。例如，在欺诈问题中，欺诈类观测在样本集中毕竟占少数；在客户流失问题中，忠实的客户往往也是占很少一部分；在某营销活动的响应问题中，真正参与活动的客户也同样只是少部分。

如果数据存在严重的不平衡，那么预测得出的结论往往也是有偏的，即分类结果会偏向于较多观测的类。对于这种问题该如何处理呢？最简单粗暴的办法就是构造 1:1 的数据，要么将多的那一类砍掉一部分（欠采样），要么将少的那一类进行 Bootstrap 抽样（过采样）。这样做会存在问题，对于第一种方法，砍掉的数据会导致某些隐含信息的丢失；对于第二种方法，有放回的抽样形成的简单复制，又会使模型产生过拟合。

为了解决数据的非平衡问题，2002 年 Chawla 提出了 SMOTE 算法，即合成少数过采样技术，它是基于随机过采样算法的一种改进方案。该技术是目前处理非平衡数据的常用手段，并受到学术界和工业界的一致认同，接下来简单描述一下该算法的理论思想。

SMOTE 算法的基本思想就是对少数类别样本进行分析和模拟，并将人工模拟的新样本添加到数据集中，进而使原始数据中的类别不再严重失衡。该算法的模拟过程采用了 KNN 技术，模拟生成新样本的步骤如下：

（1）采样最邻近算法，计算出每个少数类样本的 K 个近邻。

（2）从 K 个近邻中随机挑选 N 个样本进行随机线性插值。

（3）构造新的少数类样本。

（4）将新样本与原数据合成，产生新的训练集。

为了使读者理解 SMOTE 算法实现新样本的模拟过程，可以参考图 14.5 和人工新样本的生成过程。

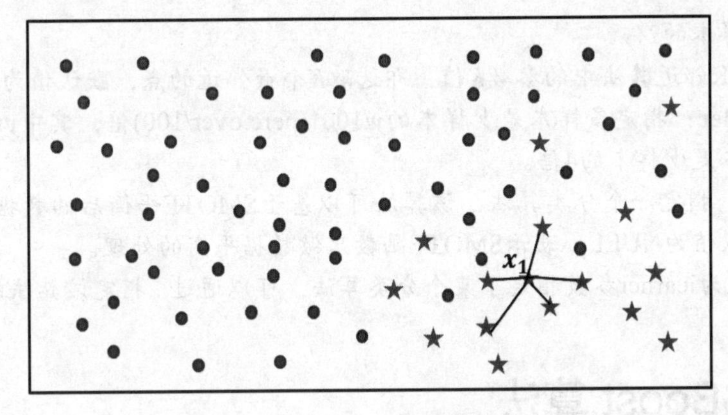

图 14.5 SMOTE 算法示意图

在图 14.5 中，实心圆点代表的样本数量要明显多于五角星代表的样本点。如果使用 SMOTE 算法模拟增加少类别的样本点，则需要经过如下几个步骤：

（1）利用第 11 章所介绍的 KNN 算法，选择离样本点x_1最近的K个同类样本点（不妨最近邻为 5）。

（2）从最近的K个同类样本点中，随机挑选M个样本点（不妨设M为 2），M的选择依赖于最终所希望的平衡率。

（3）对于每一个随机选中的样本点，构造新的样本点；新样本点的构造需要使用下方的公式：

$$x_{\text{new}} = x_i + \text{rand}(0,1) \times \left(x_j - x_i\right), \qquad j = 1,2,\cdots,M$$

其中，x_i表示少数类别中的一个样本点（如图 14.5 中五角星所代表的x_1样本）；x_j表示从K近邻中随机挑选的样本点j；rand(0,1)表示生成 0~1 之间的随机数。

假设图中样本点x_1的观测值为(2,3,10,7)，从图中的 5 个近邻中随机挑选 2 个样本点，它们的观测值分别为(1,1,5,8)和(2,1,7,6)，所以由此得到的两个新样本点为：

$$x_{\text{new1}} = (2,3,10,7) + 0.3 \times \left((1,1,5,8) - (2,3,10,7)\right) = (1.7,2.4,8.5,7.3)$$
$$x_{\text{new2}} = (2,3,10,7) + 0.26 \times \left((2,1,7,6) - (2,3,10,7)\right) = (2,2.48,9.22,6.74)$$

（4）重复步骤（1）、（2）和（3），通过迭代少数类别中的每一个样本x_i，最终将原始的少数类别样本量扩大为理想的比例。

通过 SMOTE 算法实现过采样的技术并不是太难，读者可以根据上面的步骤自定义一个抽样函数。当然，读者也可以借助于 DMwR 包，调用其中的 SMOTE 函数实现新样本的生成。有关该函数的语法和参数含义如下：

```
SMOTE(form, data, perc.over = 200, k = 5, perc.under = 200,learner = NULL, ...)
```

- **form**：以公式的形式指定算法所需的因变量和自变量，其中因变量就是严重不平衡的，需要通过算法将其做平衡处理。
- **data**：指定待处理的数据框。
- **perc.over**：指定少样本是原来样本量的x/100倍，其中x的默认值为200，即少样本是原来样本的2倍。

- **k**：指定K邻近算法中的参数K值，即选取K个最邻近的点，默认值为5。
- **perc.under**：指定多样本是少样本的y/100*(perc.over/100)倍，其中y的默认值为200，即多样本是少样本的4倍。
- **learner**：指定一个分类算法，该算法可以基于SMOTE平衡后的数据完成数据的分类，默认值为NULL，表示SMOTE函数只做数据平衡的处理。
- **...**：如果为learner参数指定了某个分类算法，可以通过...指定该算法的其他参数。

14.4 XGBoost 算法

XGBoost 是由传统的 GBDT 模型发展而来的，在上一节中，GBDT 模型在求解最优化问题时应用了一阶导技术，而 XGBoost 则使用损失函数的一阶和二阶导，更神奇的是用户可以自定义损失函数，只要损失函数可一阶和二阶求导。除此，XGBoost 算法相比于 GBDT 算法还有其他优点，例如支持并行计算，大大提高算法的运行效率；XGBoost 在损失函数中加入了正则项，用来控制模型的复杂度，进而可以防止模型的过拟合；XGBoost 除了支持 CART 基础模型，还支持线性基础模型；XGBoost 采用了随机森林的思想，对字段进行抽样，既可以防止过拟合，也可以降低模型的计算量。既然 XGBoost 算法有这么多优点，接下来就详细研究一下该算法背后的理论知识。

14.4.1 XGBoost 算法的损失函数

正如前文所说，提升算法的核心思想就是多个基础模型的线性组合，对于一棵含有t个基础模型的集成树来说，该集成树可以表示为：

$$\hat{y}_i^{(t)}=\sum_{k=1}^{t} f_k(x_i)=\hat{y}_i^{(t-1)}+f_t(x_i)$$

其中，$\hat{y}_i^{(t)}$表示经第t轮迭代后的模型预测值，$\hat{y}_i^{(t-1)}$表示已知$t-1$个基础模型的预测值，$f_t(x_i)$表示第t个基础模型。按照如上的集成树，关键点就是第t个基础模型f_t的选择。对于该问题，如前文提升算法中所提及的，只需要寻找一个能够使目标函数尽可能最大化降低的f_t即可。故构造的目标函数如下：

$$\begin{aligned}\mathrm{Obj}^{(t)}&=\sum_{i=1}^{n} L\left(y_i,\hat{y}_i^{(t)}\right)+\sum_{j=1}^{t}\Omega(f_j)\\&=\sum_{i=1}^{n} L\left(y_i,\hat{y}_i^{(t-1)}+f_t(x_i)\right)+\sum_{j=1}^{t}\Omega(f_j)\end{aligned}$$

其中，$\Omega(f_j)$为第j个基础模型的正则项，用于控制模型的复杂度。为了简单起见，不妨将损失函数L表示为平方损失，则如上的目标函数可以表示为：

$$
\begin{aligned}
\text{Obj}^{(t)} &= \sum_{i=1}^{n}\left(y_i - \left(\widehat{y}_i^{(t-1)} + f_t(x_i)\right)\right)^2 + \sum_{j=1}^{t}\Omega(f_j) \\
&= \sum_{i=1}^{n}\left({y_i}^2 + \left(\widehat{y}_i^{(t-1)} + f_t(x_i)\right)^2 - 2y_i\left(\widehat{y}_i^{(t-1)} + f_t(x_i)\right)\right) + \sum_{j=1}^{t}\Omega(f_j) \\
&= \sum_{i=1}^{n}\left(2f_t(x_i)\left(\widehat{y}_i^{(t-1)} - y_i\right) + f_t(x_i)^2 + \left(y_i - \widehat{y}_i^{(t-1)}\right)^2\right) + \sum_{j=1}^{t}\Omega(f_j)
\end{aligned}
$$

由于前$t-1$个基础模型是已知的，故$\widehat{y}_i^{(t-1)}$的预测值也是已知的，同时前$t-1$个基础模型的复杂度也是已知的，不妨将所有的已知项设为常数constant。目标函数可以重新表达为：

$$
\text{Obj}^{(t)} = \sum_{i=1}^{n}\left(2f_t(x_i)\left(\widehat{y}_i^{(t-1)} - y_i\right) + f_t(x_i)^2\right) + \Omega(f_t) + \text{constant}
$$

其中，$\left(\widehat{y}_i^{(t-1)} - y_i\right)$项就是前$t-1$个基础模型所产生的残差，说明目标函数的选择与前$t-1$个基础模型的残差相关，这一点与 GBDT 是相同的。如上假设损失函数为平方损失，对于更一般的损失函数来说，可以使用泰勒展开对损失函数值做近似估计。

根据泰勒展开式：

$$
f(x+\Delta x) \approx f(x) + f(x)'\Delta x + f(x)''\Delta x^2
$$

其中，$f(x)$是一个具有二阶可导的函数，$f(x)'$为$f(x)$的一阶导函数，$f(x)''$为$f(x)$的二阶导函数，Δx为$f(x)$在某点处的变化量。令损失函数L为泰勒公式中的f，损失函数中的$\widehat{y}_i^{(t-1)}$项为泰勒公式中的x，令损失函数中的$f_t(x_i)$项为泰勒公式中的Δx，则目标函数$\text{Obj}^{(t)}$可以近似表示为：

$$
\begin{aligned}
\text{Obj}^{(t)} &= \sum_{i=1}^{n} L\left(y_i, \widehat{y}_i^{(t-1)} + f_t(x_i)\right) + \Omega(f_t) + \text{constant} \\
&\approx \sum_{i=1}^{n}\left(L\left(y_i, \widehat{y}_i^{(t-1)}\right) + g_i f_t(x_i) + \frac{1}{2}h_i f_t(x_i)^2\right) + \Omega(f_t) + \text{constant}
\end{aligned}
$$

其中，g_i和h_i分别是损失函数$L\left(y_i, \widehat{y}_i^{(t-1)}\right)$关于$\widehat{y}_i^{(t-1)}$的一阶导函数值和二阶导函数值，即它们可以表示为：

$$
\begin{cases}
g_i = \dfrac{\partial L\left(y_i, \widehat{y}_i^{(t-1)}\right)}{\partial \widehat{y}_i^{(t-1)}} \\
h_i = \dfrac{\partial^2 L\left(y_i, \widehat{y}_i^{(t-1)}\right)}{\partial \widehat{y}_i^{(t-1)}}
\end{cases}
$$

所以，在求解目标函数$\text{Obj}^{(t)}$的最优化问题时需要用户指定一个可以计算一阶导和二阶导的损失函数，进而可知每个样本点所对应的$L\left(y_i, \widehat{y}_i^{(t-1)}\right)$值、$g_i$值和$h_i$值。这样一来，为求解关于$f_t(x_i)$的目标函数$\text{Obj}^{(t)}$，只需求解第$t$个基础模型$f_t$所对应的正则项$\Omega(f_t)$即可，那么$\Omega(f_t)$该如何求解呢？

14.4.2 损失函数的演变

假设基础模型f_t由 CART 树构成，对于一棵树来说，它可以被拆分为结构部分q，以及叶节点所对应的输出值w。可以利用这两部分反映树的复杂度，即复杂度由树的叶节点个数（反映树的结构）和叶节点输出值的平方构成：

$$\Omega(f_t) = \gamma T + \frac{1}{2}\lambda \sum_{j=1}^{T} w_j^2$$

其中，T表示叶节点的个数，w_j^2表示输出值向量的平方。CART 树生长地越复杂，对应的T会越大，$\Omega(f_t)$也会越大。

根据上面的复杂度方程，可以将目标函数$\text{Obj}^{(t)}$重新改写为：

$$\begin{aligned}
\text{Obj}^{(t)} &\approx \sum_{i=1}^{n}\left(L\left(y_i, \hat{y}_i^{(t-1)}\right) + g_i f_t(x_i) + \frac{1}{2} h_i f_t(x_i)^2\right) + \Omega(f_t) + \text{constant} \\
&\approx \sum_{i=1}^{n}\left(g_i f_t(x_i) + \frac{1}{2} h_i f_t(x_i)^2\right) + \gamma T + \frac{1}{2}\lambda \sum_{j=1}^{T} w_j^2 + \text{constant} \\
&\approx \sum_{i=1}^{n}\left(g_i w_{q(x_i)} + \frac{1}{2} h_i w_{q(x_i)}{}^2\right) + \gamma T + \frac{1}{2}\lambda \sum_{j=1}^{T} w_j^2 + \text{constant} \\
&\approx \sum_{j=1}^{T}\left(\left(\sum_{i\in I_j} g_i\right) w_j + \frac{1}{2}\left(\sum_{i\in I_j} h_i\right) w_j^2\right) + \gamma T + \frac{1}{2}\lambda \sum_{j=1}^{T} w_j^2 + \text{constant} \\
&\approx \sum_{j=1}^{T}\left(\left(\sum_{i\in I_j} g_i\right) w_j + \frac{1}{2}\left(\sum_{i\in I_j} (h_i + \lambda)\right) w_j^2\right) + \gamma T + \text{constant}
\end{aligned}$$

如上推导所示，由于$L\left(y_i, \hat{y}_i^{(t-1)}\right)$是关于前$t-1$个基础模型的损失值，是一个已知量，故将其归纳至常数项constant中；$w_{q(x_i)}$表示第i个样本点的输入值x_i所对应的输出值；$i \in I_j$表示每个叶节点j中所包含的样本集合。在如上的推导过程中，最关键的地方是倒数第二行，非常巧妙地将各样本点的和转换为叶节点的和，从而降低了算法的运算量。对于目标函数$\text{Obj}^{(t)}$而言，我们是希望求解它的最小值，故可以将推导结果中的常数项忽略掉，进而目标函数重新表示为：

$$\begin{aligned}
\text{Obj}^{(t)} &\approx \sum_{j=1}^{T}\left(\left(\sum_{i\in I_j} g_i\right) w_j + \frac{1}{2}\left(\sum_{i\in I_j} (h_i + \lambda)\right) w_j^2\right) + \gamma T + \text{constant} \\
&\approx \sum_{j=1}^{T}\left(\left(\sum_{i\in I_j} g_i\right) w_j + \frac{1}{2}\left(\sum_{i\in I_j} (h_i + \lambda)\right) w_j^2\right) + \gamma T
\end{aligned}$$

$$\approx \sum_{j=1}^{T}\left(G_j w_j + \frac{1}{2}(H_j+\lambda)w_j^2\right)+\gamma T$$

其中，$G_j=\sum_{i\in I_j} g_i$，$H_j=\sum_{i\in I_j} h_i$，分别表示所有属于叶节点j的样本点对应的g_i之和以及h_i之和。所以，最终是寻找一个合理的f_t，使得式子$\sum_{j=1}^{T}\left(G_j w_j + \frac{1}{2}(H_j+\lambda)w_j^2\right)+\gamma T$尽可能大地减小。

由于构建 XGBoost 模型之前需要指定某个损失函数L（如平方损失、指数损失、Huber 损失等），进而某种树结构q下的G_j和H_j是已知的，所以要想求得$Obj^{(t)}$的最小化，就需要对方程中的w_j（每个叶节点的输出值）求偏导，并令导函数为 0，即

$$\frac{\partial \mathrm{Obj}^{(t)}}{\partial w_j} = G_j + (H_j+\lambda)w_j = 0$$

$$\therefore w_j = -\frac{G_j}{H_j+\lambda}$$

所以，将w_j的值导入到目标函数$\mathrm{Obj}^{(t)}$中，可得：

$$J(f_t)=\sum_{j=1}^{T}\left(G_j w_j + \frac{1}{2}(H_j+\lambda)w_j^2\right)+\gamma T$$

$$=-\frac{1}{2}\sum_{j=1}^{T}\left(\frac{G_j{}^2}{H_j+\lambda}\right)+\gamma T$$

现在的问题是树结构q该如何选择，即最佳的树结构q对应了最佳的基础模型f_t。最笨的方法就是测试不同分割字段和分割点下的树结构q，并计算它们所对应的$J(f_t)$值，从而挑选出使$J(f_t)$达到最小的树结构。很显然，这样枚举出所有的树结构q是非常不方便的，计算量也是非常大的，通常会选择贪心法，即在某个已有的可划分节点中加入一个分割，并通过计算分割前后的增益值决定是否剪枝。有关增益值的计算如下：

$$\mathrm{Gain}=\frac{1}{2}\left(\frac{G_L^2}{H_L+\lambda}+\frac{G_R^2}{H_R+\lambda}-\frac{(G_L+G_R)^2}{H_L+H_R+\lambda}\right)-\gamma$$

其中，G_L和H_L为某节点分割后对应的左支样本点的导函数值，G_R和H_R为某节点分割后对应的右支样本点的导函数值。这里的增益值Gain其实就是将某节点分割为另外两个节点后对应的目标值$J(f_t)$的减少量。为了帮助读者理解这个增益的计算，可以参考图 14.6。

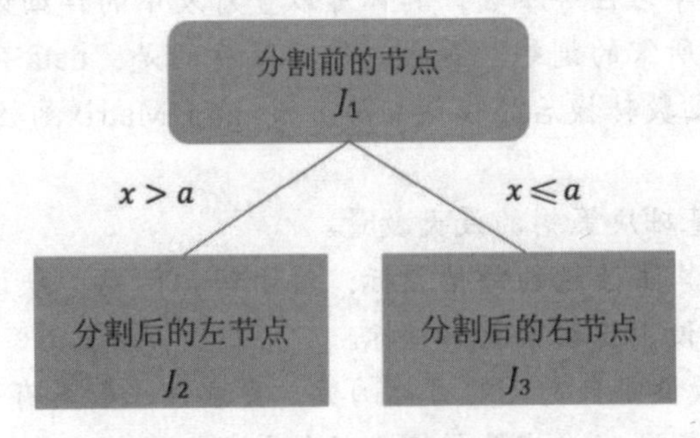

图 14.6 节点分割前后示意图

其中，J_1表示某个可分割节点在分割前的目标函数值，J_2和J_3代表该节点按照某个变量x在a处分割后对应的目标函数值。按照目标函数的公式，可以将这3个值表示为下方的式子：

$$\begin{cases} J_1 = -\frac{1}{2}\left(\frac{(G_L + G_R)^2}{H_L + H_R + \lambda}\right) + \gamma \\ J_2 = -\frac{1}{2}\left(\frac{{G_L}^2}{H_L + \lambda}\right) + \gamma \\ J_3 = -\frac{1}{2}\left(\frac{{G_R}^2}{H_R + \lambda}\right) + \gamma \end{cases}$$

所以，根据增益值Gain的定义，可以计算得到$J_1 - J_2 - J_3$所对应的值为Gain。所以，在实际应用中，根据某个给定的增益阈值，对树的生长进行剪枝，当节点分割后产生的增益小于阀值时，则剪掉该分割，否则允许分割。最终，根据增益值Gain来决定最佳树结构q的选择。

14.4.3 XGBoost 算法的应用

在 R 语言中读者需要下载并导入 xgboost 包，然后调用包中的 xgb.train 函数或者 xgboost 函数实现 XGBoost 算法的落地，其中 xgb.train 函数是实现 XGBoost 算法的高级接口，而 xgboost 函数是 xgb.train 函数的简单封装。有关这两个函数的语法和参数含义如下：

```
xgb.train(params = list(), data, nrounds, watchlist = list(),
        obj = NULL,feval = NULL, verbose = 1,
        print_every_n = 1L,early_stopping_rounds = NULL,
        maximize = NULL, save_period = NULL,
        save_name = "xgboost.model")

xgboost(data = NULL, label = NULL, missing = NA,
       weight = NULL,params = list(), nrounds, verbose = 1,
       print_every_n = 1L,early_stopping_rounds = NULL,
       maximize = NULL, save_period = NULL,
       save_name = "xgboost.model")
```

- **params**：设置XGBoost算法的参数值，主要分为三大类参数，分别是全局参数、模型提升参数和学习任务参数，具体可以查看表中的详细说明。
- **data**：设置建模所需的训练数据集。需要注意的是，data不能直接为数据框，但可以是data.matrix函数转换后的数值矩阵，或xgb.DMatrix函数转换后的xgb.DMatrix结构。
- **nrounds**：指定基础决策树的最大数量。
- **watchlist**：指定算法性能的评估指标，对于回归问题，默认使用RMSE指标；对于分类问题，默认使用错误率error指标。
- **obj**：通过该参数设定自定义的目标函数，要求该函数具有一阶导和二阶导。
- **feval**：通过该参数设定自定义的模型评估函数。

- **verbose**：默认值为1，表示打印出模型性能指标值（如RMSE、错误率、AUC等）；如果为0，表示不打印任何信息；如果为2，则将在1的基础上打印出更多的信息。
- **print_every_n**：默认值为1，当verbose参数大于0时，将打印出模型在每一轮迭代过程中的信息。
- **early_stopping_rounds**：默认值为NULL，表示算法在迭代过程中不会提前结束。如果指定某个整数*k*，则当模型在连续的*k*轮迭代后，性能并没有提升时，将会停止迭代。
- **maximize**：当feval参数和early_stopping_rounds参数都指定对应的值时，该参数也必须指定。如果将该参数设置为TRUE，则表示模型的性能指标越优秀越好。
- **save_period**：如果该参数值为某个具体的整数*k*，则将保存模型的*k*轮结果；如果设置为0，则表示仅保存最后一轮的模型结果；默认值为NULL，表示不保存模型信息。
- **save_name**：指定模型结果的保存路径或名称，默认名称为'xgboost.model'。
- **label**：指定模型所需的因变量。
- **missing**：指定什么样的值表示为缺失值，默认为NA。
- **weight**：通过向量的形式指定每一个观测的权重，默认为NULL，表示所有样本的初始权重相等。

本节的应用实战部分将以信用卡欺诈数据为例，该数据集来源于Kaggle网站，一共包含284807条记录和25个变量，其中因变量Class表示用户在交易中是否发生欺诈行为（1表示欺诈交易，0表示正常交易）。由于数据中涉及敏感信息，并已将原始数据做了主成分分析（PCA）处理，一共包含28个主成分。此外，原始数据中仅包含两个变量没有做PCA处理，即“Time”和“Amount”，分别表示交易时间间隔和交易金额。首先，需要探索一下因变量Class中各类别的比例差异，查看是否存在不平衡状态，代码如下：

```
# 加载第三方包
library(data.table)
# 读取外部数据 -- creditcard.csv（考虑到数据量非常大，故这里使用 data.table 包中的
fread 实现快速读入）
creditcard <- fread(input = file.choose())

# 将因变量中的 1 映射为欺诈交易，0 映射为正常交易
creditcard$Class <- factor(creditcard$Class, levels = c(1,0),
labels = c('欺诈','正常'))

# 构造饼图（或环形图）所需的数据
freq <- as.data.frame(table(Class = creditcard$Class))
freq$fraction = freq$Freq / sum(freq$Freq)
freq$cumsum = cumsum(freq$fraction)
freq$lag = c(0, head(freq$cumsum, n = -1))
labels <- paste(c('欺诈','正常'),paste0(round(freq$fraction*100,2),'%'),
sep = ': ')
```

```
# 绘制饼图（或者环形图）
ggplot(data = freq, aes(fill = Class, ymax = cumsum, ymin = lag, xmax = 4, xmin = 3)) +
  # 绘制矩形图
  geom_rect(colour = 'black', show.legend = FALSE) +
  # 按照 y 轴做极坐标变换
  coord_polar(theta = 'y') +
  xlim(c(1, 4)) + # 如需绘制环形图，可以使用 xlim 函数
  # 往图中添加文本标签
  geom_text(aes(x = 3.5, y = ((freq$lag+freq$cumsum)/2)), label = labels, size = 3.5) +
  # 去除两个轴标签
  labs(x = '', y = '') +
  theme_bw() + # 去除灰色的图框背景
  theme(panel.grid=element_blank(), # 去除圆形的白色外框
        axis.text=element_blank(), #  去除坐标轴上的刻度标签
        axis.ticks=element_blank(), # 去除坐标轴上的刻度线
        panel.border=element_blank() # 去除图框
  )
```

结果如图 14.7 所示。

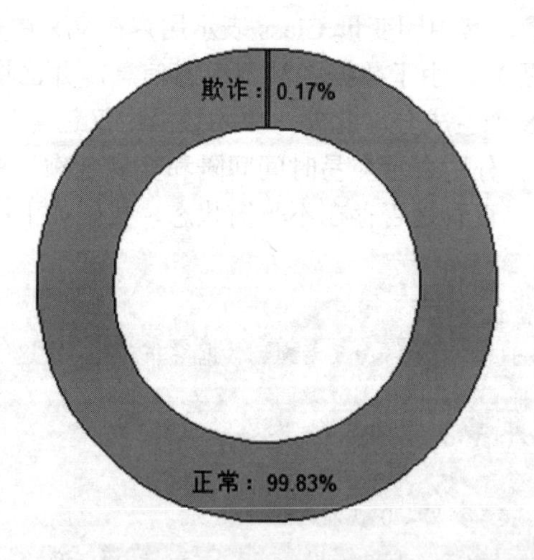

图 14.7　是否欺诈交易的比例

在 284807 条信用卡交易中，欺诈交易仅占 0.17%，两个类别的比例存在严重的不平衡现象。对于这样的数据，如果直接拿来建模，效果一定会非常差，因为模型的准确率会偏向于多数类别的样本。换句话说，即使不建模，对于这样的二元问题，正确猜测某条交易为正常交易的概率值都是 99.83%，而正确猜测交易为欺诈交易的概率几乎为 0。

试问是否可以通过建模手段提高欺诈交易的预测准确率，这里不妨使用 XGBoost 算法对数据建模。建模之前，需要将不平衡数据通过 SMOTE 算法转换为相对平衡的数据，代码如下：

```
# 加载第三方包
library(DMwR)

# 删除 creditcard 数据集中的 Time 变量
creditcard <- subset(creditcard, select = -Time)
# 将原始数据集 creditcard 拆分为训练集合测试集
set.seed(1)
index <- sample(x = 1:nrow(creditcard), size = 0.7*nrow(creditcard))
train_set <- creditcard[index,]
test_set <- creditcard[-index,]

# 运用 SMOTE 算法，扩大欺诈交易的样本量，进而使两个类别保持平衡
train_set_smote <- SMOTE(form = Class ~ ., data = train_set,
                  perc.over = 58536, # 使欺诈交易量为原来的 585.36 倍
                  perc.under = 100 # 使正常交易量为原欺诈交易量的 585.36 倍
                  )
# 原始数据中各类别的比例
prop.table(table(train_set$Class))
out:
  欺诈          正常
0.001735519   0.998264481

# 重抽样后的类别比例
prop.table(table(train_set_smote$Class))
out:
  欺诈        正常
0.500427    0.499573
```

如上代码所示，首先将数据集拆分为训练集和测试集，其中训练数据集占 70%的比重。由于训练数据集中因变量 Class 对应的类别存在严重的不平衡，即打印结果中欺诈交易占 0.174%，正常交易占 99.826%，因此需要使用 SMOTE 算法对其做平衡处理。

经 SMOTE 算法重抽样后，两个类别的比例基本达到平衡。需要说明的是，为了尽可能不丢失原始训练集中正常交易的样本而扩大欺诈交易的样本量，需要将 perc.over 参数设置为 58536，将 perc.under 参数设置为 100，其中 58536 是由原始正常交易量除以欺诈交易量，然后乘以 100 所得。接下来，利用重抽样后的数据构建 XGBoost 模型，代码如下：

```
# 加载第三方包
library(xgboost)

# 提取出平衡数据集中的自变量和因变量数据
X <- train_set_smote[,1:29]
y <- ifelse(train_set_smote$Class == '欺诈',1,0)
# 基于 X 和 y 构造 XGBoost 模型
XGBoost <- xgboost(data = data.matrix(X), # 指定建模所需的自变量数据
            label = y, # 指定建模所需的因变量数据
```

```
               eta = 0.01, # 算法的学习速率
               max_depth = 3, # 基础决策树的最大深度
               nround=100, # 基础决策树的个数
               objective = 'binary:logistic', # 损失函数
               seed = 123, # 随机种子
               nthread = 4 # 线程个数
               )
# 基于 XGBoost 模型对测试数据集做预测——返回概率值
prob <- predict(object = XGBoost, data.matrix(test_set[,1:29]))
# 以概率值 0.5 为界，识别欺诈交易和正常交易
pred_class <- ifelse(prob>0.5, '欺诈','正常')
# 统计模型预测值与实际值的交叉频数
Freq <- table(prediction = pred_class, real = test_set$Class)
# 构造混淆矩阵
cm <- confusionMatrix(Freq, mode = 'prec_recall')
# 返回模型的预测准确率
cm$overall[1]
out: 0.9813209

# 返回模型的评估报告
cm$byClass
out:
            Class:欺诈      Class: 正常
Sensitivity      0.917808219     0.981429593
Precision       0.077997672     0.9998567
Recall          0.917808219     0.981429593
F1            0.143776824     0.9905575
```

如上结果所示，经过重抽样之后计算的模型在测试数据集上的表现非常优秀，模型的预测准确率超过 98%，而且模型对欺诈交易的覆盖率高达 91.8%（正确预测为欺诈的交易量/实际为欺诈的交易量），对正常交易的覆盖率高达 98.1%。如上的模型结果是基于作者设置的参数值，读者还可以进一步利用交叉验证方法获得更佳的参数组合，进而可以提升模型的预测效果。接下来，可以运用 ROC 曲线验证模型在测试数据集上的表现，代码如下：

```
# 利用 roc 函数生成绘图数据
ROC <- roc(response = test_set$Class, predictor = prob)
# 返回不同阈值下 fpr 和 tpr 的组合值
tpr <- ROC$sensitivities
fpr <- 1-ROC$specificities
# 将绘图数据构造为数据框
plot_data <- data.frame(tpr, fpr)

# 绘制 ROC 曲线
ggplot(data = plot_data, mapping = aes(x = fpr, y = tpr)) +
  geom_area(position = 'identity', fill = 'steelblue') +
```

```
    geom_line(lwd = 0.8) +
    geom_abline(slope = 1, intercept = 0, lty = 2, lwd = 0.8, color = 'red') +
    geom_text(mapping = aes(x = 0.5, y = 0.3, label =
paste0('AUC=',round(ROC$auc,2)))) +
    labs(x = '1-Specificity', y = 'Sensitivity')
```

结果如图 14.8 所示。

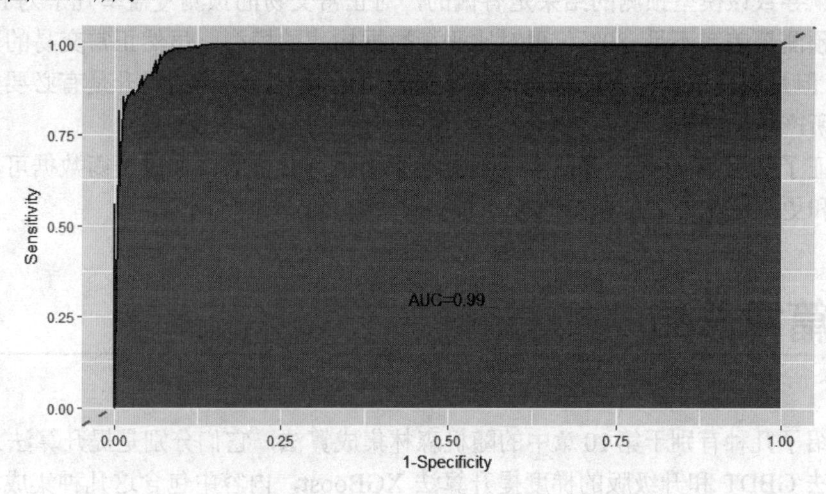

图 14.8　平衡数据 XGBoost 算法的 ROC 曲线

ROC 曲线下的面积高达 0.99，接近于 1，说明 XGBoost 算法在该数据集上的拟合效果非常优秀。为了体现 SMOTE 算法在非平衡数据上的价值，这里不妨利用 XGBoost 算法直接在非平衡数据上重新建模，并比较重抽样前后模型在测试数据集上的预测效果，代码如下：

```
X2 <- train_set[,1:29]
y2 <- ifelse(train_set$Class == '欺诈',1,0)
# 基于非平衡的训练数据集构造 XGBoost 模型
XGBoost2 <- xgboost(data = data.matrix(X2), label = y2, ta = 0.01,
                   max_depth = 3, nround=100, nthread = 4,
                   objective = 'binary:logistic',seed = 123)
prob2 <- predict(object = XGBoost2, data.matrix(test_set[,1:29]))
pred_class2 <- ifelse(prob2>0.5, '欺诈','正常')
Freq2 <- table(prediction = pred_class2, real = test_set$Class)
cm2 <- confusionMatrix(Freq2, mode = 'prec_recall')
# 返回模型的预测准确率
cm2$overall[1]
out: 0.999567

# 返回模型的评估报告
cm2$byClass
out:
                 Class:欺诈      Class: 正常
Sensitivity      0.794520548     0.999917934
```

```
Precision        0.943089431      0.9996484
Recall           0.794520548      0.999917934
F1               0.862453532      0.9997831
```

如上结果所示，对于非平衡数据而言，利用 XGBoost 算法对其建模，产生的预测准确率非常高，几乎为 100%，要比平衡数据构建的模型所得的准确率高出近 2%。但是，由于数据的不平衡性，导致该模型预测的结果是有偏的，对正常交易的预测覆盖率几乎为100%，而对欺诈交易的预测覆盖率不足 80%。再对比平衡数据构建的模型，虽然正常交易的预测覆盖率下降约2%，但是促使欺诈交易的预测覆盖率提升了近13%，这样的提升是有必要的，它降低了欺诈交易所产生的损失。

进而验证了利用 SMOTE 算法实现数据的平衡是有必要的，通过平衡数据可以获得更加稳定、真实和更具泛化能力的模型。

14.5 篇章总结

本章介绍了几种有别于第10章中的随机森林集成算法，它们分别是提升算法AdaBoost、梯度提升算法 GBDT 和升级版的梯度提升算法 XGBoost，内容中包含这几种集成算法的理论思想、基础模型的构建过程以及相应的应用实战。此外，也介绍了非平衡数据的处理技术 SMOTE 算法，并通过验证发现该技术可以增强模型的稳定性和泛化能力。

理论上，AdaBoost 算法在解决分类问题时，通过改变样本点的权重大小并将各个基础模型按权重实现线性组合，最终得到拟合数据的提升树；在解决预测性问题时，每一轮基础模型都是拟合上一轮模型所形成的残差，最终将各个基础模型的预测值相加。不管是分类提升树还是回归提升树，都是将各个基础模型以串联形式构成最终的提升树。在回归提升树中，如果损失函数使用的是平方损失或指数损失，目标函数的求解会相对简单，为了能够使提升树适用于更多类型的损失函数，便诞生了梯度提升树（如 GBDT 算法），即利用损失函数的导函数作为残差的近似值，既方便了运算也提升了树的灵活性。不管是 AdaBoost 算法还是 GBDT 算法，在构建目标函数时都没有加入反映模型复杂度的正则项，而 XGBoost 算法实现了正则项的加入，进而可以防止模型的过拟合，并在求解最优化问题时利用了损失函数的一阶导和二阶导。相比于 GBDT 算法，XGBoost 算法具有更多的优势，如支持并行计算、支持线性的基础模型、支持建模字段的随机选择等。

为了使读者掌握有关本章内容所涉及的函数，这里将其重新梳理到表 14.6 中，以便读者查阅和记忆。

表 14.6 本章涉及的 R 语言函数

R 语言包	R 语言函数	说明
readxl	read_excel	读取 Excel 数据的函数
data.table	fread	快速读取文本文件的函数

（续表）

R 语言包	R 语言函数	说明
Stats	factor	构造因子型数据的函数
	as.data.frame	强制转换为数据框类型
	cumsum	计算向量的累计和
	paste0/paste	拼接函数
	sample	随机抽样函数
	names	返回数据框的变量名称
	subset	基于条件返回数据框的子集
	formula	将字符型的公式转换为 R 语言的公式对象
	ifelse	if…else…的逻辑判断函数
	predict	基于模型的预测函数
	table	频数统计函数
	prop.table	频率统计函数
	expand.grid	用于生成参数组合的不同值
caret	confusionMatrix	生成混淆矩阵以及其他度量模型性能的指标
	trainControl	用于设置 train 函数的其他控制项
	train	模型训练的函数
pROC	roc	用于生成 ROC 曲线的数据和计算 AUC 值的函数
fastAdaboost	adaboost	构造 AdaBoost 算法的函数
adabag	boosting	构造 AdaBoost 算法的函数
ggplot2	geom_area	绘制面积图
	geom_line	绘制折线图
	geom_abline	绘制参考线
	geom_rect	绘制矩形图
	geom_point	绘制点图
	coord_polar	极坐标转换
	geom_text	在图形上添加文本信息
	theme_bw	图形背景的设置
	theme	图形主题的设置
DMwR	SMOTE	非平衡数据的处理函数
xgboost	xgboost/xgb.train	构造 XGBoost 算法的函数

第 15 章

Kmeans 聚类分析

前面几章内容都是关于有监督的数据挖掘算法的，无论是第 7 章介绍的线性回归模型还是到第 14 章介绍的 GBDT 集成模型，它们在建模过程中都有一个共同特点，那就是数据集中包含了已知的因变量y值。在有些场景下，并没有给定的y值，对于这类数据的建模，一般称为无监督的数据挖掘算法，最为典型的当属聚类算法。

聚类算法的目的就是依据已知的数据，将相似度高的样本集中到各自的簇中。例如，借助于电商平台用户的历史交易数据，将其划分为不同的价值等级（如 VIP、高价值、潜在价值、低价值等）；依据经纬度、交通状况、人流量等数据将地图上的几十个娱乐场所划分到不同的区块（如经济型、交通便捷型、安全型等）；利用中国各城市的经济、医疗等数据将其划分为几种不同的贫富等级（如发达、欠发达、贫困、极贫困等）。

当然，聚类算法不仅仅可以将数据实现分割，还可以用于异常点的监控。所谓的异常点就是远离任何簇的样本，而这些样本可能就是某些场景下的关注点。例如，信用卡交易中的异常，当用户进行频繁的奢侈品交易时可能意味着某种欺诈行为的出现；社交平台中的点击异常，当某个链接频繁地点入但又迅速地跳出，则可能说明这是一个钓鱼网站；电商平台中的交易异常，当一张银行卡被用于上百个用户 ID 的支付，并且这些交易订单的送货地址都在某个相近的区域时，则可能暗示“黄牛”的出现。

在数据挖掘领域能够实现聚类的算法有很多，包括 Kmeans 聚类、K 中心聚类、谱系聚类、EM 聚类算法、基于密度的聚类和基于网格的聚类等。每一种聚类算法都具有各自的优缺点，如有的只适合小样本的数据集、有的善于发现任何形状的簇。所以，在实际应用中可以尝试多种聚类效果，最终得出理想的分割。本章将重点学习有关 Kmeans 的聚类算法，该算法利用距离远近的思想将目标数据聚为指定的k个簇，簇内样本越相似，表明聚类效果越好。通过本章内容的学习，读者将会掌握如下几个方面的知识点：

- Kmeans聚类的思想和原理；

- 如何利用数据本身选出合理的k个簇；
- Kmeans聚类的应用实战。

15.1 Kmeans聚类

之所以称为 Kmeans，是因为该算法可以将数据划分为指定的k个簇，并且簇的中心点是由各簇样本均值计算所得。那么，Kmeans 是如何实现数据聚类的呢？接下来需要介绍该算法的实现思路和原理。

15.1.1 Kmeans的思想

该聚类算法的思路非常通俗易懂，就是不断地计算各样本点与簇中心之间的距离，直到收敛为止，其具体的步骤如下：

（1）从数据中随机挑选k个样本点作为原始的簇中心。

（2）计算剩余样本与簇中心的距离，并把各样本标记为离k个簇中心最近的类别。

（3）重新计算各簇中样本点的均值，并以均值作为新的k个簇中心。

（4）不断重复（2）和（3），直到簇中心的变化趋于稳定，形成最终的k个簇。

也许上面的 4 个步骤还不足以让读者明白 Kmeans 的执行过程，可以结合图 15.1 更进一步地理解其背后的思想。

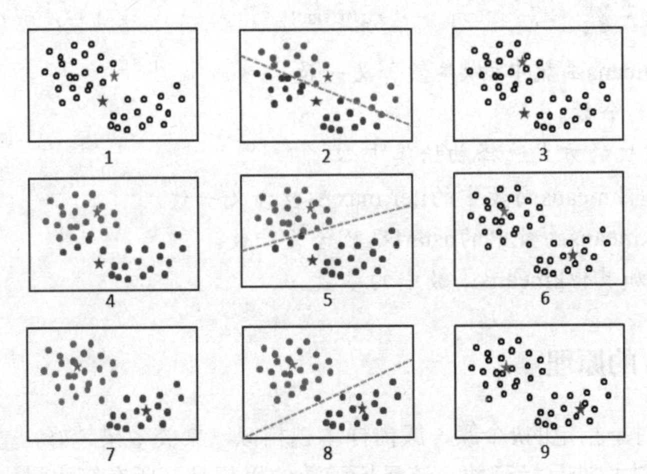

图 15.1 Kmeans 聚类过程示意图

在图 15.1 中，通过 9 个子图对 Kmeans 聚类过程加以说明：子图 1，从原始样本中随机挑选两个数据点作为初始的簇中心，即子图中的两个五角星；子图 2，将其余样本点与这两个五角星分别计算距离（距离的度量可选择欧氏距离、曼哈顿距离等），然后将每个样本点划分到离五角星最近的簇，即子图中按虚线隔开的两部分；子图 3，计算两个簇内样本点的均值，得到新的簇中心，即子图中的五角星；子图 4，根据新的簇中心继续计算各样本与五角星之间的距离，得到子图5的划分结果和子图6中新的簇内样本均值；以此类推，最终得到理想的聚类效果，如子图9所示，图中的五角星即最终的簇中心点。

通过图15.1的解释，Kmeans聚类算法的思想还是比较简单的。R语言中提供了Kmeans算法的两种形式：一种是从数据集中随机挑选k个样本作为初始簇中心，即stats包中的kmeans函数；另一种是随机挑选相隔距离较远的k个初始簇中心，即LICORS包中的kmeanspp函数。关于这两个函数的用法和参数含义如下：

```
# 普通 kmeans 算法
kmeans(x, centers, iter.max = 10, nstart = 1, trace=FALSE
    algorithm = c("Hartigan-Wong", "Lloyd", "Forgy","MacQueen"))
```

- **x**：指定聚类所需的数据，可以是矩阵，也可以是数据框（要求所有字段为数值型）。
- **centers**：指定聚类的个数或人为设定的初始簇中心，如果centers为一个整数，则算法从数据集中随机挑选对应个数的样本作为初始簇中心。
- **iter.max**：指定算法迭代的最大次数。
- **nstart**：如果centers参数为整数，则指定初始选择的随机样本个数，默认为1，即每一个初始簇中心就是选择的样本本身；如果指定其他数值，则每一个初始簇中心就是这些随机样本的均值。
- **trace**：bool类型的参数，表示是否返回算法的日志信息，默认为FALSE。
- **algorithm**：指定Kmeans算法的计算方法，可以是'Hartigan-Wong'、'Lloyd'、'Forgy'或'MacQueen'，默认使用'Hartigan-Wong'方法。

```
# kmeans++算法
kmeanspp(data, k = 2, start = "random", iter.max = 100, nstart = 10, ...)
```

- **data**：与kmeans函数中的x参数含义一致。
- **k**：指定聚类个数。
- **start**：以随机的方式选择初始簇中心。
- **iter.max**：与kmeans函数中的iter.max参数含义一致。
- **nstart**：与kmeans函数中的nstart参数含义一致。
- **...**：可以添加其他kmeans函数中的参数。

15.1.2 Kmeans的原理

前文已提到，对于指定的k个簇，簇内样本越相似，聚类效果越好，基于这个结论，可以为Kmeans聚类算法构造目标函数。该目标函数的思想是，所有簇内样本的离差平方和之和达到最小。这样的思想理解起来比较简单，即如果某个簇内的样本很相似，则簇内离差平方和会非常小（可以理解为方差会很小），对于每个簇而言，就是保证这些簇的离差平方和的总和最小。

要保证离差平方和的总和最小其实很简单，当簇的个数与样本个数一致时（每个样本代表一个类），就可以得到最小值0。确实不假，当簇被划分得越细，总和肯定会越小，但这样的簇不一定是合理的。所谓合理，就是随着簇的增加，离差平方和之和趋于稳定（即波动小于某个给定的阈值），这样就回答了“直到簇中心的变化趋于稳定”这个问题。

根据如上思想，可以将目标函数表示为：

$$J(c_1, c_2, \dots, c_k) = \sum_{j=1}^{k}\sum_{i}^{n_j}\left(x_i - c_j\right)^2$$

其中，c_j表示第j个簇的簇中心，x_i属于第j个簇的样本i，n_j表示第j个簇的样本总量。对于该目标函数而言，c_j是未知的参数，要想求得目标函数的最小值，得先知道参数c_j的值。由于目标函数J为一个凸函数，因此可以通过求导的方式获取合理的参数c_j的值。

步骤一：对目标函数求偏导。

$$\frac{\partial J}{\partial c_j} = \sum_{j=1}^{k}\sum_{i=1}^{n_j}\frac{\left(x_i - c_j\right)^2}{\partial c_j} = \sum_{i=1}^{n_j}\frac{\left(x_i - c_j\right)^2}{\partial c_j} = \sum_{i=1}^{n_j}-2\left(x_i - c_j\right)$$

由于仅对目标函数中的第j个簇中心c_j求偏导，因此其他簇的离差平方和的导数均为 0，进而只保留第j个簇的离差平方和的导函数。

步骤二：令导函数为 0。

$$\sum_{i=1}^{n_j}-2\left(x_i - c_j\right) = 0$$

$$n_j c_j - \sum_{i=1}^{n_j} x_i = 0$$

$$\therefore c_j = \frac{\sum_{i=1}^{n_j} x_i}{n_j} = \mu_j$$

由如上推导的结果可知，只有当簇中心c_j为簇内的样本均值时，目标函数才会达到最小，获得稳定的簇。有意思的是，推导出来的簇中心正好与 Kmeans 聚类思想中的样本均值相吻合。

上面的推导基于已知的k个簇运算出最佳的簇中心，如果聚类之前不知道该聚为几类时，该如何根据数据本身确定合理的k值呢？当然这也是 Kmeans 聚类的缺点，因为其需要用户指定该算法的聚类个数。下一节将探讨几种常用的确定k值的方法。

15.2　最佳*k*值的确定

对于 Kmeans 算法来说，如何确定簇数k值是一个至关重要的问题，为了解决这个难题，通常会选用探索法，即给定不同的k值下对比某些评估指标的变动情况，进而选择一个比较合理的k值。本节将介绍非常实用的 3 种评估方法，分别是簇内离差平方和拐点法、轮廓系数法和间隔统计量法。

15.2.1 拐点法

簇内离差平方和拐点法的思想很简单，就是在不同的k值下计算簇内离差平方和，然后通过可视化的方法找到“拐点”所对应的k值。正如前文所介绍的 Kmeans 聚类算法的目标函数J，随着簇数量的增加，簇中的样本量会越来越少，进而导致目标函数J的值也会越来越小。通过可视化方法，重点关注的是斜率的变化，当斜率由大突然变小并且之后的斜率变化缓慢时，则认为突然变化的点就是寻找的目标点，因为继续随着簇数k的增加，聚类效果不再有大的变化。

为了验证这个方法的直观性，这里随机生成三组二元正态分布数据，首先基于该数据绘制散点图，具体代码如下：

```
# 加载第三方包
library(LICORS)
library(MASS)
library(ggplot2)

# 设置多元正态分布的均值和协方差，并基于 mvrnorm 函数生成多元正态分布数据
set.seed(1234)
mean1 <- c(0.5,0.5)
cov1 <- matrix(data = c(0.3,0,0,0.3), nrow = 2, byrow = TRUE)
data1 <- mvrnorm(n=1000, mu = mean1, Sigma = cov1)

mean2 <- c(0,8)
cov2 <- matrix(data = c(1.5,0,0,1), nrow = 2, byrow = TRUE)
data2 <- mvrnorm(n=1000, mu = mean2, Sigma = cov2)

mean3 <- c(8,4)
cov3 <- matrix(data = c(1.5,0,0,1), nrow = 2, byrow = TRUE)
data3 <- mvrnorm(n=1000, mu = mean3, Sigma = cov3)

# 将如上的三组数据进行合并
data <- rbind(cbind(data1, rep(x = 1, 1000)),
          cbind(data2, rep(x = 2, 1000)),
          cbind(data3, rep(x = 3, 1000)))
# 将其转换为数据框
data <- as.data.frame(data)
# 数据框的变量重命名
names(data) <- c('x','y','type')
# 将数据框中的 type 变量转换为因子型
data$type <- factor(data$type)

# 将三组数据绘制到散点图中
ggplot(data = data, mapping = aes(x = x, y = y, color = type)) +
```

```
  geom_point() + # 绘制点图
  guides(color = FALSE)  # 去除图例
```

虚拟的数据呈现 3 个簇如图 15.2 所示。

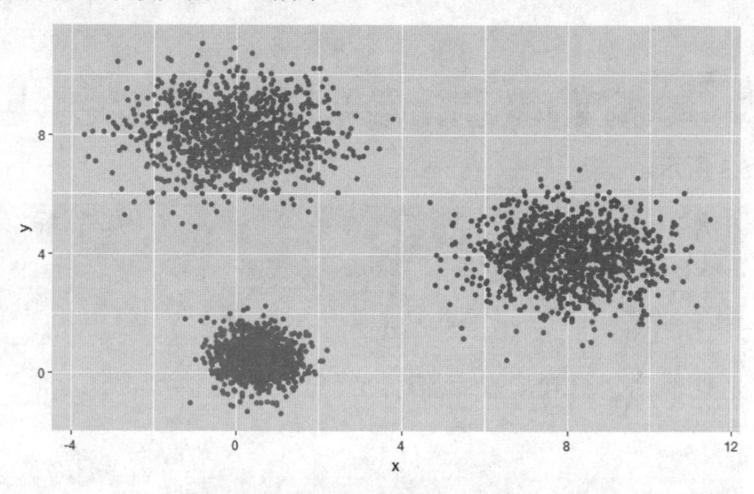

图 15.2 生成三个簇的样本点

接下来基于虚拟的数据，使用拐点法绘制簇的个数与总的簇内离差平方和之间的折线图，确定该聚为几类比较合适，具体代码如下：

```
# 构造自定义函数，用于绘制不同 k 值和对应总的簇内离差平方和的折线图
# 自定义函数选择最佳的 K 值
tot.wssplot <- function(raw_data, z_score = TRUE, nc = 10, seed=1234){
  # 对数据做标准化处理
  if(z_score == TRUE){
    std_data = scale(raw_data)
  } else{
    # 自定义最小值最大值标准化函数
    min_max <- function(x){
      std_data = (x - min(x))/(max(x) - min(x))
      return(std_data)
    }
    std_data = sapply(raw_data, min_max)
  }
  # 假设分为一组时的总的离差平方和
  tot.wss <- (nrow(std_data)-1)*sum(apply(std_data,2,var))
  for (i in 2:nc){
    # 必须指定随机种子数
    set.seed(seed)
    tot.wss[i] <- sum(kmeanspp(std_data, k=i)$withinss)
  }
  # 绘制聚类个数与组内离差平方和之和的关系图
  ggplot(data = NULL, mapping = aes(x = factor(1:nc), y = tot.wss)) +
```

```
    geom_point() + # 绘制点图
    geom_line(color = 'steelblue', size = 1, group = 1) +  # 绘制线图
    labs(x = '聚类个数', y = '簇内离差平方和之和')
}

# 调用自定义函数绘图
tot.wssplot(raw_data = data[,1:2])
```

结果如图 15.3 所示。

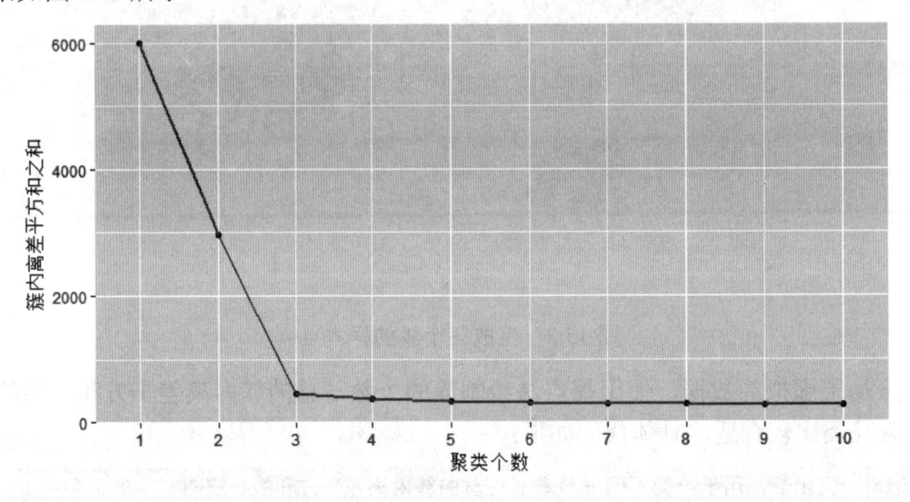

图 15.3　拐点法选择合理的 k 值

当簇的个数为 3 时，形成了一个明显的“拐点”，因为k值从 1 到 3 时折线的斜率都比较大，但是k值为 4 时斜率突然就降低了很多，并且之后的簇对应的斜率都变动很小。所以，合理的k值就应该为 3，这也与虚拟的 3 个簇数据是吻合的。

15.2.2　轮廓系数法

该方法综合考虑了簇的密集性与分散性两个信息，如果数据集被分割为理想的k个簇，那么对应的簇内样本会很密集，而簇间样本会很分散。轮廓系数的计算公式可以表示为：

$$S(i) = \frac{b(i) - a(i)}{\max\big(a(i), b(i)\big)}$$

其中，$a(i)$体现了簇内的密集性，代表样本i与同簇内其他样本点距离的平均值；$b(i)$反映了簇间的分散性，它的计算过程是，样本i与其他非同簇样本点距离的平均值，然后从平均值中挑选出最小值。

通过公式可知，当$S(i)$接近于-1 时，说明样本i分配得不合理，需要将其分配到其他簇中；当$S(i)$近似为 0 时，说明样本i落在了模糊地带，即簇的边界处；当$S(i)$近似为 1 时，说明样本i的分配是合理的。

为了进一步理解$a(i)$和$b(i)$的计算含义，读者可以参考图 15.4。

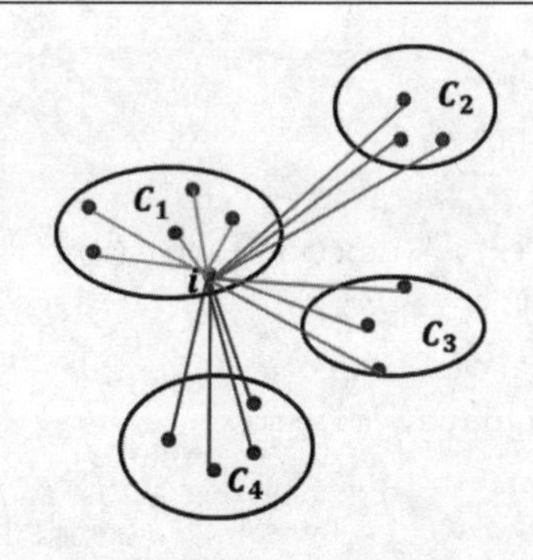

图 15.4 轮廓系数计算的示意图

假设数据集被拆分为 4 个簇，样本i对应的$a(i)$值就是所有C_1中其他样本点与样本i的距离平均值；样本i对应的$b(i)$值分两步计算，首先计算该点分别到C_2、C_3和C_4中样本点的平均距离，然后将 3 个平均值中的最小值作为$b(i)$的度量。

上面计算的仅仅是样本i的轮廓系数，最终需要对所有点的轮廓系数求平均值，得到的结果才是对应k个簇的总轮廓系数。当总轮廓系数小于 0 时，说明聚类效果不佳；当总轮廓系数接近于 1 时，说明簇内样本的平均距离a非常小，而簇间的最近距离b非常大，进而表示聚类效果非常理想。

上面的计算思想虽然简单，但是其背后的计算复杂度还是蛮高的，当样本量比较多时，运行时间会比较长。有关轮廓系数的计算，可以直接调用 bios2mds 包中的 sil.score 函数。需要注意的是，该函数接受的聚类簇数必须大于等于 2。有关该函数的用法和参数含义如下：

```
sil.score(mat, nb.clus = c(2:13), nb.run = 100, iter.max = 1000, method = 
"euclidean")
```

- **mat**：指定用于聚类的数值矩阵，如果原始数据的量纲不一致，就需要做标准化处理。
- **nb.clus**：指定聚类个数的范围，默认为2~13个。
- **nb.run**：指定模型在不同簇数下运行的次数，默认为100次。
- **iter.max**：指定模型的最大迭代次数，默认为1000次。
- **method**：指定样本间距离的度量方法，默认计算欧氏距离。

下面基于该函数重新自定义一个函数，用于绘制不同k值下对应轮廓系数的折线图，具体代码如下：

```
# 自定义函数绘制轮廓系数图
silhouette  <- function(raw_data, z_score = TRUE, clusters = c(2:13), nb.run 
= 100){
  # 加载第三方包
  library(bios2mds)
  library(ggplot2)

  # 对数据做标准化处理
  if(z_score == TRUE){
    std_data = scale(raw_data)
```

```
  } else{
    # 自定义最小值最大值标准化函数
    min_max <- function(x){
      std_data = (x - min(x))/(max(x) - min(x))
      return(std_data)
    }
    std_data = sapply(raw_data, min_max)
  }
  # 计算各簇数下的轮廓系数
  scores = sil.score(mat = std_data, nb.clus = clusters, nb.run = nb.run)
  # 组合绘图数据
  plot_data = data.frame(k = clusters, score = scores[clusters])
  # 绘制不同簇数与轮廓系数之间的折线图
  ggplot(data = plot_data, mapping = aes(x = factor(k), y = score)) +
    geom_point(color = 'black', size = 2.5) + # 绘制点图
    geom_line(color = 'steelblue', lwd = 1, group = 1) + # 绘制折线图
    labs(x = '聚类个数', y = '轮廓系数')
}

# 调用自定义函数绘图
silhouette(raw_data = data[,1:2], nb.run = 30)
```

利用之前构造的虚拟数据，绘制不同*k*值下对应轮廓系数图，如图 15.5 所示。

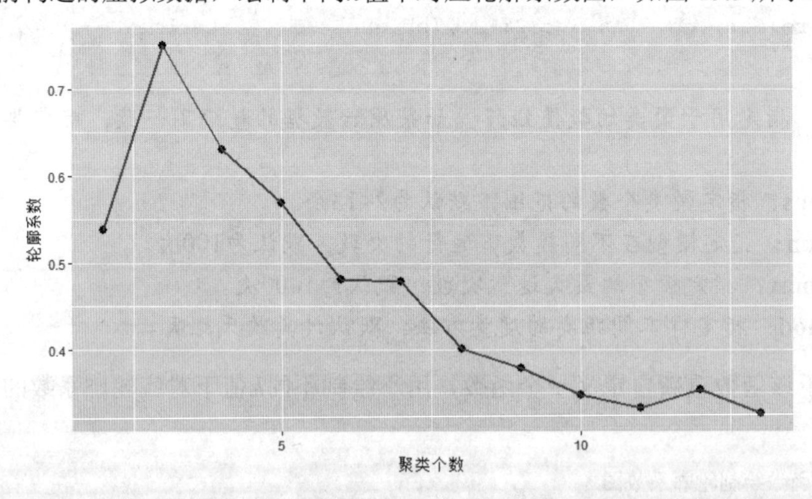

图 15.5　轮廓系数法选择合理的 *k* 值

当*k*等于 3 时，轮廓系数最大，且更接近于 1，说明应该把虚拟数据聚为 3 类比较合理，与原始数据的 3 个簇也是相吻合的。

15.2.3　Gap Statistic

2000 年 Hastie 等人提出了 Gap Statistic 方法，适用于任何聚类算法。有关该方法的定义如下：

$$D_k = \sum_{x_i \in C_k} \sum_{x_j \in C_k} (x_i - x_j)^2 = 2n_k (x_i - \mu_k)^2$$

$$W_k = \sum_{k=1}^{K} \frac{1}{2n_k} D_k$$

$$\text{Gap}_n(k) = E_n^*\big(\log(W_{kb}^*)\big) - \log(W_k)$$

其中，D_k表示簇内样本点之间的欧氏距离，n_k为第k个簇内的样本量，μ_k为第k个簇内的样本均值；W_k为D_k的标准化结果；W_{kb}^*为各参照组数据集的W_k向量，$E_n^*\big(\log(W_k)\big)$为所有参照组数据集W_k的对数平均值，即$\frac{1}{B}\sum_{i=1}^{B}\log(W_{kb}^*)$。Gap Statistic 方法就是通过比较参照数据集的期望$E_n^*\big(\log(W_{kb}^*)\big)$和实际数据集的$\log(W_k)$，找到使$\log(W_k)$下降最快的$k$值。

下降最快的度量可以借助于下方的不等式，在不同的k值下首次满足不等式条件的k值就是最佳的聚类个数。判断标准如下：

$$\text{Gap}(k) \geqslant \text{Gap}(k+1) - s_{k+1}$$

其中，$s_k = \sqrt{(1/B)\sum\Big(\log(W_{kb}^*) - E_n^*\big(\log(W_{kb}^*)\big)\Big)^2}\sqrt{1+1/B}$，代表了所有参照数据集下$W_k$的无偏标准差。

在 R 语言中具有现成的函数计算聚类的间隔统计量，那就是 cluster 包中的 clusGap 函数，它可以返回不同k值下的Gap值和s_k值。关于该函数的使用方法和重要参数的含义如下：

```
clusGap(x, FUNcluster, K.max, B = 100)
```

- **x**：指定聚类所需的数据集，可以是数据框，也可以是矩阵。如果原始数据的量纲不一致，就需要做标准化处理。
- **FUNcluster**：指定聚类所需的函数，如stats包中的kmeans函数和LICORS包中的kmeanspp函数等。
- **K.max**：指定聚类的最大数量。
- **B**：指定蒙特卡洛模拟样本的组数，即Gap统计量公式中的B值，默认为100组。

接下来，基于上方介绍的函数重新构造自定义函数，用于绘制不同k值下各统计量的折线图，具体代码如下：

```
# 采用间隔统计量方法判别合理的聚类个数
gap_statistic <- function(raw_data, z_score = TRUE, max_iters = 100, clusters = 10){
  # 加载第三方包
  library(cluster)
  library(ggplot2)

  # 对数据做标准化处理
  if(z_score == TRUE){
    std_data = scale(raw_data)
  } else{
```

```
    # 自定义最小值最大值标准化函数
    min_max <- function(x){
      std_data = (x - min(x))/(max(x) - min(x))
      return(std_data)
    }
    std_data = sapply(raw_data, min_max)
  }
  # 计算各簇数下的间隔统计量
  gaps = clusGap(x = std_data, FUNcluster = kmeans, K.max = clusters, iter.max
= max_iters)
  # 返回计算结果
  res = as.data.frame(gaps$Tab)
  # 计算 gapDiff，用于判别最佳的 k 值，当 gapDiff 首次为正时，对应的 k 即为目标值
  gapDiff = res$gap[1:(clusters-1)] - res$gap[2:clusters] +
res$SE.sim[2:clusters]
  # 组合绘图数据
  plot_data = data.frame(k = 1:(clusters-1), gapDiff = gapDiff)

  # 绘制不同簇数与轮廓系数之间的折线图
  ggplot(data = plot_data, mapping = aes(x = factor(k), y = gapDiff)) +
    geom_point(color = 'black', size = 2.5) + # 绘制点图
    geom_line(color = 'steelblue', lwd = 1, group = 1) + # 绘制折线图
    labs(x = '聚类个数', y = '间隔统计量')
}

# 调用自定义函数绘图
gap_statistic(raw_data = data[,1:2])
```

结果如图 15.6 所示。

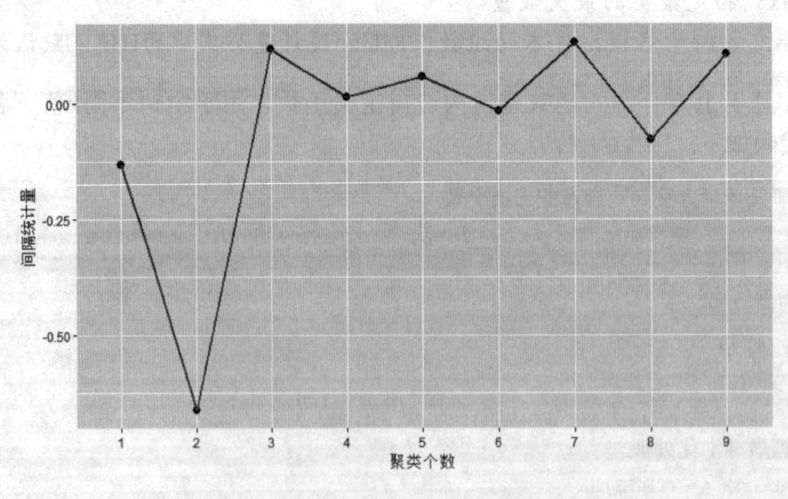

图 15.6 利用间隙统计量选择合理的 k 值

其中，x轴代表了不同的簇数k，y轴代表k值选择的判断指标 gapDiff，并且 gapDiff 首次

出现正值所对应的k为 3。所以，对于虚拟的数据集来说，将其划分为 3 个簇是比较合理的，同样与预设的簇数一致。

15.3 Kmeans 聚类的应用

在做 Kmeans 聚类时需要注意两点：一个是聚类前必须指定具体的簇数k值，如果k值是已知的，就可以直接调用 cluster 子模块中的 KMeans 类对数据集进行分割，如果k值是未知的，就可以根据行业经验或前面介绍的 3 种方法确定合理的k值；另一个是对原始数据集做必要的标准化处理，由于 Kmeans 的思想是基于点之间的距离实现“物以聚类”的，所以如果原始数据集存在量纲上的差异，就必须对其进行标准化的预处理，否则可以不用标准化。常用的数据标准化方法既可以是 z 得分法也可以是最小值最大值法。关于这两种标准化方法的公式如下：

$$\text{scale} = \frac{x - \text{mean}(x)}{\text{std}(x)}$$

$$\text{minmax\_scale} = \frac{x - \min(x)}{\max(x) - \min(x)}$$

其中，mean(x)为变量x的平均值，std(x)为变量x的标准差，min(x)为变量x的最小值，max(x)为变量x的最大值。第一种方法会将变量压缩为均值为 0，单位标准差的无量纲数据，第二种方法则会将变量压缩为[0,1]之间的无量纲数据。

在 R 语言中，可以使用 stats 包中的 scale 函数完成第一种方法的标准化处理，对于第二种方法，读者可以自定义 min_max 函数，代码如下：

```
# 自定义最小值最大值标准化函数
min_max <- function(x){
  std_data = (x - min(x))/(max(x) - min(x))
  return(std_data)
}
```

接下来将前面所讲的理论知识应用到实战中，分别针对 iris 数据集和 NBA 球员数据集构造已知簇数与未知簇数的 Kmeans 聚类模型，进一步让读者理解 Kmeans 聚类的操作步骤。

15.3.1 鸢尾花类别的聚类

iris 数据集经常被用于数据挖掘的项目案例中，它反映了 3 种鸢尾花在花萼长度、宽度和花瓣长度、宽度之间的差异，一共包含 150 个观测，且每个花种含有 50 个样本。下面将利用数据集中的 4 个数值型变量对该数据集进行聚类，且假设已知需要聚为 3 类的情况下该如何对其做聚类操作呢？代码如下：

```
# 预览 iris 数据集
View(iris)
```

结果如表 15.1 所示。

表 15.1　iris 数据集的预览结果

	Sepal.Length	Sepal.Width	Petal.Length	Petal.Width	Species
1	5.1	3.5	1.4	0.2	setosa
2	4.9	3.0	1.4	0.2	setosa
3	4.7	3.2	1.3	0.2	setosa
4	4.6	3.1	1.5	0.2	setosa
5	5.0	3.6	1.4	0.2	setosa
6	5.4	3.9	1.7	0.4	setosa
7	4.6	3.4	1.4	0.3	setosa

数据集的前 4 个变量分别是花萼的长度和宽度及花瓣的长度和宽度，它们之间没有量纲上的差异，故无须对其做标准化处理；最后一个变量为鸢尾花所属的种类。如果将其聚为 3 类，可设置 kmeans 函数的 centers 参数为 3，或者 kmeanspp 函数的 k 参数为 3，这里不妨以 kmeanspp 函数为例，具体代码如下：

```
# 使用 kmeanspp 函数对 iris 数据集进行聚类
kmpp <- kmeanspp(data = iris[,1:4], k = 3)
# 返回各样本所属的类标签
clusters <- kmpp$cluster
# 统计各类别标签的频数
table(clusters)
out:
1   2   3
38  62  50
```

如上结果所示，通过设定参数 k 为 3 就可以非常方便地得到 3 个簇，并且各簇的样本量分别为38、62 和 50。为了直观验证聚类效果，不妨绘制花瓣长度与宽度的散点图，对比原始数据的三类和建模后的三类差异，代码如下：

```
# 加载第三方包
library(gridExtra)

# 将聚类结果的标签添加到 iris 数据集中，并对其做因子化转换
iris$cluster <- clusters
iris$cluster <- factor(iris$cluster, levels = c(1,2,3), labels =
c('virginica','versicolor','setosa'))
# 为使散点图具有可对比性，调整 Species 变量中各水平的顺序
iris$Species <- factor(iris$Species, levels = c('virginica','versicolor',
'setosa'))

# 根据实际的花类别绘制花瓣长度与宽度的散点图
p1 <- ggplot(data = iris, mapping = aes(x = Petal.Length, y = Petal.Width, color
```

```
= Species, shape = Species)) +
          geom_point(size = 1.5) + # 绘制点图
          guides(color = FALSE) + # 删除颜色图例
          guides(shape = FALSE) # 删除形状图例

    # 根据聚类结果，绘制花瓣长度与宽度的散点图
    p2 <- ggplot() +
          geom_point(data = iris, mapping = aes(x = Petal.Length, y = Petal.Width,
                                     color = cluster, shape = cluster), size = 1.5)+
          # 在散点图中添加簇中心
          geom_point(data = NULL, mapping = aes(x = kmpp$centers[,3], y =
kmpp$centers[,4]),
                    shape = 23, size = 3, fill = 'black') +
          guides(color = FALSE) +
          guides(shape = FALSE)

    # 将两幅图合并到一个图框内
    grid.arrange(p1, p2, ncol = 2, nrow = 1)
```

结果如图 15.7 所示。

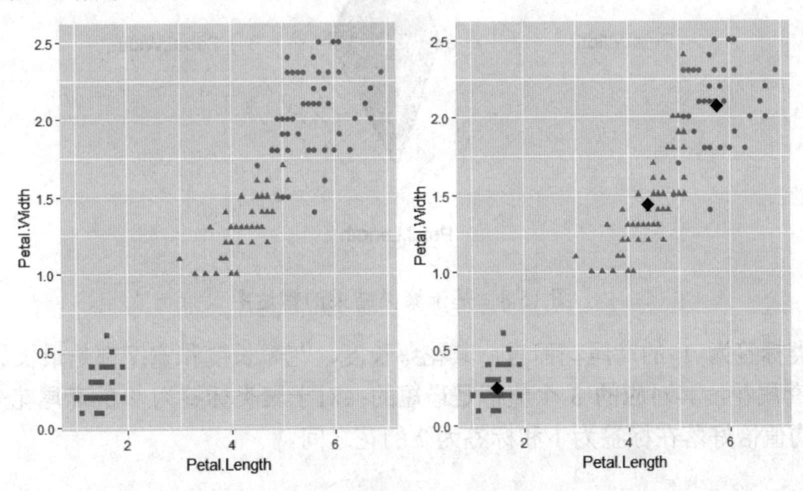

图 15.7　Kmeans 聚类效果与原始类别的对比

在图 15.7 中，左图为原始数据中 3 种花类型的散点图；右图为聚类效果的散点图，其中菱形代表每个簇的簇中心。从图中可知，小正方形所代表的花类型与其他花类型存在非常明显的区分，进而使得聚类效果非常完美，因为它与原始数据完全吻合；三角形和圆形所代表的花类型之间存在一定的模糊地带，进而导致聚类结果产生一些错误的划分，但绝大多数样本的聚类结果还是与原始数据比较一致的。

为了直观地对比 3 个簇内样本之间的差异，使用雷达图对 4 个维度的信息进行展现，绘图所使用的数据为簇中心。关于雷达图的绘制，需要读者下载并加载 radarchart 包，调用其中的 chartJSRadar 函数即可，具体绘图代码如下：

```
# 加载第三方包
library(radarchart)

# 构造绘制雷达图的数据
df <- as.data.frame(t(kmpp$centers))
labs <- row.names(df)
# 绘制聚类效果的雷达图
chartJSRadar(scores = df, # 指定绘图数据
             labs = labs, # 指定雷达图中各指标的标签
             maxScale = 8, # 指定雷达图的最大数值范围
             scaleStepWidth = 2 # 指定雷达图内部网格线的步长
             )
```

结果如图 15.8 所示。

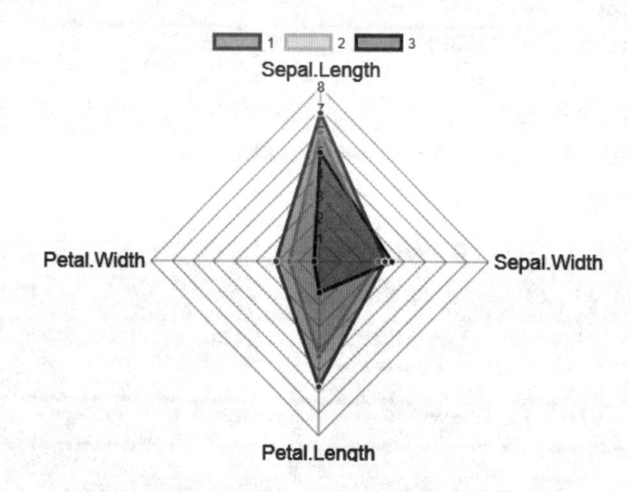

图 15.8　基于聚类结果的雷达图

对于聚类标签为 1 的鸢尾花而言，其花萼长度、花瓣长度和宽度都是最长的；对于聚类标签为 3 的鸢尾花，其对应的 3 个值都是最短的；对于聚类标签为 2 的鸢尾花来说，以上 3 个指标的平均值恰好落在标签为 1 和标签为 2 的花之间。

15.3.2　基于 NBA 球员历史参赛数据的聚类

如上的案例是假设研究人员已经知道数据该聚为几类时直接调用 kmeans 函数或 kmeanspp 函数完成聚类工作。接下来所使用的 NBA 球员数据集是未知分类个数的，对于这样的数据集，需要通过探索方法获知理想的簇数k值，然后进行聚类操作。

该数据集来自于虎扑体育网，一共包含 286 名球员的历史投篮记录，这些记录包括球员姓名、所属球队、得分、各命中率等信息。首先，预览一下该数据集的前几行：

```
# 加载第三方包
library(readxl)
```

```
# 读取球员数据
players <- read_excel(path = file.choose())
# 数据的预览
View(players)
```

结果如表 15.2 所示。

表 15.2　NBA 球员数据的预览结果

	rank	name	team	score	hit_rate	three_hit_rate	penalty_hit_rate	session	minutes
1	1	詹姆斯-哈登	火箭	31.9	0.454	0.397	0.861	30	36.1
2	2	扬尼斯-阿德托昆博	雄鹿	29.7	0.545	0.271	0.773	28	38.0
3	3	勒布朗-詹姆斯	骑士	28.2	0.572	0.411	0.775	32	37.3
4	4	斯蒂芬-库里	勇士	26.3	0.473	0.381	0.933	23	32.6
5	4	凯文-杜兰特	勇士	26.3	0.510	0.396	0.879	26	34.8
6	6	德马库斯-考辛斯	鹈鹕	26.2	0.473	0.357	0.736	31	35.5
7	7	安东尼-戴维斯	鹈鹕	25.7	0.567	0.348	0.807	26	35.4

从数据集来看，得分（score）、命中率（hit_rate）、三分命中率（three_hit_rate）、罚球命中率（penalty_hit_rate）、场次（session）和上场时间（minutes）都为数值型变量，并且量纲也不一致，故需要对数据集做标准化处理。这里不妨挑选得分、命中率、三分命中率和罚球命中率 4 个维度用于球员聚类的依据。首先绘制球员得分与命中率之间的散点图，便于后文比对聚类后的效果，代码如下：

```
# 绘制得分与命中率之间的散点图
ggplot(data = players, mapping = aes(x = score, y = hit_rate)) +
  geom_point(color = 'steelblue') +
  labs(x = '得分', y = '命中率')
```

结果如图 15.9 所示。

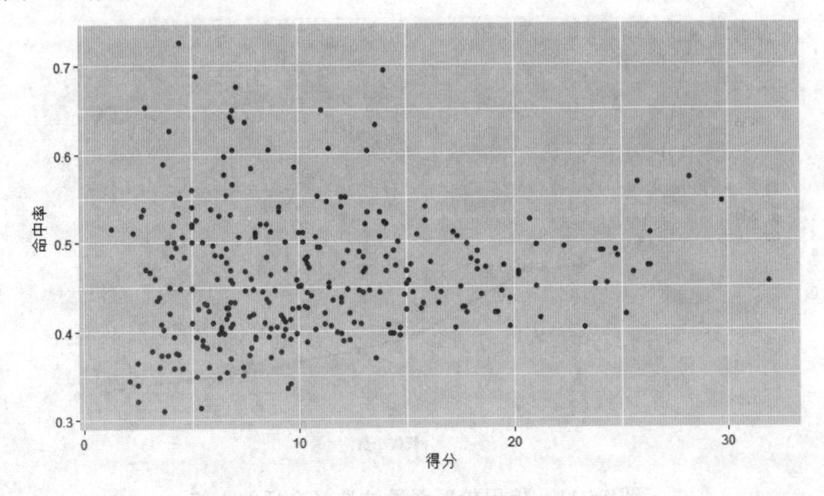

图 15.9　球员得分与命中率之间的散点图

通过肉眼，似乎无法直接对这 286 名球员进行分割。如果需要将这些球员聚类，该划为几类比较合适呢？下面将利用前文介绍的 3 种选择*k*值的方法对该数据集进行测试，代码如下：

```
# 选择聚类所需的变量名称
variables <- c('score','hit_rate','three_hit_rate','penalty_hit_rate')
# 使用拐点法选择最佳的聚类个数
tot.wssplot(data = players[,variables], nc = 15)
```

结果如图 15.10 所示。

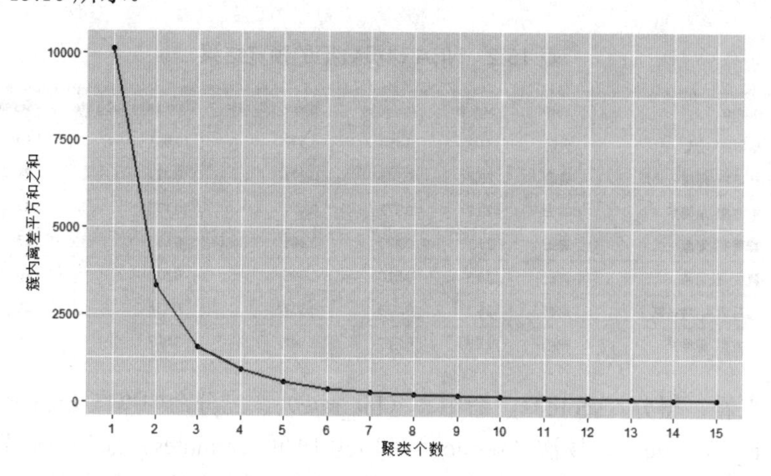

图 15.10 使用拐点法选择合适的 k 值

随着簇数k的增加，簇内离差平方和的总和在不断减小，当k在 4 附近时，折线斜率的变动就不是很大了，故可选的k值可以是 3、4 或 5。为了进一步确定合理的k值，参考轮廓系数法和间隔统计量方法的结果，代码如下：

```
# 使用轮廓系数法选择最佳的聚类个数
silhouette(raw_data = players[,variables], z_score = FALSE, nb.run = 30)
```

结果如图 15.11 所示。

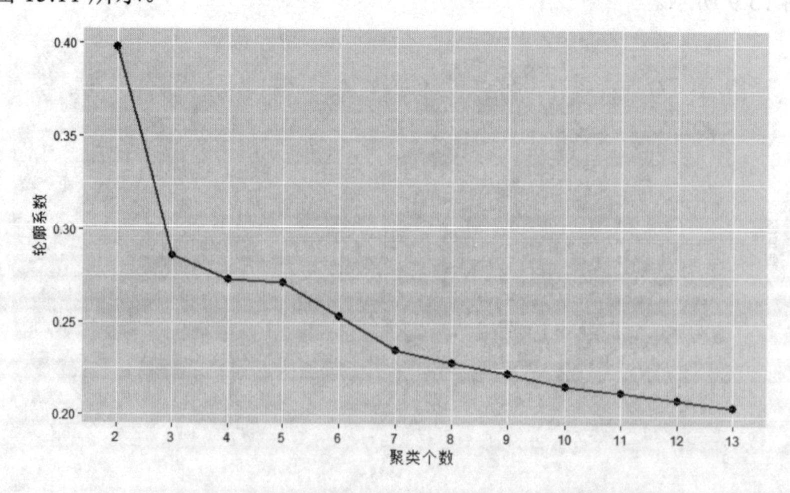

图 15.11 使用轮廓系数法选择合适的 k 值

当k值为 2 时对应的轮廓系数最大，按照该方法，对应的最佳聚类个数应该为 2。

```
# 使用间隔统计量方法选择最佳的聚类个数
```

```
gap_statistic(raw_data = players[,variables])
```

间隔统计量折线图如图 15.12 所示。

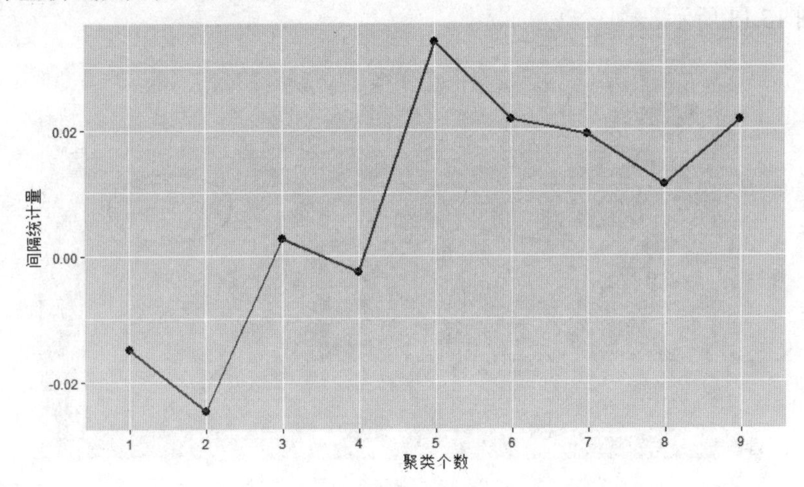

图 15.12 使用间隔统计量法选择合适的 *k* 值

当*k*值为 3 时，纵坐标所代表的 gapDiff 首次出现正值，如果以该方法判断最佳聚类个数，则应该聚为 3 类。最后综合考虑上面的 3 种探索方法，将最佳的聚类个数*k*确定为 3。接下来基于这个*k*值对 NBA 球员数据集进行聚类，然后基于分组好的数据，重新绘制球员得分与命中率之间的散点图，详细代码如下：

```
# 使用 kmeans++算法，对球员数据集进行聚类
# 对原始数据进行标准化处理
std_data <- scale(players[,variables])
kmpp <- kmeanspp(data = std_data, k = 3)

# 将聚类结果标签插入到数据集 players 中
players$cluster <- factor(kmpp$cluster)
# 计算各簇中的簇中心
centers <- data.frame()
for (i in unique(kmpp$cluster)){
  sub_players = subset(players, cluster == i)
  centers = rbind(centers,sapply(X = sub_players[,variables], FUN = mean))
  names(centers) = variables
}

# 绘制散点图，并将簇中心添加到图中
ggplot() +
  geom_point(data = players, mapping = aes(x = score, y = hit_rate,
                        color = cluster, shape = cluster), size = 1.5) +
  geom_point(data = NULL, mapping = aes(x = centers[,1], y = centers[,2]),
          shape = 23, size = 3, fill = 'black') +
  labs(x = '得分', y = '命中率') +
```

```
  guides(color = FALSE) +
  guides(shape = FALSE)
```

结果如图 15.13 所示。

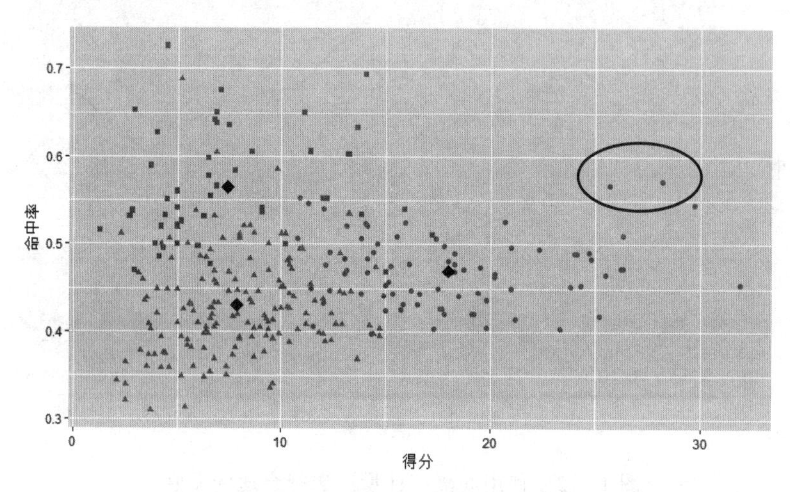

图 15.13 Kmeans 聚类效果

三类散点图看上去很有规律，其中黑色的菱形代表各个簇的中心点。对比正方形和三角形的点，它们之间的差异主要体现在命中率上，正方形所代表的球员属于低得分高命中率型，他们的命中率普遍在 50%以上；三角形所代表的球员属于低得分低命中率型。再对比三角形和圆形的点，它们的差异则体现在得分上，圆形所代表的球员属于高得分低命中率型，当然，从图中也能发现几个强悍的球员，即高得分高命中率（如图 15.13 中圈出的点）。

需要注意的是，由于对原始数据做了标准化处理，因此图中的簇中心不能直接使用 kmpp$centers 方法获得，因为它返回的是原始数据标准化后的中心。在代码中，作者通过 for 循环重新找出了原始数据下的簇中心，并将其以菱形的标记点添加到散点图中。

最后看看三类球员的雷达图，比对 4 个指标上的差异。由于 4 个维度间存在量纲上的不一致，因此需要使用标准化后的中心点绘制雷达图，代码如下：

```
# 构造绘制雷达图的数据
centers <- data.frame()
for (i in unique(kmpp$cluster)){
  sub_players = subset(players, cluster == i)
  centers = rbind(centers,apply(X = sapply(X = sub_players[,variables], FUN =
min_max), MARGIN = 2, FUN = mean))
  names(centers) = variables
}

df <- as.data.frame(t(centers))
names(df) <- c(1,2,3)
labs <- row.names(df)
# 绘制聚类效果的雷达图
chartJSRadar(scores = df, labs = labs)
```

结果如图 15.14 所示。

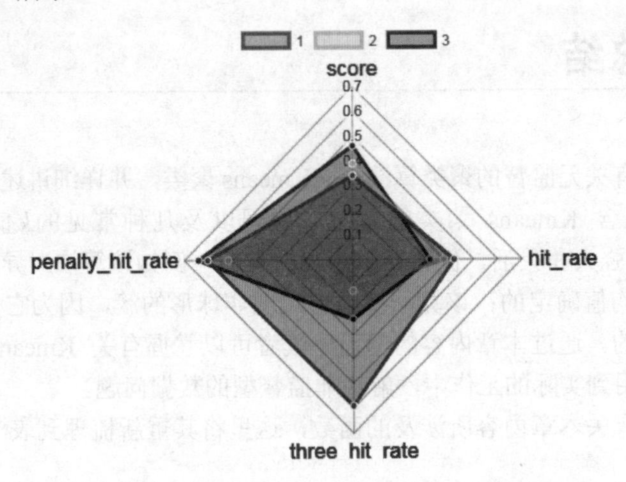

图 15.14　基于聚类结果的球员雷达图

三个群体的球员在各个维度上还是存在一定差异的，在三分命中率指标上显得更为明显。从图 15.14 中可知，三个群体的球员在三分命中率上拉开的差异非常大；对于聚类标签为 1 的球员来说，他们的平均命中率和三分命中率都是最强的；对于聚类标签为 2 的球员来说；他们在三分命中率和罚球命中率上表现得最差；从聚类标签为 3 的球员来看，他们的优势是得分和罚球命中率，短板是命中率，而三分命中率处于中等水平。

需要注意的是，由于原始数据中的量纲不一致，因此采用最小值最大值标准化方法对其做标准化处理，因为 z 得分法的标签化结果会产生负值，不易在雷达图中显示。

15.4　Kmeans 聚类的注意事项

前面通过两个案例详细介绍了有关 Kmeans 聚类的应用实战，虽然操作起来都非常简单，但是还有一些重要的细节需要强调：

（1）如果用于聚类的数据存在量纲上的差异，就必须对其做标签化处理。

（2）如果数据集中含有离散型的字符变量，就需要对该变量做预处理，如设置为哑变量或转换成数值化的因子。

（3）对于未知聚类个数的数据集而言，不能随意拍脑袋确定簇数，而应该使用探索方法寻找最佳的*k*值。

15.5 篇章总结

本章首次介绍了有关无监督的聚类算法——Kmeans 聚类，并详细讲述了相关的理论知识与应用实战，内容包含 Kmeans 聚类的思想、原理以及几种常见的k值确定方法。虽然 Kmeans 聚类算法非常强大和灵活，但它还是存在缺点的，例如该算法对异常点非常敏感，因为中心点是通过样本均值确定的；该算法不适合发现非球形的簇，因为它是基于距离的方式判断样本之间相似度的。通过本章内容的学习，读者可以掌握有关 Kmeans 聚类的相关知识点，进而可以将其应用到实际的工作中，解决非监督型的数据问题。

为了使读者掌握有关本章内容所涉及的函数，这里将其重新梳理到表 15.3，以便读者查阅和记忆。

表 15.3 本章所涉及的 R 语言函数

R 语言包	R 语言函数	说明
MASS	mvrnorm	生成多元正态分布随机数的函数
stats	matrix	构造矩阵的函数
	rbind	用于数据的行合并
	as.data.frame	将某个对象强制转换为数据框类型
	names	返回数据框的变量名
	factor	构造因子型向量
	sapply	基于向量、列表或数据框的并行处理函数
	apply	基于矩阵的并行处理函数
	table	频数统计函数
	subset	根据条件返回数据框的子集
	scale	数据标准化的函数：$(x-\text{mean}(x))/\text{std}(x)$
	kmeans	Kmeans 聚类算法的实现函数
自定义函数	min_max	数据标准化的函数：$(x-\min(x))/(\max(x)-\min(x))$
ggplot2	geom_point	绘制点图
	geom_line	绘制折线图
	guides	用于图例的设置
	labs	用于添加轴标签和标题
gridExtra	grid.arrange	实现多张 ggplot 图形的组合
radarchart	chartJSRadar	绘制雷达图
LICORS	kmeanspp	kmeans++聚类算法的实现函数
bios2mds	sil.score	计算轮廓系数的函数
cluster	clusGap	计算间隔统计量的函数